Roberti Crikeladensis Defloratio
Naturalis Historie Plinii Secundi

Lateinische Sprache und Literatur des Mittelalters

Herausgegeben von Peter Stotz

Band 36

Peter Lang

Bern · Berlin · Bruxelles · Frankfurt a. M. · New York · Oxford · Wien

Roberti Crikeladensis Defloratio Naturalis Historie Plinii Secundi

edidit Bodo Näf

Peter Lang
Bern · Bruxelles · Berlin · Frankfurt a. M. · New York · Oxford · Wien

Bibliografische Information Der Deutschen Bibliothek
Die Deutsche Bibliothek verzeichnet diese Publikation in der Deutschen Nationalbibliografie; detaillierte bibliografische Daten sind im Internet über ‹http://dnb.ddb.de› abrufbar.

Umschlag: Ausschnitt aus einer Darstellung des Evangelisten Johannes im Evangeliar des Abts Wedricus von Liessies, Diözese Cambrai (bis 1147). Aus einer Publikation der Société Archéologique, Avesnes (Frankreich).

Umschlaggestaltung von H. + C. Waldvogel

ISBN 3-906770-29-X
ISSN 0170-9089

Hochfeldstrasse 32, Postfach 746, CH-3000 Bern 9
info@peterlang.com, www.peterlang.com, www.peterlang.net

Printed in Germany

PARENTIBVS FRATRIQVE

SVMMARIVM

PROLEGOMENA

Hoc opusculum, quod typis describendi causa denuo pertractaui, anno bis millesimo ordini philosophorum Vniuersitatis Hamburgensis ad gradum philosophiae doctoris adipiscendum proposui. et professori doctori Christiano Hünemörder, qui ut ad hunc librum edendum studia conuerterem suasit, et professori doctori Ioachimo Dingel, cuius consilia mihi eum conscribenti perpetuo adfuerunt, praeceptoribus grates ago.

Librum collegio ad altiorem gradum promouendorum Vniuersitatis Hamburgensis *Griechische und byzantinische Textüberlieferung – Wissenschaftsgeschichte – Humanismusforschung und Neulatein* quod dictum est adscriptus composui; cuius collegii antistiti professori doctori Theodorico Harlfinger, Liberae et Hanseaticae Ciuitati Hamburgensi, societati *Deutsche Forschungsgemeinschaft* quam uocant gratus sum ter stipendio annuo sustentatus, ut curis liber Hamburgi dies iucundissimos soli operi impendere possem.

Bibliothecam Britannicam, Bibliothecam Cathedralem Herefordensem, Bibliothecam Collegii Beatae Mariae de Etona, Bibliothecam Guelferbytanam, Bibliothecam Apostolicam Vaticanam micropelliculis librorum manu scriptorum Deflorationis missis copiam lectiones eorum conferendi mihi praebuisse grato animo confiteor.

Item professori doctori Petro Stotz gratiam habeo, quod non semel consilium mihi dedit opusculumque in hanc seriem librorum recepit. institutum Turicense *Fonds für Altertumswissenschaft* quod dicitur pecuniam ad librum typis describendum contribuisse gaudeo. et Hamburgenses et Heluetici amici me libellum scribentem multa iuuerunt, praecipue nomino studiosum litterarum Theodoricum Petersen, qui in libris inuestigandis mihi auxilium tulit.

Postremo professori doctori Hermanno Tränkle, uiro docto, quod ianuam studiorum litterarum ueterum mihi patefecit semperque me doctrina adiuuit, ex animo grates ago, nec non parentibus pro auxilio et subsidio.

Turici, mense Iunio A. D. MMII

PRAEFATIO

1. De Roberto Crikeladensi

Robertus Crikeladensis CanRAug a quibusdam Canutus nominatus[1] *erat canonicus Cirencestriensis, mox anno 1141 prior monasterii sanctae Frideswidae in oppido Oxonii electus est. annis 1158–1159 in Italia uersatus Catina Syracusas iter faciens tumore pedum affectus, quo malo postquam ad sepulcrum Thomae Becket migrauit liberatus est. praeter Deflorationem, quam regi Anglorum Henrico II (1133–1189, regnanti 1154–1189) dedicauit, opera theologica, e.g.* Speculum fidei, De connubio Patriarchae Iacob, *scripsit librosque ueteris testamenti, e.g.* Ezechiel, *explicauit*[2]. *praeterea uitam Thomae Becket, quae non iam extat, composuit*[3].

2. Quomodo Robertus Deflorationem composuerit

Ante Deflorationis nouem libros, in quos Robertus Plinii Naturalis Historiae triginta septem contraxit, tres prologi collocantur, primus is, quo Robertus opus regi dedicauit, secundus uita Plinii a Suetonio scripta, tertius is, qui a uerbis Studiosis et precipue *incipit*[4]. *sequitur index capitum, quo G*

1 *Cf. Rück 1902, 198; Dvgdale 135; de nomine Canuti, sub quo ille apud Fabricivm 305 inuenitur, cf. Stotz, HLSMA 3, VII § 82.3.*

2 *Cf. LdM VII 904, numero 48; Rück 1902, 195 sqq.; Emden 513 sq.; Chibnall 65.*

3 *Huius uitae multa in aliis libris, ut uitis Thomae Islandico sermone conscriptis uel carmine Anglo-Normannico de Thoma, conseruata sunt; cf. Magnvssonii tomi secundi praefationis xcii sqq., et Orme.*

4 *De prologorum ordine codices dissentiunt. ordinem, qui hac editione praebetur, tantum L habet, sed in eo codice uita Suetonii et prologus, qui a uerbis* Studiosis et precipue *incipit, post indicem capitum collocantur. B omnes prologos ante indicem capitum, sed eum, quo opus regi dedicatur, extremum habet. G principio tantum uitam Suetonii habuerat; duos ceteros, priore loco eum, quo opus regi dedicatur, in inferiore margine addidit G^m. V uita Suetonii carens reliquos prologos contrahit, primum eum, qui in ceteris codicibus a uerbis* Studiosis et precipue, *hic a uerbis* Incipiunt defloraciones libri plinii secundi *incipit, collocat.*

V carent. nouem libros Deflorationis Robertus in capita singula, quorum cuique suam inscriptionem apposuit, digessit. eae inscriptiones numeris notantur[5]*. usque ad extremum librum quintum Defloratio ordinem capitum Naturalis Historiae exhibet*[6]*, a sexto libro incipiente is ordo omittitur, quia Robertus hunc librum, in quo stirpes tractantur*[7]*, maluit ad litteras primas stirpium disponere quam ordinem Naturalis Historiae sequi. a septimo libro incipiente usque ad VII 28 Defloratio iterum ordinem capitum Naturalis Historiae exhibet*[8]*. IX 37 – 91 iterum ad litteras primas gemmarum in hoc libro tractatarum disponuntur ordine capitum Naturalis Historiae omisso.*

3. De inscriptionibus

Tres prologos sequitur index capitum inscriptiones a Roberto compositas exhibens. eae inscriptiones in textu contractae sunt (praeterquam in V, qui codex indice capitum caret)[9]*, e.g. III 2* Quod ei luctus est datus et quod solus suo generi malus est *(in indice capitum).* Quod ei luctus est datus etc. *(in textu). inscriptiones maxima ex parte singula capita complectuntur, sed nonnunquam tantum partem capitis, sicut III 35; VIII 43. nonnunquam inscriptio e prima sententia capitis exscripta est, ut I 52, 54.*

3.1. Notabilia de singulis inscriptionibus

I 28 tiphon *et* egnephias, *qui in inscriptione huius capitis leguntur, in capite sequenti tractantur. I 40 inscriptio ad caput superius pertinet. I 41 item inscriptio huius capitis ad caput superius pertinet. I 42 prima pars inscriptionis, id est* De quinque zonis et de uanitate hominum paruam portionem terre inhabitantium, *ad caput superius pertinet. II 30 prima sententia huius capitis* Nigri fluuio eadem natura que Nilo *est; Robertus autem formam* Nigri, *qua datiuus nominis* Nigris *repraesentatur, genetiuum interpretatus in inscriptione nominatiuum* Niger *formauit. II 37 uoces* mare mortuum *et*

5 *Quibus numeris carent G V.*

6 *Paucis capitibus Deflorationis exceptis, e.g. I 25, 32; II 49; III 23.*

7 *Elaterio, quod stirps non est, VI 32 excepto.*

8 *Nonnullis capitibus Deflorationis exceptis, id est VII 17, 34, 36, 54; prologo libri VIII; VIII 5, 7, 14, 21.*

9 *Codex G omnino indice capitum et inscriptionibus caret.*

Aspalti[10] lacus *inscriptionis in capite non leguntur; ergo Robertus eas ex alio fonte hausit; cf. ThLL II 828, 64 sq. II 45 prima uerba capitis* Porte Caucasie *sunt;* Caucasie *adiectiuum nominatiuo plurali ad* Porte *pertinens Robertum genetiuum uocabuli* Caucasia *interpretatum ex inscriptione* De admirandis portis Caucasie *apparet. III 10 nomen* Marsia *quod in inscriptione legitur Robertus finxit; in capite enim tantum genetiuus* Marsorum *legitur. III 58 extremae inscriptioni, id est* qui deuorant leones et dracones, *textus capitis non respondet. III 74 inscriptio capiti apta non est. III 75 post* et *uocabulum* de *Robertum omisisse apparet. III 91 Robertus uocabulum* natura *bis scripsit. IIII 22* generant *(in indice capitum)*: generent *(*-rant *V; in textu), qui coniunctiuus orationi obliquae aptior est. IIII 76 in inscriptione legitur* De formica que uiuit in igne..., *sed in textu capitis musca tractatur. V 52 ex inscriptione, quae est* de mora rubi et eius genere, *apparet Robertum* mora *uocabulum feminini generis singulari numero interpretatum; prima capitis uerba, id est* rubi mora ferunt et alio genere similitudinem rose, *minus diligenter legit. V 85* Quando uindemie fieri debent *(in indice capitum)*: Quomodo uindemie etc. *(in textu); Robertum ipsum notam uocabuli* quando *non recte interpretatum uerisimile est. VIII 9 inscriptionem capiti per errorem ascriptam esse apparet. VIII 43* aqua marina *(in indice capitum)*: marina aqua *(in textu)*.

3.2. Quibus formis raris uel posterioris Latinitatis uerborum Robertus in inscriptionibus usus sit

IIII 3 phisetro *o*[11] *pro* physetere. *IIII 14* echineis *(*hech- *in indice capitum) o pro* echeneidibus, phice *o pro* phycide. *IIII 34* Mennonidis *o pro* Memnonidibus[12]. *IIII 71* falangie *(*falaogie *in indice capitum) o pro* phalangiorum[13]. *V 2* Persidos *o pro* Persas[14]. *V 19* elaten *o pro* elate.

10 Aspaltu *(pro* Aspalti*)* lacu *scribendo Robertum lapsum esse uerisimile est.*

11 *Ad notas cf.* 17.6.

12 Mennonidis *Robertum propter accusatiuum* Mennonidas, *quam formam in textu capitis inuenit, formauisse apparet.*

13 *Hic Robertus animum non attendisse uidetur, quia in textu capitis tertia sententia est* phalangia ex his appellantur ...

14 *In textu capitis secunda sententia est* ... set nisi apud Medos et in Perside nasci uoluit *(scil. malus Assiria). in inscriptione autem legitur* ... apud Medos et Persidos.

4. Quomodo Robertus textum Naturalis Historiae mutauerit

4.1. Quomodo Robertus prima singulorum capitum uerba mutauerit

4.1.1. Quae uocabula Robertus in initiis capitum addiderit

Roberto quibusdam locis in initiis capitum uocabula ex partibus omissis addenda erant, ut de qua re ageretur intellegeretur:

I 27 / 2, 119 uentos. *I 31 / 2, 138* fulmina. *I 45 / 2, 192* motus terre. *II 56 / 6, 198* insulam. *IIII 33 / 10, 59* grues. *IIII 38 / 10, 94* hirundines. *IIII 42 / 10, 121* corui. *IIII 76 / 11, 113* insecta. *IIII 93 / 11, 218* neruis. *IIII 95 / 11, 231* pili. *V 43 / 16, 9* corona. *V 48 / 16, 97* arbores. *V 61 / 17, 178* uitis. *V 101 / 19, 126* lactuce. *VI 20 / 20, 217* coriandro. *VI 36 / 25, 54* elleborum. *VIII 51 / 31, 128* spongie. *IX 26 / 35, 175* sulphuris.

4.1.2. Quae pronomina in initiis capitum Robertus cum substantiuis commutauerit

Robertus nonnunquam, cum nouum caput inciperet, pronomina cum substantiuis, ad quae illa in Naturali Historia pertinent, commutauit, ut quae diceret liqueret:

I 1 / 2, 1 Mundum ... appellare libuit, ... huius extera indagare ... *MAYH*: Mundi extera indagare ... *o. II 13 / 4, 79* hic *MAYH*: Hister *o. II 27 / 5, 18* ipsa *MAYH*: Tingitana *o. II 37 / 5, 74* ei *MAYH*: Iudee *o. II 49 / 6, 65* hunc *MAYH*: Gangem *o. II 56 / 6, 200* contra hoc quoque promunturium *MAYH*: contra promunctorium Hesperuceras *o. III 58 / 8, 32* Elephantos fert Africa ... , sed maximos India bellantesque cum iis perpetua discordia dracones ... *MAYH*: bellant cum elephantis perpetua discordia dracones ... *o. III 83 / 8, 126* eorum *MAYH*: ursorum *o. IIII 22 / 9, 167* Pausilypum uilla est Campaniae haut procul Neapoli; in ea in Caesaris piscinis ... *MAYH*: in Paulisippo uilla Campanie haud procul Neapoli in Cesaris piscinis ... *o. IIII 28 / 10, 28* milui ex eodem accipitrum genere magnitudine differunt. ... ‹i›idem uidentur ... *MAYH*: milui ex eodem accipitrum genere uidentur ... *o. IIII 48 / 10, 161* ea *MAYH*: oua *o. IIII 69 / 11, 73* crabronum siluestres in arborum cauernis degunt; ... ictus eorum haut temere sine febri est. *MAYH*: ictus crabronum siluestrium in arborum cauernis degentium haud temere sine febri est *o. IIII 96 / 11, 239* eo *MAYH*: butiro *o. V 16 / 12, 107* quod *MAYH*: Hammonis oraculum *o. V 28 / 14, 9* ex una *MAYH*: ex uite *o. VI 2 / 20, 51* eius *MAYH*: allii *o. VI 24 / 25, 89* hac *MAYH*: Celidonia *o. VII 37 / 24, 65* eius *MAYH*: geniste *o. VIII 37 / 31, 42* idem *MAYH*: M. Agrippa *o. IX 90 / 37, 65* eorum *MAYH*: zmaragdorum *o.*

4.1.3. Quae substantiua in initiis capitum Robertus cum pronominibus commutauerit

I 13 / 2, 34 Saturni autem sidus *MAYH*: hoc autem *o. II 17 / 4, 98* Germania *MAYH*: que *o. III 82 / 8, 124* tarandro *MAYH*: illi *o. IIII 26 / 10, 10* haliaëtus *MAYH*: hec *(sic) o. IIII 33 / 10, 73* hirundini *MAYH*: cui *o. V 15 / 12, 103* myrobalano *MAYH*: cui *o. V 87 / 18, 341* praesagia *MAYH*: ea *o. VI 40 / 27, 79* radicis *MAYH*: eius *o.*

4.2. Quomodo Robertus textum Naturalis Historiae contraxerit

Robertus etsi in prologo, qui a uerbis Studiosis et precipue *incipit, se integrum quandoque caput integramue sententiam de rebus, quas in notitiam ducere libuisset, non suis, sed ipsius Plinii integerrimis uerbis conscripsisse affirmauit, multis locis sententias ita contraxit, ut iam non integrae sint:*

I 38 / 2, 156 Robertus hoc caput ita contraxit, ut cuius *ad* uenena, *uocabulum plurali numero, pertineat:* quin et uenena nostri miseritam instituisse credi potest, ... ita est, miserita genuit id, cuius facillimo haustu ... exstingueremur, ... *MAYH*: quin et uenena nostre miserie ita instituisse credi potest, cuius facillimo haustu ... extingueremur ... *o. I 39 / 2, 162* mihi incerta haec uidetur coniectatio, haud ignaro quosdam Alpium uertices ... adsurgere *MAYH*: at quosdam Alpium uertices ... assurgere certum est *o. I 49 / 2, 206* motus enim terrae sileantur et quicquid est, ubi saltem busta urbium exstant, simul ut terrae miracula potius dicamus quam scelera naturae *MAYH*: motus sileantur et terre miracula potius dicantur quam scelera nature *o. II 4 / 3, 33* ... ubi Rhoda Rhodiorum fuit, unde dictus multo Galliarum fertilissimus Rhodanus amnis, ex Alpibus se rapiens ... *MAYH*: Galliarum fertilissimus Rodanus amnis, a Roda Rodiorum dictus, ex Alpibus se rapiens ... *o. II 7 / 3, 123* Transpadana appellatur ab eo regio ... . oppidum Eporedia Sibyllinis a populo Romano conditum iussis (condi iussum *pars codicum) MAYH*: opidum Yporedia in regione Transpadana Sibillinis libris a populo Romano condi iussum *o. II 41 / 5, 105* conueniunt eo XXV ciuitates, celeberrima urbe Laodicea. imposita est Lyco flumini, ... *MAYH*: celeberrima urbs Laodicia imposita est Lico flumini, ... *o. III 3 / 7, 6* neque enim ritus moresque nunc tractabimus innumeros ac totidem paene quot sunt coetus hominum, ...

Mayh: innumeri sunt ritus moresque hominum, totidem pene quot cetus eorum, ... *o. III 30 / 7, 73* raros patribus proceriores, consumente ubertatem seminum exustione *o; Robertus Plinii uerba sequentia, id est* in cuius uices nunc uergat aeuum, *quae ad deflagrationem mundi*[15] *spectant, deleuit. III 48 / 7, 175* ... et in Gnosio Epimenide simili modo accipio, puerum ... septem et quinquaginta dormisse annis, ... *Mayh*: Ignosius Epimenides puerum ... septem et quinquaginta dormisse annis, ... *o; in Roberti exemplari* ignosio[16] epimenide *scriptum esse uerisimile est eumque praeteriisse in hoc i- praepositionem* in *occultari; nam aliter nominatiuum* Gnosium, *non* Ignosium *formasset; 7, 177* adicit miracula, quae tota indicasse conueniat ... *Mayh*: *apud Robertum duorum Plinii exemplorum tantum unum tractatur:* adiecit miraculum quod totum indicasse conueniat *o. III 53 / 7, 199* uinum aquae misceri Staphylus Sileni filius *(scil.* inuenit*)*, oleum et trapetas Aristaeus Atheniensis, idem mella; ... *Mayh*: uinum aque misceri Staphinus Sitheni filius, oleum et mella Aristeus Atheniensis, ... *o. III 85 / 8, 144* ... Vulcatium ... canis a grassatore defendit; item Caelium senatorem aegrum Placentiae ab armatis oppressum, nec prius ille uulneratus est quam cane interempto *Mayh*: Celius senator eger Placentie ab armatis oppressus non prius uulneratus est quam cane interempto *o. III 88 / 8, 167* asinum ... emptum ... auctor est Varro, ... ipsum animal frigoris maxime inpatiens *Mayh*: asinus maxime frigoris impatiens *o. IIII 2 / 9, 7* exeunt et pecori similes beluae ibi in terram pastaeque ... remeant et quaedam equorum, asinorum, taurorum capitibus, quae depascuntur sata *Mayh*: exeunt quedam belue equorum, asinorum, taurorum capitibus, que depascentes sata remeant *o. IIII 10 / 9, 41* ... uitulus. hic parit in terra, pecudum more secundas partus reddit. initu canum modo cohaeret; parit nonnumquam geminis plures, educat mammis fetum *Mayh*: uitulus marinus initu canum more coheret; parit more pecudum, nunquam geminis plures, educat mammis fetum, ... *o. IIII 11 / 9, 61* postea praecipuam auctoritatem fuisse lupo et asellis Nepos Cornelius et Laberius poeta mimorum tradidere. ... at in lupis in amne capti praeferuntur *Mayh*: precipuam auctoritatem fuisse lupis in amne captis *o. IIII 14 / 9, 81* mutant colorem candidum menae et fiunt aestate nigriores. mutat et phycis, reliquo tempore candida, uere uaria *Mayh*: mutat phicis colorem uere *o. IIII 39 / 10, 99* merops uocatur genitores suos reconditos pascens, ... *Mayh*: merobs genitores suos reconditos pascit, ... *o. IIII 51 / 10, 190* quae autem per se generantur, si in mares et feminas discripta sunt, generant quidem aliquid coitu

15 *Cf. ThLL V 2, 2127, 47 sqq.*

16 *Nexus* -gn- *ut* -ngn- *enuntiari solebat; cf.* Levm *200;* Stotz, *HLSMA 3, VII §§ 261 sq.*

... *MAYH*: quedam autem per se genita generant quidem aliquid coitu *o. IIII 88 / 11, 197* ... nihil incredibile sit aestimantibus Pyrrho regi quo die periit praecisa hostiarum capita repsisse sanguinem suum lambentia *MAYH*: *Robertus uerba ante nomen* Pyrrho *omisit, ut* repsisse *infinitiuus qui dicitur historicus uideri possit. V 10 / 12, 73* Arabia etiamnum et ladano gloriatur. ... hoc ... fieri plures tradidere, caprasque ... carpere germinum caules praedulci liquore turgentes destillantemque ab ‹i›is ... sucum ... abstergere *MAYH*: ladanum in Arabia caules predulci liquore distillant *o. V 47 / 16, 85* populi tria genera: alba ac nigra et quae Libyca appellatur, minima folio ac nigerrima fungisque enascentibus laudatissima. alba folio bicolor, superne candicans, inferiore parte uiridi *MAYH*: populi tria genera; laudatissima alba superne candicans, inferiore parte alba[17] *o. V 99 / 19, 108* et de porro in hac cognatione dici conueniat, praesertim cum sectiuo auctoritatem nuper fecerit princeps Nero ... *MAYH*: porro sectiuo auctoritatem nuper dedit princeps Nero ... *o. VI 1 / 20, 2* tantum uenia sit a minimis, sed a salutaribus ordienti primumque ab hortensiis *MAYH*: set a salutaribus ordiemur primumque ab ortensis *o. VI 8 / 20, 108* inter utilissimos stomacho cibos asparagi traduntur. cumino quidem addito inflationes stomachi colique discutiunt, ... *MAYH*: asparagi, ut traditur, cum uino quidem addito inflationes stomachi colique discutiunt *o. VI 16 / 20, 83* quin et urinam eius, qui brassicam esitauerit, adseruari iubet *(scil.* Cato), ... uerba ipsius subiciam ... : pueros pusillos, si laues ea urina, numquam debiles fieri. *MAYH*: pueros pusillos si laueris urina ex brassica mota, nunquam debiles fieri *o. VI 18 / 20, 159* cuminum est et siluestre, ... sed ut satiuo magnus usus, in stomachi praecipue remediis *MAYH*: cimini satiui magnus usus in stomachi precipue remediis *o. VI 27 / 25, 167* erigeron a nostris uocatur senecio. ... nomen hoc Graeci dederunt, quia uere canescit *MAYH*: crigeron a Grecis que a nostris uocatur senecion *o. VI 80 / 20, 236* sinapi (-apis *pars codicum secundum BVDÉ)*, cuius in satiuis tria genera diximus, ... *MAYH*: sinapis, cuius tria genera sunt, ... *o. VII 17 / 23, 149* in sanctuariis Mithridatis, maximi regis, deuicti Cn. Pompeius inuenit in peculiari commentario ipsius manu conpositionem antidoti ... *MAYH*: Pompeius inuenit in peculiari commentario Metridati maximi regis deuicti ipsius manu compositionem antidoti ... *o. VII 21 / 23, 162* folia ipsa fungis aduersantur trita ex uino, cum cera uero articulariis morbis ... *MAYH*: folia cum cera trita aduersantur articularibus morbis ... *o. VII 35 / 24, 56* salicis fructus ante maturitatem in araneam abit, sed, si prius colligatur, sanguinem reicientibus prodest *MAYH*: salicis fructus si ante maturitatem colligatur,

17 *In uocabulo* alba *scribendo Robertus lapsus est.*

sanguinem reicientibus prodest *o. VII 38 / 24, 80* ‹c›ummim etiam in hedera quaerunt, quam *(*quod *pars codicum)* ex aceto utilissimam *(*-mum *pars codicum)* dentibus promittunt *MAYH*: gummi hedere in aceto utilissimum dentibus est *o. VIII prologus / 29, 3* auxit *(scil.* medicina*)* deinde famam etiam crimine, ictum fulmine Aesculapium fabulata, quoniam Tyndareum reuocauisset ad uitam ... *MAYH*: auxit fama Esculapium fulmine ictum, quoniam Tyndaridem reuocasset ad uitam ... *o. VIII 33 / 32, 39* tertium genus testudinum est in caeno et paludibus uiuentium. ... detrahit idem fel pituitas ... *MAYH*: fel uero testudinum in paludibus uiuentium extrahit pituitas ... *o. VIII 55 / 26, 36* ephedra, ... nascitur. ... datur ... ad tussim, suspiria, tormina ... . item Gentiana madefacta pridie contrita denarii pondere in uini cyathis III *MAYH*: Gentiana madefacta pridie contrita denarii pondere in uini ciatis tribus datur ad tussim, suspiria, tormina *o. VIII 88 / 28, 227* fractis ossibus praesentaneus maxillarum apri cinis uel suis; item lardum elixum atque circumligatum mira celeritate solidat *MAYH*: lardum elixum atque circumligatum ossa fracta mira celeritate solidat *o. IX 14 / 34, 96* id quoque notasse non ab re est, aes omne frigore magno melius fundi. ... *99* ... seruari ea *(scil.* aera*)* optime in liquida pice tradunt *MAYH*: es omne frigore magno melius funditur. seruari id optime in liquida pice tradunt *o. IX 17 / 34, 123* Graeci cognationem aeris nomine fecerunt et atramento sutorio; appellant enim chalcanthon *MAYH*: atramentum sutorium Greci uocant calcantum *o. IX 21 / 34, 160* uirus aeruginis *MAYH*: eruginem *o.*

4.3. Vbi Robertus uerba Plinii suis complexus sit

II 28 / 5, 38 proxumo bello, quod cum Oeensibus gessere initiis Vespasiani Imperatoris, conpendium uiae quadridui deprehensum est *MAYH*: set in initiis Vespasiani imperatoris compendium uie a bellantibus quatriduo deprehensum est *o. III 93 / 8, 214* caprae tamen in plurimas similitudines transfigurantur. sunt caprae, sunt rupicaprae, sunt ibices pernicitatis mirandae, ... *MAYH*: ibices similes capris pernicitatis mirande ... *o. III 95 / 8, 222* aurariis quidem in metallis ob hoc aluos eorum *(scil.* murium*)* excidi semperque furtum id deprehendi ... *MAYH*: aurum deglutiunt ... *o*[18]. *IIII 6 / 9, 12* ballaenae et in nostra maria penetrant. in Gaditano oceano non ante brumam conspici eas tradunt, c‹o›ndi autem statis temporibus in quodam sinu placido et capaci, mire gaudentes ibi parere. hoc scire orcas, infestam ‹i›is beluam ... *MAYH*: balene et in nostra maria penetrant; huic inimica est orca; insidiatur

18 *Cf.* 4.9.

pariture belua ... *o. IIII 8 / 9, 28* quae faciunt ut credatur ... *MAYH*: hoc facit ut incredibile non sit ... *o*[19]. *IIII 38 / 10, 95* tertium est earum *(scil.* hirundinum*)* genus: excauant ripas ... *MAYH*: sunt hirundines, que excauant ripas ... *o. IIII 64 / 11, 39* indicium habetur *MAYH*: indicium est *o. V 107 / 19, 178* idem contra formicas ... remedium monstrauit limum marinum aut cinerem obturandis earum foraminibus *MAYH*: limo etiam marino aut cinere obturatis eorum foraminibus mori traduntur *o. VI 3 / 19, 101* cepae genera ... Sarda, Samothracia, ... Ascalonia ... . omnibus etiam odor lacrimosus ... *MAYH*: Ascalonia genus ceparum est ... odor illi lacrimosus, sicut et ceteris ... *o. VI 27 / 25, 168 (de senecione)* alii erucae foliis esse dixerunt, ... alii potu strangulante *MAYH*: aliqui putant succum expressum potantem strangulare *o. VII prologus / 22, 164* praestat ad uini transire mentionem atque a uite ordiri medicinas arborum *MAYH*: itaque ab arboribus incipiamus et primum a uite *o.*

4.4. Vbi Robertus formas uerborum temporalium mutauerit

I 43 / 2, 185 Onesicritus ... scripsit, quibus in locis Indiae umbrae non sint, ... *MAYH*: *(*Onesicritus ... scripsit *om.)* quibus in locis Indie umbre non sunt, ... *o. II 38 / 5, 83* excludens *MAYH*: excludit *o. III 58 / 8, 32* bellantesque *MAYH*: bellant *o. III 81 / 8, 111* Theophrastus auctor est angu‹i›s *(*-ues *codices)* modo et stelliones senectutem exuere itaque protinus deuorare ... *MAYH*: stelliones sicut angues senectutem exuunt protinusque deuorant ... *o. III 86 / 8, 151* gignunt *(scil.* canes*)* caecos ... *MAYH*: ceci gignuntur canes *o. III 87 / 8, 165* innasci *MAYH*: innascitur *o. III 95 / 8, 222* ferrum quoque rosisse eos *(scil.* mures*)* *MAYH*: ferrum rodunt *o. IIII 11 / 9, 55* ... uates respondere ... sub pedibus Caesaris futuros qui maria ... tenerent *MAYH*: ... uates respondere sub pedibus Cesaris futuros qui maria ... tenebant. *o. IIII 76 / 11, 117* includatur *MAYH*: includitur *o. IIII 93 / 11, 216* soluere *MAYH*: soluit *o. V 23 / 13, 86* possent *MAYH*: potuissent *o,* tetigisse *MAYH*: tangere *o. V 27 / 14, 8* incipiamus *MAYH*: incipiemus *o. V 35 / 15, 74* putetis *MAYH*: putatis *o. V 44 / 16, 1* erat *MAYH*: est *o. V 45 / 16, 50* ne quid praetereatur *MAYH*: ne quid pretereamus *o. V 51 / 16, 156* dixisse *MAYH*: dicere *o; 16, 162* nascitur *MAYH*: nascuntur *o. V 69 / 18, 104* alantur *MAYH*: aluntur *o. V 80 / 18, 214* sequimur *MAYH*: sequamur *o. V 89 / 18, 353* abstulit *MAYH*: abstulerit *o; 18, 354* tonuit *MAYH*: tonuerit *o;* fulsit *MAYH*: fulserit *o. V 90 / 18, 356* fient

19 *Robertus e compluribus exemplis Plinii unum tractauit.*

MAYH: fuerint *o*[20]. *V 94 / 19, 33* sequemur MAYH: sequimur *o*. *VI 11 / 27, 16* erit MAYH: est *o*. *VI 16 / 20, 81* possint MAYH: possunt *o*. *VII 44 / 28, 53* habetur MAYH: habeatur *o*. *VIII 19 / 32, 113* necantur MAYH: necentur *o*. *VIII 66 / 26, 116* ueniant MAYH: ueniunt *o*.

4.5. Vbi Robertus nomina propria omiserit

II 13 / 4, 79 nomina ostiorum Histri. II 59 / 6, 212 nomina oppidorum Thapsi, Hadrumeti, Clupeae. III 54 / 7, 211 nomen P. Titinii Menae, qui tonsores in Italiam adduxit. IIII 75 / 11, 111 nomen Dardarum Indiae. V 61 / 17, 63 Mago. *V 75 / 18, 166 nomina duorum consulum. VIII 61 / 26, 43* Phasim.

4.6. Vbi Robertus singularem numerum plurali uel contra pluralem singulari commutauerit

IIII 7 / 9, 17 pulmonum MAYH: pulmonis *o*. *IIII 10 / 9, 42* utuntur, ... serpunt MAYH: utitur, ... serpit *o*. *IIII 22 / 9, 158* linguis MAYH: lingua *o*. *IIII 67 / 11, 67* causas MAYH: causam *o*. *IIII 75 / 11, 108* uermiculum MAYH: uermiculos *o*. *IIII 76 / 11, 117* lanis MAYH: lana *o*. *IIII 80 / 11, 141* homine MAYH: hominibus *o*. *IIII 87 / 11, 192* ceruo MAYH: ceruis *o*. *IIII 89 / 11, 204* uentriculus MAYH: uentriculi *o*. *V 69 / 18, 94* hominem MAYH: homines *o*. *V 91 / 18, 359* uentos MAYH: uentum *o*. *VI 9 / 21, 160* ad tertias partes MAYH: ad terciam partem *o*. *VI 22 / 21, 138* ... urinas ciet. qui crocum prius biberint, crapulam non sentient, ebrietati resistent MAYH: ... urinam cit. qui crocum prius biberit, crapulam non sentit, ebrietati resistit *o*. *VI 47 / 20, 73* dolores MAYH: dolorem *o*. *VII 16 / 23, 150* dolorem MAYH: dolores *o*. *VII 59 / 29, 99* habentem MAYH: habentes *o*. *VIII 19 / 32, 113* accessiones MAYH: accessionem *o*. *VIII 60 / 26, 41* uomitionem MAYH: uomitiones *o*. *VIII 64 / 26, 112* cibum MAYH: cibos *o*. *VIII 66 / 26, 115* tertianas MAYH: tercianam *o*. *IX 51 / 37, 160* inclinationes MAYH: inclinationem *o*. *IX 91 / 37, 68* occurrit MAYH: occurrunt *o*.

20 *Supra uersum uerba* uel fient *add.* B^2.

4.7. Vbi Robertus uerborum ordinem mutauerit

4.7.1. Vbi Robertus uerborum ordinem in primis singulorum capitum sententiis mutauerit

Cum Robertus librum sextum ad primas litteras nominum stirpium disposuisset, nonnunquam in primis capitum sententiis ordo uerborum mutandus fuit, ut his nominibus capita inciperent, e.g.: VI 10 / 27, 4; VI 13 / 25, 42; VI 31 / 25, 28; VI 34 / 22, 151; VI 35 / 25, 77[21]*; VI 52 / 22, 160; VI 55 / 20, 222; VI 58 / 26, 94; VI 69 / 25, 29; VI 70 / 25, 80; VI 76 / 20, 18; VI 79 / 20, 131.*

Cum IX 37 – 91 Robertus ad primas gemmarum in his capitibus tractatarum litteras disposuisset[22]*, uerborum ordo sententiarum a quibus capita incipiunt nonnullis locis mutandus fuit, e.g.: IX 48 / 37, 92; IX 51 / 37, 126; IX 70 / 37, 91; IX 84 / 37, 107; IX 88 / 37, 73.*

4.7.2. Vbi Robertus uerborum ordinem praeterea mutauerit

I 6 / 2, 10 illos conlucentium oculos *MAYH*: collucentium illos oculos *o. II 29 / 5, 41* non ita multas *MAYH*: multas non ita *o. II 59 / 6, 212* Indiae pars *MAYH*: pars Indie *o. III 45 / 7, 140* enim primarium *MAYH*: primarium enim *o. III 81 / 8, 110* semper sibi *MAYH*: sibi semper *o. IIII 7 / 9, 16* spirare animal nullum putatur *MAYH*: nullum animal spirare putatur *o. IIII 8 / 9, 28* nautis in mari *MAYH*: in mari nautis *o. IIII 16 / 9, 117* scilicet spoliis *MAYH*: spoliis scilicet *o. IIII 77 / 11, 121* corporum partes *MAYH*: partes corporum *o; 11, 130* animalium cunctorum *MAYH*: cunctorum animalium *o. V 46 / 16, 52* perfusa eo *MAYH*: eo perfusa *o. V 83 / 18, 275* constare sole innoxio *MAYH*: innoxio constare sole *o. V 90 / 18, 356* lanae spargentur *MAYH*: spargentur lane *o. VI 2 / 20, 52* insanientibus dabant crudum *MAYH*: crudum insanientibus dabant *o. VI 7 / 20, 195* aduersari naturam eius *MAYH*: naturam eius aduersari *o. VI 15, / 20, 69* esse traditur *MAYH*: traditur esse *o. VI 24 / 25, 90* sucus florentibus *MAYH*: florentibus succus *o. VI 35 / 25, 78* uolumen quoque *MAYH*: quoque uolumen *o. VI 45 / 21, 159* tristitia omnis *MAYH*: omnis tristicia *o. VI 67 / 20, 215* anno toto *MAYH*: toto anno *o. VI 85 / 25, 82* sitim famemque *MAYH*: famem sitimque *o. VII 8 / 23, 102* utilius id *MAYH*: id utilius *o. VII 12 / 23, 132* cum oleo et aceto *MAYH*: cum aceto et oleo *o. VII 13 / 23, 141* cum suis nucleis deuoret *MAYH*: deuoret cum suis nucleis *o.*

21 *Verbis mutatis notio mutata.*

22 *Cf. inscriptionem capitis IX 36* De nominibus lapidum gemmarumque alphabeti ordine.

VII 23 / 24, 8 recentibus ex aceto MAYH: ex aceto recentibus *o*. *VII 45 / 28, 56* temperantia in cibis MAYH: in cibis temperantia *o*. *VIII 62 / 26, 100* solebat esse MAYH: esse solebat *o*. fuisset antiquitus MAYH: antiquitus fuisset *o*. *VIII 66 / 26, 115* calida aqua MAYH: aqua calida *o*. *VIII 72 / 26, 125* folia ephedri MAYH: ephedri folia *o*. *VIII 79 / 28, 194* butyrum efficacissime iuuat MAYH: iuuat butirum efficacissime *o*. *IX 8 / 33, 98* aurum argentumque MAYH: argentum aurumque *o*. *IX 15 / 34, 108* dixisse liceat MAYH: liceat dixisse *o*. *IX 93 / 37, 197* ars non possit MAYH: non possit ars *o*.

4.8. Quae uocabula Robertus cum synonymis commutauerit

I 53 / 2, 230 alunt MAYH: nutriunt *o*. *II 14 / 4, 89* pone MAYH: post *o*. *II 53 / 6, 135* ac MAYH: et *o*. *III 54 / 7, 211* sequens MAYH: secundus *o*. *III 66 / 8, 62* ac MAYH: et *o*. *III 85 / 8, 142* atque MAYH: et *o*. *III 91 / 8, 189* dicunt MAYH: tradunt *o*. *IIII 11 / 9, 55* tempore illo MAYH: tunc *o*. *IIII 43 / 10, 127* uno MAYH: solo *o*. *IIII 48 / 10, 163* aut MAYH: uel *o*. *IIII 76 / 11, 116* alimento MAYH: cibo *o*. *IIII 81 / 11, 145* neque ulla MAYH: nulla *o*. *IIII 92 / 11, 213* quam ob causam MAYH: quamobrem *o*. *V 28 / 14, 9* aeuis MAYH: annis *o*. *V 32 / 15, 36* aduersus MAYH: contra *o*. *V 40 / 15, 106* reperiuntur MAYH: inueniuntur *o*. *V 46 / 16, 62* ac MAYH: et *o*. *V 68 / 18, 84* exprimens MAYH: describens *o*. *V 82 / 18, 252* etiamnum MAYH: etiam nunc *o*. *V 83 / 18, 276* diuerso MAYH: contrario *o*. *V 87 / 18, 343* tempestatem MAYH: hiemem *o*. *V 97 / 19, 85* esse MAYH: edere *o*[23]. *VI 7 / 20, 186* praestat MAYH: reddit *o*. *VI 10 / 27, 10* nominant MAYH: uocant *o*. *VI 16 / 20, 85* et sanguinem excreantibus MAYH: sanguinemque excreantibus *o*. *VI 20 / 20, 218* feminae MAYH: mulieres *o*. *VI 69 / 25, 29* appellant MAYH: uocant *o*. *VI 79 / 20, 139* etiam MAYH: quoque *o*. *VII 20 / 23, 152* ex his MAYH: eorum *o*. *VII 36 / 24, 61* aut MAYH: uel *o*. *VIII 33 / 32, 39* detrahit MAYH: extrahit *o*. *VIII 90 / 28, 234* proficit MAYH: prodest *o*. *IX 6 / 33, 85* curari MAYH: tolli *o*. *IX 12 / 34, 40* libramenti MAYH: librandi *o*. *IX 17 / 34, 123* appellant MAYH: uocant *o*. *IX 19 / 34, 152* remediis MAYH: medicina *o; 34, 153* potentia MAYH: uis *o*. *IX 84 / 37, 107* uocabatur (-catur *pars codicum)* MAYH: appellatur *o*. *IX 90 / 37, 65* ... ab ea gente, in qua reperiuntur .. MAYH: ... ab ea gente, ubi reperiuntur ... *o*.

23 *Robertum formam dilucidiorem reddere uoluisse uerisimile est.*

4.9. Quibus uocabulis posterioris uel infimae Latinitatis Robertus in Defloratione usus sit

Robertus nonnunquam uocabula Naturalis Historiae cum uocabulis posterioris uel infimae Latinitatis commutauit, e.g. I 39 / 2, 161 indocili *MAYH*: indocibili *o; secundum ThLL VII 1, 1216, 29 sqq. uocabulum* indocibilis *tantum apud ecclesiasticos scriptores legitur. II 16 / 4, 93 quia Robertus sententiam contraxit, uocabulum* quoniam *more Latinitatis posterioris uerbum sentiendi sequitur*[24]. *II 53 / 6, 162* aequa *MAYH*: coequa *o;* coaequus *secundum ThLL III 1374, 34 sq. tantum apud ZENO (episcopum Veronensem, † ante 380) legitur; medio aeuo saepius inuenitur, cf. DB 1, 365 sub uoce et LP 522, 26 sqq. III 95 / 8, 222* deglutiunt, *quod Robertus ut aliquot uerba contraheret scripsit, secundum ThLL V 1, 384, 20 sqq. imprimis in VET. LAT., VVLG. et apud ecclesiasticos scriptores legitur. IIII 91 / 11, 210* ferant *MAYH*: fetant *o; secundum ThLL VI 1, 634, 60 sqq. uerbum* feto *imprimis in VET. LAT., VVLG. et apud ecclesiasticos scriptores legitur. IIII 98 sq. in inscriptione* prenosticis; *uocabulum* praenosticum *(uel* pre-*) in ThLL non inuenitur*[25]*; secundum MLLM 834 sub uoce* praenosticum *idem est ac* prognosticum. *IIII 100 / 11, 278* esculenta *(*-nti *unus codex) MAYH*: esculentia *o; secundum ThLL V 2, 859, 27 sqq. uocabulum* esculentia *apud scriptores ecclesiasticos legitur. V 25 / 13, 124* incisa *(scil.* thapsia*)* lacte manat et contusa suco, nec corticem abdicant *MAYH*: incisa lac emanat et contusa succosum corticem *o; secundum ThLL V 2, 447, 63 sqq. uerbum* emano *transitiue in VVLG. et apud scriptores ecclesiasticos legitur. V 43 in inscriptione* idolum *ea ui, qua definitur in ThLL VII 1, 226, 27 sq.:* „apud ECCL. i.q. statua aut imago effigie humana facta et deorum loco ab ethnicis uel Iudaeis culta ... “ *legitur. V 89 / 18, 351* hae uidentur *MAYH*: euidentur *o;* euideor *secundum ThLL V 2, 1039, 13 sqq. tantum apud ARNOB. nat. legitur*[26]. *VI 7 / 20, 187* leuat *MAYH*: leuigat *o; secundum ThLL VII 2, 1199, 39 sqq. uerbum* leuigo *imprimis apud ecclesiasticos scriptores legitur. VI 65 / 20, 44* perpetuo *MAYH*: perpetim *o, quod uocabulum secundum ThLL X 1, 1625, 58 sqq. apud scriptores ecclesiasticos legitur*[27]. *VI 83 / 21, 144* corroborat *MAYH*: confortat *o, quod uerbum secundum ThLL IV 250, 20 sqq. imprimis in VET. LAT., VVLG. et apud ecclesiasticos scriptores legitur. VII 53 /*

24 *Cf. STOTZ, HLSMA 4, IX § 107.1.*

25 *Sed cf. ThLL X 2, 735, 12 sqq.*

26 *Sed pro hoc uerbo uiri docti alia coniecerunt.*

27 *Secundum ThLL X 1, 1625, 63 in editionibus ueteribus NH 20, 44* perpetim *pro* perpetuo *legitur.*

28, 128 rosiones *MAYH*: corrosiones *o, quod uocabulum secundum ThLL IV 1048, 55 sqq. tantum apud PS. RVFIN. in psalm., sed in DB 1, 502 sub uoce compluribus locis legitur. IX 36 in inscriptione* alphabetum*; secundum ThLL I 1721, 61 sqq. id uocabulum imprimis apud scriptores ecclesiasticos legitur.*

4.10. Quae uocabula Robertus addiderit

Robertus quamquam in prologo, qui a uerbis Studiosis et precipue *incipit, se nihil omnino de suo interposuisse affirmauit, Deflorationi aliquot sua uerba inseruit, e.g.: I 12 / 2, 29* in. *I 28 / 2, 126* importat[28]. *I 38 / 2, 154* mater. *I 50 / 2, 211* in *(p.* alteri*),* est *(p.* natura*). I 51 / 2, 212* est. *I 52 / 2, 220* affirmat. *II 5 / 3, 92* uel, eo. *II 7 / 3, 122* ob. *II 9 / 4, 31* ab. *II 11 / 4, 65* insule. *II 18 / 4, 102* passuum[29]. *II 26 / 5, 16* sic. *II 28 / 5, 31* ciuitas. *II 29 / 5, 42* insula. *II 33 / 5, 53* uel dissocians. *II 35 / 5, 65* portum. *II 37 / 5, 74* e. *5, 76* hinc. *II 50 / 6, 83* illuc. *6, 89* eo. *III 20 / 7, 28* item. *III 43 / 7, 123* et. *III 55 / 8, 3* autem. *III 62 / 8, 45* in. *III 71 / 8, 77* est*; 7, 78* in. *III 87 / 8, 166* in. *III 93 / 8, 212* in. *IIII 13 / 9, 76* tempore. *IIII 18 / 9, 126* sua. *IIII 28 / 10, 28* rerum. *IIII 41 / 10, 120* coniunx. *IIII 56 / 11, 2* uero, est. *IIII 63 / 11, 26* et. *IIII 65 / 11, 49* est. *IIII 76 / 11, 119* gignitur. *IIII 89 / 11, 199* in *(p.* animalium*). IIII 97 / 11, 258* animalium. *V 12 / 12, 81* sua. *V 16 / 12, 110* Helisei. *V 25 / 13, 126* in, sui. *V 30 / 15, 30* id est iusquiamo. *V 31 / 15, 33* ad. *V 32 / 15, 35* a terra. *V 34 / 15, 57* ingenii. *V 35 / 15, 76* in, insignes. *V 45 / 16, 51* si. *V 55 / 16, 240* ab. *V 58 / 17, 30* enim*; 17, 39* enim. *V 59 / 17, 45* quandoque. *V 72 / 18, 133* est*; 18, 136* in. *V 76 / 18, 174* et. *V 83 / 18, 275* esse*; 18, 277* ut*; 18, 280* esse. *V 87 / 18, 342* aut. *V 103 / 19, 159* in. *VI 2 / 20, 54* et *(p.* conuulsis*). VI 5 / 20, 114* etiam. *VI 16 / 20, 87* a. *VI 18 / 20, 159* et *(p.* discutit*). VI 22 / 21, 137* in. *VI 23 / 25, 68* uocant *(p.* eream*). VI 40 / 27, 79* autem. *VI 53 / 20, 144* in. *VI 67 / 20, 215* ab. *VI 71 / 26, 58* est, eius. *VI 82 / 20, 247* sunt. *VII 35 / 24, 58* est. *VII 43 / 24, 118* prodest. *VII 59 / 29, 58* esse. *VIII 5 / 32, 54* etiam. *VIII 37 / 31, 42* aquam. *VIII 40 / 31, 51* scriptis. *VIII 46 / 31, 73* est. *VIII 48 / 31, 89* Rome inde dicitur. *VIII 57 / 26, 37* et. *VIII 95 / 28, 257* luporum scilicet. *IX 8 / 33, 98* est. *IX 20 / 34, 156* sunt. *IX 22 / 34, 166* est. *IX 50 / 37, 51* plerisque.

28 *Fortasse per dittographiam.*
29 *Et saepius.*

4.11. Quomodo Robertus notionem mutauerit

I 40 / 2, 169 Apud Plinium Caelius Antipater *uidit* qui nauigasset ex Hispania in Aethiopiam; *apud Robertum* Celius Antipater *ipse* ex Hispania nauigauit in Ethiopiam. *II 8 / 4, 10* Corinthiacus hinc, illinc Saronicus appellatur sinus; ... longo et ancipiti nauium ambitu quas magnitudo plaustris transuehi prohibet. quam ob causam perfodere nauigabili aluco angustias eas temptauere Demetrius rex, dictator Caesar, Gaius princeps, Domitius Nero, nefasto, ut omnium exitu patuit, incepto *MAYH*: Demetrius rex, dictator Cesar, Gaius princeps, Domitius Nero infausto, ut omnium exitu patuit, incepto temptauit perrumpere angustias Eoas magnitudine palustri intransuehibiles *o. II 28 / 5, 37 apud Plinium triumphus tractatur, in quo tituli portantur; Robertus triumphum omisit, ut quid* titulus *significet non iam intellegi possit. II 49 / 6, 76* post hanc trecentarum urbium seriem Derangae, Posingae, ... produntur *MAYH*: post hanc trecentarum urbium series *o. III 78 / 8, 101* palumbes, ... lauri folio annuum fastidium purgant, columbae, t‹ur›t‹ur›es et gallinacei herba quae uocatur hel‹x›ine *(*helsine *codices)*, anates, anseres ... herba siderite ... *MAYH*: ... gallinacei herba que uocatur anathes; anseres ... herba siderite ... *o; uerbo* hel‹x›ine *uel* helsine *omisso* anathes *nomen herbae est. IIII 34 / 10, 78* perdices non transuolant Boeotiae fines in Attica, nec ulla auis in Ponto insula, qua sepultus est Achilles, sacratam ei aedem *MAYH*: perdices non transuolant Boetie fines, nec ulla auis in Ponto insula *o. IIII 65 / 11, 43* ab arcturi exortu ad aequinoctium uernum tepidiore tractu iam uigilant, ... *MAYH*: ab equinoctio uerno tepidiore tractu iam uigilant *o. IIII 84 / 11, 176* ex cartilagine et carne arteria, gula e neruo et carne constat *MAYH*: arterie gule neruo et carne constant *o. IIII 92 / 11, 213* omnibus animalibus est quoddam in oculis pingue. adips cunctis sine sensu, quia nec arterias habet nec uenas *MAYH*: omnibus ... pingue. adeps ... , quia nec arterias habent nec uenas *o. V 1 / 12, 11* est Gortynae in insula Creta iuxta fontem platanus ... *MAYH;* Creta *om. o, ut* Gortyna *insula esse uideatur. V 45 / 16, 36* scandula contectam fuisse Romam ad Pyrrhi usque bellum annis CCCCLXX Cornelius Nepos auctor est *MAYH*: scandulam non conspectam fuisse Rome usque ad bellum Pirri annis quadringentis septuaginta *o. V 79 / 18, 195* semen optimum anniculum, bimum deterius, trimum pessimum, ultra sterile *MAYH*: semen optimum anniculum, bimum, trimum, pessimum ultra *o. VI 25 / 25, 81* iungitur et cynoglossos canina‹m› linguam imitata, ... est et alia similis ei, quae fert lappas minutas *MAYH*: cinoglossa est imitans linguam caninam, que fert minutas lappas *o. VI 32 / 20, 6* pallidum ac leue *(scil.* elaterium*)* herbaceo ac scabro *(scil.* elaterio*)* melius ac leniter amarum

MAYH: pallidum ac lene herbaceum ac scabrum melius ac leniter amarum *o. VI 75 / 26, 26* digitorum uitiis ... quinquefolium medetur. *27* in pectoris uitiis uel grauissimum est tussis. huic medetur panacis radix ... *MAYH*: quinquefolium medetur pectoris uitiis et, quod grauissimum est, tussis *o. VII 36 / 24, 59* non multum a salice uitilium usu distat uitex, ... *MAYH*: non multum a salice uitilium usus distat *(*uitex *om.) o. VIII 5 / 32, 54* cinis eorum seruatus prodest pauore potus[30] periclitantibus ex canis rabiosi morsu *MAYH*: cinis etiam eorum asseruatus prodest pauori, prodest periclitantibus ex canis rabiosi morsibus, ... *o. VIII 24 / 32, 121* sanguinem fieri piscium cibo putant, sisti polypo tuso inlito, ... *MAYH*: sanguinem piscium cibo putant sisti, *(sqq. om.) ... o. VIII 43 / 31, 67* nec ignoro haec mediterraneis superuacua uideri posse. uerum et hoc cura prouidit inuenta ratione, qua sibi quisque aquam maris faceret *MAYH*: uerum cura prouidit inuenta ratione, qua sibi quisque mediterraneus aquam maris faceret *o. VIII 64 / 26, 111 sq. apud Robertum* uettonica *uirtutem habet eam quam apud Plinium* onotheras. *IX 41 / 37, 147* augit‹i›s non alia uidetur multis esse quam callaina. lapis amphidanes alio nomine chrysocolla appellatur, ... *MAYH*: augites alio nomine crisocolla appellatur *o. IX 57 / 37, 165* Magorum inpudentiae uel manifestissimum in hac quoque exemplum est, ... *MAYH*: Magorum prudentia uel manifestum exemplum est, ... *o. IX 62 / 37, 172* limoniatis eadem uidetur quae smaragdos. – de liparea hoc tantum traditur, suffita ea omnes bestias euocari *MAYH*: limoniatis eadem uidetur. qua suffita traditur omnes bestias uocari *o. IX 63 / 37, 53 (de lyncurio uel ligurio)* falsum et quod de medicina simul proditur, calculos uesicae poto eo elidi et morbo regio succurri, si ex uino bibatur aut spectetur etiam *MAYH*: proditur eo poto calculos uesice elidi et morbo regio occurri, si ex uino bibatur *o. IX 88 / 37, 74* ... et fuisse apud eos in Iouis delubro obeliscum e quattuor smaragdis ... *MAYH*: ... et fuisse apud eos Iouis delubrum oboliscum e quatuor zmaragdis, ... *o.*

4.12. Quomodo Robertus praeterea textum Naturalis Historiae mutauerit

I 21 / 2, 100 ... cum in caelum se reciperet *MAYH*: ... cum celo se reciperet *o. II 38 / 5, 84* ... acceptis fluminibus Lyco, Arsania, Arsano *MAYH*: ... accipit flumina Lycum, Arsaniam, Arsanam *o. II 56 / 6, 203* Iuba de Fortunatis ita inquisiuit: ... primam uocari Ombrion, ... habere in montibus stagnum, ... *204* alteram insulam Iunoniam appellari; ... deinde Caprariam, lacertis grandibus refertam *MAYH*: insula Ombrion habet in montibus stagnum, ... *sed de-*

30 *Agitur de hydrophobia, cf. ThLL X 2, 367, 45.*

inde Robertus constructionem accusatiui cum infinitiuo quam uocant scribit: alteram insulam Caprariam, lacertis grandibus refertam *o. V 19 / 12, 134* est praeterea arbor ad eadem unguenta pertinens, ... *MAYH*: preterea arbor ad eadem unguenta pertinet, ... *o. V 50 / 16, 134* namque non omnia in omnibus locis nasci docuimus nec tralata uiuere *MAYH*: non omnia omnibus locis nascuntur nec translata uiuunt *o. V 72 / 18, 133* ... horasque agricolis etiam nubilo demonstrat *(scil.* lupinum*) MAYH*: ... horeque agricolis etiam nubilo demonstrantur *o. VI 4 / 20, 219* saepe *MAYH*: sepius *o. VI 39 / 22, 140* ... ad testium tumores, ad genitalia *MAYH*: ... ad testium tumores et genitalium *o. VI 50 / 22, 145* ... palustris lens, per se nascens in aqua non profluenti ... *MAYH*: ... palustris lens, que in aqua non fluente per se nascitur ... *o. VI 79 / 20, 134* pictores hoc cibo utuntur *MAYH*: pictores utuntur his in cibo *o. VI 88 / 20, 176* similius *MAYH*: simile *o. VIII 20 / 32, 116* ... coagulo ... utuntur *MAYH*: ... coagulum ... utuntur *o. IX 46 / 37, 95* acrius quam ceteros *MAYH*: acrius ceteris *o.*

5. De mendis exemplaris Roberti

5.1. Quae menda exemplaris Robertus descripserit

I 53 / 2, 224 multorum milium *(*mutiorum militum *pars codicum o) MAYH. II 21 / 4, 116* e fauonio uento *(*-tu *pars codicum o)* conceptu *MAYH. II 25 / 5, 14* primus Romanorum ducum *(*ducum enenses *pars codicum o) MAYH. II 53 / 6, 162* ut apud *(*puta *pars codicum o)* quas maximae opes Romanorum Parthorumque subsidant *MAYH. II 59 / 6, 212* continentur ... Africae maritima *(*mauritania *unus codex o)*, ... Numidia, Mauretania utraque, ... *MAYH. II 61 / 6, 214* Cilicias *(*cilias *unus codex o)* portas *MAYH. III 83 / 8, 127* suctu *(*suetu *unus codex o) MAYH. IX 57 / 37, 165* extra aquam *(*quam *pars codicum o) MAYH.*

5.2. Quae menda exemplaris Robertus emendare conatus sit

II 36 / 5, 70 apud Plinium decem toparchiae sunt, quem numerum et in Roberti exemplari scriptum esse uerisimile est; sed pro Bethole‹p›tephenen, *quod apud MAYH legitur,* Bethole et Thephene *Robertum ex exemplari descripsisse uerisimile est; quia et Hierosolyma in numero toparchiarum du-*

xit, earum duodecim numerauit et in Defloratione scripsit. II 47 / 6, 53 prima pars a Scythico promunturio *MAYH; in Roberti exemplari ut in aliquibus codicibus uocabulum* a *defuisse uerisimile est, qua de causa Robertus* prima pars Scithici promunctorii *scripsit. III 18 / 7, 24* Choromandarum gentem uocat Tauron siluestrem *MAYH; Robertus, quia exemplar eius ut aliqui codices* tauroni *habuit,* uocat *in* uocant *mutauit. III 32 / 7, 79* toruitatemque *MAYH; in Roberti exemplari ut in uno codice (secundum BVDÉ)* turbitatemque *scriptum esse uerisimile est, quam formam infimae Latinitatis (pro* toruitatemque[31]*) non intellegens Robertus* turbiditatemque *scripsit. IIII 8 / 9, 25 quia in exemplari ut in omnibus codicibus* in ludum litterarum stantem *(*‹i›tantem *MAYH) scriptum erat, Robertus* ludo *scripsit. IIII 73 / 11, 99* e contrario tenebrarum alumna blattis *(*blatus *pars codicum)* uita, ... *MAYH*: ... alumna blatus *o; Robertum uocem* uita *omisisse uerbum* blatus *nominatiuum interpretatum uerisimile est. VI 65 / 20, 47* estur *MAYH; in Roberti exemplari ut in parte codicum (secundum BVDÉ)* testur *scriptum esse uerisimile est, quod uerbum in* tostus *mutauit. VI 66 / 20, 203* Mnesides optime seruari putat ... *MAYH; in Roberti exemplari ut in parte codicum (secundum BVDÉ)* omnesides optime ... putat *scriptum erat, quod in* omnes idem ... putant *mutauit. VIII 61 / 26, 43* pessimum corporum uas *(scil.* aluus*)* instat ut creditor et saepius die appellat *MAYH; Robertum, quod in exemplari ut in parte codicum* instant ut creditur ... *scriptum esset,* appellat *in* depelluntur *mutauisse uerisimile est. IX 28 / 36, 131* Asso *MAYH; in Roberti exemplari ut in parte codicum* asa *scriptum esse uerisimile est, quod in* Asia *mutauit. IX 81 / 37, 43* arboris sucum esse ... *MAYH; in Roberti exemplari ut in parte codicum* arbore sucum *scriptum esse uerisimile est, quod in* succum in arbore *mutauit. IX 93 / 37, 197* ... ut sardonyches e ternis glutinentur gemmis ... *MAYH; in Roberti exemplari ut in uno codice* teranis *scriptum esse uerisimile est, quod in* erariis *mutauit.*

5.3. De capite Collectaneorum Solini 1, 99 in locum Naturalis Historiae 7, 85 substituto

RÜCK animaduertit in Deflorationis capite III 33 capitis 7, 85 Naturalis Historiae loco Solini Collectaneorum 1, 99 legi. et apud Plinium et apud Solinum homo acerrimi uisus, cui nomen Strabo fuit, tractatur. uerba Solini a lectore aliquo, qui uidit in collectaneis eadem ac in Naturali Historia

31 *Cf. STOTZ, HLSMA 3, VII § 41.3; §§ 227.1 sqq.*

tractari, margini ascripta in Roberti exemplari Plinii uerborum loco lecta esse manifestum est[32].

6. Quomodo Robertus distinxerit

Codices plurimis locis de distinctione consentiunt, quam Roberti esse uerisimile est; sunt tria signa haec:
punctum .
punctus eleuatus ⸵
signum interrogationis ⸮

Praeterea singula uerba spatiis diuisa sunt. punctum magnam distinctionem, punctus eleuatus paruam significare uidetur[33].

In hac editione textum signis quibus hodie utimur distinxi, sed usum Roberti quam maxime respexi. ergo ubi mirum in modum distinctum uidetur, e.g. III 12 / 7, 17... prodit Appollonides Philarcus. et in Ponto Tibiorum genus ... *o, codices secutus sum. signum interrogationis tantum eis locis posui, ubi in codicibus scriptum inueni. quomodo Robertus distinxerit, ex his exemplis apparebit:*

I 4 / 2, 8 Equidem et consensu gentium moueor. Nanque cosmos greci⸵ nomine ornamenti appellauere eum. et nos a perfecta absolutaque elegantia mundum. *I 7 / 2, 13* Hic suum lumen ceteris quoque sideribus serenat⸵ preclarus eximius. *I 23 / 2, 102* Hactenus de mundo ipso sideribusque. Nunc reliqua celi memorabilia. Namque et hoc celum appellauere maiores⸵ quod alio nomine aera. *II 36 / 5, 70* Iudea longe lateque funditur. Pars enim syrie iuncta⸵ *(punctum eleuatum om. B H L)* galilea uocatur. Arabie uero et egypto proxima⸵ *(punctum eleuatum om. L)* perea asperis dispersa montibus. et a ceteris iudeis iordane amne discreta. *IIII 19 / 9, 145* Scolopendre terrestribus similes. *(punctum om. L)* quas centipedes uocant. hamo deuorato omnia interranea euomunt. donec hamum egerant⸵ *(punctum eleuatum om. L)* dein-

32 *Cf.* *Rück 1902, 203 sq. qui uidit in quodam codice, quem Dalechampius editioni adhibuit, tantum uerba Solini legi (cf. editionem NH Dalechampii, qui in pagina 307 uerba Solini* Visu deinde plurimum potuit Strabo nomine, quem superspexisse per cxxxv p. Varro significat, solitumque exeuntem a Carthagine classem Punicam specula notare *margini ascripsit, affirmans sola ea nec quicquam aliud in illo capite legi).*

33 *Cf.* *Ker 1960, 46:* „The English scribe's system of 'tick and point' (punctus elevatus) and point is adequate and was still in use a century later" *(id est saeculo duodecimo).*

de sorbent. At uulpes simili in periculo glutiunt amplius usque ad infirma linee que facile prerodant. *IIII 77 / 11, 125* Mobilia eadem *(scil.* cornua*)* ut aures∻ phrigie armentis. *V 39 / 15, 100* Acinorum quoque magna est differentia. primum inter uuas ipsas calle. teneritate. crassitudine. interiore ligno. *(punctum om. B)* aliis paruo. et aliis etiam gemino. Plurimum uero differunt hedere sambucique acini. *V 51 / 16, 161* Precipuus hic usus in creta∻ bellatores suos precipitauit. *V 65 / 18, 36* Vox antiquorum. Nichil minus expedire quam agrum optime colere. Quia bene colere necessarium est∻ optime dampnosum. *V 79 / 18, 196* Locis humidis celerius seri ratio est∻ ne semen imbre putrescat. *VI 7 / 20, 192* Sisomenes semine eius poto∻ lassitudinis auxilium uiatoribus spopondit.

6.1. Quomodo Robertus distinguendo notionem mutauerit

I 26 / 2, 115 nomen loco est Senta. quin ... *MAYH*: nomen loco est Sentaquin *o. III 12 / 7, 17* ... et feminas ... prodit Apollonides. Phylarchus et in Ponto Thibiorum genus ... *MAYH*: ... prodit Appollonides Philarcus. et in Ponto Tibiorum genus ... *o. III 53 / 7, 200* regiam ciuitatem Aegyptii *(scil.* inuenerunt*)*, popularem Attici post Theseum. tyrannus primus fuit Phalaris Agraganti *MAYH*: regiam ciuitatem Egyptii, popularem Attici. post Theseum tyrannus primus fuit Phalaris Agrigentinus *o. III 54 / 7, 211* primus omnium radi cotidie instituit Africanus sequens; Diuus Augustus cultris semper usus est *MAYH*: primus ... Affricanus; sequens Diuus Augustus ... usus est *o. V 61 / 17, 206* uites aquilonem spectare debent ipsae, palmites autem earum meridiem *MAYH*: uites aquilonem spectare debent, ipse palmites autem earundem ad meridiem *o; distinctione Roberti* ipse *ad* palmites, *quod uocabulum masculini generis est, pertinet. V 64 / 18, 9* dona amplissima imperatorum ac fortium ciuium quantum quis uno die plurimum circumarauisset, item quartarii farris aut heminae, conferente populo. *10* cognomina etiam prima inde: Pilumni, qui pilum pistrinis inuenerat, Pisonis a pisendo, iam Fabiorum, Lent‹ul›orum *(*Lentinorum *codices)*, Ciceronum, ut quisque aliquod optime genus sereret *MAYH*: dona amplissima imperatorum ac ciuium fortium quantum quis uno die plurimum circumarauisset, item quartara farris aut emine conferente populo cognomina etiam. inde Pilumni, qui pilum pistrinis inuenerunt, Pisones a pisendo, iam Fabiorum, Lentinorum, Ciceronum, ut quisque aliquod optime genus sereret *o; quia Robertus post uocem* etiam *distinxit, uerbum temporale* inuenerat *plurali numero ponendum fuit. V 77 / 18, 188* ... fons ... certis horarum spatiis dispensatur inter incolas. palmae ibi

... *MAYH*: ... dispensatur. inter incolas palme ibi ... *o. IX 88 / 37, 75* ... nam et hoc genus *(scil.* pseudosmaragdus*)* reperiri, ... nondum umore in totum transfigurato. Apion cognominatus Plistonices paulo ante scriptum reliquit ... *MAYH*: ... nam et hoc genus reperi ... nondum in totum transfiguratum, Apion cognominatum. Plistonices paulo ante reliquit scriptum ... *o.*

7. Quomodo Robertus uerba mendose diuiserit

II 9 / 4, 14 Pisaeorum *MAYH*: Pisa eorum *o. II 35 / 5, 66* Adiabene *(*-bane *pars codicum)*, Assyria *MAYH*: Adiabaneas, Syria *o. II 49 / 6, 73* Parasangae, Asmagi *MAYH*: Parasangeas, Magi *o. III 53 / 7, 203* ... Car, a quo Caria appellata *MAYH*: ... Chara, ex quo Charia appellata *o; Robertus uerbum* ex *addidit nesciens secundum* a *in* Chara *praepositionem esse. III 62 / 8, 45* Acheloum tantum Mestumque *(*estumque *pars codicum) MAYH*: Acheloun-tam Tumestumque *o. III 87 / 8, 154* Bucephalan eum uocarunt *MAYH*: Bucephalaneum uocarunt *o. IIII 24 / 10, 1* struthocameli *(*strucio- *pars codicum secundum BVDÉ) MAYH*: strucio cameli *o.*

8. De orthographia

8.1. De orthographia in hac editione adhibita

In re orthographica normam classicam secutus sum, ubi saltem testimonio unius codicis B G L niti potui[34]*. ergo ubi in textu e.g. formae* sydus *uel* dampnum *inueniuntur, in tribus illis codicibus B G L eae solae leguntur. uarietates orthographicas fere omnes praeter eas, quae alicuius momenti esse uidentur, ex apparatu critico semotas in caput* 8.3. *collegi*[35]*. de uerbis spatiis diuidendis codices B G L respexi. itaque in textu e.g.* tum quamobrem *tum* quam ob rem *legitur.*

34 *Codices V ualde corruptum et H ex B transscriptum neglegendos esse existimaui.*
35 *Litterae* c *et* t *ante* e i *permutatae praeter pauca exempla neglexi.*

8.1.2. De numeris

In codicibus numeri modo notis modo nominibus numeralibus indicantur. in hac editione numeros notis indicaui, ubi testimonio codicum niti potui.

8.2. De raris uerborum formis uel posterioris uel infimae Latinitatis a Roberto scriptis

Formas uerborum posterioris Latinitatis, quae in omnibus codicibus uel in maiore parte eorum inueniuntur, a Roberto scriptas uerisimile est.

8.2.1. De nominibus propriis et ab eis deriuatis

8.2.1.1. Passim leguntur

Aristotiles, Affrica[36], Ptholomais, Bosphorus *(uel* Bosfo-*).*

8.2.1.2. Nonnullis locis leguntur

8.2.1.2.1. In indice capitum

III 9 epsillorum *(pro* Psyllorum*).*

8.2.1.2.2. In textu

II 5 lippara, lipparo. *II 34* menphim. *II 41* hrodus, hroas. *II 44* capadocum, capadocie. *II 63* zizicum *(pro* Cyzicum*)*, putheoli. *III 49* hrodiorum. *III 53* aragne *(subsequitur* arachne*)*, fenix. *III 87* farsalii. *V 33* damacena. *V 98* iu-de *(pro* Iudaeae*)*, cipris *(pro* Cipriis*)*[37], gnidis *(pro* Gnidiis*)*. *VI 12* sanctoni-um, sanctonas. *VIII in prologo* peloponensiacum. *IX 81* senocrates[38]. *IX 88* scicilia *(*cicilia *B)*. *IX 90* sithici *(*siti- *B H)*[39].

36 *Semel* africa *in II 31 habet B; sed nihilominus mihi licuisse passim* Affrica *scribere existimo.*

37 *Cf.* S*TOTZ*, *HLSMA 3, VII § 35.2.*

38 *Ib. 3, VII § 282.4.*

39 *Ib. 3, VII §§ 163.1 sqq.*

8.2.2. Vocabula praeter nomina propria

8.2.2.1. Passim leguntur

Alietus *(pro* haliaetus*)*, anxugia *(pro* axungia*)*[40], coherceo *cum deriuatis*, dragma, gummi, hiemps, intelligo, promunctorium[41], opidum, sexcenti, sexcentesimus, suppremus, littus, ciliaci *(pro* coel-*)*.

Robertus mensem *a* mese, *menstruis mulierum, distinguit.*

8.2.2.2. Nonnullis locis leguntur

8.2.2.2.1. In indice capitum

IIII 77 menbra. *IIII 96* menbris. *V 66* philex. *V 94* lasare. *VIII 6* parrotides.

8.2.2.2.2. In textu

I 13 interkalaris. *I 24* secuntur. *I 28* interkalario. *I 45* autunno *(*autumpno *L)*. *I 53* retulimus. *I 54* opperiens *(pro* ope-*)*. *II 6; 23* hora *(pro* ora*)*. *II 24* oppacum. *II 32* hostio *(pro* os-*)*, hostium. *II 49* stipendantur[42]. *II 57* parthium *(genetiuus pluralis uerbi* pars*)* . *II 58* paralellos. *II 59* quatuor. *II 65* hora *(pro* ora*)*. *III 2* menbra. *III 43* gignasio[43]. *III 44* habunde. *III 55* concendere. *III 58* arctatosque *(pro* artatosque*)*. *III 67* quatriduo. *III 70* spingas *(pro* sphingas*)*, recisso *(pro* rescisso*)*. *III 71* catobleba, cathoblepas *(*-ebas *V)*. *III 77* celidoniam. *III 79* contempnendis. *III 82* trahicientibus. *III 87* presagunt[44], equs, concendisse. *IIII 7* alitum *(pro* halitum*)*. *IIII 13* scitissime *(*sit- *V, pro* cit-*)*. *IIII 17* procati, scena *(pro* cena*)*. *IIII 19* interranea. *IIII 20* hac *(pro* ac*)*[45]. *IIII 23* rumbus. *IIII 25* phenicen *(accusatiuus uerbi* phoenix*)*. *IIII 39* merobs, rethia. *IIII 47 sq.* incubatu *(pro* incubitu*)*. *IIII 49* bissulcas. *IIII 58* disuulsis. *IIII 63* inuectum *(pro* infectum*)*[46], relinqunt. *IIII 72* chamelionum. *IIII 73* menbranis. *IIII 76* deffendi. *IIII 77* timpora[47]. *IIII 92 in inscriptione* sepo *(sequitur in textu* seuo*)*. *V 2* asperimum. *V 6* ungentis. *V 7* uendicent. *V 17* eumecces. *V 24* fruticen. *V 33* crhisomela, nostrascia *(pro* nostratia*)*, nasconum *(pro* nationum*)*. *V 59* ommisere. *V 73* negligentia. *V*

40 anxugia *V passim; Robertum ipsum per metathesim* anxugia *scripsisse et librarium illius codicis id in* anxungia *mutauisse uerisimile arbitror.*

41 *Semel* promonctorium *I 40.*

42 *Cf.* STOTZ, *HLSMA 3, VII § 35.1.*

43 *Cf. ThLL VI 2, 2379, 13 sq.;* STOTZ, *HLSMA 3, VII § 252.*

44 *Cf.* STOTZ, *HLSMA 3, VII § 35.1.*

45 *Ib. 3, VII § 119.3.*

46 *Ib. 3, VII § 221.2.*

47 *Ib. 3, VII § 16.2.*

75 inscisuris. *V 89* secuntur. *V 93* linthea. *V 100* menbranis, coaumentatur *(*coaugmentatur *L; pro* coagm-*)*[48]. *V 105* insciso. *VI 1* ortensis *(pro* hortensiis*)*. *VI 7* inibet. *VI 10* irsuta. *VI 43* strangurria *(*-uiria *B)*. *VI 62* comotas. *VI 78* lyenem. *VI 80* perfrixiones. *VII 3* interranea, lintheolo. *VII 17* ebetant. *VII 33* pillulis. *VII 47* accedat *(pro* accidat*)*[49]. *VII 55* inbescillitate. *VIII 6* parrotides. *VIII 23* hanelitu. *VIII 32* reperantur. *VIII 40* hyeme. *VIII 49* uendicans. *VIII 65* menbris. *IX 44* ebescunt.

8.3. Varietates orthographicae singulorum codicum

8.3.1. De nominibus propriis et ab eis deriuatis

8.3.1.1. In indice capitum

II 20 hispannia *H. II 22* hyberie *L H. II 32* asya *H. II 38* eufrate *B H. III 14* hyrpiis *L. III 15* piro *L. III 27* arthemio *L. III 42* gracorum *L. III 90* egiptio *B H. IIII 4* tyberio *L. V 35* cartagine *B H. V 40* brittaniam *B.*

8.3.1.2. In textu

I 13 appollinis *L. I 18* octouio *G. I 30* ytalia *L. I 47* Tyberii *L G. I 53* appollinis *L. II 2* athlanticus *L. II 3* phęnicas *G,* hyspania *L. II 4* ebussus *L. II 5* sicchania *L. II 6* sipumtum *L. II 9* Acahie *(*-ę *G) B G,* yonium *L,* tessalia *B G,* olimphum *B. II 11* ycarium *L,* curethum *B G. II 12* helesponto *B H,* asye *L. II 14* ptherophoro *G. II 17* theuthoni *B G H,* cymbri *L. II 18* britania *L. II 19* rutheni *L. II 20* pireneo *L. II 21* athlanticus *L. II 22* hyberie *L. II 23* Egipto *B. II 24* egypanum *L. II 30* athlantas *L. II 31* Athlantes *L,* hymanthopodes *B H V,* africa[50] *B. II 32* timostines *L,* egipto *L,* ysidorus *G L,* egiptus *B,* asya *H,* egiptum *B G. II 35* fenicen *G,* tygrim *L,* siria *B G H,* anthiochia *G,* ydumea *L. II 37* sirya *B. II 38* eufrate *G,* licum *G,* capadocie *L. II 39* stellendena *L. II 40* hircanius *B G H. II 44* pariedris *L. II 47* anthiocus *H,* corsaros *L. II 51* hircanium *B G,* anthioco *G (*-ocho *L) G L,* hegbathana *B,* Mesopothamia *G. II 52* caldaicarum *B G H,* mesopothamię *G,* eufrate *B G H,* belli *L,* tygri *L. II 53* athlancia *L. II 55* Panphagi *B H. II 56* egipto *B,* Clitharcus *B G. II 60* sydonem *L H,* anthiochiam *G,* cipri *B G H. II 61* cathaoniam *L,* ciprum *G L. II 62* misya *G. II 63* hyberia *L,* throas *G,* abidos *B G H,* ylium *L,* amphi-

48 *Librarium codicis L formam* coaumentatur *emendare temptauisse uerisimile est; cf.* *Levm 199; Stotz, HLSMA 3, VII § 180.*

49 *Cf. ThLL I 290, 29 sqq.*

50 *Cf. annotationem 36.*

bolis *H,* appollonia *L. II 64* nichomediam *G. III 4* scitis *B H. III 7* ysogonus *L. III 11* maclias *B H. III 12* scithia *(*si- *V) B G H V,* appolonides *L. III 14* hyrpie *L,* appollini *L. III 18* Coromandarum *L,* Megastenes *B. III 25* cartaginem *B G H. III 28* massinissam *L. III 33* cartagine *B G H V. III 36* midridatico *L,* cathonibus *B H L. III 39* chatelina *L. III 40* phitii *G. III 43* anthioco *B H L. III 53* hiperbius *B G H,* araugne *B, p. corr. G*[51], erictonius *L,* friges *L,* aristheus *B H L,* attheniensis *B,* mesenius *L,* athlas *L,* phitio *L,* yasonem *L,* icharus *L. III 57* ytalia *V. III 79* hyspania *L. III 85* tyberim *L V. III 90* menphim *L. III 94* yspania *V. IIII 8* symonis *L,* alphii *H. IIII 22* aneus *L. IIII 26* appollinis *L H V. IIII 32* brittannia *B H. IIII 34* ylium *L,* Tebarum *B H. IIII 42* tyberium *L. IIII 46* clitharchi *B H. IIII 55* pillarco *B H V. IIII 100* asirii *L. V 13* gebenitarum *L. V 15* egipto *B. V 16* elisei *B H. V 18* fenicem *B. V 23* egipto *B H,* egiptia *B H,* egipti *B H,* terrentium *L. V 24* cartaginem *B H. V 25* egipto *B H. V 32* terrentine *L. V 34* tyberio *L. V 35* cartaginis *B H,* transimennus *B H. V 36* fecenninorum *L. V 59* Brittannia *B H. V 75* hanibal *H. V 95* cirus *L. V 99* tyberio *L. V 101* gresci *V. VI 2* hypocrates *L. VI 65* ypocrates *L V. VII 44* Theopfrastus *B*[52]. *VII 45* ypocrates *L H V. VIII 50* egipto *B. IX 12* appollo *L,* appollonia *L. IX 88* egypcii *H. IX 89* siticorum *B H,* egiptiorumque *B. IX 90* sitici *B H,* sciticis *B H.*

8.3.2. Vocabula praeter nomina propria

8.3.2.1. In prologo quo Robertus Deflorationem regi dedicauit

hystorie *L*: historiæ *G*^{m}, literali *B G*^{m}, Oceani *G*^{m}, quæ *G*^{m}, naturâ *G*^{m}, cælo *G*^{m}, cætera *G*^{m}, prænotato *G*^{m}, æternum *G*^{m}.

8.3.2.2. In uita Suetonii

hystorie *L*: historye *H.*

8.3.2.3. In prologo cuius inscriptio *Proemium Roberti Crikeladensis prioris Oxenefordie* ... est

procœmium *G*^{m}, historiæ *G*^{m}, præcipue *G*^{m}, hystoria *L,* oscitandi *G*^{m}, nihil *G*^{m}, hiis *H V:* hijs *G*^{m}, quæ *G*^{m}, comunicaui *H,* præiudicium *G*^{m}, Quicunque *G*^{m}, Angliæ *G*^{m}.

51 *Pro* arangne *scriptum esse uerisimile est; cf.* Stotz, *HLSMA 3, VII §§ 261 sq.*

52 *Ib. 3, VII § 144.*

8.3.2.4. In indice capitum

II 9 hiis *L H. II 13* apellatur *B. II 23* apellabatur *B H. II 24* sumum *L. II 47* commedunt *L. III 1* imbescillitate *L*: inbecillitate *B H. III 18* hiis *H. III 24* interritu *L. III 31* scitiunt *L. III 37* sepulchro *L. III 46* incomoditate *L. III 57* inplacabili *B H. III 60* silicet *B H. III 64* suplicis *B H. III 75* delfini *B H. III 78* pantere *B H. IIII 8* delfini *B H. IIII 15* chocleis *L. IIII 16* repperiantur *L. IIII 48* colunbarum *L. IIII 55* sompno *L H. IIII 66* exibent *B H. IIII 82* hiis *H. IIII 89* stomaco *B. V 3* Gariofilo *B H. V 13* cinamomo *B H. V 21* ungentum *B. V 43* ydola *L. V 53* edere *(pro* hederae*) B H. V 66* extirpetur *B H. V 88* hiis *H. V 97* rafano *L. VI 5* appio *L. VI 12* absintio *B. VI 31* dodechateone *B H. VI 41* Gith *B H. VI 43* Glisciside *L. VI 44* osilatro *L. VI 57* mellilotis *L. VI 60* narciso *L. VII 3* acceto *a. corr. B. VIII 55* tusim *L. VIII 77* eitiendos *L. IX 35* ydrie *L. IX 36* alfabeti *B H. IX 67* Melliti *L. IX 84* topatio *B.*

8.3.2.5. In textu

I 2 tolleranda *L,* quicquit *L*[2]. *I 7* erantia *B G. I 8* inbescillitatis *L. I 10* uncquam *H. I 11* conciscere *L. I 13* sydus *L. I 15* maximę *(aduerbium) G,* excitatibus *G. I 18* reliquid *L. I 21* augerri *L,* apropinquantem *B H. I 23* sullimi *G. I 24* succulas *L. I 25* dirrumpat *L,* corruscare *G. I 26* crasescat *H,* prophanum *L,* comfestim *L. I 27* nothum *B L,* oppinente *H. I 28* inportat *B H,* septemtrione *B H L. I 29* arepta *G. I 30* hestate *L,* exalatio *G,* quicquit *L,* autumpno *L,* autumpnat *L. I 31* exauriuntur *V,* incomodum *L. I 32* septemtrionibus *B L,* illico *H,* repperitur *L. I 34* pluuisse *G. I 36* literarum *B G. I 37* pluiales *B H,* hestate *L,* licorem *H,* rocidas *B H. I 38* regescunt *L,* scicientibus *V,* abstraimus *V. I 39* literarum *B G H,* inpositę *G. I 41* quicquit *L,* cominus *G,* imo *(pro* immo*) L. I 43* assumi *(pro* absumi*) L. I 45* sciliced *L,* inpauide *B G,* interrea *L. I 47* extitit *B H. I 48* redente *H. I 51* set *G L,* autumpnali *L,* hii *L. I 52* expirare *B H. I 53* sydus *L,* transsitu *L,* ruffas *(pro* rufas*) L,* autumpno *H:* auptumno *L. II 5* annis *(pro* amnis*) L. II 7* exhonerantes *L,* hostium *(pro* ostium*) G L. II 8* literarum *B H. II 9* conplexum *G,* nominę *G,* supernathantem *L. II 10* hirrundinibus *L. II 12* hostio *L,* conplectenda *G. II 14* inperiti *B,* auptumnum *L*: autumpnum *V H,* hii *L. II 16* ommitenda *L,* oppinio *L. II 21* hora *(pro* ora*) L. II 24* subnacentibus *G,* cognomem *G,* inpleri *B,* cimbalorum *B G. II 25* cupresi *L,* opperiri *(pro* operiri*) G. II 28* restangnantibus *B G,* inperatoris *B,* quadriduo *H. II 31* inprecatione *B G H,* occulis *B G. II 32* effitiat *L. II 33* repperiuntur *L,* iuncxit *G,* chatharacte *G,* nephas *L. II 35* set *H,* horam *(pro* oram*) L. II 38* aptisimum *B*[53], aput *G. II 39* alpheo *(pro* alueo*) L*[54], chancri *B,* iuncxere *L. II 41* perhennes *B L*[55], fluios *B H*[56], inposita *B. II 42* inmune *H. II 43* terrris *L. II 46* inpendent *B H,* inpedit *B,* coriuatus *B H. II 47* dirruta *L. II 48* innnumeram *L. II 49* hii *G L. II 50* inbutus *B,* set *B L,* hyberno *L,* occulis *L,* set *L,* oppulentie *B G. II 51* dirruta *L,* sepulchrum *B G H. II 52* set *B L. II 53* inperitasse *B H. II 54* ingnotus *L. II 56* hyberno *L,* hybernum *L,* stangnum *V. II 65* asignauere *G. III 1* nathali *L,* supliciis *B. III 4* nuperime *L,* inmolari *B H. III 8* inposita *B G H. III 9* sepulchrum *B H. III 12* pubberes *L. III 13* dupplices *V,* autor *G. III 15* quorumdam *G. III 18* horendi *V,* hyrtam *L. III 20* langore *L,* coyre *V. III 21* hermafroditos *L,* hyppocentaurum *L. III 23* honus *L. III 24* alumpnum *B G H V. III 25* extat *L. III 26* efingere *L,* diferencie *V,* inprimit *B,* inmobiles *G. III 27* comendationis *L,* nathales *L,* repperiri *L. III 28* giggnunt *L,* quinquagessimum *G,* quadragessimo *G. III 31* inperauere *B. III 35* ungentorum *B G H,* ungenti *B G H. III 36* tyrrannus *L,* sumiserat *L. III 37* sepulchro *G L,* inponi *B H. III 39* teatralis *G. III 40* Aput *B G,* expirasset *H. III 42* Set *B H,* suplicii *B G H,* imo *L. III 43* gramatica *L H,* horis *(pro* oris*) L, a. corr. B,* Set *G L H,* supprema *L. III 44* suppremo *B H L,* suppremus *L,* conparatur *G. III 46* quicquit *L,* incomodo *L. III 47* expirauerit *B G H V,* suppremo *L,* nathali *L. III 49* tyrrannus *L,* commitio *L. III 51* supprema *L,* nathalem *L. III 53* aportauit *H,* Veiculum *B G H,* tirranus *L*: tirannus *B,* eroicum *G,* cimbam *B G H,* pupi G^{1}. *III 54* duodecem *a. corr. G. III 55* elephans *L,* Imo *L. III 56* Elefas *B,* dirrigi *L. III 57* poblitem *G*[57], connexi *L,* sequntur *B H G,* Wlnerati *B G*[58]. *III 60* acclinen *G. III 61* harmosque *L. III 62* percuntando *L,* mustellarum *L,* gygnant *L,* conpactile *B L,* suplices *G,* inpresso *B G H. III 63* acerimo *G V,* Wlneratus *B G H. III 64* extracxit *V,* accomodanti *L. III 65* aparuisse *V,* inputare *B H. III 66* apropinquante *G V. III 67* honere *L,* hodium *V,* quadriduo H^{1} *V,* cohitu *H. III 70* bissulca *L,* asperimam *B H,* inminente *B H*: imi- *L. III 71* expirantibus *G H,* inpellit *H. III 72* exciciale *H,* ampnibus *V. III 73* inprimit *G,* hyantes *L,* ycneumon *L. III 75* inpares *B G H,* inpositi *B G. III 76* Asidua *V,* inprimens *B H,* exhonerat *L. III 77* mostrauit *V,* adhuncitate *V,* honera *L,* hyrundines *B H,* edera *B G V. III 78* panteras *H V,* illico *L V,* expirare *H,* interraneis *L,* occurit *H V,* cameleone *G V,* extinguit

53 *Ib. 3, VII § 278.2.*
54 *Ib. 3, VII § 232.5.*
55 *Ib. 3, VII § 121.3.*
56 *Ib. 3, VII § 109.3.*
57 *Ib. 3, VII § 204.4.*
58 *Ib. 3, VII § 113.3.*

B G H V. III 79 excicii *H V,* autor *a. corr. G. III 80* solicitandos *V. III 82* appelantur *V,* excercent *V,* incomodum *L,* commitiales *L. III 83* quitquam *V,* promta *B H G. III 84* solertia *L. III 85* consedente *B L H V. III 86* inmobili *L. III 87* inpressi *B H,* extinguitur *B H V,* yppomanes *L. III 88* inpaciens *L,* sciciunt *L. III 89* quicquit *L*: quitquit *V. III 90* extincti *L,* extingui *L H. III 91* peccorum *L,* peccori *L,* terrebrato *L,* imo *L,* apellant *L. III 93* honerato *L. III 94* hybernis *L. III 95* clippeis *B,* interrimi *L. IIII 2* ymo *V. IIII 4* chonca *B,* hyspido *L. IIII 6* Irumpit *V,* sceu *B H V,* balene *L H V, p. corr. B,* inmobiles *B H,* anelitus *V,* anatantes *V. IIII 7* anelitum *V. IIII 8* Delfinus *B,* fraugmentis *V,* refferre *V,* diey *V,* acculeos *L,* extincto *L H V,* expirauit *L H V. IIII 12* brancias *B. IIII 14* irundini *H,* aprehendi *V,* efuso *V,* Pollippi *B H. IIII 15* dampnosissimum *L V. IIII 16* opperitque *L,* ascie *(pro* acie*) L,* scopullos *V,* promtis *V,* inposuere *B,* Elencos *B H V,* oppertam *L. IIII 17* scenties *B*: scencies *H. IIII 18* Set *L H V. IIII 19* ocultatus *V,* ellato *V. IIII 20* prurritum *V. IIII 22* Delfini *B H,* stangna *V,* stringmenta *V,* ballene *a. corr. B,* reffossa *V,* apperit *L,* expirasse *V. IIII 23* Aput *B,* Concarum *B H V. IIII 25* extitisse *L H V. IIII 26* percusciens *V,* diey *V,* accrior *V. IIII 27* dampnat *L H V. IIII 28* autumpno *L H V,* occuli *V. IIII 33* descidens *H,* refferant *V,* longinco *V,* inponunt *B H,* habeunt *V,* hybernis *L V. IIII 35* ouua *L. IIII 37* cianeo *L. IIII 39* cianeo *V,* relinquid *V,* tiningulus *B H. IIII 45* semsim *L. IIII 46* inpetrauerint *B. IIII 49* sciliced *L. IIII 51* inperfectum *B H. IIII 54* porrrecte *L. IIII 55* delfini *B,* baleneque *L,* peccora *L. IIII 56* inscisuris *V, a. corr. L. IIII 59* tollerant *V. IIII 62* honerantur *L,* honuste *L,* exhonerant *L,* alatum *V,* excimuntur *V,* inponi *B,* amolliuntur *L. IIII 63* inperfecte *B H,* adiuant *B,* rocida *B H V,* uicessimo *V,* crascessit *B H V,* explendescente *B H,* corumperet *H,* uiceribus *V. IIII 64* reselire *L. IIII 65* tepediore *L. IIII 66* pene *(pro* penne*) L,* inmunis *B H V. IIII 67* Inpugnant *B H V,* terredines *L. IIII 70* terrebinti *L*: there- *V,* impatienscia *L. IIII 71* Falangia *B H V,* inportuna *B H. IIII 73* alumpna *L V. IIII 75* honera *L,* atritos *B H,* hyberno *L. IIII 76* pirato *L V. IIII 77* Hystoria *L,* peccore *L. IIII 78* coroborantur *B H. IIII 79* inmobiles *L,* surrecte *V. IIII 81* choibent *V,* transmitunt *L,* commitiali *L,* stomacum *B H V,* hiene *B H V. IIII 82* hostenditur *V,* inmutabiles *B H. IIII 83* lingarum *V,* Tonsile *H, p. corr. B,* glandulle *B H. IIII 84* Apellatur *V,* stomacum *B H V,* hiene *B H,* expiretur *H L V. IIII 85* stomacus *B V. IIII 86* illico *H. IIII 89* stomacum *L V,* subprimitur *V,* solertes *V. IIII 91* annexa *V. IIII 95* hyrtos *L. IIII 96* obliqum *B V. IIII 97* occulis *V. IIII 98* inscisuras *B H V. IIII 99* malificos *V,* inprudentie *L. IIII 101* illico *L. IIII 102* hestate *L,* dificilius *V. V 4* rafani *B*: raffani *V. V 8* autumpno *L H,* hyeme *L H,* exortatus *B H. V 10* gumium *L. V 12* hyrcinis *L. V 13* cinnammomo *H. V 15* comune *H. V 16* ungentorum *B,* ceptrum *(bis) L. V 17* Succus *L. V 18* arrido *L,* territur *(pro* teritur*) L,* oenante *B. V 19* ungenta *B. V 20* ungentis *B L. V 21* ungenti *B,* Vngenta *B,* illico *L. V 23* inpositos *B H. V 24* lothon *L,* ydoneus *L H,* asscripsisse *B H. V 26* deffectu *V,* inpendii *B H. V 27* comunicato *H,* obliterata *B H. V 28* choibens *H,* interhemisset *a. corr. B. V 29* inpendio *B H,* solercia *H. V 30* Iunccinum *B H. V 31* terredines *L,* horis *(pro* oris*) L. V 33* comendantur *B,* inprobitatis *B H,* accerbitatis *L. V 37* acomodaciores *B. V 40* comunia *H,* succus *L,* asperimus *B. V 42* honustum *L. V 43* inposuisse *B. V 44* hylarem *L*: yl- *V,* chacron *B H. V 45* apptissima *V. V 46* inposita *B H. V 48* apperiunt *B H. V 49* lothon *L. V 50* inituntur *L. V 51* harundine *L,* aquatiquos *H. V 53* scedrus *B H. V 55* quarumdam *L,* Aput *B. V 56* succus *L. V 60* aput *B. V 61* apptissimum *H,* earumdem *L,* holus *B H. V 65* honeri *L,* esttuosis *(*÷tuosis*) L. V 66* inpensa *B,* extirpande *L. V 68* ilite *L,* famen *L. V 72* procurente *L,* inpendio *L,* extat *L. V 76* autumpni *L H. V 78* peccorum *L. V 80* trescentos *L,* apperiente *L,* aput *B. V 81* Nouenbris *B. V 83* atinent *B H,* conplectitur *B,* comissuras *B H,* succum *L,* hybernos *L,* aput *B. V 89* transsierint *L,* Autumpni *L,* choro *(pro* coro*) L. V 91* inhorresscere *L. V 92* aluit *(pro* alluit*) L,* rethia *B H. V 94* succum *L. V 96* sexquipedali *V. V 97* dirruptis *L,* succum *L,* hyberno *L. V 98* aput *B,* extirpatis *L H. V 99* expirasse *L H. V 100* allium *L V* B^2, consumatur *V,* inprobitatem *B. V 102* Erruca *H. V 105* succus *L. VI 4* stomaco *B. VI 5* pisinis *V. VI 6* coibet *B H,* Sūtū B^1. *VI 7* Wltum *B H,* olphactum *V,* coibet *B H V. VI 8* cumini *V. VI 9* absintii *B. VI 10* occissimum *V,* repperit *L,* excicialia *H,* negantque *(pro* necantque*) L*[59]. *VI 11* ruffi *V. VI 12* absintium *B H*: -ncium *V,* stomacum *B V (bis),* corroborat *H. VI 13* aput *B. VI 15* allio *L V,* regeo *B H. VI 16* antiquisimi *V,* brasica *V. VI 20* ephiforas *V. VI 22* inflamationes *B H V,* Sompnum *L H V. VI 24* Dicessu *L,* marcessit *B H V. VI 26* choibendas *B H V,* ephiphoras *V,* coibet *B H V. VI 33* euruca *L H*[60]. *VI 34* brascice *B H V. VI 36* Idropicorum *B H V,* peccorum *L. VI 37* celerime *V. VI 38* excuendo *L*[61]. *VI 40* philici *L,* obulorum *L. VI 44* dificultatibus *V. VI 46* capud *L H V. VI 50* stomacum *B H. VI 51* subposito *B V*: supo- *H. VI 53* commenducata *B H,* arrida *V,* inibet *L. VI 60* narciso *L V. VI 61* suffussisque *V,* idropicis *B,* absintio *B. VI 62* inibet *L,* extraitque *B. VI 65* Inflamationem *B H V,* stomaco *V. VI 67* sompnia *V L, p. corr. H,* incomodo *L V,* ebetare *B H V. VI 70* peccorum *L. VI 71* stomacum *B H V. VI 73* incomoda *L V. VI 74* deffessos *V. VI 77* stomacum *V. VI 79* ra-

59 *Ib. 3, VII § 159.4.*

60 *Secundum ThLL V 2, 823, 58 sunt formae* eruca *et* uruca*; forma* euruca *mixta uidetur.*

61 *Cf.* Stotz, *HLSMA 3, VII § 281.2.*

pidi *B L*[62], discuserunt *B H,* sompnia *L H V. VI 80* Stomaco *V,* ydropicis *L H V,* coxcendicium *L. VI 81* timporibus *V. VI 84* legittimum *L. VI 89* inflamationes *B V,* collexiones *H. VII 1* inflamationesque *B H,* dissintericis *L V. VII 4* coibet *B V. VII 7* sciatiscis *a. corr. B. VII 8* dissintericis *L*: dissent- *V. VII 9* honerosus *L V. VII 12* emorogiam *L V. VII 17* comentario *L,* nosciturum *L. VII 19* sciunt *(pro* ciunt*) B H V. VII 20* choibent *B,* gargarisatione *V. VII 21* choibet *B H V,* ydropicis *L H V. VII 24* lyenem *V. VII 31* ydropicos *L H V,* exinnaniunt *L,* muce *(pro* musce*) V. VII 33* Inflamationes *B H. VII 40* ausiliatur *B*[63]. *VII 41* dissintericis *L,* collericis *a. corr. B. VII 43* comodatissimum *L. VII 44* presentisimis *V. VII 46* exhiliret *V. VII 47* choibenda *H V,* lippidudines *H. VII 48* ruffa *V,* iminere *L V. VII 50* iritas *H. VII 51* elefante *B H. VII 53* decoqunt *H V,* commitialibus *B V*: commici- *H,* elefanciis *L H,* corosiones *V. VII 58* hyrcina *L,* discuttere *H. VIII prologus* reuoccasset *L. VIII 2* occulos *B. VIII 5* fluuiuatiles *V. VIII 14* dissintericos *L. VIII 19* delfini *B H. VIII 25* sanguissugis *B H,* hirrudinum *a. corr. B,* sanguissugas *B H,* fluiatilium *B H. VIII 29* harundine *L V. VIII 32* amoniaci *B H. VIII 35* ehino *B H*[64], apellatus *B. VIII 37* peribet *B H,* dampnantur *L H,* aduxit *(pro* adduxit*) a. corr. B. VIII 39* Sulfurata *B H. VIII 43* percollata *H,* dulcessit *L. VIII 45* sulfurata *B H. VIII 47* feruminantes *L H,* peribetur *B H. VIII 50* inflamationes *B H. VIII 61* consumationis *B,* Desintericis *B*: Dissin- *L,* dissinteriam *L. VIII 64* hylaritatem *L. VIII 65* hyberis *B H V. VIII 67* hororibus *H. VIII 72* incomoda *L,* furrunculi *H. VIII 75* peculialiter *V. VIII 90* suellum *L. VIII 92* ulnera *B. VIII 95* Sompnos *L V. IX 3* ommittamus *L. IX 7* arrida *L. IX 10* simulachrum *(bis) L. IX 12* tranferret *L. IX 15* squamma *B. IX 17* stomacum *B H,* emoroidum *V. IX 18* extruimus *L,* missilli *H, a. corr. B. IX 19* pusullasque *H,* Inponitur *H. IX 20* pretiocissimum *L. IX 21* conpescit *H. IX 25* ommittenda *L. IX 26* tralucet *B*[2]. *IX 27* ungentaria *B. IX 28* sargofago *V,* sinditur *L. IX 35* yris *L. IX 36* literarum *B. IX 37* acathe *B H. IX 39* adamans *a. corr. B,* dessidet *V. IX 40* disultet *B H. IX 41* apellatur *B H. IX 46* flameos *B H. IX 48* apellati *B H,* oppulentiam *L. IX 50* apellatur *B,* celerime *V. IX 57* percusum *L,* deffectus *V. IX 58* apellatur *B. IX 63* succinis *L. IX 66* atrita *L. IX 73* atritu *L. IX 76* tralucet *B. IX 81* succinum *L,* apellantes *B H,* autoritas *H,* tralucentibus *L B*[2], succinorum *H,* adulterrandum *B H. IX 83* aput *B. IX 84* thopazio *B H,* inportata *B. IX 88* Zmaraddum *B,* comentariis *L. IX 89*

62 *Ib. 3, VII § 204.3.*
63 *Ib. 3, VII § 282.2.*
64 *Ib. 3, VII § 130.*

Zmaraddis *B*, peribetur *B H. IX 90* apellati *B. IX 91* occurunt *H. IX 93* autorum *B*, imo *L. IX 94* apellauere *B. IX 96* similimo *H.*

8.4. De diphthongis

Diphthongi, id est ae *uel* oe, *in Defloratione non leguntur paucis exceptis, quae in capite* 8.5. *inueniuntur. sunt tamen litterae* ę *in codice G et* æ.

8.4.1. De littera æ

Raro in Defloratione littera æ *inuenitur. quia singulis locis tantum in singulis codicibus, nunquam in omnibus, legitur, per correcturam scriptam esse uerisimile est, id est librarius primo litteram* a *scripsit, tum eam in* e *mutauit uel contra. exempla quae inueni sunt haec: I 23 / 2, 104* pugnæ *G. II 28 / 5, 35* sabratæ *B. II 51 / 6, 107* grætia *G. II 57 / 6, 210* partæm *B. III 18 / 7, 25* quæm *B. III 28 / 7, 61* mæthimannum *G. III 53 / 7, 195* ægypto *L. IIII 8 / 9, 20* transuolænt *B*[65]*. IIII 51 / 10, 189* salamandræ *B. IIII 98 / 11, 274* longæ *B*[66]*. V 25 / 13, 127* siquidæm *B. V 51 / 16, 156* necessariæ *B*[67]*. IX 39 / 37, 61* uenæna *B.*

8.4.2. De littera ę

Littera ę *in uno codice G legitur.* RÜCK, *qui primam partem Deflorationis annis 1902 sqq. edidit, in textu omnibus eis locis diphthongum* ae *scripsit. qua e caudata quam docti uocant librarius non raro secus ac scriptores ueteres usus est*[68]*, e.g. I 43 / 2, 184* nominę. *I 45 / 2, 193* uarię *(aduerbium). I 53 / 2, 230* ęquę[69]*; 2, 234* marę. *I 54 / 2, 236* ęgestumque. *II 19 / 4, 105* nominę. *II 27 / 5, 22* insignę. *II 33 / 5, 53* ę *(praepositio); 5, 55* temporę. *III 1 / 7, 3* cęteris*; 7, 4* cętera. *contra multis locis littera* ę *scripta non est, ubi legi debet, e.g.: I 53 / 2, 234* ethnę. *I 54 / 2, 235* adheret. *II 5 / 3, 85* solee *(gene-*

65 *Hic sine dubio littera* a *a manu posteriore in* æ *uel* e *mutata est.*

66 *Etiam hic manus posterior litteram* a *in* æ *uel* e *mutauit.*

67 *Etiam hic manus posterior litteram* a *in* æ *uel* e *mutauit.*

68 *Hanc litteram scriptores mediae aetatis saepius secus quam ueteres diphthongum (e.g. in uoce* cęteri*) usurpauisse moneo.*

69 In Ponto fluuius A‹xi›aces rigat campos, in quibus pastae nigro lacte equae gentem alunt *MAYH*: in Ponto fluuius Astaces irrigat campos, in quibus paste oues nigro lacte eque *(*ęquę *G)* gentem nutriunt *o; uocabulum* oues *apud MAYH tribus uersibus altius legitur; uocabulum* eque *apud Robertum potius ut* aeque *quam* aequae *interpreter.*

tiuus). II 9 / 4, 31 amenus, penales. *II 40 / 5, 97* phenicium[70]. *III 46 / 7, 167* pene *(pro* poenae*).*

In Bibliotheca Herefordensi librum, qui Homiliae in Ezechielem *inscribitur, ipsius Roberti manu conscriptum*[71] *ipse inspiciens nullam e caudatam inueni. ideo Robertum hanc litteram non scripsisse mihi persuasum est eamque e textu et ex apparatu critico semoui.*

8.5. Vbi in Defloratione diphthongus legatur uel ubi in exemplari Roberti scripta sit

Diphthongi in Defloratione non leguntur paucis imprimis in nominibus propriis uel uocabulis Graecis exceptis, quarum inueni exempla haec: II 9 / 4, 14 Pisaeorum *MAYH*: Pisa eorum *o. II 16 / 4, 95* Oeonae *MAYH*: Oeone *o. II 21 / 4, 113* Paesuri *MAYH o. II 25 / 5, 11* Aedemon *MAYH o. II 27 / 5, 24* Libyphoenices *MAYH*: Libifoe- *o*, faenus *MAYH*: foenus *o. II 30 / 5, 44* Oechalicas *MAYH*: Eocalicas *o. II 32 / 5, 47* Eratosthenes *MAYH*: Aeratosthenes *o*[72]. *II 35 / 5, 66* Coele *MAYH o*[73], Sophene *MAYH*: Sophoene *o*[74]*; 5, 67* Phoenicium *MAYH o*[75]*; 5, 69* Phoenices *MAYH o. II 40 / 5, 97* Phoenicium *(*phenicium *G) MAYH o. II 55 / 6, 195* Nigroe *MAYH o. II 59 / 6, 212* Coele *MAYH o. II 63 / 6, 216* Beroea *MAYH o*, Euboea *MAYH o*, Boeotum *(*boetum *L) MAYH o. IIII 33 / 10, 60* coeptos *MAYH*: coemptos *o*[76]. *IIII 65 / 11, 47* oestrus *MAYH o. IIII 76 / 11, 119* in Cypri aerariis *MAYH*: in Cipria erariis *o. V 7 / 12, 53* schoeni *MAYH*: choeni *o. V 18 / 12, 132* oenanthe *MAYH o. IX 15 / 34, 105* aes *(*es *L) MAYH o. IX 45 / 37, 149* aeris *MAYH o. IX 95 / 37, 191* aeris *(*-ri, -rei, erei *pars codicum) MAYH*: aerii *o*.

70 *Ceteri codices* phoenicium *habent.*

71 *Cf. MYNORS 22.*

72 *Sic in Roberti exemplari scriptum esse uerisimile est.*

73 *Sed II 37* Celes *o.*

74 *Sic in Roberti exemplari scriptum esse uerisimile est.*

75 *Sed in eodem capite* Phenicum *o.*

76 *Nescio an Robertus formam* coeptos *non intellegens in* coemptos *mutauerit.*

9. De grammatica

9.1. De pronominibus

Medio aeuo formae pronominum is / ea / id *uel* idem / eadem / idem *cum pronominis* hic / haec / hoc *confundebantur*[77]*, id quod etiam in Defloratione accidit; inueniuntur formae hae:*

hi[78]	*multis locis.*
hii[79]	*III 83*[80]*; VIII 15, 37; IX 82.*
he[81]	*I 41; II 56*[82]*; III 1; IIII 35, 40, 74.*
hee	*in codice L pro forma* he *et* ee.
his	*multis locis*[83].
hiis	*a primo libro incipiente usque ad quintum librum extremum omnes codices praeter L tantum formam* his *habent*[84]*, in sexto et* his[85] *et* hiis[86] *leguntur, a septimo libro incipiente in omnibus codicibus tantum* hiis *legitur.*
ee	*I 41*[87].
eis	*V 95 (in indice capitum); I 8; IIII 43, 47; V 107; VII 12.*
heedem	*VII 19; VIII 30.*
hisdem	*compluribus locis.*
hiisdem	*VI 30*[88].
idem *masculinum plurale*	*compluribus locis.*
eedem	*I 15, 20; III 87; IIII 43; VII 17.*

77 *Cf.* S*TOTZ*, *HLSMA 4, VIII §§ 59.1 sqq.*
78 *In codice L pro hac forma passim* hii *legitur.*
79 *L tantum eam formam habet.*
80 hii *p. corr. B (quae a. corr. hab. B non iam legi possunt)*: his *G L V.*
81 *In codice L pro hac forma passim* hee, *qua ceteri codices carent, legitur.*
82 Hę *G.*
83 *Nonnullis locis* hiis *habet L.*
84 *Sed etiam in L multis locis* his *legitur.*
85 *VI 56, 79 (bis), 80.*
86 *VI 15, 40, 89.*
87 eeque *B H*: eęque *G*: heeque *L (uacat V).*
88 *Et* I 28 *L.*

eisdem	*I 38; VI 55.*
isdem	*II 30*[89]*, 33; V 80.*

9.2. De aliquot formis notabilibus

9.2.1. Passim leguntur

illinio *et aliae formae quartae coniugationis,* cit, ciunt.

9.2.2. Nonnullis locis leguntur

9.2.2.1. In indice capitum

II 53 odiunt. *IIII 1* terrestriis *(ablatiuus pluralis)*[90].

9.2.2.2. In textu

I 13 inferiori *(ablatiuus). I 28* maiori *(ablatiuus). II 48* probabile *(ablatiuus)*[91]. *II 55* auguriantes *o; forma* augurior *secundum ThLL II 1376, 27 sq. in* VET. LAT.*, apud* ISID. *et in* GLOSS. *legitur. IIII 27* maiori *(ablatiuus). V 94* tuberem. *VII 57* adipi *(ablatiuus)*[92].

9.3. De rebus ad constructionem dictionum pertinentibus

9.3.1. De accusatiuo cum infinitiuo qui dicitur sine uerbo substantiuo posito

I 43 / 2, 183. IIII 95 / 11, 229 libidinosiores hominum quoque hirtos *o. IX 55 / 37, 162* in educatione nutricibus lactis fecundas *(scil.* esse tradunt *uel sim.) o. IX 70 / 37, 91* Onicem ueram plurimas uariasque cum lacteis habere uenas *o. IX 80 / 37, 192* Sinocitidi umbras in effebum euocatas teneri *o.*

9.3.2. De accusatiuo cum infinitiuo qui dicitur et nominatiuo cum infinitiuo permixtis

Inueni unum exemplum: IX 55 / 37, 162 infantium quoque adalligate saliuam facere dicuntur, in ore autem liquescere easdem et memoriam adimere promittuntur *o.*

89 isdemque *B H L*: idemque *G (uacat V).*
90 *Cf.* STOTZ*, HLSMA 4, VIII § 42.5.*
91 *Ib. 4, VIII § 35.5.*
92 *Ib. 4, VIII § 35.7.*

9.3.3. De ceteris rebus ad constructionem dictionum pertinentibus

III 45 / 7, 141 sententiam primam Robertus omisit, secundaria a uerbo siquidem *incepta tantum legitur. IIII 100 / 11, 278* ... uino faetent ora nimio; sed sibi proceres medentur grano Assyrii mali ... *MAYH*: fecentia ora medentur grano Assirii mali ... *o; Robertus uerbo* medentur *ui passiua usus est*[93]. *V 8 / 12, 62* at ille *(scil.* Alexander*)* Arabiae potitus ture onustam nauem misit et exhortatus est *(scil.* Leonidem*)*, ut large deos adoraret *MAYH*: at ille Arabia potitus thure onustam nauim misit ei, ut large exhortatus deos adoraret *o; participium* exhortatus *uerborum ordine mutato ui passiua legitur. VIII 62 / 26, 100* podagrae morbus rarior solebat esse ... . medentur radices panacis cum uua passa, sucus hyoscyami cum farina ... *MAYH*: podagre morbus rarior esse solebat ... . medetur succo iociami cum farina ... *o; uerbum temporale* medetur *ui passiua legitur.*

9.4. Quomodo Robertus nomina Graeca tractauerit[94]

Robertus plerumque exemplar diligenter describens Graecam declinationem retinet: I 36 / 2, 149 Anaxagoran. *II 9 / 4, 31* Horcon. *II 35 / 5, 67* Phenicen *(*-cem *L). II 38 / 5, 84* Euphraten *(*-tem *B). II 44 / 6, 24* Commagenen. *II 55 / 6, 195* Nigroe. *II 61 / 6, 214* Cicladas, Malean. *II 62 / 6, 215* Samos, Chios. *III 4 / 7, 9* Ciclopas, Lestrigonas. *III 7 / 7, 12* Boristenen. *III 32 / 7, 80* Diogenen *(*-nem *G). III 53 / 7, 197* Ciclopas. *V 24 / 13, 114* embolinen. *VII 2 / 23, 62* cantaridas. *VIII 7 / 32, 89* parotidas *(*-des *B^1). IX 94 / 37, 59* antiphacian[95].

Nonnunquam autem Latina declinatione utitur, e.g. II 5 / 3, 80 Cyrnon *MAYH*: Cirnum *o. II 39 / 5, 90* Masicen *MAYH*: -cem *o. V 51 / 16, 162* Acesinen *MAYH*: -nem *o. V 86 / 18, 333* borean *MAYH*: -eam *o. VII 1 / 23, 56* aspidas *MAYH*: -des *o. VIII 65 / 26, 112* paralysin *MAYH*: -lisim *o. IX 88 / 37, 73* alabastriten *MAYH*: -tem *o.*

II 34 / 5, 61 Robertus ipse accusatiuum nominis Memphis *formans Latina declinatione utitur:* deinde Arsinoes ac iam dicta Memphis, inter quam et Arsinoiten nomon ... *MAYH*: inter Menphim et Arsinoiten nemeon ... *o*[96].

93 *Eadem ui et in inscriptione capitis, cf. ThLL VIII 519, 84.*

94 *Vide etiam* 3.2.

95 *Sed insequitur* simphaciam.

96 *Sed IX 88 / 37, 85* ... Claudius Caesar smaragdos induebat uel sardonyches *MAYH*: Claudius Cesar zmaragdos induebat aut sardonicas *o; nescio an Robertus accusatiui formam Graecam* sardonicas *iam in exemplari scriptam inuenerit.*

Robertus uocabulum Graecum non declinat: VI 31 / 25, 28 ... maxima auctoritas herbae est, quam dodecatheon uocant omnium deorum maiestate commendantes *MAYH*: dodecatheon herbe maxima est auctoritas *o.*

10. Quomodo Robertus in scribendo lapsus sit

II 45 / 6, 32 ... contra Pharnaceam Chalceritis, quam Graeci Ariam dixerunt Martique sacram et in ea uolucres cum aduenis pugnasse pinnarum ictu *MAYH*: in insula Calcheritis, quam Greci Ariam dixerunt sacramque Marti, et in ea uolucres cum aduenis pugnasse pennarum ictu *o; Robertum* in insula Calcheritis, quam ... Marti, uolucres cum aduenis pugnasse pennarum ictu certum est *uel sim. scribere uoluisse uerisimile est, sed uerba* et in ea *delere oblitus est. III 11 / 7, 15* Machlyas androgynos *MAYH*: Maclyas androginas *o. III 19 / 7, 26* fama est insidentes arietum caprarumque dorsis ... ad mare descendere et oua pullosque earum alitum consumere *MAYH; post* est *uocabulum* quod *add. Robertus, sed oblitus est infinitiuos formis finitis mutare. III 44 / 7, 130* ... qui iure dici non infelix potest *MAYH*: qui non dici non infelix potest *o; Robertus pro uocabulo* iure *iterauit* non. *III 49 / 7, 181* cubiculi *MAYH*: cubili *o. III 92 / 8, 203* ideo, si caprinum iecur uescantur, restitui uespertinam aciem ‹i›is ... *(*si *om. aut p.* iecur *transp. pars codicum) MAYH*: ideo caprinum iecur restitui uespertinam aciem his ... *o; Robertum* caprino iecore ... restitui *scribere uoluisse uerisimile est, sed ablatiuum uerborum* caprinum iecur *ponere oblitus est. IIII 22 / 9, 157* quonam modo generent, desiderium et admiratio hominum differri non patitur *MAYH*: ... admirationem ... *o; Robertum accusatiuum uocabuli* admiratio *propter* desiderium *posuisse uerisimile est; 9, 166* belone *MAYH*: balene *o. IIII 29 / 10, 40* pici Martio cognomine insignes *MAYH*: pico Martio ... *o; Robertus uocabulum* pico *mendose in eandem litteram ac* Martio *exiens scripsit. IIII 55 / 10, 209* aquatilia quoque exiguum quidem ... *MAYH*: ... aquatilium ... *o, Robertus uocabulum* aquatilia *in eandem syllabam ac* exiguum *exiens scripsit. IIII 86 / 11, 181* ... sicut tardissime oculos, ... cor nouissime *MAYH*: ... sicut nouissime oculos, ... cor nouissime *o. V 24 / 13, 115* eadem *(scil.* gignit*)* et tragacanth‹a›m spinae albae radice, multum praelatam apud Medos aut in Achaia *(*Caucaso *unus codex) nascenti MAYH*: eadem et tragachantem ... apud Medos aut in Caucaso nascentem *o. V 35 / 15, 74* interrogo ... quando hanc pomum demptam putetis ... *75* tertium ... ante diem scitote decerptam Carthagine *MAYH*: ... hunc pomum decerptum putatis ... scitote decerptam ... *o. V*

48 / 16, 122 et abieti quidem subrecta diuisura ramique in caelum tendentes, non in latera proni. *123* mirum, cacuminibus eorum decisis moritur, ... *MAYH*: ... mirum, cacuminibus abietum decisis moritur, ... *o; Robertus pronomen* eorum *cum nomine* abietum *commutauit, quamquam* eorum *ad ramos pertinet et abies subiectum sententiae est. V 65 / 18, 27* colore *MAYH*: odore *o. V 87 / 18, 344* circumcludent *(*-userint *duo codices) MAYH*: circumcluderit *o; Robertus in uerbo* circumcludent *describendo lapsus est*[97]. *V 102 / 19, 136* genera eius facit: extentis *(*unam extentis *pars codicum)* foliis ... *MAYH*: genera eius sunt tria: unam extentis foliis ... *o; Robertus* facit *cum uerbo* sunt *commutauit, sed oblitus est* unam *in formam nominatiui mutare. VI 78 / 20, 25 in Roberti exemplari ut apud MAYH sententiam* inpositoque raphano scorpiones moriuntur *fuisse uerisimile est; apud MAYH uno uersu altius forma* scorpionibus *legitur, qua in exscribendo Robertus uerbum* scorpiones *commutauit, quamobrem sententia est* imposito raphano scorpionibus moriuntur *o. VII 21 / 23, 160* contra phalangia *MAYH*: contra phalangias *o. VIII 5 / 32, 55* cancros sues *MAYH*: cancros uel *o; in Roberti exemplari* cancroſſueſ *scriptum esse uerisimile est. VIII 32 / 32, 28 Robertus contra Plinium hoc loco uerba temporalia, sed non adiectiua* poti *et* utiles *in singulari numero posuit. VIII 66 / 26, 115* in quartanis quaterna *MAYH*: in quartanis quartana *o. IX 13 / 34, 41* Chares Lindius *MAYH*: Charessindius *o (*chareſſindiuſ *L*: chareſindi⁹ *B). IX 15 / 34, 107* ... quam uocant lepida, et sic adulteratur flos, ut squama ... *MAYH*: ... et sic adulteratur lepida, ut squama ... *Robertus uerbum* flos *iterato* lepida *permutauit. IX 17 / 34, 126* excrescentia ulcerum *MAYH*: excrescentium ulcerum *o; Robertus uerbum* excrescentium *in eandem syllabam ac* ulcerum *exiens scripsit. IX 77 / 37, 182* ... e melleo colore croco refulgentes, intus autem stellas continent languidas *MAYH*: ... e melleo colore et croco refulgentes, intus autem continent stellas refulgentes *o; Robertus uerbum* languidas *cum iterato* refulgentes *commutauit. IX 87 / 37, 184* nigram *MAYH*: gratia *o; in Roberti exemplari* nigrā *(=* nigram*), quod forma* grā *(=* gratia*) exscripsit, scriptum esse uerisimile est. IX 88 / 37, 74* ... chalcosmaragdos e Cypro, turbida aereis uenis *MAYH*: ... calco zmaragdos e Cipro turbidos ereis uenis *o; Robertus uerbum* turbidos *in eandem syllabam ac* calco zmaragdos *exiens scripsit; 37, 75* reperiri *MAYH*: reperi *o (per haplographiam). IX 94 / 37, 59* ... hircino rumpitur sanguine *MAYH*: hircinorum rumpitur sanguine *o; Robertus syllabam* -rum *iterauit.*

97 *Cum Robertus uerbum* circumcluderit *formam temporis futuri secundi interpretatus esset, uerbum sequens* relinquent *in* reliquerit *mutauit.*

11. Quomodo Robertus dies indicauerit

V 81 / 18, 287 a. d. VI id. Mai. *MAYH*: sexto idus Maii *o. V 83 / 18, 283* a. d. XIII kal. Ian. *MAYH*: ad XIII kl' Ianuarii *o; 18, 285* a. d. VII kal. Mai. *MAYH*: VII kl' Maii *o,* in IIII kal. Mai. *MAYH*: in IIII kl' Maii *o.*

12. Quae Robertus in margine uel supra uersus addiderit

12.1. In margine

In prologo, qui a uerbis Studiosis et precipue *incipit, Robertus scripsit se in margine, ubi necessarium putasset, super his maxime, quae obscura uel grauia ad intelligendum proposita essent, ingenioli sui qualemcumque capacitatem communicauisse, nullum praeiudicium doctioribus facientem. leguntur ea margini ascripta uerba in codicibus B H L per litteras* Rob(ertus) *uel* R(obertus) *notata, quae tamen quod quidem uideam omnia a manu altera addita sunt. in hac editione post caput ad quod pertinent leguntur litteris maiusculis signata, ut quo pertineant intellegatur*[98].

Sunt omnes undeuiginti adnotationes margini ascriptae[99]*, pleraeque non magni momenti*[100]*. affert quidem Robertus, quod ipse expertus est*[101]*, uel exemplum suae aetatis*[102]*. neque uero desunt explicationes falsae*[103]*. etiam eum notionem textus non recte*[104] *uel mire*[105] *interpretatum apparet.*

*Verba ad I 8 margini ascribens (*sicut M. V. qui dicebat Iouem ethera, Merc(urium) aera *...) Robertus explanationem Seruii ad Aen. I 47 (*physici Iouem aetherem, id est ignem, uolunt intellegi, Iuonem uero aerem *...) profert. uerum illo loco non Mercurius, sed Iuno tractatur, qua de causa Ro-*

98 *In codicibus partim notis signata sunt.*

99 *Ad I 2, 15, 18, 32, 38; II 48, 49; III 44, 51, 83; IIII 64, 65, 86, 92 singula, ad I 8 bina, ad II 50 terna.*

100 *E.g. ad I 15.*

101 *Ad II 50 A.*

102 *Ad III 44.*

103 *Ad I 18, IIII 65 (*laterna *animal non est).*

104 *II 49 / 6, 76* ... ab his gens Pandae, sola Indorum regnata feminis *MAYH*: ... gens Panda e sola ... *o; uerbis margini ascriptis Robertum id* e *ut praepositionem interpretatum apparet.*

105 *Ad I 38;* quo *apud Plinium ad* digito *pertinet.*

bertum ea uerba e memoria scripsisse Iunonem cum Mercurio commutantem et auctorem Seruii loco M(arium) V(ictorinum) (?) afferentem uerisimile est.

12.2. Supra uersum

Plurima uerba supra uersus scripta tantum in singulis codicibus plerumque a manu altera addita leguntur, qua de causa non constat, num Roberti ipsius sint, e.g.: I 15 / 2, 66 s. polis *uerba* i(d est) circulis *add.* B^2. *II 13 / 4, 79 s.* Noue *uerba* pro(prium) n(omen) *add.* B^2. *II 15 / 4, 92 s.* due *(*ciue *L) uerba* pro(prium) n(omen) *add.* B^2. *III 53 / 7, 201 s.* amento *uerba* i(d est) corigia *add.* B^2. *III 54 / 7, 210 s.* tacitus *uerba* pro(prium) n(omen) *add.* B^2. *V 27 / 14, 5 s.* legi *uerba* i(d est) eligi *add.* B^2. *V 45 / 16, 36 s.* scandulam *(*-dalum B^1: -dalam *V) uerba* uel scin(dulam) *add.* B^2 [106].

Sed sunt, quae a Roberto scripta esse satis uerisimile sit, e.g.: II 9 / 4, 30 in exemplari codicis B supra nomen Penius *uerba* pro(prium) n(omen) *scripta esse uerisimile est, quae in B pro ipso nomine fluminis legantur. II 35 / 5, 66 uerba* sir(ia) uel ba(bilonia), *quae in B manus altera supra uerba* ex eadem *addidit, in L post haec uerba scripta sunt. III 16 / 7, 22 uocabulum* homines, *quod in B manus altera supra* multos *addidit, librarius codicis V post hoc uerbum scripsit.*

Etiam uerba supra uersus scripta, quae in duobus uel pluribus codicibus leguntur, a Roberto ipso addita esse uerisimile est, e.g. I 30 / 2, 136 s. iuxta *uerba* i(d est) equaliter *add.* B^2 G^2. *II 4 / 3, 33 s.* Roda Rodiorum *uerba* oppido *(*opi- *L* B^2*)* rodani *add. L* B^2 G^2. *II 24 / 5, 6 s.* prodidere *uerba* s(cilicet) auctores *add.* B^2 G^2. *IIII 8 / 9, 21 s.* uere *uerba* i(d est) in *add. V* B^2.

13. De ceteris notatu dignis

I 45 / 2, 199 L. Marcio Sexto Iulio cos. *(de duobus consulibus agitur)* *MAYH*: L. Marcio Sexto Iulio consule *o. II 17 / 4, 100* ... supra dictis *(*supradictis *o)* contermini Dacis *MAYH o; partem (4, 80), ad quam haec uerba*

106 Scindula *forma posterioris et infimae Latinitatis uocabuli* scandula *est (cf.* GEORGES *621 sub uoce* scandula*).*

pertinent, Robertus omisit[107]*; Robertus uerbum* supradictis *delere debuit. III 46 / 7, 168* ... reperitur exemplum Xenophili musici, centum et quinque annis uixisse ... *MAYH*: ... Xenophilinius ducentis et quinque uixisse annis ... *o; Robertum, cui ignotum non fuit Mathusalam 969 annos uixisse (VVLG. gen. 5, 27), aetatem tam grandem non miratum uerisimile est. IX 78 / 37, 187* scaritis scari piscis effigiem habet *o. IX 95 / 37, 187* carcinias marini cancri colorem habet, ... scaritis scari piscis, ... *o; Robertus uerba, quibus* scaritis *tractatur, in duobus capitibus Deflorationis scripsit.*

14. De codicibus Deflorationis[108]

14.1. *B*

Codex Etonensis[109] *(Ms. 134) membranaceus saeculo duodecimo posteriore in Britannia scriptura Gothica binis columnis scriptus, litteris grandibus a quibus singula capita incipiunt rubris uiridibus caeruleis. numeri capitibus ascripti notis Romanis indicati, in indice capitum inscriptionibus capitum III 71 – 82 tantum singulae notae Romanae* X *ascriptae sunt, quibus manus altera emendatos numeros notis Arabicis ascripsit.*

Compluribus locis apices leguntur, plerumque supra uerba, quae syllabae unius sunt, sed etiam supra syllabas longas uel acutas[110]*, e.g. I 14 / 2, 45* uí. *III 53 / 7, 203* amphiaráus. *IIII 25 / 10, 4* émori. *V 32 / 15, 35* á terra. *V 36 / 15, 79* é siluestri. *V 45 / 16, 36* é robore. *V 70 / 18, 108* é setis, inuenére. *V 83 / 18, 277* áuersa.

Accedit, quod multis locis apices supra litteras duplices i *et* e *scripti sunt, e.g. I 16 / 2, 82* nimíí. *II 50 / 6, 89* uicíís. *III 26 / 7, 52* ingeníí. *IIII 3 / 9, 8* radíís. *IIII 97 / 11, 270* crepundíís. *V 19 / 12, 134* alíí. *VII 8 / 23, 102*

107 *Sed contra II 53 / 6, 171* hec est regio secundo uolumine a nobis significata, ... *o; pars, ad quam haec uerba pertinent, in Defloratione legitur (I 43 / 2, 183).*

108 *Codicem, quem Cantabrigiae in collegii St. Iacobi bibliotheca asseruari MANITIVS 241 scribit, non inueni; cuius MANITIVM per errorem mentionem fecisse suspicor, praesertim cum Cantabrigiae collegium St. Iacobi non sit.*

109 *Cf. KER 1977, 755 sq.*

110 *Cf. BISCHOFF 226:* „Im Mittelalter bezeichnen Akzente ... teils betonte, teils lange Silben. Von den Insularen eingeführt, ist die Setzung des Akuts über Monosyllaba, die dadurch herausgehoben werden, auch auf dem Festland üblich geworden."

híís. *VIII 15 / 32, 102* scorpíí. *I 20 / 2, 98* éédem. *II 5 / 3, 85* soléé. *III 42 / 7, 121* déé. *IIII 5 / 9, 11* iudéé. *VII 5 / 23, 72* oléé.

Manus altera correctiones ex alio codice Naturalis Historiae addidit, inueni has: V 69 / 18, 87 s. reddunt *uerbum* retinent *add. B^2;* reddunt *tantum in o legitur,* retinent *MAYH*[111]. *V 89 / 18, 352 s.* ans *in* fluuians *litteras* uel tans *add. B^2;* ‹p›luuia ‹aut› *MAYH*: fluuians *unus codex o*: fluitans *lectio uulgata a uetustissimis editionibus. V 90 / 18, 356 s.* fuerint *uerba* uel fient *add. B^2;* fuerint *tantum in o legitur,* fient *MAYH. VI 50 / 22, 145 s.* discutit *uerbum* curat *add. B^2;* discutit *tantum in o legitur,* cura‹n›t *MAYH*[112]. *VI 51 / 22, 154 s.* amine *in* lintheamine *litteras uel* olo *add. B^2;* lintheamine *tantum in o legitur,* linteolo *MAYH.*

14.2. *G*

Codex, quem Deflorationem Roberti, non epitomen Naturalis Historiae a Retinaldo quodam conscriptam continere moneo, Guelferbytanus[113] *(Extrav. 160. 1) membranaceus saeculo duodecimo in Britannia scriptura Gothica singulis columnis scriptus in capite III 85 in uerbis* considente humi *deficit. extremis paginis partim grauiter laesus indice capitum, inscriptionibus, numeris inscriptionibus ascriptis caret. litteras grandes a quibus singula capita incipiunt uirides rubras tantum in quaternionibus II–IV manus prima scripsit; reliquas, scilicet in capitibus I 1–43, III 54–85, manus altera*[114] *atramento nigro suppleuit.*

E tribus prologis tantum uitam Suetonii manus prima scripsit, duos reliquos ex alio exemplari exscribens Marcus Meibomius, professor Amstelodamensis (1630–1710), addidit[115]*, qui etiam quaedam correxit, scilicet I 7 /*

111 *In uerbo* reddunt *scribendo Robertum lapsum esse uerisimile est, nam apud MAYH hoc uerbum uno uersu altius quam* retinent *legitur.*

112 *In uerbo* discutit *scribendo Robertum lapsum uerisimile est, nam apud MAYH hoc uerbum duobus uersibus altius quam* cura‹n›t *legitur.*

113 *Cf. BVTZMANN 92 sq.*

114 *Verisimile Meibomi, u. annotationem sq.*

115 *Cf. BIBLIOTHECAE VFFENBACHIANAE partem quartam, Vol. CLXXIII:* „Codex membranaceus sec. XV. exaratus, Plinii secundi Epitome per Rodbertum Crikeladensem, ast, quod dolendum, non integra deficientibus scilicet vltimis libris. Marcus Meibomius, e cuius Bibliotheca vna cum aliis quibusdam Mstis comparauit Germanus dilectissimus Ioh. Fridr. ab Vffenbach, nuncupatoriam ad Henricum II. Regem Angliae ac praefationem sequentes Crikeladensis, suâ manu ex alio quodam Codice adscripsit. Vtramque dignam iudicaui, quae hic legatur, cum instituti ac operis ipsius rationes inde cognoscantur.“ *manum Meibomi signo G^m notaui.*

2, 13 sub uires *lineam add.* G^m, uires *tantum in o legitur (*uices M*AYH). sub* sere *in* serenat *lineam add.* G^m *(*fenerat M*AYH). I 40 / 2, 170* hinc *add.* G^m. nihil ... ostendam *add.* G^m. *quem praeterea litteras grandes a quibus singula capita incipiunt in capitibus I 1–43 et III 54–85 suppleuisse uerisimile est.*

Praeter e caudatam, ad quam u. 8.4.2., *in hoc codice spiritus asper legitur*[116], *e.g. II 35 / 5, 66* antⱶiochia. *II 47 / 6, 50* scitⱶarum. *II 49 / 6, 68* phalibotⱶros. *II 50 / 6, 81* megastⱶenes. *II 51 / 6, 105* ueⱶunt. *II 52 / 6, 127* exⱶalantem. *III 7 / 7, 12* boristⱶenen. *III 53 / 7, 198* prometⱶeus. *III 59 / 8, 36* Megestⱶenes.

14.2.1. De hoc codice mendose Retinaldo cuidam assignato

In suprema margine folii 1r leguntur uerba haec: „Ex Bibliotheca Marci Meibomi emt. Ultrajecti à Z.C. ab Uffenbach. vid Catal. Ms. Meib. num. 8." *in sinistro margine folii 42v uerba haec*[117]*:* „Fabricius Bibl. lat. lib. II. cap: 13 pag: 412 (Edi. 1708) Epitome Plinii a Raimondo quodam Oxoniae in Bibl. Collegii Balliolensis Msta asservatur teste Vossio De Histor. lat. Sed in catologo Mss. Angliae 1697 edito nullam potui ejus mentionem reperire etc." *sequuntur uerba ab altera manu scripta haec*[118]*:* „At ego reperi. extat P. 2. Tom. I. P. 10. no 418. M. II. Flav. Vegetius de re militari libr. 5. Raynoldi Epitome Plinii. Sed Roberti Crickeladensis Codices memorantur in laudato catalogo."

Propter Raimondum uel Raynoldum commemoratum et quia in libro T*HORNDIKII columna 1053 sub uerbis* Plinius secundus nouem menses*, a quibus uita Suetonii incipit, tantum Retinaldus indicatur*[119]*, hunc codicem excerpta Naturalis Historiae ab illo Retinaldo conscripta continere Iohannes* B*VTZMANN censuit. catalogos* B*IBLIOTHECAE* V*FFENBACHIANAE uel Bibliothecae Guelferbytanae codicum Graecorum et Latinorum Classicorum Friderici Adolfi* E*BERT, in quo hic codex pagina 134 recte Roberto assigna-*

116 *Cf.* B*ISCHOFF 165:* „Ein viel allgemeineres Symptom irischen Einflusses, ... ist der überraschend häufige Gebrauch des Spiritus asper statt *h*, in Korrekturen, aber auch von erster Hand (...)."

117 B*VTZMANN 93 haec uerba Zachariam* A*B* V*FFENBACH scripsisse censuit.*

118 B*VTZMANN 93 Iacobum Fridericum Reimmann (1668–1743), auctorem* Bibliothecae Historiae Literariae Criticae, *scripsisse censuit, qui hunc codicem post Zachariam* A*B* V*FFENBACH possedit (cf.* R*ÜCK 1902, 202).*

119 *Roberti Defloratio inuenitur in libro* T*HORNDIKII tribus locis sub uerbis* Studiosis et precipue claustralibus et scolasticis ... *(columna 1530)*; Tibi illustrissime rex Anglorum Henrice ego tuus famulus ... *(columna 1572)*, Mundi extera indagare ... *(columna 892).*

tur, eum non inspexisse apparet[120]. *MVNK OLSEN 273 hunc codicem recte Roberti Deflorationem continere scripsit.*

Catalogo a BVTZMANN conscripto nisi uiri docti, ut REYNOLDS 315 annotatione 39, BORST 260 annotatione 17[121], *hunc codicem epitomen Retinaldi continere existimauerunt.*

14.3. *L*

Codex Londiniensis in Bibliotheca Britannica[122] *asseruatus (Reg. 15 C. XIV) membranaceus saeculo tertio decimo in Britannia scriptura Gothica binis columnis scriptus, litteris grandibus a quibus singula capita incipiunt rubris caeruleis. in extremo codice manus altera aliquot sententias e Naturali Historia, quae non omnes in Defloratione inueniuntur, addidit.*

Inscriptio capitis II 33 quae est De Nilo flumine *bis legitur, semel in medio capite II 32 post uerbum* passus, *semel suo loco ascripto numero* XXXIIII, *ut numeri capitibus ascripti usque ad extremum librum turbentur.*

In indice capitum numeri capitibus ascripti notis Romanis indicati aliquot locis turbati sunt, quos manus altera correxit partim notas Arabicas scribens. in textu numeri inscriptionibus ascripti notis Arabicis indicati sunt excepto extremo quarto libro, ubi c1 c2 c3 *scripti sunt.*

Ceterum moneo numeros inscriptionibus ascriptos huic codici in textu a capite VI 70 omnino deesse.

14.4. *H*

Codex Herefordensis[123] *(P.V. 10) ex quattuor libris coniunctis constat, quorum primus secundus tertius corpus Dionysiacum faciunt. ipsa Defloratio*

120 *Prologos omissos Iacobum Fridericum Reimmann suppleuisse BVTZMANN credidit; cf. BVTZMANN 93:* „Seiner *(id est ipsius Reimmann)* Zuschreibung folgend hat Reimmann aus einer anderen Quelle die beiden Prologe zu Robertus Crickeladensis (Robert of Cricklade), Defloratio naturalis historiae Plinii auf der unteren leeren Hälfte von Bl. 1r und auf den unteren Rändern von 1v und 2r nachgetragen.“ *ad haec cf. annotationem 115.*

121 *Qui illo loco scripsit* „Munk, Plinius S. 273 Nr. C 84 (Wolfenbüttel Extrav. 160.1, wohl England nach 1150) schreibt das Florilegium irrig Robert von Cricklade zu. Derselbe Text in Oxford BC 146 A (England nach 1400) f. 31r–106v; dazu richtig Thorndike, Incipits Sp. 1053.“

122 *Cf. WARNER 169.*

123 *Cf. MYNORS 99 sq.*

membranacea saeculo tertio decimo medio scriptura rotunda binis columnis scripta, litteris grandibus a quibus singula capita incipiunt rubris caeruleis. hic codex, qui primo in monasterio fratrum minorum Herefordensium asseruatus erat, de codice B exscriptus est (cf. 15.1.*).*

14.5. *V*

Codex Vaticanus[124] *(Reg. lat. 198; primum folium Deflorationis in Reg. lat. 598 inuenitur*[125]*) praeter Deflorationem alios libros, e.g. Aratorem, Visionem Wettini etc., continet. Defloratio ipsa membranacea saeculo quarto decimo in Britannia scriptura semicursiuua singulis columnis scripta, litteris grandibus a quibus singula capita incipiunt rubris caeruleis. textus Deflorationis integer non est, librarium epitomen ipsius Deflorationis facere uoluisse complura capita omittentem, ordinem capitum mutantem apparet. prologi contracti mutati, numeri capitibus ascripti et index capitum desunt, quamobrem inscriptiones in textu perscriptae sunt. exemplar quibusdam quaternionibus turbatum esse uerisimile est aliquot capitibus media sententia deficientibus uel incipientibus. praeterea sunt capita sub una inscriptione iuncta, e.g. III 8, 9.*

In exemplari huius codicis correctiones ex alio codice Naturalis Historiae additas esse uerisimile est his exemplis: V 101 / 19, 135 existimant *V*: putant *B L H (*existiment *MAYH). VII 57 / 28, 137* admixto *V*: suum mixto *B L H (*admixto *MAYH).*

14.5.1. De ordine capitum in *V*

Prologum, qui in ceteris codicibus a uerbis Studiosis et precipue claustralibus et scolasticis *incipit, quae uerba librarius cum aliis, scilicet* Incipiunt defloraciones libri plinii secundi de naturali historia. Quas *commutatuit, sequitur pars, quam librarium ipsum conscripsisse uerisimile est, id est* Qui non est aptus ... textum inusitati stili. *tum legitur prologus quo Robertus opus regi dedicauit ita mutatus, ut nominis regis mentio non fiat. sequuntur capita Deflorationis hoc ordine: III 1 (pars), 2, 23, 24, 25, 26, 28, 29, 30 (pars), 32 (pars), 33, 34, 35 (pars), 44 (pars), 46, 45 (pars), 47, 49, 50, 51; I 8, 9, 10, 11, 12, 31, 32, 33, 38 (pars); II 14 (pars), 16, 31 (prima pars); III 22 (altera pars), 20, 55 (pars), 56, 57 (pars), 61, 9 (pars inscriptione omis-*

124 *Cf.* PELLEGRIN *1978, 43 sq.; 87 sq.*

125 *Quod* PELLEGRIN *1971, 202 sqq. animaduertit; folium in Reg. lat. 598 prologos et caput III 1 / 7, 3 usque ad uerba* heu demen|| *continet.*

sa), 10, 11, 12, 13, 16, 17, 18, 22 (prima pars); II 31 (altera pars), 37 (pars), 47 (pars), 53 (pars inscriptione omissa), 54 (pars), 55, 56 (pars inscriptione addita); III 6 (pars), 7, 8 (inscriptioni parte inscriptionis capitis III 9 addita), 9 (pars inscriptione omissa), 80 (altera pars), 83, 84, 85, 86 (inscriptione omissa), 87 (prima pars), 71 (altera pars), 82 (pars), 80 (prima pars), 62 (pars), 63, 64, 65, 71 (prima pars), 87 (altera pars), 88, 89, 91, 92, 93, 94, 95, 66, 67, 72, 73, 74, 75, 76, 77, 78, 79, 81; IIII 1, 2, 3, 5, 6, 7, 8, 9, 10, 12, 11, 13, 14, 15, 16, 18, 19, 20, 21, 22, 23, 24, 25, 26, 27, 28, 29, 30, 31, 32, 33, 34, 35, 36, 37, 38, 39, 40, 41 (pars), 43 (pars), 44, 45 (pars), 46, 47, 48, 49, 50, 51, 52, 53, 54, 55, 56, 59, 61, 62, 63, 64, 65, 66, 67, 68, 69, 70, 71, 72, 73, 74, 75, 76, 77, 78, 79, 80, 81, 82, 83, 84, 85, 86, 87, 88, 89, 90, 91, 92, 93, 94, 95, 96, 97, 98, 99, 100, 101, 102, 103; V 1 (pars inscriptione omissa), 2 (pars inscriptione omissa), 4 (pars inscriptione omissa), 41 (pars inscriptione omissa), 42 (pars inscriptione omissa), 44 (pars inscriptione omissa), 45 (pars inscriptione omissa), 50 (pars inscriptione omissa), 30 (pars inscriptione omissa), 31 (inscriptione omissa), 61 (pars inscriptione omissa), 83 (pars inscriptione omissa), 48 (pars inscriptione omissa), 26 (pars inscriptione omissa); VI 1; V 95, 96, 97, 99, 100, 101, 107; VI 2, 3, 4, 5, 6, 7, 8, 9, 10, 11, 12, 13, 14, 15, 16, 17, 18, 19, 20, 21, 22, 23, 24, 25, 26, 27, 28, 29, 30, 31, 32, 33 (aliquot uerbis ex V 102 additis); VI 34, 35, 36, 37, 38, 39, 40, 41, 42, 43, 44, 45, 46, 47, 48, 49, 50, 51, 52, 53, 54, 55, 56, 57, 58, 59, 60, 61, 62, 63, 64, 65, 66, 67, 68, 69, 70, 71, 72, 73, 74, 75, 76, 77, 78, 79, 80, 81, 82, 83, 84 (inscriptione omissa), 85, 86, 87, 88, 89; VII prologus, 1, 2, 3, 4, 5 (inscriptione omissa), 6, 7, 8, 9, 10, 11, 12, 13, 14, 15, 16, 17, 18, 19, 20, 21, 22, 23, 24, 25, 26, 27, 28, 29, 30, 31, 32, 33 (inscriptione omissa), 34, 35, 36, 37, 38, 40, 42, 43 (pars inscriptione omissa), 44, 45, 46, 47, 48, 49, 50, 52, 53, 54, 56, 57, 58; VIII 8, 10, 17, 22, 23 (inscriptione omissa), 24, 25 (pars), 26 (pars inscriptione omissa), 63, 64 (prima pars), 65, 66, 67, 68; VII 59; VIII prologi pars, 4 (inscriptionis loco inscriptione capitis 5 huc transposita), 5 (pars), 16 (pars), 19 (pars), 25 (pars), 27, 29, 33, 34, 42, 44, 45 (inscriptione omissa), 49 (pars), 59, 60, 64 (altera pars noua inscriptione addita), 74, 75, 76, 77, 78, 79 (inscriptione omissa), 80, 81, 82 (inscriptione omissa), 83, 84, 85, 86, 87, 88, 89, 90 (inscriptione omissa), 91, 92, 93, 94, 95; IX prologus, 1, 2, 6, 17, 20, 22, 24, 25, 28, 29, 30, 32, 38, 39, 50, 53, 55, 56, 57, 58, 59, 60, 63, 96.

14.5.2. De mendis codicis

Menda quibus codex scatet[126] *plurima ex apparatu critico semoui. sequuntur exempla: in prologo qui a uerbis* Studiosis et precipue *incipit:* innocenciam *pro* in notitiam. *I 8 / 2, 15* minuta *pro* numina, *2, 17* est *pro* e[127]. *I 10 / 2, 24* mentus *pro* monitus. *I 38 / 2, 158* colorabilia *pro* tolerabilia. *II 55 / 6, 195* durātis *pro* duratis[128]. *III 1 / 7, 4* paruitatem *pro* pernicitatem. *III 8 / 7, 13* uti posita *pro* imposita. *III 22 / 7, 36* nudi *pro* uidi. *III 24 / 7, 44* punsitabit *pro* pensitabit. *III 26 / 7, 52* et magines *pro* imagines. *III 30 / 7, 77* parua *pro* prona. *III 35 / 7, 91* quantas *pro* quaternas. *III 46 / 7, 170* pro certum *pro* procerum. *III 51 / 7, 190* potum *pro* potest[129]. *III 55 / 8, 1* difficiorum *pro* officiorum. *III 72 / 8, 88* loris cauit *pro* loricauit. *III 79 in inscriptione* fuerut. *III 83 / 8, 129* pro uita *pro* prompta. *IIII 2 in inscriptione* quibusda. *IIII 3 in inscriptione* occano. *III 8 in inscriptione* potauerat *pro* portauerat. *IIII 23 in inscriptione* ablu *pro* aliubi. *IIII 32 in inscriptione* duseribus *pro* anseribus. *IIII 40 / 10, 111* minare *pro* in aere. *IIII 48 / 10, 164* erculis *pro* ex oculis. *IIII 49 in inscriptione* primim *pro* primum. *IIII 56 / 11, 2* incultes *pro* in culice. *IIII 86 / 11, 182* uiscerimi *pro* uiscerum. *IIII 87 / 11, 183* tauribus *pro* muribus. *V 31 / 15, 34* sterdescere *pro* sterilescere. *VI 89 / 21, 130* commilicialibus *pro* comicialibus. *VIII 33 / 32, 41* testitudinum *pro* testudinum. *VIII 89 / 28, 227* extimo *pro* ex uino.

15. De codicum cognatione

Stemma constitui non posse uidetur[130]*. sed codices G L artiore nexu inter se cohaerere certum est, quod ex his mendis eorum communibus apparet:*

126 *Cf.* PELLEGRIN *205:* „Les nombreuses incorrections et erreurs de lecture du copiste ignorant (il écrit *nudi* pour *uidi*, *uncio* pour *inicio*, *adulacio* pour *adulteracio*, etc.) ôtent à ce manuscrit toute valeur pour l'établissement du texte de Pline, il témoigne du moins que la *Defloratio* de Robert de Crichlade était encore utilisée au xive siècle."

127 *In exemplari scriptum erat* é *(cf. annotationem 110), quod librarius codicis V ut* ē (=est) *interpretatus est.*

128 *In exemplari scriptum erat* durátis *(cf. annotationem 110), quod librarius codicis V ut* durātis *interpretatus est.*

129 *In exemplari* pot' *scriptum erat.*

130 *Codicibus Deflorationis correctiones ex aliis libris scriptis Naturalis Historiae insertas esse uerisimile est. cf.* 14.1; 14.5.

	G L	*B*[131] *(uacat V)*
I 1	cursus	rursus
I 24	quidam	quidem
I 25	exaltato	ex alto
I 42	sepicis	sepius
I 43	de	die
I 53	liquatur	linquatur
II 35	ciciliam	ciliciam
III 60	dens	tendens

Sed sunt etiam menda codicum B et L communia:

	B L	*G (uacat V)*
I 49	complexa	complexu
II 14	sisatacorum	situ satacorum
II 34	etiam etsi[132]	etiamsi
II 65	yperboreas *(*hip- *B)*	hiperboreos

Menda codicum B et G communia pauca sunt:

	B G	*L (uacat V)*
I 37	cum glaciato	conglaciato
II 30	tarelias	tarelios
III 18	quadrupes	quadrupedes

Cognationem codicis V constituere difficile est, sequuntur menda, quibus cum aliis codicibus iungitur:

	L V	*B G*
III 30	Misisse	Risisse
III 83	inspectus	in specus

131 *Vbi in his tabulis codicis H ex B exscripti mentio non fit, eadem atque B habet; cf.* 15.1.

132 etiam eo si *L secundum* RÜCK *1903, 31; sed sine dubio* etiam etsi *hab. L.*

	L V	*B (uacat G)*
IIII 64	marine	marino
VI 86	aspersis	asperis
VIII 29	impositionem	in potionem
IX 50	adligatum *(*all- *V)*	adalligatum[133]
	B V	*G L*
III 33	retinentibus *(*-ib|bus *V)*	renitentibus
	B V	*L (uacat G)*
VI 45	et mures ... contrita *om.*	et mures ... contrita
VI 55	malecen *(*-eten *V)*	malacen
VI 78	umbiculum	umbilicum
VI 87	mente ... odorata *om.*	mente ... odorata
VII 16	distillatione	distillationi
	B L V	*G*
III 63	restitans	restitansque
III 73	et *om.*	et
	G V	*B L*
II 54	orientes	orientis
III 81	exeunt	exuunt
	G L V	*B*
III 12	ysogonus	ysigonus

Sunt alia, quae cognationi constituendae impedimento sint:

I 24	obseruat *G L* B^2 *H*	obseruet B^1 *(uacat V)*
II 32	similis G^1, *ante corr. B*	simul *L* G^2 *H, p. corr. B (uacat V)*
VI 70	siccandoque B^1 *L*	siccando densandoque *V* B^2 *H (uacat G)*

133 ad allig[a]tum *H.*

15.1. De codice *H* ex *B* exscripto

Codicem H ex B descriptum esse his mendis apparet:

II 9	pro(prium) n(omen) *B H*: Penius *G L (uacat V)*[134]
II 19	Agippa *B H*: Agrippa *G L (uacat V)*
II 44	antiochiochie *(*anthi- *H) B H*: antiochie *G L (uacat V)*
III 27	altera *B H*: alterum *G L (uacat V)*
III 30	repelle't *(*=repelleret*) B*: repellent *H*[135]: rep[.]lleret *G*: repelleret *L V*
III 44	diciditur B^1 *H*: deciditur *G V* B^2: decitur *L*
IIII 7	focant B^1 *H*: focas uocant *L V* B^2 *(uacat G)*
IIII 59	sol' *(*=solis*) B*: solum *H*[136]: solis *L V (uacat G)*
IIII 86	animabus *B H*: animalibus *L V (uacat G)*
IIII 89	adutu *B H*: adimi *L V (uacat G)*
V 1	et *in B sub littera grandi occultata est, ut librarius codicis H id uerbum non uidens omitteret*
V 53	fomotis *B H*: fomitis *L (uacant G V)*
V 54	naues *om. B H*: naues *L (uacant G V)*
V 75	cum | cum *B*: cum cum *H*: cum *L (uacant G V)*
VIII 49	similiaque ex aceto *it. B H*: similiaque ex aceto *L (uacant G V)*
IX in prologo	ommittes *B H*: ommittentes *(*omi- *V) L V (uacat G)*
IX 69	labamenta *B H*: libamenta *L (uacant G V)*

Praeterea et in B et in H in indice capitum inscriptionibus capitum III 71 – 82 tantum singulae notae Romanae X *ascriptae sunt, quibus manus altera in B emendatos numeros notis Arabicis ascripsit.*

Sunt aliquot menda codicis B, quae H non habet, sed ea sunt, quae librarius codicis H corrigere potuerit, e.g.:

II 14	sacietatate *B*: sacietate *G L V H*
III 67	incubant *B V*: incumbant *L H* G^2: incumbit G^1
IIII 27	inuicusam *B*: inuisam *L V H (uacat G)*
IIII 59	paruunt *B*: pariunt *L V H (uacat G)*

134 *In exemplari codicis B uerba* pro(prium) n(omen) *supra* Penius *scripta esse constat.*

135 *Formam* repelle't *(*=repelleret*) librarius codicis H ut* repellēt *(*=repellent*) interpretatus est.*

136 *Librarium codicis H notam in B mendose interpretatum apparet.*

IIII 94	temporararium *B*: temporarium *L V H (uacat G)*
V 53	larumque *B*: laurumque *L H*[137] *(uacant G V)*

16. De Defloratione ante hanc editionem a uiris doctis tractata

Roberti Deflorationem uiris doctis semper ut uidetur notam[138] *Iulius Sillig editioni Naturalis Historiae adhibuit*[139]. *Carolus* RÜCK *partes Deflorationis edidit, id est libri primi 1–44, librum secundum totum, libri tertii 1–54, Roberti epitomen ad textum Naturalis Historiae constituendum magni momenti esse ostendere uolens. sed eius editioni, ad quam codices Guelferbytanum et Londiniensem tantum adhibuit*[140], *errores non pauci insunt*[141]; *tamen commentationem quae inscribitur* „Das Exzerpt der Naturalis Historia des Plinius von Robert von Cricklade“ *multum ad Roberti uitam Deflorationemque cognoscendam contulisse moneo. in Naturalis Historiae editionibus recentioribus, alteram dico a Carolo Mayhoff, alteram a uiris doctis Gallis confectam, Defloratio nota o signata*[142] *in ordine uetustiorum collocata est, id quod* REYNOLDS *falso factum esse censet*[143].

137 *Sententia est:* hedera si teratur lauro laurumque terat; *corrigere difficile non est.*

138 *KER 1977, 755 scribit Thomam Gascoigne, theologum Oxoniensem (1403–1458), de quo cf. LdM 4, 1129 (C.T. Allmand), codicem Etonensem inspexisse; BALEVS 368 sq. mentionem huius et codicis Londiniensis facit. FABRICIVS 305 Robertum* „deflorationem historiae naturalis Plinii“ *scripsisse auctor est.*

139 *Codice Guelferbytano modo usus est; cf. Silligii tomi primi praefationis XLII.*

140 *Quamquam de codice Etonensi, quem tantum Naturalis Historiae primos nouem libros primo excepto continere arbitratus est, sciuit; cf. RÜCK 1902, 202; 1903, 11; 1905, 12.*

141 *E.g. II 37 / 5, 80* eȧ *G secundum RÜCK; immo uero* eă *(=* eam*) legendum est. III 7 / 7, 12* ideo *G secundum RÜCK; immo uero* idě (=idem) *legendum est. III 43 / 7, 123* stature *G secundum RÜCK; immo uero* statuere *legendum. praeterea RÜCK spiritus asperos in G scriptos non uidit (ad eos cf.* 14.2.*).*

142 *Quae nota item in hac Deflorationis editione usurpata est.*

143 *Cf. REYNOLDS 313 sq.*

17. De ratione huius editionis

Ad textum constituendum testimonio codicum B G L nisus sum; codicem V ualde corruptum tantum ad inscriptiones semper, praeterea raro adhibui. litterae cursiuae in textu indicant Robertum quaedam, quae in exemplari non inuenit, addidisse uel mutasse[144]. *scripturae ab usu ueterum scriptorum abhorrentes uel posterioris Latinitatis fere non notantur*[145].

17.1. De orthographia

Vide 8.1.

17.2. De distinctione

Vide 6.

17.3. De capitibus Naturalis Historiae et Deflorationis numeris notandis

In hac praefatione libri Naturalis Historiae Plinii notis Arabicis, contra libri Deflorationis Roberti notis Romanis indicantur. in margine textus Deflorationis numeri librorum capitumque Naturalis Historiae leguntur, asteriscis numeris ascriptis significantibus textum Naturalis Historiae contractum uel mutatum esse.

144 *Id est litteris cursiuis notantur quae neque in textu neque in apparatu apud* MAYH *uel* BVDÉ *leguntur.*

145 *Itaque legitur e.g. I 27* Affricus, Hostiam *(non* A*ff*ricus, *H*ostiam*).*

17.4. De apparatibus

17.4.1. De apparatu primo

Hic apparatus indicat, quibus codicibus ad textum constituendum uti potui.

17.4.2. De apparatu secundo uel critico

In hoc apparatu uariae lectiones singulorum codicum indicantur. uarietates orthographicae fere non notantur; cf. 8.1.

17.4.3. De apparatu tertio

In hoc apparatu indicantur quae legenda sint eis locis, ubi Robertus in scribendo lapsus est uel ubi iam textus exemplaris corruptus erat. praeterea quaedam annotationes additae sunt.

17.5. Sigla

B	*codex Etonensis.*
G	*codex Guelferbytanus.*
L	*codex Londiniensis.*
V	*codex Vaticanus.*
H	*codex Herefordensis.*
G^m	*manus Marci Meibomi in G.*
B^1 G^1...	*significat lectionem manus primae, quam deinde manus altera mutauit.*
B^2 G^2...	*significat manum alteram*[146].

17.6. Notae quae in apparatibus uel in praefatione apparent[147]

a.	*ante.*
add.	*addidit, addiderunt.*
cap.	*caput.*
cf.	*confer.*

146 *Cum saepe difficile sit manus correctrices distinguere, compluribus locis in apparatu* a. corr. *uel* p. corr. *scripsi nesciens utrum manus prima an altera correxisset. correctionibus, quas manus primae esse manifestum est, tacite consensi.*

147 *Scriptorum et librorum antiquorum nomina notis, quae in indice ThLL inueniuntur, indicantur.*

corr.	*correctura.*
del.	*deleuit.*
e.g.	*exempli gratia.*
hab.	*habet, habent, habuit.*
ib.	*ibidem.*
it.	*iterauit, iterauerunt, iteratum.*
om.	*omittit, omittunt, omissum, omissa.*
p.	*post.*
ras.	*rasura.*
s.	*supra.*
scil.	*scilicet.*
scr.	*scripsit, scriptum, scripsisse.*
sim.	*simile, similis, similes.*
sq.	*sequens.*
transit.	*transitiue.*
transp.	*transposuit, transpositum.*
u.	*uide.*
BVDÉ	*Naturalis Historiae editio a uiris doctis societatis, quae Les Belles Lettres dicitur, confecta.*
DB 1	*LATHAM / HOWLETT, Dictionary of Medieval Latin from British Sources, tomus 1.*
DEFL	*Defloratio.*
GEORGES	*Georges, Lexikon der Lateinischen Wortformen.*
LdM	*LEXIKON DES MITTELALTERS.*
LEVM	*LEVMANN, Lateinische Laut- und Formenlehre.*
LP	*LEXICON MEDIAE ET INFIMAE LATINITATIS POLONORVM.*
MAYH	*Naturalis Historia a Carolo Mayhoff edita.*
MLLM	*NIERMEYER, Mediae Latinitatis Lexicon Minus.*
NH	*Naturalis Historia.*
o	*Roberti Defloratio Plinii; hac nota iam Carolus Mayhoff editor Plinii usus est.*
RE	*PAVLYS REAL-ENCYCLOPÄDIE DER CLASSISCHEN ALTERTVMS-WISSENSCHAFT.*
RML	*LATHAM, Revised Medieval Latin Word-List from British and Irish Sources.*
STOTZ	*STOTZ, Handbuch zur lateinischen Sprache des Mittelalters.*
ThLL	*THESAVRVS LINGVAE LATINAE.*
( )	*contractiones soluuntur.*

‹ ›	*coniectura editoris.*
{ }	*delenda.*
|	*in codice uersus concluditur.*
[ ]	*litterae quae legi non iam possunt. in primo apparatu hi unci significant textum codicis incipere uel deficere.*
[[ ]]	*rasurae; si constat quot litterae erasae sint, numerus litterarum punctis sub uersu positis indicatur.*

18. Index librorum qui subsidio fuerunt

BALEVS, I.: *Index Britanniae Scriptorum (John Bale's Index of British and other Writers, edited by Reginald Lane Poole, M.A., Ph.D., with the help of Mary Bateson), Oxoniae 1902.*

BIBLIA SACRA IVXTA VVLGATAM VERSIONEM, *ed. R. Weber OSB, 2 tomi, Stutgardiae 1969.*

BIBLIOTHECA VFFENBACHIANA *u.* MAIVS, J. H.

BISCHOFF, B.: *Paläographie des römischen Altertums und des abendländischen Mittelalters, Berolini* ^{2}*1986.*

BORST, A.: *Das Buch der Naturgeschichte, Plinius und seine Leser im Zeitalter des Pergaments, Heidelbergae 1994.*

BVDÉ *u. Pline L'Ancien.*

BVTZMANN, H.: *Die mittelalterlichen Handschriften der Gruppen Extravagantes, Novi und Novissimi (Kataloge der Herzog August Bibliothek Wolfenbüttel, Die Neue Reihe, Der ganzen Reihe fünfzehnter Band), Francofurti ad Moenum 1972.*

CAPPELLI, A.: *Dizionario di Abbreviature Latine ed Italiane, Mediolani* ^{6}*1979.*

CHIBNALL, M.: *Pliny's Natural History and the Middle Ages, in: Empire and Aftermath, Silver Latin II, edited by T. A. DOREY, Londini 1975, 57–78.*

DVGDALE, W.: *Monasticon Anglicanum: A History of the Abbies and other Monasteries, Hospitals, Frieries, and Cathedral and Collegiate Churches etc., a new edition, tomus 2, Londini 1819 (editio stereotypa).*

EBERT, F. A.: *Bibliothecae Guelferbytanae Codices Graeci et Latini Classici, Lipsiae 1827.*

EMDEN, A. B.: *A Biographical Register of the University of Oxford, tomus 1, Oxonii 1957.*

FABRICIVS, J. Alb.: *Bibliotheca Latina Mediae et Infimae Aetatis cum Supplemento Christiani Schoettgenii, jam a P. Joanne Dominico Mansi ... post editionem Patavinam an. 1754 nunc denuo emendata et aucta, indicibus locupletata, tomus I, Florentiae 1858.*

GEORGES, K. E.: *Lexikon der Lateinischen Wortformen, Lipsiae 1889.*

KER, N. R.: *English Manuscripts in the Century after the Norman Conquest, Oxonii 1960.*

idem: Medieval Manuscripts in British Libraries, tomus 2, Oxonii 1977.

LATHAM, R. E.: *Revised Medieval Latin Word-List from British and Irish Sources, Londini 1965.*

LATHAM, R. E. / HOWLETT, D. R.: *Dictionary of Medieval Latin from British Sources, tomus 1, Oxonii 1975 sqq.*

LEVMANN, M.: *Lateinische Laut- und Formenlehre, Monaci 1977 (Handbuch der Altertumswissenschaft II 2. 1).*

LEXICON MEDIAE ET INFIMAE LATINITATIS POLONORVM, *Wratislauiae / Cracouiae / Varsouiae 1953 sqq.*

LEXIKON DES MITTELALTERS, *Monaci / Turici 1977 sqq.*

MAGNVSSON, E.: *Thómas Saga Erkibyskups, A Life of Archbishop Thomas Becket, in Icelandic, with English Translation, Notes and Glossary, 2 tomi, Londini 1875 / 1883 (editio stereotypa).*

MAIVS, J. H. / AB VFFENBACH Z. C.: *Bibliotheca Vffenbachiana Mssta seu Catalogus et Recensio Msstorum Codicum qui in Bibliotheca Zachariae Conradi ab Vffenbach Traiecti ad Moenum adseruantur etc., Halae Hermundurorum 1720.*

MANITIVS, M.: *Geschichte der Lateinischen Literatur des Mittelalters, tomus 3, Monaci 1931 (Handbuch der Altertumswissenschaft IX 2. 3).*

MVNK OLSEN, B.: *L'Étude des Auteurs Classiques Latins aux xie et xiie siècles, tomus 2, Parisiis 1985.*

MYNORS, R. A. B. / THOMSON, R. M.: *Catalogue of the Manuscripts of Hereford Cathedral Library, with a contribution on the bindings by Michael Gullick, Cantabrigiae 1993.*

NIERMEYER, J. F.: *Mediae Latinitatis Lexicon Minus, Lugduni Batauorum 1976.*

ORME, M.: *A Reconstruction of Robert of Cricklade's Vita et Miracula S. Thomae Cantuariensis, Analecta Bollandiana 84 (1966), 379–398.*

PAVLYS REAL-ENCYCLOPÄDIE DER CLASSISCHEN ALTERTVMSWISSENSCHAFT, *Neue Bearbeitung, Stutgardiae 1894 sqq.*

PELLEGRIN, E. *et alii: Les Manuscrits Classiques Latins de la Bibliothèque Vaticane, tomus II 1, Parisiis 1978.*

eadem: Membra disiecta, Un nouveau manuscrit de la «Defloratio Naturalis Historiae Plinii Secundi» de Robert de Crichlade, Revue d'Histoire des Textes, 1971, 202–205.

PLINII SECVNDI HISTORIAE MVNDI LIBRI XXXVII, *cum castigationibus et adnotationibus doctiss. et variis praeterea lectionibus ex mss. compluribus ad oram paginarum accurate indicatis, ex nouissima et laboriosissima editione Iacobi Dalechampii, Francofurti ad Moenum 1608.*

C. PLINII SECVNDI NATVRALIS HISTORIAE LIBRI XXXVII *recensuit et commentariis criticis indicibusque instruxit Iulius Sillig, Hamburgi et Gothae 1851 sqq.*

C. PLINII SECVNDI NATVRALIS HISTORIAE LIBRI XXXVII *post Ludouici Iani obitum recognouit et scripturae discrepantia adiecta edidit Carolus Mayhoff, Lipsiae 1882 sqq.*

PLINE L'ANCIEN, *Histoire Naturelle, editoribus compluribus, Parisiis 1947 sqq.*

REYNOLDS, L. D.: *The Elder Pliny, in: REYNOLDS, L. D. (ed.): Texts and Transmission, A Survey of the Latin Classics, Oxonii 1983.*

RÜCK, K.: *Das Exzerpt der Naturalis Historia des Plinius von Robert von Cricklade, Monaci 1902 (acta academiae litterarum Bauaricae anni 1902 II, 195–285).*

idem: Die Geographie und Ethnographie der Naturalis Historia des Plinius im Auszuge des Robert von Cricklade, Monaci 1903 (programma gymnasii Ludoviciani Monacensis anni 1903).

idem: Die Anthropologie der Naturalis Historia des Plinius im Auszuge des Robert von Cricklade, Neoburgi Cattorum 1905 (programma gymnasii Neoburgensis anni 1905).

SERVIANORVM IN VERGILII CARMINA COMMENTARIORVM EDITIO HARVARDIANA, *tomus 2, editoribus compluribus, Lancastriae Pennsyluianorum 1946.*

C. IVLII SOLINI COLLECTANEA RERVM MEMORABILIVM *iterum recensuit Th. Mommsen, Berolini 1895.*

STOTZ, P.: *Handbuch zur lateinischen Sprache des Mittelalters, tomi 2 3 4, Monaci 1996 sqq. (Handbuch der Altertumswissenschaft II 5).*

THESAVRVS LINGVAE LATINAE, *Lipsiae 1900 sqq.*

THORNDIKE, L. / KIBRE, P.: *A Catalogue of Incipits of Mediaeval Scientific Writings in Latin, Londini ²1963.*

P. VERGILI MARONIS *opera recognouit breuique adnotatione critica instruxit R. A. B. Mynors, Oxonii 1969.*

WARNER, G. F. / GILSON, J. P.: *Catalogue of Western Manuscripts in the Old Royal and King's Collections in the British Museum, tomus 2, Oxonii 1921.*

WILMART, A.: *Codices Reginenses Latini (Codices Bibliothecae Apostolicae Vaticanae manuscripti recensiti iussu Pii XI Pontificis Maximi), tomus 1, Codices 1–250, in Bibliotheca Vaticana 1937.*

Incipit prologus Rodberti Crikeladensis prioris Oxinefordie in Deflorationem Naturalis Historie libri Plinii Secundi regi Anglorum.

Tibi, illustrissime rex Anglorum Henrice, ego tuus famulus Rodbertus hoc opus dedicaui, quod de Naturalis Historie Plinii Secundi libris triginta septem quasi ex inmenso pelago ingenioli mei sagena extraxi, reputans mecum incongruum ualde fore te, tot et tantarum regionum dominum et rectorem, ignorare partes orbis, cuius non minime parti dominaris. siquidem notum est, quia, cum sis in bellicis negotiis inuictissimus, parto ocio non minus es in litterali scientia studiosus, in hoc igitur opusculo cognosces, si legere dignaberis, fluxus et refluxus occeani circumgirantis et irrumpentis terram, diuersitates populorum et mores eorum, ferocias bestiarum et impetus ferarum, naturas animalium et uolucrum pisciumque et reptilium et alia mira, que duce natura uel contra naturam fiunt in celo sursum siue in terra deorsum in singulis quoque elementis, postremo arborum et herbarum uires et cetera, que ex animantibus ad morborum remedia pertinent, lapidum quoque plurimorum gemmarumque nomina et uirtutes. capitula uero singulorum librorum prenotaui, ut, cum tibi placuerit quidpiam horum ad memoriam reducere siue aliis mani-

B L G^m **4** [*V* **20** uirtutes *V*]

1 Incipit *om. G*^m *de prologorum ordine cf. praefationis 4 annotationem* Oxinfordiæ *G*^m **2** libri *om. G*^m **sq.** regi Anglorum *om. L G*^m **4 11** Tibi ... studiosus: Qui non est aptus ad intelligendum non apponat manum ad corrigendum. Est autem grauis stilus plinii et uidetur non intelligentibus quod in quibusdam locis non posset fieri constructio que plerumque contingit pro quibusdam nominibus qui aliquando sustantiue aliquando adiectiue ponuntur. hoc ad cautelam posui ne forte aliquis ad sensum suum presumat retorquere textum inusitati stili. *V* **5** Robertus *B* **12** cognosces ... dignaberis: cognosces si digneris legere *B*: si legere dignaberis cognoscere poteris *V* **20 sq.** Capita *G*^m **21** prenataui *B*

festare, prenotato numero citius occurrat. salus et sanitas tibi proueniat hic et in eternum. amen.

Explicit prologus supra dicti prioris.

Tranquillus in catalogo uirorum illustrium de Plinio.

Plinius Secundus nouem menses equestribus militiis industrie functus procurationes quoque splendidissimas atque continuas summa integritate administrauit, et tamen liberalibus studiis tantam operam dedit, ut non temere quis plura in otio scripserit. itaque bella omnia, que unquam cum Romanis gesta sunt, XXXVIII uoluminibus comprehendit. item Naturalis Historie XXXVII libros absoluit. periit grades Campanie; nam cum Missenensi classi preesset et flagrante Vesubio ad explorandas propius causas liburnicas pretendisset neque aduersantibus uentis remeare posset, ui pulueris ac fauille oppressus est, uel, ut quidam existimant, a seruo suo occisus, quem deficiens estu, ut necem sibi maturaret, orauerit.

Proemium Roberti Crikeladensis prioris Oxenefordie super excerptis Naturalis Historie librorum Plinii Secundi.

Studiosis et precipue claustralibus et scolasticis Rodbertus Crikeladensis prior Oxinefordie non superbe sapere, sed tramitem discipline humiliter percurrere. Plinii Secundi li-

*B L G*ᵐ **2** *G*ᵐ] **5** [*G* **16** *G*] **17** [*G*ᵐ **19** [*V*

4 Tranquillus … Plinio *om. L* **6** spendidissimas *G* **17 sq.** Proemium ... Secundi *om. L* prioris Oxenefordie *om. G*ᵐ **18** exceptis *G*ᵐ **19** Studiosis … scolasticis: Incipiunt defloraciones libri plinii secundi de naturali historia. Quas *V* **sq.** Robertus *B V* **20** krikeladensis *L*: cricheladensis *V* oxenefordie *B*: Oxinfordiæ *G*ᵐ **sqq.** non ... sum: excerpsit uelut ex spaciosissimo prato *V*

5 Nouocomensis **11** clade

bros de Naturali Historia XXXVII in IX coartare uolumina conatus sum ad communem omnium ea legere uolentium utilitatem, hac usus breuitate, ut uobis satisfaciam et fastidiosis causam ocitandi tollam. placuit enim memorabiliora et utiliora conscribere, superfluis uero et nostro tempori non necessariis supersedere. quid enim prodest singularum urbium aut uiculorum siue etiam locorum nomina percurrere, cum non liceat inde tributa exigere? hoc Romanis tunc dominis terrarum oportunum erat, quibus tributa exigere par erat. operis huius executionem hac ratione pertracto: nichil omnino de meo interpono, set integrum quandoque capitulum integramue sententiam de rebus, quas in noticiam ducere libuit, non meis, set ipsius Plinii integerrimis uerbis conscribo. errores quidem gentilium et superstitiones inutiles et pleraque alia fidei Christiane contraria interserere inutile duxi; in margine autem, ubi necessarium putaui, super his maxime, que obscura uel grauia ad intelligendum proponuntur, ingenioli mei qualemcumque capacitatem communicaui, nullum preiudicium doctioribus faciens. quicumque igitur illud uelut infinitum pelagus librorum transmeare non poterit, hic nando manu capiat, quod ibi remigando inuenire uix poterit. ualete et gratias agite illustrissimo regi Anglie Henrico secundo, cuius nomini hoc opus dedicare presumpsi. ualete.

B L V G^{m} **21** poterit *V*] **23** *G*^{m}]

2 sq. *p.* utilitatem *uerba* Opus quidem arduum et a me maximo labore consummatum *hab. V* **4** oscitandi *G*^{m} **5** uero *om. L G*^{m} **10 sq.** interpono de meo *B* **15 19** in margine ... faciens *om. V* **19** illud *om. G*^{m} **23** ualete *om. G*^{m}

4 oscitandi *cf.* S*TOTZ, HLSMA 3, VII §§ 273.1 sq.*

Incipiunt capitula libri primi.

B L

1 Incipiunt … primi *om. L* **14** rangit *L* **17** rationi B^1 **20** inter *om. B* **27** siderum … effectu: effectu solis et siderum et *L*

B L

1 XXVI … causis *om. L* **2** numero uentorum et nominibus *L* **4** Item … et: De *L* **8** XXXI ... fulminum *mutatis numeris p.* XXVIII ... egnephiis *transp. L* **9** De fulgetris: Item de fulgetris et fulminibus et de mirabili effectu *L* **13 sq.** ceteris *om. B* **23** est *om. L* **25 sqq.** et ... rotunda *om. B*

4 typhone **5** ecnephiis

dia pars mundi sit terra et quod sit globosa et rotunda.

XLIII De occasu solis et ortu et umbra secundum diuersas regiones.

XLIIII De Ethiopibus quare nigri sint.

XLV De terre motu et causis eius et portentis inde factis.

XLVI De pratis et oleis in tempore Neronis suas sedes transgressis.

XLVII Quod non sit simplex malum terre motus.

XLVIII Quod repente nascuntur terre in mari.

XLIX De quibusdam miraculis terre.

L De caute horrenda uno digito mobili et aliis mirabilibus terre.

LI De fluxu et refluxu maris et quod omnia animalia in retractu maris moriuntur.

LII Quod omnia in plenilunio purgantur maria.

LIII Quod ardore solis mare recipit saporem salis et de contrario effectu lune et de multis mirabilibus fluminum et fontium.

LIIII De limo cuiusdam stagni flagrante.

LV De monte Chimera et de montibus Ephasti mirabilia.

B L

9 transgressas *L* **10** sit simplex: simplex non sit *L* **11** mare *L* **17** LII ... maria *mutatis numeris p.* LV ... mirabilia *transp. L*

22 Hephaesti

Expliciunt capitula libri primi. incipiunt c(apitula) l(ibri) secundi.

B L

1 sq. c(apitula) l(ibri) secundi *om. L* **15** macedonei regni *L* **25** generibus germanorum *L* **27** antiquitus *L*

11 Bodincus

B L

3 eius *om. B* **6** et[1] *om. B* **7** herculus *L* **8** athalante *B* nemorosa *L* **13** euphobia *B*: euforbia *L* **14** nimidia *L* *p.* et *uerbum* de *hab. L* **16** *p.* et[2] *uerbum* de *hab. L* **19** nomen proprium *L* **27** *p.* et *uerbum* de *hab. L* que *L*

XXXVI	De Iudea et partibus eius.
XXXVII	De Iordane flumine et de Aspaltu lacu quem mare mortuum uocant et de mirabilibus que proxima ei sunt.
XXXVIII	De Euphrate et de procursu eius.
XXXIX	De Palmira ciuitate et de situ eius.
XL	De Tauro monte et quam mirifice protenditur.
XLI	De amne Indico qui recipit sexaginta perhennes fluuios et C torrentes.
XLII	De Troade que prius Antigonia dicebatur nunc Alexandria et de quibusdam aliis ciuitatibus.
XLIII	De Ponto Euxino et de uiolentia occeani qui interrumpit regiones et de portu Aconie.
XLIIII	De Armenia Maiore et Minore.
XLV	De admirandis Portis Caucasie.
XLVI	De Arempheis qui sunt similes Hyperboreis et de plerisque aliis gentibus.
XLVII	De regione quadam delectabili amenis circumdata montibus et Citis et Persis et de Antropofagis qui comedunt humana corpora et de populo qui Seres dicuntur.
XLVIII	De Indico mari et quod India sit tercia pars terre et quod soli Indi non migrant a finibus suis.

B L

12 eusino *L* **16** hisperboreis *B* **19** *p.* et[1] *uerbum* de *hab. L* *p.* et[2] *uerbum* de *hab. L* **23** nigrat *L*

2 Asphalti *cf. ThLL II 828, 64 sq.* **8** amne Indico*; in hoc capite Indus Lyciae, non Indiae, tractatur* **13** Aconis **15** Portis Caucasie*; apud Plinium* portae Caucasiae *tractantur (cf. prima duo uerba huius cap.); adiectiuum* Caucasiae *a uocabulo* portae *pendens Robertum nomen genetiuo singulari interpretatum apparet* **19** Scythis

XLIX De Gange flumine et regionibus Indie et regibus et gentibus et de mirabili opulentia eorum.

L De Taprobane insula que ante Alexandrum Magnum alter orbis putabatur et de moribus gentis illius et quomodo Romanis primum innotuerunt.

LI De mari Rubro et de Parthis et de Medis.

LII De Babilonia et Tigri flumine.

LIII De Barbetace oppido et de incolis eius qui soli mortalium odiunt aurum et de Sabeis et ceteris gentibus opulentissimis et quod regine Ethiopum Candaces appellantur.

LIIII De animalibus hominibusque monstruosis.

LV De hominibus qui canem habent pro rege et de diuersis uictualibus hominum.

LVI De longitudine terre Ethiopum et de habitatione Gorgonum de quibus duarum cutes Hanno Penorum imperator posuit in templo Iunonis.

LVII De quantitate trium partium orbis terrarum.

LVIII De segmentis mundi.

LIX In primo segmento narrata subscribuntur que incipit a parte Indie uersa ad austrum.

LX Secundum segmentum incipit ab India uergente ad occasum.

LXI Tercium segmentum ab Indis Imaguo proximis.

LXII Quarto subiacent segmento que sunt ab altero latere in mari.

B L

5 sq. *p.* innotuerunt *uerbum* medis *hab. L* **12** appellabantur *B* **21** uariata *L* **27** mare *B*

10 odiunt *cf. ThLL IX 2, 454, 62 sqq., STOTZ, HLSMA 4, VIII § 126.1* **25** Imauo

LXIII	Quinto continentur segmento que sunt ab introitu Caspii maris.
LXIIII	Sexto segmento continetur urbs Roma.
LXV	Septimum segmentum ab altera Caspii maris hora incipit.

Expliciunt capitula libri secundi. incipiunt c(apitula) l(ibri) tercii.

I	Primum promittit se loqui de animantibus et primum de homine et de imbecillitate illius.
II	Quod ei luctus est datus et quod solus suo generi malus est.
III	De moribus hominum in quibus prodigiosa sunt aliqua et incredibilia.
IIII	De Scitis qui humanis corporibus uescuntur.
V	De Arimaspis qui unum habent oculum in fronte et qui a griphis capiunt aurum.
VI	De hominibus habentibus auersas post crura plantas.
VII	De Antropophagis et de quibusdam gentibus qui in pueritia canescunt.
VIII	De hominibus qui Ophiogenes uocantur manu uenenum a corporibus extrahentes.
IX	De Epsillorum gente quorum odore serpentes sopiuntur.

B L

2 capsii *B* **3** romana *B* **4** capsii *B* **6** c(apitula) l(ibri) *om. L* **12 sq.** sunt … incredibilia: aliqua sunt *L* **15** habet *L* **21** ophiogenas *L* **23** episillorum *a. corr. B p.* quorum *uerba* sopore et *hab. L*

23 Psyllorum

X	Quod similis gens sit adhuc in Marsia et quod saliua omnium hominum serpentibus uenenum est.
XI	De androginis qui utriusque nature creduntur.
XII	De quibusdam effacinantibus laude et aliis effacinantibus uisu.
XIII	De hominibus quorum sudor tabem afferat tactis corporibus.
XIIII	De Hirpiis qui non aduruntur igne.
XV	De Pirro rege cuius pollex in dextro pede medebatur lienosis.
XVI	De mirabili magnitudine arborum et hominum in India.
XVII	De hominibus habentibus octonos digitos in singulis pedibus et de aliis canina capita habentibus.
XVIII	De Scipiodis qui in estu umbra se pede protegunt et de his qui oculos habent in humeris et de aliis monstriferis.
XIX	De Pigmeis qui a gruibus infestantur.
XX	De gente candidos capillos habente in iuuentute in senectute nigros et de his qui se auribus contegunt.
XXI	De Fausta muliere que duos mares et totidem feminas enixa est uno partu.
XXII	Quod non sit fabulosum feminas mutari in mares.

B L

2 sq. serpentibus uenenum est: uenenum serpentibus *L* **4** antrogenis *L* reduntur *L* **18** qui *it. B* **20** gruis *L* **25** uno partu enixa est *L* **26** mutare *L*

5 effascinantibus *cf. Stotz, HLSMA 3, VII §§ 273.1 sq.* **9** Hirpis **17** Sciapodibus

XXIII	De cognoscendo conceptu maris siue femine.
XXIIII	De facili interitu hominis.
XXV	Quod Nero contra naturam pedibus prius egressus est ab utero.
XXVI	De diuersis similitudinibus nascentium.
XXVII	De Artemio cui Laodice regina nupsit propter indifferentem similitudinem Antiochi regis et sic regni heredem statuit et de pueris Antonio uenditis.
XXVIII	Quod arte medicine confectus partus semper fere feminam gignit.
XXIX	De mola que in mulieribus nascitur retenta mese et de malignitate menstrui.
XXX	De homine qui primo die risit quo genitus est et quod cuique dimidia statura est in tribus annis et de homine inuento in Creta XLVI cubitorum.
XXXI	Quosdam homines uiuere sine medullis signum est quod non sitiunt.
XXXII	De Crasso qui nunquam risit et de Socrate qui semper erat eodem uultu.
XXXIII	De Aulo Vinnio qui solitus erat una manu apprehensa carpenta retinere et de mirabili uisu cuiusdam Strabonis.
XXXIIII	De mirabili memoria quorundam regum.
XXXV	De Gaio Cesare qui solebat scribere simul et legere, dictare et audire et de clementia eius et de Magno Alexandro.
XXXVI	De Dionisio tiranno qui occurrit Platoni ob sapientiam quadrigis albis et de ceteris qui honorem prestiterunt sapientibus.

B L

2 hominum *B* **6** laodocie *B*: latidice *L* **14** est *om. L* **25** Gaio: iulio *L* **29** quarigis *L*

B L

3 metuit *L* **10** et *om. L* **19** longinqua *L* **28** institum *L*

7 Scipionis

B L

1 sq. sit ... dens: ebur sit dens *L* **4 sq.** elefante *L* **11** machin *L* **16** helpisamio *L* **19** puerum liberauit *B* **21 sq.** electionis uarietate *L*

13 qualis

LXXII De ceraste et de amphesebene et ceteris serpentibus et malignitate eorum.

LXXIII De crocodillo et eius natura.

LXXIIII De hicneumone.

LXXV Quomodo delphini interficiunt crocodillos et quodam genere hominum quos crocodilli mirabiliter timent.

LXXVI De ippothame et eius natura.

LXXVII De ibidis natura ceruique et hirundinis et apri.

LXXVIII Quomodo angues et dracones panthere quoque et pleraque animalia et uolucres simul medicinam prestant.

LXXIX De cuniculis et talpis et ranis quemadmodum exitio fuerint quibusdam urbibus.

LXXX De hienis et earum natura et malitia.

LXXXI De ranis rubetis et natura quorundam aliorum reptilium.

LXXXII De cerui malignitate et sagacitate et ceruo centum annorum et de camelione qui mutat colorem et nec cibo nec potu utitur et tarandro qui similiter colorem mutat.

LXXXIII De ursorum coitu et eorum mirabili natura.

LXXXIIII De natura herinacii et lincium et lacertarum.

LXXXV De natura canum et de eorum mirabili amore circa dominos.

B L

3 cocodrillo *B* **5** cocodrillos *B* **6** quos *om. L* cocodrilli *B* **9** apre *L* **14** fuerunt *L* **15** eorum *L* **16** natura *om. L* **18** *p.* et^2 *uerbum* de *hab. L* **20 sq.** et^2 … mutat *om. L* **23** lacertorum *L* **24** de eorum *om. B*

5 sq. et de quodam

Expliciunt capitula libri tercii. incipiunt capitula libri quarti.

B L

7 bubiis *L* bouum *L* **9** uice *om. L* **15** capitula libri² *om. L* **16** animabus *L* **17** lena *B* **22** est falsa opinio *L*

16 terrestribus *cf.* STOTZ*, HLSMA 4, VIII § 42.5* **21** Tritone **25** spiraculo

B L

11 terrestriis *L* **23** alicubi *a. corr. B* **25** structione *L*

27 eorum *sic*

XXVIII	De miluis et cornicibus et coruis et eorum natura.
XXIX	De pico et eius natura.
XXX	De pauonibus.
XXXI	De gallis et quomodo castrantur.
XXXII	De anseribus et unde ueniant gante.
XXXIII	De natura gruum et ciconiarum.
XXXIIII	De Mennonidis et quod nullus auis sit in Ponto insula.
XXXV	De luciniis id est philomenis et de natura earum.
XXXVI	De merulis candidis.
XXXVII	De altione et eius natura.
XXXVIII	De hirundinibus que nidos suos opponunt Nilo.
XXXIX	De pica et merobe et perdice et columba et turture.
XL	De uario incessu et uolatu auium et de auibus que appodes uocantur.
XLI	De psitaco et quodam genere picarum exprimentium humanam uocem.
XLII	De coruo qui cotidie salutabat Cesares et populum Romanum.
XLIII	De auibus Diomedeis et de eorum natura et de hirundinibus et muribus quod indomabiles sint.
XLIIII	Quomodo bibunt aues.
XLV	De similitudinibus olorum et onocrotali et de auibus quorum plume in noctibus lucent.
XLVI	De pegasis et griphis.

B L

6 gante ueniant *L* **10** *p.* XXXV ... earum *inscriptionem* XXXVI De turture *hab. L* **14 sq.** et turture *om. L* **18** sitaco *L* **23** sunt *L* **25** similitudine *L*

8 nullus *sic*

B L

1 *p.* et^{2} *uerbum* de *hab. L* **12** ad *om. B* **16** earum *L* **17** callant *L* **21** fundamentum *L* **23** excubat *L* **25** operant *L* **26** expellunt *B* **27** apium *L*

B L

1 sq. aluntur sompno *L* **5** *p.* animantibus *uerbum* et *hab. L* **8** crabonum *L* **10** falaogio *L* **18** Distoria *L* **25** uaritate *B*

10 *genetiuum* falaogie *(mendose pro* falangie *scr.) Robertus a uocabulo* phalangia, *quod in hoc capite inuenit quodque* phalangium *plurali numero est, formauit*

LXXXV	De gutture et faucibus et stomacho.
LXXXVI	De corde et eius natura.
LXXXVII	Quod in cordibus os crescit et de felle et quibus non est.
LXXXVIII	Quod sanguinem non habent quibus iecur non est et de precordiis.
LXXXIX	De uentre et qua parte hereat stomacho et de aluo et de liene et de felle.
XC	De costis et de uesica.
XCI	De uipera et oua gignentibus.
XCII	De sepo et adipe et quibus alterutrum est.
XCIII	Quamdiu homo crescit in longitudinem et de neruis et arteriis.
XCIIII	De sanguine et eius natura.
XCV	De partu animalium et de pubertate et de pilis hominis.
XCVI	De quorum animalium lacte fit caseus et de menbris hominis.
XCVII	De similitudine simie et de pedibus serpentis et cauda et uoce animantium.
XCVIII	De prenosticis Aristotilis que reprehendit.
XCIX	De prenosticis Trogi.
C	De anima leonis et quomodo fecentia ora medentur.
CI	De uenenis et de apris que salamandram edunt.
CII	De cibis utilioribus homini.
CIII	Quibus cibis augentur corpora hominum et quibus minuuntur.

B L

6 est *om. B* **10** dignentibus *L* **13** *p.* et *uerbum* de *hab. L* *p.* arteriis *uerbum* hominis *hab. L* **15** et^{1} *om. L* **16** hominis *om. L*

11 sebo **21** Aristotilis *cf. ThLL II 586, 27 sqq.* **23** foetentia

Expliciunt capitula libri quarti. incipiunt capitula libri quinti.

I	De arbore platano.
II	De arbore malo quam Medicam uocant que non nascitur nisi apud Medos et Persidos et de hebeno et de arbore piperis et de genere eius et de uirtute.
III	De gariophilo.
IIII	De gente que uocatur Arriana ubi nascitur frutex qui occidit equos et spina cuius liquor excecat omne animal et herba referta serpentibus quorum ictus est mors.
V	Quod in insula Persica non cadunt folia et de fructu Arabie.
VI	De nardo et amomo et cardamomo.
VII	De ture et quod eius arboris facies ignoratur.
VIII	De uindemia turis et eius natura et de largitate Alexandri.
IX	De mirra et eius probatione.
X	De massica et ladano.
XI	De lacrima olee medicinali.
XII	De arbore brata et cirace.
XIII	De cinnamomo quod etiam cinnamum dicitur et de eius mira aduectione.
XIIII	De casia.
XV	De mirobalano et de arbore que uocatur adipsos.
XVI	De calamo Arabico et iuncco odoro et ammoniaco et de ceptro Helysei.

B L

6 *p.* uirtute *uerbum* eius *hab. L* **14** cardomo *L* **25** mirabalano *a. corr. B*: mirobolano *L* quo B^1

4 Persas **19** mastica **21** brato styrace

XVII	De balsamo et eius genere.
XVIII	De stirace et galbano et quomodo fiat omfacium.
XIX	De arbore que elaten a quibusdam uocatur.
XX	De ungentis et apud quos primum inuenta sunt.
XXI	Qualiter fiat regale unguentum.
XXII	De palma et eius natura et de therebinto.
XXIII	De arbore fici Egyptii et de libris Nume Pompilii inuentis.
XXIIII	De Affricana arbore lethon quam uocant celtim et de pluribus arboribus uniuersarum prouinciarum.
XXV	De tabsia et eius natura.
XXVI	De cithiso et herba que uertitur in salem.
XXVII	De moribus hominum qui potius ad auaritiam quam ad discenda utilia inclinant.
XXVIII	Quod uitis arbor diutissime durat et de intemperantia Alexandri in uino et de sapore quo fiat.
XXIX	Quod uinum non ad utilitatem set potius ad delectationem petitur.
XXX	De oleo et eius utilitate.
XXXI	De amurca et eius mira utilitate.
XXXII	De pineis nucibus.
XXXIII	De pomis citoneis et Persicis et prunis et eius generibus.
XXXIIII	De piris et eius generibus.
XXXV	De Carthagine destructa propter ficum.
XXXVI	De caprificu et nucibus iuglandis et amigdalinis.

B L

2 sitrace *L* **sq.** omfritium *L* **4** abore *B* **5** lingentis *L* **7** et de therebinto *om. L* **8 sq.** nimeponpilii *L* **14** cithuso *a. corr. B*

10 loton **28** iuglandibus *cf. Stotz, HLSMA 4, VIII § 42.5*

XXXVII	De castaneis et siliquis et glande.
XXXVIII	De moris et eorum generibus.
XXXIX	De acinis et eorum generibus.
XL	De cerasis quando primum uecta sunt Romam et postea in Britanniam et de diuersis saporibus fructuum.
XLI	De mirto et eius utilitate.
XLII	De lauro et quod eam gestans non percutitur fulmine et quare corona uictoris dicitur laurea.
XLIII	Quod antiquitus idola sola coronabantur lauro.
XLIIII	De glandis generibus et de fructu roboris et ilicis preter glandem.
XLV	De agarico et ubi inuenitur et sandalo et taxo arboribus scilicet uenenatis.
XLVI	De pice liquida et de arbore fraxino.
XLVII	De buxo et populo.
XLVIII	De ordine nature in floribus et fructibus.
XLIX	De faba Greca.
L	De radicum distantia et quod non omnia omnibus locis crescant et quomodo uina separantur ab aquis si mixta fuerint.
LI	De arundine et calamo.
LII	De mora rubi et eius genere.
LIII	De oleastro in quo reperta sunt ocree et galee et quod conteritur hedere et lauri et concipitur ignis et de eternitate buxi.

B L

2 eorum: eius *L* **3** eorum *om. L* **5** postea *om. B* de *om. B* **12** glande *L* **15** liquido *L* **25** lauri et *om. L*

13 scandula **23** De mora rubi; *Robertus uerba* mora rubi *ex prima sententia huius cap. (*Rubi mora ferunt ... similitudinem rose*) exscripsit, declinare ea obliuiscens* **25** conteruntur

B L

3 sq. tiburtum *L* **6** et *om. L* **11** libertate *L* **14 sq.** earum: arborum *L* **17** transgressam *L* **22** finii *L* pilex *L*

3 quae **4** Amphiarai **6** hedera **26** farre

B L

21 discrescionem *L* **23** nos *B* **27** genere eius *L*

29 lasere *cf. ThLL VII 2, 987, 16 sqq.; STOTZ, HLSMA 3, VII §§ 23.1 sqq.*

XCV	De ortis et nascentiis in eis.
XCVI	De peponibus et cucurbitis.
XCVII	De raphano et eius natura et de pastinaca et bulbis.
XCVIII	De cepa et eius generibus.
XCIX	De porris sectilibus.
C	De duobus generibus allii.
CI	De ruta et lactuca et beta.
CII	De brassica et eius generibus et de eruca et narstucio.
CIII	De menta.
CIIII	De cimino et eius genere.
CV	De papauere et eius genere.
CVI	De coriandro et aneto et sinapi.
CVII	Quomodo occiduntur formice in ortis.

Expliciunt capitula libri quinti. incipiunt c(apitula) l(ibri) sexti.

I	Quod ignita sunt per que homines uiuunt.
II	De uirtute allii.
III	De Ascalonia.
IIII	De atriplice.
V	De apio.
VI	De aneto.
VII	De aneso.
VIII	De asparagis.

B L

2 poponibus *L* **5** genere *B* **7** alli *L* **9** et^2 *om. B* *p.* et^3 *uerbum* de *hab. B* **sq.** nastutio *L* **12** cinimo *L* **16** c(apitula) l(ibri) *om. L*

1 nascentiis; *Robertum uocabulum* nascentia, *quod neutrum plurale est, feminini generis interpretatum apparet; cf.* Stotz*, HLSMA 4, VIII §§ 7.2 sqq.* **9 sq.** nasturcio

B L

19 tigerone *L* **28** elloboro *L* **29** elloboro *L*

15 centaurio **19** erigerone **21** cocognidio *cf. ThLL III 1395, 34 sqq.*

B L

8 heleno *B*[1] **9** oleo *L* **16** menstastui *L* **21** mimphea *L B*[2] **27** peonibus *L*

25 nasturcio

LXVII	De portilaca.
LXVIII	De philantropote.
LXIX	De peonia.
LXX	De plantagine.
LXXI	De polipodio.
LXXII	De poligonio.
LXXIII	De pelandrio.
LXXIIII	De proserpinaca.
LXXV	De quinquefolio.
LXXVI	De rapo.
LXXVII	De raphano.
LXXVIII	Item.
LXXIX	De ruta.
LXXX	De sinapi.
LXXXI	De serpulo.
LXXXII	De sisimbrio.
LXXXIII	De saliunca.
LXXXIIII	De sandice.
LXXXV	De spartania.
LXXXVI	De scemone.
LXXXVII	De saluia.
LXXXVIII	De tragorigane.
LXXXIX	De uiola.

Expliciunt capitula libri sexti. incipiunt c(apitula) l(ibri) septimi.

I	De uite.
II	De sapa.

B L

24 c(apitula) l(ibri) *om. L*

22 tragorigano

B L

6 cotoneis **30** boua *uel* boa

XXXIIII	De alno.
XXXV	De salice.
XXXVI	De uitilibus.
XXXVII	De genista.
XXXVIII	De hedera.
XXXIX	De Sabina.
XL	De alba spina.
XLI	De paliuro.
XLII	De taxo.
XLIII	De rubis.
XLIIII	Ad sanam uitam.
XLV	Item ad sane uiuendum.
XLVI	De uenere fugienda.
XLVII	Experimenta.
XLVIII	De urina.
XLIX	De lacte.
L	De menstruo.
LI	De elefante.
LII	De leone.
LIII	De lacte.
LIIII	De camelo.
LV	Item.
LVI	De butiro.
LVII	Ad podagram.
LVIII	De medullis.
LIX	De cane.

Expliciunt capitula libri septimi. incipiunt octaui.

I	Ad caput.
II	Ad oculos.
III	Ad aures.

B L

22 tem *L*

B L

XXXV	De echino pisce.
XXXVI	De torpedine pisce.
XXXVII	Que aque sint salubres que non.
XXXVIII	Item.
XXXIX	Item.
XL	De fontibus mirum.
XLI	Aliud mirum de fontibus.
XLII	De aqua marina.
XLIII	Quomodo aqua marina fieri possit.
XLIIII	Item de aqua.
XLV	Item.
XLVI	De sale.
XLVII	Item de sale.
XLVIII	Item.
XLIX	Item de sale.
L	De nitro.
LI	De spongiis.
LII	Ad iocineris dolorem.
LIII	Ad cordis dolorem.
LIIII	Ad pulmonem.
LV	Ad tussim.
LVI	Ad pectus.
LVII	Ad uiscera.
LVIII	Ad renes.
LIX	Ad uomitiones.
LX	Ad sistendum uomitiones.
LXI	De uitiis uentris et remediis.
LXII	De podagra.
LXIII	Medicine generales de pedibus talis articulis et neruis.

B L

1 chino *B* **3** Que: Aue *L* sunt *L* **6** mirum: in yrum *L* **29** Dedicine *L* **30** uenis *B*

LXIIII	Remedia contra morbos qui totum corpus occupant.
LXV	Ad paralisim.
LXVI	De febribus frigidis.
LXVII	De febre iumentorum.
LXVIII	De freneticis.
LXIX	De igne sacro.
LXX	Ad menbra luxata.
LXXI	Contra morbum regium.
LXXII	Contra furunculos.
LXXIII	Contra fistulas.
LXXIIII	Ad sanguinem.
LXXV	Ad ulcera.
LXXVI	De pluribus experimentis maxime ad mulierum passiones.
LXXVII	Ad partus eiciendos.
LXXVIII	Ad ceruicium dolores.
LXXIX	Ad pectus.
LXXX	Ad lumborum dolores.
LXXXI	De tenesmo.
LXXXII	Ad calculos.
LXXXIII	Ad podagram.
LXXXIIII	Ad perniones.
LXXXV	Ad clauos.
LXXXVI	Ad uarices.
LXXXVII	Ad ungues scabros.
LXXXVIII	Ad ossa fracta.
LXXXIX	Ad costas fractas.
XC	Ad tumores.
XCI	De glutino.
XCII	Ad recentia uulnera.

B L

11 fistulos *B*[1] *L* **17** ceruicum *L*, *p. corr. B* **30** clutino *L*

XCIII	Ad ulcera.
XCIIII	Ad cicatrices.
XCV	De pauore infantium.

Expliciunt capitula libri VIII. incipiunt c(apitula) l(ibri) IX. in quo continentur metallorum nature et gemmarum.

I	Quod crisocolla iuxta aurum foditur.
II	Quod minium circa argentum inuenitur.
III	De auri inuentione.
IIII	Quod omni auro inest argentum.
V	De electro.
VI	Medicine ex auro.
VII	De crisocolla.
VIII	De argento.
IX	De argento uiuo.
X	Quando Rome simulacrum primum factum est.
XI	De statua canis.
XII	Mirum de statua.
XIII	De coloso Solis Rodiorum.
XIIII	De ere.
XV	De cathmia.
XVI	De erugine eris.
XVII	De atramento.
XVIII	De ferreis metallis.
XIX	Medicine de rubigine ferri.
XX	De plumbi metallis.
XXI	De stagno.
XXII	Medicine de plumbo.
XXIII	De sandaraca.

B L

4 octaui libri *L* c(apitula) l(ibri) *om. L* **8** inuentione auri *B* **11** Dedicine *B*[1] *L* **17** Cirum de statua *L*: De statua mirum *B* **18** radiorum *B* **24** Dedicine *L* **27** Dedicine *L*

XXIIII	Memorabile de pictura.
XXV	Item de pictura.
XXVI	De sulphure uiuo.
XXVII	De alabastro.
XXVIII	De sarcofago lapide.
XXIX	De gagate.
XXX	De ematite lapide.
XXXI	De lapide modo uitri lucente.
XXXII	De calce medicina.
XXXIII	De murrina.
XXXIIII	De cristallo.
XXXV	De idrie lapide.
XXXVI	De nominibus lapidum gemmarumque alphabeti ordine.
XXXVII	De achate.
XXXVIII	De allectoria.
XXXIX	De adamante.
XL	De Arabio adamante.
XLI	De augite.
XLII	De amatistis.
XLIII	De asteria.
XLIIII	De berillis.
XLV	De balanitis.
XLVI	De Calcedoniis.
XLVII	De cinediadis.
XLVIII	De carbunculis.
XLIX	De crisolampi.
L	De criselectro.
LI	De crisolitis.

B L

5 sargofago *L* **9** medicine *B*

12 iride

LII	De diado.
LIII	De dionisia lapide.
LIIII	De draconite.
LV	De graphiti.
LVI	De Gorgonia.
LVII	De eliotropio.
LVIII	De hipetisti.
LIX	De lapide qui Hamonis cornu dicitur.
LX	De hiena.
LXI	De libanocrote.
LXII	De limoniati.
LXIII	De ligurio.
LXIIII	De mitrace.
LXV	De Media.
LXVI	De mirriti.
LXVII	De meliti.
LXVIII	De nebriti.
LXIX	De ombria.
LXX	De onice.
LXXI	De Ponticis.
LXXII	De pirena.
LXXIII	De piritho.
LXXIIII	De polixino.
LXXV	De Solis gemma.
LXXVI	De sileniti.
LXXVII	De Sirtiditibus.
LXXVIII	De scariti.
LXXIX	De sciti.
LXXX	De sinocitidis.

B L

1 diaclo *B* **4** Graphit *L* **12** Lugirio *L* **26** sirtidibus *B*

9 hienia **26** syrtitidibus

B L

4 topatio *B* **9** De zmaragdis: Item *B* **12** sponte nascentibus *B*

Incipit liber primus.

I De mundo.

Mund*i* extera indagare nec interest hominum nec capit 2, 1*
humane coniectura mentis. furor est mensuram eius animo 2, 3*
quosdam agitasse atque prodere ausos, alios rursus occasione
hinc sumpta aut his data innumerabiles tradidisse mundos.
furor est profecto, furor egredi ex eo et, tanquam interna eius 2, 4
cuncta plane iam sint nota, ita scrutari extera, quasi uero
mensuram ullius rei possit agere qui sui nesciat, aut homines
possint uidere que mundus iste non capiat.

II De forma eius.

Formam eius in speciem orbis absoluti[A] globatam esse 2, 5*
nomen in primis et consensus in eo mortalium orbem appellantium, sed et argumenta rerum docent, non solum quia talis figura omnibus sui partibus uergit in sese ac sibi toleranda est seque includit et continet nullarum egens compagum nec finem aut initium ullis sui partibus sentiens, sed oculorum quoque probatione, quod conuexus mediusque quacumque cernatur, cum id accidere in alia non possit figura.

[A]Robertus: absolutum dicitur quicquid in sua specie nullum habet offendiculum uerbi causa; fiat circulus eptangulus, non est absolutus quia offendunt anguli ne sit circulus absolutus i(d est) absque offensione rotundus.

B L **3** [*G* **19** *B*] *G*] *L*] **20** [B^2 [L^2 **23** B^2] L^2]

5 cursus *G L* **13** concensus *G* **14** et *om. G* rerum *om. L* **16** que *L* **18** quod *om. L* **20 sq.** [ ]diculum L^2 **21** circulus: [ ] L^2 **22** offendunt: [ ]dunt L^2 circu[ ] L^2 offensione: offen[ ] L^2

21 heptangulus *cf. DB 1, 1145 sub uoce*

III De motu.

Hanc ergo formam eius inrequieto ambitu, inenarrabili 2, 6* celeritate, XXIIII horarum spatio circumagi solis exortus et occasus haud dubium reliquere. an sit inmensus et ideo sensum aurium excedens tante molis rotate uertigine assidua sonitus, non equidem facile dixerim, non magis quam circumactorum simul tinnitus siderum suosque uoluentium orbes.

IIII De nomine.

Equidem et consensu gentium moueor; nanque cosmos 2, 8* Greci nomine ornamenti appellauere eum et nos a perfecta absolutaque elegantia mundum.

V De celo.

Celum haud dubie celati argumento diximus, ut interpretatur Marcus Varro. adiuuat rerum ordo descripto circulo, qui 2, 9 signifer uocatur, in XII animalium effigies et per illas solis cursus congruens tot seculis ratio.

VI De elementis.

Nec de elementis uideo dubitari IIII esse ea; ignitum 2, 10* summo, inde tot stellarum collucentium illos oculos; proximum spiritus, quem Greci nostrique eodem uocabulo aera appellant, uitalem hunc et per cuncta rerum meabilem totoque consertum; cuius ui suspensam cum IIII aquarum elemento librari medio spatii tellurem. ita mutuo complexu di- 2, 11 uersitatis effici nexum et leuia ponderibus inhiberi quo

1 [*B* [*L* **2** [*G*

3 celeritate *B L G*[m]: celebr- *G* **4** relinquere *L* **7** uolentium *G*[1] **15** reum *G* **24** *p.* librari *uerbum* in *hab. L* spatio *L*

minus euolent, contraque grauia, ne ruant, suspendi, leuibus in sublime tendentibus. sic pari in diuersa nisu ui sua queque consistere, inrequieto mundi ipsius constricta circuitu, quo semper in se currente imam atque mediam in toto terram, eandemque uniuerso cardine stare pendentem, librantem per que pendeat, ita solam immobilem circa eam uolubili uniuersitate; eandem ex omnibus necti eidemque omnia innecti.

VII De VII planetarum medio id est sole.

Inter hanc celumque eodem spiritu pendent certis discre- 2, 12*
ta spatiis VII sidera, que ab incessu uocamus errantia, cum
errent nulla minus illis. *h*orum medius sol fertur, amplissima
magnitudine ac potestate. hic lucem rebus ministrat aufert- 2, 13*
que tenebras, hic reliqua sidera occultat, hic ui*r*es temporum
annumque semper renascentem ex usu nature temperat, hic
celi tristitiam discutit atque etiam humani nubila animi sere-
nat, hic suum lumen ceteris quoque sideribus serenat, precla-
rus, eximius.

VIII De deo et de superstitione falsorum deorum.

Effigiem dei formamque querere inbecillitatis humane 2, 14*
reor. quisquis est deus et quacumque in parte, totus est sen-
sus, totus uisus, totus auditus, totus anime, totus animi, totus
sui. innumeros quidem credere atque etiam ex uitiis homi-
num, ut Pudicitiam, Concordiam, Mentem, Spem, Honorem,
Clementiam, Fidem, aut, ut Democrito placuit, duos omnino,
Penam et Beneficium, maiorem ad socordiam accedit. fragi- 2, 15*
lis et laboriosa mortalitas in partes ista digessit infirmitatis
sue memor, ut portionibus coleret quisque quo maxime ind-

B G L **18** [*V*

2 nisi *L* **4** imam: unam *G L* **5** librantemque *L* **9 sq.** discretis *B* **13** *sub* uires *lineam add.* G^{m} **14** temporat *L* **15** tristiticiam *G* **16** *sub* sere *in* serenat *lineam add.* G^{m} **23** pudiciam *B*

igeret. itaque nomina alia aliis gentibus et numina in hisdem
innumerabilia reperimus. quamobrem maior celitum populus 2, 16*
etiam quam hominum intelligi potest. gentes uero quedam
animalia et etiam aliqua obscena pro diis habent. matrimonia 2, 17*
inter deos credi tantoque euo neminem ex eis nasci et alios
esse grandeuos semper canosque, alios iuuenes atque pueros,
atri coloris, aligeros, claudos, e boue editos et alternis diebus
uiuentes morientesque, puerilium prope deliramentorum est,
set super omnem impudentiam adulteria inter ipsos fingi,
mox iurgia et odia, atque etiam furtorum esse et scelerum nu-
mina. deus[A] est mortali iuuare mortalem, et hec ad eternam 2, 18
gloriam uia. hac proceres iere Romani, hac nunc celesti pas-
su cum liberis suis uadit maximus omnis eui rector Vespasia-
nus Augustus fessis rebus subueniens. hic est uetustissimus 2, 19*
referendi bene merentibus mos, ut tales numinibus ascri-
bantur. quippe et omnium aliorum nomina deorum et que su-
pra retuli siderum ex hominum nata sunt meritis. Iouem
quidem aut Mercurium aliterue alios inter se uocari et esse
celesti nomen culture, quis non interpretatione nature[B] fatea- 2, 20*
tur irridendum?

[A]Robertus: id est quod iuuat quod est adiuuat mortalem; et hoc est quod ad e(ternam) g(loriam) u(ia): quia iuuamine mort(alis) diuturnus prouentus frequentis fame cum laude quod est gloria adquiritur; et hoc est quod sequitur: hac proce(res) i(ere) Ro(mani), hac nunc Vespasianus Augustus, i(d est) iuuando mort(alem); et hoc est quod infert fessis rebus subueniens, que s(cilicet) per Neronem predecessorem fatigabantur.

B G L V **20** *B*] *G*] *L*] *V*] **21** [B^2

2 repperimus *L* **4** obscena aliqua *L* prodigiis *in ras. G* **11 sq.** et … gloriam: est eter- ad glo- hec *L* **13 sq.** uespesianus *L*: uaspasi- *V*, *in ras. G*

15 *p.* merentibus *uerbum* gratiam *om.*

[B]Robertus: interpret(atione) nature; sicut M. V. qui dicebat Iouem ethera, Merc(urium) aera; unde et aligerum quia aer in motu semper est. hinc etiam poeta: Iouis omnia plena, quoniam etheris temperamento omnia prouenire credidit.

IX De fortuna.

Inuenit tamen inter has utrasque sententias medium ipsa mortalitas numen, quo minus etiam plana de deo coniectatio esset. toto quippe mundo et omnibus locis omnibusque horis omnium uocibus fortuna sola uocatur ac una nominatur, una accusatur rea, una arguitur, una cogitatur, sola laudatur, sola arguitur et cum conuiciis colitur uolubilisque a plerisque uero et ceca etiam existimata, uaga, inconstans, incerta, uaria indignorumque fautrix. huic omnia expensa, huic feruntur accepta, et in tota ratione mortalium sola utramque paginam facit, adeoque obnoxie sumus sortis, ut sors ipsa pro deo sit, qua deus probatur incertus. 2, 22*

X De superuacua curiositate hominum.

Pars alia et hanc pellit astroque suo euentus assignat et nascendi legibus semelque in omnes futuros unquam dei decreto, in reliquum uero otium datum. sedere cepit sententia hec, pariterque et eruditum uulgus et rude in eam cursu uadit. 2, 23
ecce fulgurum monitus, oraculorum prescita, aruspicum predicta atque etiam parua dictu in auguriis sternutamenta et offensiones pedum. Diuus Augustus leuum prodidit sibi cal- 2, 24*

B[2] **4** *B*[2]] **5** [*B* [*L* [*V* **6** [*G*

6 has *om. G* **10** *p.* laudatur *uerba* sola cogitatur *hab. L* **11** colubilisque *G* **14** pagina *G*

1 M(arius) V(ictorinus)? Iouem ethera *sqq. cf.* SERV. *Aen. 1, 47* **2** unde et aligerum *cf. ThLL I 1582, 12 sqq.* **3** Iouis omnia plena *VERG. ecl. 3, 60*

ceum prepostere inductum quo die seditione militari prope afflictus est. que singula inprouidam mortalitatem inuoluunt, 2, 25*
solum ut inter ista uel certum sit nichil esse certi nec miserius quicquam homine aut superbius. ceteris quippe animantium sola uictus cura est, in quo sponte nature benignitas sufficit uno quidem uel preferenda cunctis bonis, quod de gloria, de pecuni*e* ambitione superque de morte non cogitant. uerum in his deos agere curam rerum humanarum credi ex 2, 26*
usu uite est penasque maleficiis aliquando seras, numquam autem irritas esse.

XI De inquisitione philosophorum utrum deus possit omnia.

Inperfecte uero in homine nature precipua solatia, ne 2, 27
deum quidem posse omnia - namque nec sibi potest mortem consciscere, si uelit, quod homini dedit optimum in tantis uite penis, nec mortales eternitate donare aut reuocare defunctos nec facere ut qui uixit non uixerit, qui honores gessit non gesserit - nullumque habere in preterita ius preterquam obliuionis, atque, ut facetis quoque argumentis societas hec cum deo copuletur, ut bis dena XX non sint aut multa similiter efficere non posse. per que declaratur haud dubie nature potentia idque esse quod deum uocamus. in hec diuertisse non fuerit alienum propter uulgatam assidue questionem de deo.

B G L V

4 quicquam *om. G* **5** qua *B* **13** pot G^1 **19** bisdem *L*: bis decem *V* **21** diuertissime *G*

XII Frangit opinionem constellationis.

Hinc redeamus ad reliqua nature sidera, que affixa diximus mundo, non illa, ut estimat uulgus, singulis attributa nobis et clara diuitibus, minora pauperibus, obscura defectis ac pro sorte cuiusque lucentia annumerata mortalibus, quia nec cum suo queque homine orta moriuntur nec aliquem extingui decidua significant. nec tanta celo societas nobiscum est, ut nostro fato mortalis sit ille quoque siderum fulgor. illa nimio alimento tracti humoris ignea ui habundantiam reddunt, cum decidere creduntur. apud nos quoque id *in* luminibus accensis liquore olei notamus accidere.

2, 28

2, 29*

XIII De situ VII planetarum et cursu eorum.

Summum esse quod uocant Saturni sidus ideoque minimum uideri et maximo ambire circulo ac tricesimo anno ad breuissima sedis sue principia regredi certum est. *hoc* autem sidus gelide ac rigentis esse nature, multumque ex eo in terris inferiorem Iouis circulum, et ideo motu celeriore duodenis circumagi annis. tertium Martis, quod quidam Herculis uocant, ignea ardentis solis uicinitate, binis fere annis conuerti; ideo huius ardore nimio et rigore Saturni, interiectum ambobus, ex utroque temperari Iouem salutaremque fieri. deinde solis meatum esse partium quidem trecentarum LX, sed ut obseruatio umbrarum eius redeat ad notas, quinos anni dies adici superque quartam partem diei. quam ob causam quinto anno interkalaris dies additur, ut temporum ratio facilius itineri congruat. infra solem ambit ingens sidus appellatum Veneris, alterno meatu uagum ipsisque cognominibus emulum solis ac lune. pr*o*ueniens quippe et ante matutinum ex-

2, 32*

2, 34*

2, 35*

2, 36*

B G L V **11** *V*]

3 mondo *L* estim[..] *G* **6** ortu *G* **13 sq.** minimumque *L* **17** celiriore B^1: celeriori *L* **18** circumuagi *G*

oriens luciferi nomen accepit ut sol alter diemque maturans, contra ab occasu refulgens nuncupatur uesper ut prorogans lucem uicemue lune reddens. quam naturam eius Pitagoras 2, 37 Samius primus deprehendit Olimpiade circiter XXXII, qui fuit urbis Rome annus CXLII. largiori magnitudine extra cuncta alia sidera est, claritatis quidem tante, ut unius huius stelle radiis umbre reddantur. itaque et in magno nominum ambitu est. alii enim Iunonis, alii Ysidis, alii Martis deum appellauere. huius natura cuncta generantur in terris. namque 2, 38 in alterutro exortu genitali rore conspargens non modo terre conceptus implet, uerum animantium quoque omnium stimulat. signiferi autem ambitum peragit tricenis et duodequinquagenis diebus, ab sole numquam absistens partibus sex atque XL longius, ut Timeo placet. simili ratione, sed num- 2, 39* quam magnitudine aut ui, proximum illi Mercurii sidus, a quibusdam appellatum Apollinis, inferior*i* circulo fertur nouem diebus ociore ambitu, modo ante solis exortum, modo post occasum splendens, numquam ab eo XXII partibus remotius, ut Cidenas et So*l*igenes docent. nam ea et quarta 2, 40* parte celi abesse et tercia, et aduersa soli sepe cernuntur, maioresque alios habent cuncta plene conuersionis ambitus in magni anni ratione dicendos.

XIIII De luna et de eius defectu.

Sed omnium admirationem uincit nouissimum sidus, ter- 2, 41 ris familiarissimum et in tenebrarum remedium ab natura repertum, lune multiformis. hec ambigua torsit ingenia contemplantium et proximum ignorari sidus maxime indignantium,

B G L

10 conspergens *L* **14** simili ratione: similitudine *G* **15 sq.** a quibusdam: abdam G^1 **17** *p.* modo[1] *uerbum* post *hab. L*

8 Matris **19** Sofigenes ea *ad* sidera *a Roberto om. pertinet*

crescens semper aut senescens, nunc in aquilonem elata, 2, 42* 43*
nunc in austro deiecta, deficiens et in defectu tamen conspi- 2, 42*
cua. que singula in ea deprehendit hominum primus Endimi- 2, 43*
on et ob id amore eius captus fama traditur. non sumus pro-
fecto grati erga eos, qui labore curaque lucem nobis aperue-
re. in hac luce mira que*que* humani ingenii peste, sanguinem
et cedes scribere annalibus iuuat, ut scelera hominum nos-
cantur mundi ipsius ignaris. proxima ergo cardini, ideoque 2, 44*
minimo ambitu, uicenis diebus septenisque et tercia diei par-
te peragit spatia eadem, que Saturni sidus altissimum XXX,
ut dictum est, annis. dein*de* remorata in coitu solis biduo,
cum tardissime, a tricesima luce rursum ad easdem uices ex-
it. solis fulgore eam, ut reliqua sidera, regi, siquidem in to- 2, 45*
tum mutuata ab eo luce fulgere, qualem in repercussa aqua
uolitare conspicimus; ideo molliore et imperfecta ui soluere
tantum humorem atque etiam augere, quem solis radii absu-
mant. sidera uero haud dubie humore terreno pasci, maculas 2, 46*
autem non aliud esse quam terre raptas cum humore sordes.

XV De ratione defectus solis et lune.

Defectus autem suos et solis rem in tota contemplatione
nature maxime miram et ostento similem; eorum magnitudi-
num umbreque i*u*dices existere. quippe manifestum est so- 2, 47*
lem interuentu lune occultari lunamque terre obiectu, ac ui-
ces reddi, eosdem solis radios luna interpositu suo auferente
terraque lune. hac uero subeunte repentinas obduci tenebras
rursumque illius umbra sidus ebetari. neque aliud esse noc-
tem quam terre umbram. nullum aliud sidus eodem modo
obscur*a*tur. spacio quidem consumi umbras indicio sunt uo- 2, 48*
lucrum[A] prealti uolatus. ergo confinium illis est aeris termi-

B G L

1 semper aut: autem et *L* **11** dein *G* **16** arguere *L* soliis *G* **19** et lune *om. L* **21 sq.** magnitudinem *L* **26 sq.** ebetari … sidus *om. G*

nus initiumque etheris. supra lunam pura omnia ac diurne lu-
cis plena. a nobis autem per noctem cernuntur sidera, ut
reliqua lumina, e tenebris, et propter has causas nocturno
tempore deficit luna. non posset quippe totus sol adimi terris 2, 49*
intercedente luna, si terra maior esset quam luna. tercia ex
utroque uastitas solis oculorum argumentis aperitur, ut non
sit necesse amplitudinem eius oculorum argumentis atque
coniectura animi scrutari; inmensam esse. et rationem qui- 2, 50* 53*
dem defectus utriusque primus Romani generis in uulgus ex-
tulit Sulpicius Gallus consul. apud Grecos autem inuestigauit
primus omnium Tales Milesius Olimpiadis XLVIII, urbis
condite anno CLXX. certum est solis defectus non nisi no- 2, 56*
uissima primaue fieri luna, quod uocant coitum, lune autem
non nisi plena, semperque citra quam proxime fuerit; omni-
bus autem annis fieri utriusque sideris defectus statutis die-
bus horisque sub terra nec tamen, cum fiant superne, ubique
cerni, aliquando propter nubila, sepius globo terre obstante
c*um* exitatibus mundi. amplior errantium stellarum quam lu- 2, 58*
ne magnitudo colligitur, sed altitudo cogit minores uideri,
siquidem magnitudines suas et colores mutant, et eedem ad 2, 62*
septemtrionem accedunt abeuntque ad austrum terrisque pro-
piores aut celo repente cernuntur. in quibus aliter multa
quam priores tradituri, ne quis desperet secula proficere sem-
per. per *circulum* signifer*um* stelle quas diximus feruntur, 2, 66*
nec aliud habitatur in terris quam quod illi subiacet, reliqua
polis squalent. Veneris ta*men* stella excedit eum tantum binis
partibus, que causa intelligitur efficere, ut quedam animalia

B G L

2 uobis *G* cernuntur sydera per noctem *L* **6** *p.* argumentis *uerba* atque coniectura *hab. L* **24** per circulum: periculum *G* **26** *s.* polis *uerba* i(d est) circulis *add.* B^2

18 conuexitatibus

et*iam* in desertis mundi *partibus* nascantur. suus quidem cui- 2, 79*
que color est: Saturno candidus, Ioui clarus, Marti igneus, lucifero gaudens, uesperi refulgens, Mercurio radians, lune blandus, soli, cum oritur, ardens, postea radians.

[A]Robertus: quia dum iuxta terram uolant, umbram faciunt; cum uero alte euolant, umbram non faciunt.

XVI Quomodo ignis erumpat a sideribus.

Latet plerosque magna celi assectatione compertum a 2, 82*
principibus doctrine uiris, superiorum trium siderum ignes esse, qui decidui ad terras fulminum nomen habeant, set maxime ex his medio loco siti, fortassis quoniam contagium nimii humoris ex superiore circulo atque ardoris ex subiecto per hunc modum egerant, ideoque dictum Iouem fulminar*e*. ergo ut e flagrante ligno carbo cum crepitu, sic a sidere celestis ignis exspuitur. idque maxime turbato fit aere, quia collectus humor habundantiam stimulat, aut quia turbatur quodam ceu grauidi sideris partu.

XVII De improbitate hominum indagantium spacia inter celum et terram et inter sidera.

Interualla quoque siderum a terra multi indagare tempta- 2, 83*
uerunt, et solem abesse a luna XIX partes, quantum lunam ipsam a terra, prodiderunt. Pitagoras uero, uir sagacis animi, a terra ad lunam CXXV stadiorum esse collegit, ab ea ad solem duplum, inde ad duodecim signa triplicatum, in qua sen-
tentia et Gallus Sulpicius fuit noster. Possidonius non minus 2, 85*
XL stadiorum a terra altitudinem esse, in quam nubila ac uenti nubesque perueniant, inde purum liquidumque et inper-

B G L **4** *B*] *G*] *L*] **5** [B^2 **6** B^2] **7** [*B* [*L* **8** [*G*

11 loco *om. L* **12** atque *om. G* **14** e *om. G* **15** idque: ideo *G* **22** uero *om. G* **23** lumen *L* **24** signum *G* **25** et *om. L*

turbate lucis aerem, sed a turbido ad lunam uicies C milia
stadiorum, inde ad solem quinquies milies, et spatio fieri, ut
tam inmensa eius magnitudo non exurat terras. plures autem
nongentis stadiis in altitudinem nubes subire prodiderunt. mi- 2, 87*
ror quo procedat improbitas cordis humani paruulo aliquo in-
uitata successu; protinus mundi quoque ipsius mensura ue-
niat in digitos, tamquam plane a perpendiculo mensura celi
constet. incomperta hec et inextricabilia sunt tam prodenda 2, 85*
quam sunt prodita.

XVIII De repentino ortu stellarum.

Restant pauca de mundo. namque et in ipso celo stelle 2, 89*
repente nascuntur. plura e*o*rum genera. cometas Greci uo-
cant, nostri crinitas, horrentes crine sanguineo et comarum
modo in uertice hispidas. idem pogonias, cuius inferiore ex
parte in specie barbe longe promitur iuba. acontie iaculi mo-
do uibrantur, ocissimo significatu. hec fuit, de qua quinto
consulatu suo Titus Imperator Cesar preclaro carmine pre-
scripsit. breuiores et in mucrone fatigatas xiphias uocauere,
que sunt omnium pallidissime et quodam gladii nitore ac sine
ullis radiis. disceus, colore electro, raros margines emittit. pi- 2, 90*
theus doliorum cernitur figura, in concauo fumide lucis. ce-
rati*c*as cornus speciem habet, qualis fuit, cum Grecia apud
Salaminam depugnauit. lampades ardentes imitatur faces,
hippeus equinas iubas celerrimi motus atque in orbe circa se
euntis. fit et candidus cometes, argenteo crine ita refulgens,
ut uix contueri liceat, specieque humana dei effigiem in se
ostendens. breuissimum quo cernerentur spatium septem die-

B G L

1 a *om. G* **7** in *om. G* **8** extricabilia *G* **14** item B^2 *L* poganias *G*
15 longe *it. G* **20** imargines *L* **23** salominam *G*

12 earum **18** fastigatas **21 sq.** ceratias **23** lampadias

rum annotatum est, longissimum octoginta. mouentur autem alie errantium modo, alie inmobiles herent, omnes ferme sub ipso septentrione aliqua eius parte non certa, sed maxime in candida, que lactei circuli nomen accepit. Aristotiles tradit et simul plures cerni, nemini compertum alteri, quod equidem sciam, uentos autem ab his graues estusque significari. fiunt et hibernis mensibus et in austrino polo. sparguntur aliquando et errantibus stellis ceterisque crines. sed cometes numquam in occasura celi parte est, terrificum magna ex parte sidus atque non leuiter piatum, ut ciuili motu Octauio consule iterumque Pompeii et Cesaris bello, in nostro uero euo circa beneficium, quo Claudius Cesar imperium reliquit Domitio Neroni, ac deinde principatu*m* eius assiduum prope ac seuum. cometes in uno totius orbis loco colitur in templo Rome, admodum faustus Diuo Augusto iudicatus ab ipso, qui incipiente eo apparuit ludis, quos faciebat Veneri Genetrici non mult*um* post obitum patris Cesaris in collegio ab eo instituto. namque his uerbis proditis: ipsis ludorum meorum diebus sidus crinitum per VII dies in regione celi sub septemtrionibus est conspectum. id oriebatur circa undecimam horam diei clarumque et omnibus terris conspicuum fuit. eo sidere significari uulgus credidit Cesaris animam inter deorum immortalium numina receptam, quo nomine id insigni simulacro capitis eius, quod mox in foro consecrauimus, adiectum est. hec ille in publicum; interiore gaudio sibi illum natum seque in eo[A] nasci interpretatus est. et, ut uerum fateamur, salutare id terris fuit. sunt, qui et hec sidera perpetua esse credant, suo *quo*que ambitu ire, sed non nisi relicta a sole

2, 91* 2, 92* 2, 93* 2, 94*

B G L

5 plures *om. L* **7** autrino *G* **10** octouio *G* **12** cladius *G* **15** augustus *L* **16** genitrici *G* **21** *p.* et *uerbum* ab *hab. G* **22** credit *L*

12 ueneficium

cerni; alii uero qui nasci humore fortuitu et igne ideoque solui.

[A]Robertus: hec est stella que apparuit Magis.

XIX De facibus et aliis portentis.

Emicant et faces et non nisi cum decidunt uise, qualis 2, 96
Germanico Cesare gladiatorum spectaculum edente preter
ora populi meridiano transcurrit. duo genera eorum; lampa-
das uocant plane faces, alterum bolidas, quale Mutinensibus
malis uisum est. distant quod faces uestigia longa faciunt
priore ardente parte, bolis uero perpetua ardens longiorem
trahit limitem. emicant et trabes simili modo, quas docus uo-
cant, quales cum Lacedemonii classe uicti imperium Grecie
amisere. fit et celi ipsius hiatus, quem uocant casma. fit et 2, 97
sanguinea specie, quo nichil terribilius mortalium timori est,
incendium ad terras cadens inde, sicut Olimpiadis centesime
septime anno tercio, cum rex Philippus Greciam quateret. at-
que ego hec ratis temporibus nature, ut cetera, arbitror exis-
tere, non, ut plerique, uariis de causis, quas ingeniorum acu-
men excogitat; quippe ingentium malorum fuere prenuntia;
set ea accidisse non, quia hec facta sunt, arbitror, uerum hec
ideo facta, quia incasura erant illa, raritate autem occultam
eorum esse rationem ideoque non, sicut exortus supradictos
defectusque et multa alia, nasci.

XX De multiplicitate solis et lune.

Cernuntur et stelle cum sole totis diebus, plerumque et 2, 98*
circa solis orbem ceu spicee corone et uersicolores circuli,
qualiter Augusto Cesare in prima iuuenta urbem intrante post

B G L **2** *B*] *G*] *L*] **3** [B^{2}] **4** [*B* [*L* **5** [*G*

9 quoniam *L* **13** celi ... et *om. G* **16** septime *om. G* **21 sq.** eorum occultam *L* **26** uersicoloris G^{1} **27** inuenta *L*

obitum patris ad nomen ingens capessendum. existunt eedem corone circa lunam et circa nobilia astra celo quoque inherentia. fiunt prodigiosi et longiores solis defectus, qualis occiso dictatore Cesare et Antoniano bello totius pene anni pallore continuo. et rursus soles plures simul cernuntur, nec 2, 99* supra ipsum nec infra se, set obliquo, numquam iuxta nec contra terram nec noctu, sed aut oriente aut occidente. semel et in meridie conspecti in Bosforo produntur, qui ab matutino tempore durauerunt in occasum. trinos soles et antiqui sepius uidere. lune quoque trine apparuere. quod plerique appella- 2, 100* uere soles nocturnos, lumen de celo noctu uisum est. clipeus ardens ab occasu ad ortum scintillans transcurrit solis occasu.

XXI De mirabili scintilla semel uisa.

Scintillam e stella cadere et augeri terre appropinquantem ac, postquam in lune magnitudinem facta sit, illuxisse ceu nubilo die, dein*de*, cum cel*o* se reciperet, lampadem factam semel umquam proditur. uidit id Lianus proconsul cum comitatu suo.

XXII De stellarum discursu.

Fieri uidentur et discursus stellarum numquam temere, ut non ex ea parte truces uenti cooriantur, ex his tunc procel- 2, 101* le et in mari terrisque.

B G L

8 bofforo *L* matutino: amatutino *G* **11** nocte *L* **16** dein *G*

8 Bosporo *cf. ThLL II, 2143, 62 sqq., Stotz, HLSMA 3, VII § 142.2*
17 Silanus

XXIII De aere et motu eius.

Hactenus de mundo ipso sideribusque; nunc reliqua celi 2, 102*
memorabilia. namque et hoc celum appellauere maiores,
quod alio nomine aera. in*t*ra lunam hec sedes multoque infe-
rior. h*u*ic nubila, tonitrua et alia fulmina, hinc grandines,
pruine, ymbres, procelle, turbines, hinc plurima mortalium
mala et rerum nature pugna. decidunt imbres, nebule sub- 2, 103*
eunt, uapor ex alto cadit rursusque in altum redit. uenti in-
gruunt inanes idemque cum rapina remeant. tot*us* animalium
haustus spiritum e sublimi trahit, at ille contra nititur, tellus-
que ut inani celo spiritum infundit. sic ultra citra commeante 2, 104*
natura ut tormento aliquo mundi celeritate discordia accenda-
tur. nec stare pugne licet, sed assidue rapta conuoluitur. uen-
torum hoc regnum. itaque precipua eorum natura ibi et ferme
reliquas complexa a se causas, quoniam tonitruum et fulmi-
num ictus horum uiolentie plerique assignant. qui et ideo la-
pidibus pluere interim, quia uento sint rapti, et multa simili-
ter. quam ob rem simul plura dicenda sunt.

XXIIII De causis rerum et siderum et solis effectu.

Tempestatum rerumque quasdam statutas esse causas, 2, 105*
quasdam uero fortuitas aut adhuc rationis incomperte mani-
festum est. quis enim estates et hiemes, queque in tempori-
bus annua uice intelliguntur, siderum motu fieri dubitet? ergo
ut solis natura temperando intelligitur anno, sic reliquorum

B G L

7 nubule *B* **8** *p.* altum *uerbum* cadit *hab. L* **sq.** congruunt *G* **10** sullimi *G* *p.* ille *uerbum* concludens *hab. L* **11** ut *om. L* *s.* citra *(*circa *G) uerbum* citra *add.* G^2 **13** pugnæ *G* **17 sq.** pluere ... multa *(*-ti *L)* ... simul *om. G* **20 sq.** statutas … quasdam *om. G* **21** ut *G*

4 infra **5** hinc nubila **15** complexa eas causas **16** quin

quoque siderum propria est quibusque uis et ad suam cuique
naturam fertilis. nam canicule exortu accendi solis uapores 2, 107*
quis ignor*e*t? cuius sideris effectus amplissimi in terra senti-
untur: feruent maria exoriente eo, fluctuant in cellis uina,
mouentur stagna. origem appellat Egyptus feram, quam in
exortu eius contra stare et contueri tradit ac uelut adorare,
cum sternuerit. canes quidem toto eo spatio maxime in rabi-
em agi nulli dubium est. quin in partibus quoque signorum 2, 108*
quorundam sua uis inest, nec imbribus tantum tempestatibus-
que, sed multis et corporum et ruris experimentis. afflantur
alii sidere, alii commouentur statutis temporibus aluo, neruis,
capite, mente. olea et populus alba et salices solsticio folia
circumagunt, flores ips*i* brumali die suspensi in tectis arentis
herbe puleii. rumpuntur nitente spiritu membrane. miretur 2, 109*
hoc qui non obseruet cotidiano experimento herbam unam,
que uocatur eliotrophium, abeuntem solem intueri semper
omnibusque horis cum eo uerti uel nubilo obumbrari. nam
quidem lunari potestate ostrearum conchiliorumqe et conca-
rum omnium corpora augeri ac rursus minui, minimumque
animal, formicam, sentire uires sideris interlunio semper
cessantem. quo turpior homini inscicia est. patrocinatur uas- 2, 110*
titas rei, inmensa discreta altitudine in duo atque septuaginta
signa. hec sunt rerum aut animantium effigies, in quas diges-
sere celum periti. in his quidam mille sexcentas annotauere
stellas, insignes uidelicet effectu uisuue, exempli gratia in

B G L

2 naturam *om. L* **3 sq.** sentiunt *G* **11** sidere alii commouentur alii *L* **13** ipsę *G* **15** obseruat *G L B*[2] **18** quidam *G L* **19** omniumque *L* **21** torpior *G* **24** periti celum *L* quidem *L*

cauda tauri septem, quas appellauere uergelias, in fronte suculas, Bo*e*ten, que*m* secuntur septemtriones.

XXV De tonitruis et eorum causis.

Igitur non eam *in* infitias posse et in [111*]nubes liquore 2, 112* 11
egresso in sublime aut ex aere coacto in liquorem [112*]ignes 2, 112*
superne stellarum decidere, quales sereno sepe cernimus, quorum ictu concuti aera uerum est. cum uero in nubem perueniunt, uaporem dissonum gigni, ut candente ferro in aqua demerso, et fumidam ceruicem uolui. hinc nasci procellas et, si in nube luctetur flatus aut uapor tonitrua dirumpat ardens, fulmina, si longiore tractu nitatur, fulgetra. his findi nubem, illis perrumpi, et esse tonitrua inpactorum ignium plagas, ideoque protinus coruscare igneas nubium rimas. posse et re- 2, 113*
pulsu siderum depressum qui a terra meauerit spiritum nube cohibitum tonare, natura strangulante sonitum, dum rixetur, edito fragore, *d*um erumpat, ut in membrana spiritu intenta. posse et attritu, dum preceps feratur, illum, quisquis est, spiritum accendi. posse et conflictu nubium elidi, ut duorum lapidum scintillantibus fulgetris. e*t* hec omnia esse fortuita. hinc bruta fulmina et uana, ut que nulla ueniant ratione nature. his percuti montes, his maria, omnesque alios irritos iactus. illa uero fatidica ex alto statisque de causis et ex suis uenire sideribus.

B G L

1 uergelidas *G* **2** boetem *B* quę *G* **4** inſitias *L* **5** ex … coacto: exacto *L* **11** fundi *G* **18** posse *om. L* **22** ex alto: exaltato *G L*

2 Booten **4** eam infitias

XXVI De uentis et eorum causis.

Simili modo uentos uel potius flatus posse et arido siccoque 2, 114* anelitu terre gigni non negauerim, posse et aquis aera expirantibus, qui neque in nebulam densetur nec crassescat in nubibus, posse solis impulsu agi, quoniam uentus haud aliud intelligatur quam flatus aeris. e fluminibus ac nubibus et e mari uidemus equidem tranquillo et alios, quos uocant altanos, e terra consurgere. qui, cum e mari redeunt, tropei uocantur, si pergunt, apogei. montium uero flexu crebri*s*que 2, 115* uertic*ibus* et conflexi*s* subito aut fract*is* in humeros iug*is*, concaui*s* uallium sin*ibus* resultant aera. que causa etiam uoces reciprocas facit. sine fine uentos generant quidam etiam specus, qualis in Dalmatie ora iusto preceps hiatu, in quem deiecto leui pondere quamuis tranquillo die turbini similis emicat procella. nomen loco est Sentaquin. et in Cirenaica prouincia rupes quedam austro traditur sacra, quam profanum sit attrectari hominis manu, confestim austro uoluente harenas. set plurimum interest, flatus sit an uentus. *uentus* 2, 116* non aura, non procella, set maris appellatione quoque ipsa uenti sunt, que siue assiduo mundi incitu et contrario siderum occursu nascuntur, siue hic est ille generabilis nature spiritus huc illucque tanquam in utero aliquo uagus, siue disparili errantium siderum ictu radiorumque multiformi iactu flagellatus aer.

B G L

6 sq. et ... tranquillo *it.* *G* **9** apogri *G* **10** et conflexis: flexis *G* humeris *L* **13** *p.* Dalmatie *(*delmatię G^2*)* *uerbum* prouintia *hab.* *L* **14** puluere *L* **17** *p.* attrectari *uerbum* sit *hab.* *L* **sq.** confestim ... harenas *om.* *G*

11 resultant *transitiue* **13** uasto **15** Senta. quin **20** qui

XXVII De nominibus uentorum.

Veteres IIII omnino seruauere *uentos* per totidem mundi 2, 119*
partes; ideo nec Omerus plures nominat; hebetius mox iu-
dicatum est, ratione secuta, *que his* VIII addidit nimis subtili*s*
atque concisa. proximis inter utraque media placuit, ad bre-
uem numerum additis IIII. sunt ergo bini in IIII celi partibus,
ab oriente equinoctiali subsolanus, ab oriente brumali uultur-
nus. illum apheliothen, hunc Greci eurum appellant. a meri-
die auster et ab occasu brumali Affricus; notum et Liba no-
minant. ab occasu equinoctiali fauonius, ab occasu solsticiali
chorus; zephirum et argesten uocant. a septemtrionibus sep-
temtrio, interque eum et exortum solsticialem aquilo, aparce-
as et boreas dicti. sunt quidam peculiares quibusque gentibus 2, 120*
uenti, non ultra certum procedentes tractum, ut Atheniensi-
bus schiron, paulo ab argeste deflexus, relique Grecie igno-
tus. item in Narbonensi prouincia clarissimus uentorum est 2, 121*
circius nec ullo in uiolentia inferior, Hostiam plerumque
recto Ligustico mari perferens. idem non modo in reliquis
partibus celi ignotus est, set ne Viennam quidem eiusdem
prouintie urbem attingens, paucis ante limitibus iugi modici
occursu. tantus ille uentorum circius. et austros in Egyptum
penetrare negat Fabianus. quo fit manifesta lex nature *de*
uentis etiam et tempore et fine dict*ur*o. uer ergo apperit naui- 2, 122*
gantibus maria, cuius in principio fauonii hibernum molliunt
celum sole aquarii XXV optinente partem, *quem* celidoniam
uocant ab hirundinis uisu. pirate primum coegere mortis peri- 2, 125*

B G L

2 seruare *G* per: pro *G* **17** *p.* inferior *uerbum* set *hab. L* **19** uinennam *G* **22** negat *om. L* **23** dicturo et fine *L*

12 sq. aparctias **17** Ostiam **25** quem *ad* fauonium *pertinet*

culo in mortem ruere et hiberna experiri maria; nunc idem auaritia cogit.

XXVIII Item de effectu eorum et turbinibus.

Venti frigidissimi sunt, quos a septemtrione diximus spirare. uicinus his chorus. hi et reliquos compescunt et nubes abigunt. humidi *auster* Affricus et precipue auster Italie. sicci chorus et uulturnus, preterquam desinentes. niuales aquilo et septemtrio. grandines septemtrio importat, *importat* et chorus. estuosus auster, tepidi uulturnus et fauonius. idem subsolano sicciores, et in totum omnes a septentrione et occidente sicciores quam meridie et oriente. saluberrimus autem omnium aquilo, noxius auster et magis siccus, fortassis quia humidus frigidior est. minus esurire eo spirante creduntur animantes. permutant et duo naturam, cum sit auster Affrice serenus, aquilo nubilus. omnes uenti uicibus suis spirant, maior*i* ex parte aut ut contrarius desinenti incipiat. de ratione eorum menstrua quarta maxime luna decernit. hisdem autem uentis in contrarium nauigatur, ut noctu plerumque aduersa uela concurrant. austro maiores fluctus eduntur quam aquilone, quoniam ille inferius ex imo maris spirat, hic summo. ideoque post austros noxii precipue terre motus. noctu auster, interdiu aquilo uehementior, et ab ortu flantes diuturniores sunt ab occasu flantibus. sol et auget et conprimit flatus; auget exoriens occidensque, comprimit meridianis et estiuis temporibus. itaque medio diei aut noctis plerumque sopiuntur, quia et nimio frigore et estu soluuntur et imbribus.

2, 126* 2, 127* 2, 128* 2, 129*

B G L

3 turbinibus *om. B* **7** ulturnus *G* **9** uulturnius *G L, a. corr. B* **13** eo spirante: conspirante *G* **20** aquilone quoniam *om. G* **23** flatibus *G* **24** flatui *L* **26** soluntur G^1

16 autem

expectantur autem maxime unde nubes discusse adaperuere
celum. omnium quidem – si libeat obseruare minimos ambi- 2, 130*
tus – redire easdem uices quadriennio exacto Eudoxius putat, non uentorum modo, uerum et reliquarum tempestatum magna ex parte. et est principium lustri eius semper interkalario anno canicule ortu.

XXIX Quando flumina magis oriuntur.

Flatus repentini uagi si depresso sinu artius rotati eff*u*ge- 2, 131*
rint sine igne, hoc est sine fulmine, uerticem faciunt, qui tiphon uocatur, id est uibratus. maiore uero illati pondere incursuque, si late siccam ruperint nubem, procellam gignunt,
que uocatur a Grecis egnephias. defert hic secum aliquid ab- 2, 132*
reptum e nube gelida, conuoluens uersansque et ruinam suam illo pondere aggrauans, ad locum ex loco mutat rapida uertigine, precipua nauigantium pestis, non antemnas modo, uerum ipsa nauigia contorta frangens, tenui remedio aceti in aduenientem effusi, cui frigidissima est natura. idem ill*uso* ipso repercussus arrepta secum in celum refert sorbetque in excel-
sum. non fit autem aquilonius tiphon, nec niualis ac niuem 2, 133*
iaciens egnephias. quod si simul rumpit nubem exardescitque et ignem habet, non postea *i*ncipit, fulmen est.

XXX De mirabili effectu fulminum.

Hieme et estate rara fulmina contrariis de causis, quon- 2, 135
iam hieme densatus aer nubium crassiore corio spissatur, omnisque terrarum exhalatio rigens ac gelida quicquid accipit

B G L

1 expetantur *L* **4** non uentorum: inuentorum *G* **14** illo pondere *om. L* **19** uiualis *G* **22** fulminum *om. B* **24** densatur *G L*

3 Eudoxus **7** fulmina

ignei uaporis extinguit. que ratio immunem Scithiam et circa rigentia a fulminum casu prestat, et e diuerso nimius ardor Egyptum, siquidem calidi siccique halitus terre raro admodum tenuesque et infirmas densantur in nubes. uere autem et autumno crebriora fulmina, corruptis in utroque tempore estatis hiemisque causis, qua ratione crebra in Italia fulmina, quia mobilior aer mitiore hieme et estate nimbosa semper quodammodo *hib*ernat uel autumnat. Italie quoque partibus his, que a septemtrione descendunt ad teporem, qualis est urbis Campanie tractus, iuxta hieme et estate fulgurat, quod non in alio situ euenit. 2, 136*

XXXI De diuersis generibus fulminum.

Fulminum ipsorum plura genera traduntur. que sicca ueniunt, non adurunt, sed dissipant; que humida, non *ad*urunt, set infuscant. tertium est quod clarum uocant, mirifice maxime nature, quo dolia exhauriuntur intactis operimentis nulloque alio uestigio relicto, aurum et es et argentum liquatur intus, sacculis ipsis nullo modo ambustis ac ne confuso quidem signo cere. Marcia, princeps Romanorum, icta grauida partu exanimato ipsa citra ullum aliud incommodum uixit. M. Herennius decurio sereno die fulmine ictus est. et ruri erumpere a terra quoque arbitrantur *fulmina*, que infera appellantur, brumali tempore facta seua maxime et execrabilia. argumentum euidens, quod omnia superiora e celo decidentia obliquos habent ictus, hec autem, que uocantur terrena, rectos. set quia ex propiore materia cadunt, ideo creduntur e ter- 2, 137* 2, 138* 2, 139*

B G L **12** [*V*

7 moblior *G* nitore *G* **10** capanie *B* *s.* iuxta *uerba* i(d est) equaliter *add.* B^2 G^2 **20** examinato *G L* **26 sq.** exire e terra *L*

9 sq. urbis et Campaniae **21** Etruria

ra exire, quoniam ex repercusso nulla uestigia edunt, cum sit illa ratio non inferi ictus, set aduersi.

XXXII De fulgetris.

Fulgetrum[A] prius cerni quam tonitrum audiri, cum simul 2, 142*
fiant, certum est, nec mirum, quoniam lux sonitu uelocior, ic-
tum autem et sonitum congruere ita modulante natura, set so-
nitum profecti esse fulminis, non illati, etiamnum spiritum
ociorem fulmine, ideo quati prius omne et afflari quam per-
cuti, nec quemquam *percuti nec quemquam* tangi, qui prior
uiderit fulmen aut tonitrua audierit. itaque perplurimum re- 2, 143*
fert unde uenerint fulmina et quo concesserint. optimum est
in exortiuas redire partes. ideo cum a prima celi parte uene- 2, 144*
rint et in eandem concesserint, summa felicitas portendetur.
cetera ipsius mundi portione minus prospera. magna huius
obseruationis uanitas. prima cel*i* pars est *secundum* Tusc*os* a 2, 143*
septentrionibus ad equinoctialem exortum, secunda ad meri-
diem, tertia ad equinoctialem occasum, quarta optinet quod
reliquum est ab occasu ad septentriones. noctu magis quam 2, 145*
interdiu sine tonitribus fulgurat. unum animal, hominem, non
semper extinguit, cetera ilico, huic uidelicet natura tribuente
honorem, cum tot belue uiribus prestent. superne icti con-
cidunt. uigilans ictus contuentibus oculis, dormiens patenti-
bus reperitur. uulnera fulminatorum frigidiora sunt reliquo
corpore.

[A]Rob(ertus): genus fulminis quod fere solum notum est in occiduis partibus septemtrionalis plage, ut in Anglia.

B G L V **24** *B*] *G*] *L*] *V*] **25** [B^2 **26** B^2]

2 illa *om. L* **3** De fulgetris: Item de fulgetris et fulminibus et effectu eorum *V* **4** tonitruum *L* **7** eternum *B* **11 sqq.** optimum ... concesserint *om. L* **13** fidelitas *L* **15** est *om. L* **16 sq.** merediam *L* **19** hominem animal *L* **21** *p.* belue *uerbum* partibus *hab. L*

XXXIII Quod laurus non percutitur fulmine.

Ex his, que terra gignuntur, lauri fruticem non icit nec 2, 146*
unquam altius quinque pedibus descendit in terram. ideo pauidi altiores specus tutissimos putant aut tabernacula pellibus beluarum, quas uitulos appellant, quoniam hoc solum animal e marinis non percutiat, sicut nec e uolucribus aquilam, que ob hoc armiger huius teli fingitur.

XXXIIII De hoc quod celum fluit lacte et sanguine et huius.

Preter hec relatum est in monimenta celum lacte et san- 2, 147*
guine pluisse, et sepe alias carne, ea*s*que non perputruisse, qu*e* non diripuissent aues; item ferro in Lucanis anno antequam M. Crassus in Parthis interemptus est omnesque cum eo Lucani milites, quorum magnus numerus in exercitu erat. effigies que pluit spongiarum ferro similis fuit. L. autem Paulo C. Marcellino co*nsulibus* lana pluit circa castellum Carifanum, iuxta quod post annum Titus Manlius occisus est. eodem causam dicente lateribus coctis pluisse in eius acta relatum est.

XXXV Quod armorum crepitus etc.

Armorum crepitus et tube sonitus auditos e celo Cimbri- 2, 148
cis bellis accepimus, crebroque et prius et postea. tercio uero consulatu Marii a Mamertinis et Tudertibus spectata arma celestia ab ortu occasuque inter se concurrentia, pulsis, que

1 [*B* [*L* [*V* **2** [*G* **7** *V*]

2 icit: inicit *L* **4** petant *V* **8** lacte … huius: etc *B* **9** monimentum *L* **10** pluuisse *G* *p.* sepe *uerbum* et *hab. B* **15** marcelliano *L* **16** post *om. G* **20** audito *L*

11 quas **15** Marcello **sq.** Carifanum **16** Titus Annius Milo occisus

ab occasu erant. ipsum ardere celum minime mirum est et sepius uisum maiore ui nubibus correptis.

XXXVI De casu saxi etc.

Celebrant Greci Anaxagoran Clazomenum Olimpiadis 2, 149*
septuagesime octaue secundo anno predixisse litterarum scientia, quibus diebus saxum casurum esset *a* sole, idque factum interdiu in Tracie parte ad Egos flumen, qui lapis etiam nunc ostenditur magnitudine uehibilis, colore adusto, comete quoque illis noctibus flagrante.

XXXVII De arcu qui uidetur in nubibus.

Arcus uocamus extra miraculum frequentes et extra os- 2, 150*
tentum. nam ne pluuiales quidem aut serenos dies cum fide portendunt. manifestum est radium solis inmissum caue nubi repulsa acie in solem refringi, colorumque uarietatem mixtura nubium, ignium, aeris fieri. certe nisi sole aduerso non fiunt nec unquam nisi dimidia circuli forma nec noctu, quamuis Aristotiles prodat aliquando uisum, quod tamen fatetur idem non nisi XXX luna posse, nec unquam plures 2, 151*
simul quam duo. grandinem conglaciato imbre gigni et ni- 2, 152*
uem eodem humore mollius coacto, pruinam autem ex rore gelido; per hiemem niues cadere, non grandines, ipsasque grandines interdiu sepius quam noctu et multo celerius resolui quam niues; nebulam nec estate nec maximo frigore existere, rores neque gelu neque ardoribus neque uentis nec nisi serena nocte gelando liquorem minuere, solutaque glacie non

B G L

6 erat *L* **7** tercia *L* **12** pluiales *B* dies *om. L* **19** cum glaciato *B G* **sq.** *p.* niuem *uerbum* eedem *hab. L* **23** maximo nec *L*

4 Clazomenium *cf.* STOTZ, *HLSMA 3, VII § 35.1* **8** uehis eundem inueniri modum. preterea quasdam proprietates celi quibusdam locis esse, roscidas estate Affrice noctes, in Italia Crisie in lacu Velino nullo non die apparere arcus, Rodi et Siracusis nunquam tanta nubila obduci, ut non aliqua hora sol cernatur. hec *su*nt dicta de aere. 2, 153*

XXXVIII De terra et de benigno effectu eius.

Sequitur terra, cui uni rerum nature partium eximia propter merita cognomen indidimus materne uenerationis. sic hominum *mater* illa, ut celum diesque. nos nascentes excipit, natos alit semelque editos sustinet et semper nouissime complex*o* gremio iam a reliqua natura abdicatos, tum maxime ut mater operiens, monimenta ac titulos gerens nomenque pr*e*rogans nostrum et memoriam extendens contra breuitatem eui, solaque nunquam irasc*i*tur homini. aque subeunt in imbres, rigescunt in grandines, tumescunt in fluctus, precipitantur in torrentes, aer densatur *in* nubibus, furit procellis; at hec benigna, mitis, indulgens ususque mortalium semper ancilla, que coacta generat, que sponte fundit, quos odores saporesque, quos succos, quos tactus, quos colores! quam bona fide creditum reddit! que nostra causa alit! illa serpentem homine percusso amplius non recipit, illa medicas fundit herbas et semper homini parturit. quin et uenena nostr*e* miserie ita instituisse credi potest, cuius facillimo haustu illibato corpore et cum toto sanguine extingueremur nullo labore, sicientibus similes, qualiter defunctos non uolucres, non fere attingerent, terreque seruaretur qui sibi ipsi perisset. uerum fateamur: 2, 154* 2, 155* 2, 156* 2, 157*

B G L **6** [*V*

1 *p.* celi *uerbum* in *hab. L* **2** quidam *G* **3** die non *p. corr. B* **6** et … eius: etc *L* **14** homini *om. L* **15** regescunt *L* **18** generat … sponte *it. L*

2 sq. Italia Locris et in **12 sq.** prorogans **23** cuius *apud Plinium ad* id *(scil.* uenenum*) a Roberto om. pertinet*

terra nobis malorum remedium genuit, nos illud uite fecimus uenenum. no*s* enim et ferro, quo carere non possumus, simili modo utimur, nec tamen quereremur merito, etiam si maleficii causa tulisset. aduersus unam quippe nature partem ingrati sumus. quasi non ad delicias quasque non ad contumelias seruiat homini. in maria iacitur aut, ut freta admittamus, eluitur aquis. ferro, igni, ligno, lapide, fruge omnibus cruciatur horis multoque plus, ut deliciis quam ut alimentis famuletur. illi tamen, que summa patitur atque extrema cute tolerabilia 2, 158 uidentur, penetramus in uiscera, auri argentique uenas et eris ac plumbi metalla fodientes, gemmas etiam et quosdam paruulos querimus lapides scrobibus in profundum actis. uiscera eius abstrahimus, ut digito gestetur gemma. quo[A] petitur, quot manus atteruntur, ut unus niteat articulus? si ulli essent inferi, iam profecto illos auaritie atque luxurie cuniculi refodissent. et miramur, si eadem ad noxam genuit aliqua? est autem figura prima, de qua consensus i*n*dicat. orbem certe 2, 160* dicimus terre globum, que*m* uerticibus includi fatemur. neque enim absoluti orbis est forma in tanta montium excelsitate, tanta camporum planitie, set cuius amplexus, si cuncta linearum comprehendantur *h*abitu, figuram absoluti orbis efficiat, id quod ipsa natura rerum cogit, non eisdem causis, quas attulimus in celo. namque ill*ud* cau*o* in se conuexita*ti*s uergit et cardin*e* suo, hoc est terre, undique incumbit. hec ut solida atque conferta assurgit intumescenti similis.

[A]Robertus: quo petitur id est qua parte terra petitur.

B G L V **16** refodissent *V*] **25** *B*] *G*] *L*] **26** [*B*[2]]

1 remedia *L* **10** angentique *B* **15** cuniculi *p.* profecto *transp. L* **16** noxa *L* **25** solidata *L* incontumescenti *G*

XXXIX De antipodibus.

Ingens hic pugna litterarum contraque uulgi opinionem, 2, 161*
circumfundi terre undique homines conuersisque inter se pe-
dibus stare, et cunctis similem esse celi uerticem, simili mo-
do ex quacumque parte media calcari, illo querente, cur non
decidant contra siti, tanquam non ratio presto sit, ut nos non
decidere mirentur illi. interuenit sententia *tan*quam indoci*bi*li
probabilis turbe, cadere non poss*e* natura repugnante et quo 2, 162*
cadat negante. nam sicut ignium sedes non est nisi in ignibus,
aquarum nisi in aquis, spiritus nisi in spiritu, ita terre, arcen-
tibus cunctis, nisi in se locus non est. globum tamen effici
mirum est in tanta planitie maris camporumque. *at* quosdam
Alpium uertices longo tractu nec breuiore*m* L M passuum as-
surgere *certum est*. set uulgo maxime hec pugna est, si coac- 2, 163*
tam in uerticem aquarum quoque figuram credere cogatur.
atqui non aliud in rerum nature aspectu manifestius. namque
et dependentes ubique gutte paruis globantur orbibus et pul-
ueri illate frondiumque lanugini imposite absoluta rotunditate
cernuntur, et in poculis repletis media maxime tument.

XL Quod globosa sit aqua.

Est igitur in toto suo globo tellus medio ambitu precincta 2, 166*
circumfluo mari, nec argumentis hoc inuestigandum, set iam
experimentis cognitum. a Gadibus columpnisque Herculis 2, 167*
Hispanie et Galliarum circuitus totus hodie nauigatur occi-
dens. septentrionalis uero occeanus maiore ex parte nauiga-
tus est, auspiciis Diui Augusti Germaniam classe circum*a*cta

1 [*B* [*L* **2** [*G*

2 uulgi opinionem *om. L* **3** conuersis *L* **4** uerticem celi *L* **7** interue|uenit *G* **9** cadit G^1 **16** non *om. G* **19** timent *B*: tumunt *L*

13 breuiore quinquaginta milium

ad Cimbrorum promonctorium et inde inmenso mari prospecto aut fama cognito Scithicam ad plagam et humore nimio
rigentia. magna pars meridiani sinus Mauritanie nauigatur 2, 168*
hodie. maiorem quidem eius partem et orientis uictorie Magni Alexandri lustrauere usque in Arabicum sinum. Hanno 2, 169*
Carthaginis potentia florente circumuectus a Gadibus ad finem Arabie nauigationem eam prodidit scripto, sicut ad *d*exteram*m* Europe noscenda*m* missus eodem tempore H*un*ilco. Celius Antipater ex Hispania commercii gratia nauiga*uit* in
Ethiopiam. ex India quidem commercii causa nauigantes 2, 170*
tempestatibus *era*nt in Germaniam abrepti. sic maria circumfusa undique diuiduo globo partem orbis auferunt nobis, nec inde huc neque hinc illo peruio tractu. que contemplatio ap*er*ta detegende mortalium uanitati poscere uidetur, ut totum hoc, quicquid est, in quo singulis nichil satis est, ceu subiectum oculis quantum sit ostendam.

XLI Quod a diuersis nauigatoribus et‹c›.

Cum nulla portio ipsi decidat occeano, qui toto circum- 2, 171*
datus medio et omnes ceteras fundens recipiensque aquas, quicquid exit in nubes aut sidera, ipsa tota tante magnitudinis
spatio terra creditur habitari. adde quod ex relicto spatio plus 2, 172*
abstulit celum. nam cum sint eius quinque partes, quas uocant zonas, infesto rigore et eterno premitur gelu omne, quicquid est subiectum duabus extremis utrimque circa uertices. media exusta flammis et cremata comminus uapore torretur. circa quam due tantum inter exustam et rigentes temperantur

B G L

8 dextram *G* europie (-pię *G*) *B G* **11** germanii *G* **13** hinc *add.* G^{m} **14** ut: in *G* **15 sq.** nihil ... ostendam *add.* G^{m} **17** a … et‹c›: aduersis naui *B* **24** utrumque *L* **26** duo *G*

1 promonctorium *cf.* *Stotz, HLSMA 3, VII § 166.5* **8** Himilco

eeque ipse inter se non peruie propter incendium siderum. ita 2, 173*
terre tres partes abstulit celum. occeani rapina in incerto est, set relicta nobis una portio, siquidem occeanus infusus in multos, ut diximus, sinus intrat per tot maria, quibus Affricam, Europam, Asiam dispertit. quantum terrarum occupetur
[174]etiam nunc mensura tot fluminum, tantarum paludum. ad- 2, 174
dantur et lacus, stagna, iam elata in celum et ardua aspectu quoque iuga; iam silue uallesque prerupte et solitudines ac mille causis deserta detrahantur. he tot portiones terre, immo uero, ut plures tradidere, mundi punctus, neque enim aliud est terra in uniuerso. hec est materia glorie nostre, hec sedes. hic honores gerimus, hic exercemus imperia, hic opes cupimus, hic tumultuatur humanum genus, hic instauramus bella
etiam ciuilia mutuisque cedibus laxiorem facimus terram. et, 2, 175
ut publicos gentium furores transeam, hec, in qua conterminos pellimus furtoque uicini cespitem nostro solo ordimur, ut, qui latissime rura metatus fuerit ultraque famam exegerit accolas, quota terrarum parte gaudeat uel, cum ad mensuram auaritie sue propagauerit, quam tandem portionem eius defunctus obtineat?

XLII De quinque zonis etc.

Mediam esse mundi totius haud dubiis constat terram 2, 176*
argumentis, set clarissimo equinoctii paribus horis. nam nisi in medio esset, equales dies noctesque habere non posse de-
prehenderetur. tres autem circuli supradictis zonis implexi 2, 177
inequalitates temporum distingunt: solsticialis a parte signiferi excelsissima nobis ad septemtrionalem plagam uersus, contraque ad alium polum brumalis, item medio ambitu signiferi bis incedens equinoctialis. reliquorum que miramur causa in ipsius terre figura est, quam globo similem et cum

B G L

5 europiam *G* **14** etiam *om.* *G* **29** in cedes *L*

ea aqua hisdem intelligitur argumentis. sic enim fit haud du-
bie, ut nobis septemtrionalis plage sidera numquam occidant,
contra meridiane nunquam oriantur, rursusque hec ab illis
non cernantur, attollente se contra medios uisus terrarum glo-
bo. neque, ut dixere aliqui, mundus hic polo excelsiore se 2, 179*
attollit, ut u*b*ique non cernerentur hec sidera, uerum hec ea-
dem quibusque proximis sublimiora creduntur eademque
dimersa longinquis, utque nunc sublimis in deiectu positis
uidetur hic uertex, sic in illa terre deuexitate transgressis illa
se attollunt, residentibus que hic excelsa fuerant, quod nisi in
figura pile accidere non posset. ideo defectus solis et lune 2, 180*
uespertinos orientis incole non sentiunt nec matutinos ad oc-
casum habitantes, meridianos uero sepius. nobili apud Arabi-
am Magni Alexandri uictoria luna defecisse noctis secunda
hora est prodita eademque in Sicilia exoriens. quod si plana
esset terra, simul omnia apparerent cunctis noctesque non
fierent inequales. eiusdem Alexandri cursor Philonides ex 2, 181*
Sitione ad Helin mille et ducenta stadia nouem diei confecit
horis indeque quamuis decliui itinere tercia noctis hora re-
uersus est. causa, quod eunti cum sole iter erat, eundemque
remeans obuium contrario preuertebat occursu.

XLIII De occasu solis et ortu etc.

In Siene oppido, quod est supra Alexandriam quinque 2, 183*
milibus stadiorum, solsticii die medio nullam umbram iaci
puteumque eius experimenti gratia factum totum illuminari.
ex quo apparere solem illi loco supra uerticem esse. constat
in Ber*o*nice urbe Tr*a*goditarum et inde stadiis IIII milibus oc-
tingentis uiginti in Pthol*o*maide oppido, quod in margine Ru-
bri maris ad primos elephantorum uenatus conditum est, hoc

B G L

3 econtra *L* **6** ubicumque *L* **9** hec *L* **13** sepicis *G L* **16** apparent *L*
18 mille *it. L* **22** occasione *B* etc *om. B* **24** de *G L* **27** tragoditatum *L*

idem ante solsticium quadragenis quinis diebus totidemque
postea fieri, et post eos nonaginta dies in meridiem umbras
iaci. rursus in Meroe insula, que est caput gentis Ethiopum et 2, 184*
quinque milibus stadiorum a Siene in amne Nilo habitatur,
bis anno absumi umbras, sole duodeuicesimam tauri partem
et quartam decimam leonis optinente. in Indie gente Oretum
mons est Maleus nomine, iuxta quem umbre estate in aus-
trum, hieme ad septemtrionem iaciuntur. quindecim tantum
noctibus ibi apparet septemtrio. quibus in locis Indie umbre 2, 185*
non s*u*nt, septemtrionem non conspici, et ea loca appellari
ascia, nec horas dinumerari ibi, et in tota Trogodite umbras
bis quadraginta quinque diebus in anno Erathostenes in con-
trarium cadere prodidit. sic fit, ut uario lucis incremento in 2, 186*
Meroe longissimus dies XII horas equinoctiales et octo partes
unius hore colligat, Alexandrie uero XIII horas, in Italia XV,
in Britannia XVII, ubi estate lucide noctes haud dubie repro-
mittunt id quod cogit ratio credi, solstici*alibus* diebus acce-
dente sole propius uerticem mundi angusto lucis ambitu sub-
iect*o* terre continuos dies haber*i* senis mensibus noctesque e
diuerso ad brumam remoto. quod fieri in insula Thile Phiceas 2, 187*
Massiliensis scribit, sex dierum nauigatione in septemtrio-
nem a Britannia distante, quidam uero et in Mona, que distat
a Ca*la*mal*a*duno Britannie oppido circiter ducentis milibus,
affirmant.

XLIIII De Ethiopibus quare nigri sint.

Ethiopas uicini sideris uapore torreri adustisque similes 2, 189*
gigni, barba et capillo uibrato, non est dubium, et aduersa

B G L

5 assumi *L* sole: et *L* **11** tragodite *B* G^2: -otide *L* **19** dies *om.* *L*
25 quare nigri sint: etc *L*

11 Trogodytica **23** Camaloduno

plaga mundi atque glaciali candida cute esse gentes, flauis
crinibus, truces uero ex celi rigore has et illas mobilitates ha-
bentes. corporum autem proceritatem utrobique, illic ignium
nisu, hic humoris alimento. medio uero terre salubris utrim- 2, 190*
que mixtura fertilis ad omnes tractus, modicus corporum ha-
bitus magna et in colore temperie, ritus molles, sensus liqui-
dus, ingenia fecunda totiusque nature capacia.

XLV De terre motu etc.

Ventos in causa esse *motus terre* non dubium reor. ne- 2, 192*
que enim umquam intremiscunt terre nisi sopito mari celoque
adeo tranquillo, ut uolatus auium non pendeant, subtracto
omnium spiritu qui uehit, nec unquam nisi post uentos, cali-
dos scilicet, in uenas et caua eius occultato afflatu. neque ali-
ud est in terra tremor quam in nube tonitruum, nec hiatus
aliud quam cum fulmen erumpit incluso spiritu luctante et ad
libertatem exire nitente. uarie itaque quatitur, et mira eduntur 2, 193*
opera, alibi hiatu profundo haustis, alibi egestis molibus, ali-
bi emissis amnibus, nonnunquam etiam ignibus calidisue
fontibus, alibi auerso fluminum cursu. precedit uero comita-
turque terribilis sonus, alias murmur similis mugitibus aut
clamori humano armorumue pulsantium fragori, pro qualitate
materie excipientis formaque uel cauernarum uel cuniculi,
per quem fit exitus, grassante in angusto, eodem rauco in re-
curuis, resultante in duris, feruente contra solida. itaque et 2, 194*
sine motu sepe editur sonus. nec simplici modo quatitur, set
tremit uibratque. hiatus uero alias remanet ostendens que sor-
buit, alias occultat ore compresso rursusque ita inducto solo,
ut nulla uestigia extent, urbibus plerumque deuoratis agro-
rumque tractu hausto. maritima autem maxime quatiuntur,
nec montuosa tali malo carent. exploratum michi est Alpes

B G L

15 cum *om. L* **19** procedit *L* B^1 **21** amorumue *L* fragore *L* **30** modo *L*

Apennin*as* sepius tremuisse. et autunno ac uere terre crebrius 2, 195*
mouentur, sicut fulmina. ideo Gallie et Egyptus minime qua-
tiuntur, quoniam hic estatis causa obstat, illic hiemis. item
noctu sepius quam interdiu. fiunt et solis luneque defectu,
quoniam tempestates tunc sopiuntur, precipue uero cum se-
quitur imbrem estus imbresue estum. intremunt in nauibus 2, 196*
posita eque quam in edificiis crepituque prenuntiant. quin et
uolucres non impauide sedent. est et in puteis turbidior aqua 2, 197*
nec sine odoris tedio. s*e*t et in hisdem est remedium, quam
rem et crebri specus prebent; conceptum enim spiritum exha-
lant. tutissimi sunt edificiorum fornices, anguli quoque parie-
tum postesque, alterno pulsu renitentes. desinunt autem tre- 2, 198*
mores, cum uentus emergit. L. Marcio Sexto Iulio co*nsule* in 2, 199*
agro Mutinensi montes duo inter se concurrerunt crepitu maximo assultantes recedentesque, intere*a* flamma fumoque in celum exeunte interdiu, spectante e uia Emilia magna equitum Romanorum familiarumque et u*x*orum multitudine. eo concursu uille omnes elise, animalia permulta, que intra fue*ru*nt, exanimata sunt, anno ante sociale bellum, quod haud scio an funestius terre ipsi Italie fuerit quam ciuile.

XLVI De pratis et oleis etc.

Non minus mirum ostentum et nostra cognouit etas anno Neronis principis suppremo, pratis oleisque intercedente publica uia in contrarias sedes transgressis in agro Marrucino presidis Vectii Marcelli equitis Romani res Neronis procurantis.

B G L

1 apennas *B*: apennina *L* **6** imbres uestum *a. corr. B*: i- es- *p. corr. B*
8 turbidior aqua: frigidior aqua et turbidior *L* **14** concurrunt *B*
19 exanimati *L* sunt *om. L* **21** etc *om. L* **24** mauricino *L*

1 Apenninumque **13** consulibus

XLVII Quod non sit simplex malum etc.

Fiunt simul cum terre motu et inundationes maris, eo- 2, 200*
dem uidelicet spiritu infusi aut residentis sinu recepti. maxi-
mus terre memoria mortalium exstitit motus Tiberii Cesaris
principatu, XII urbibus Asie una nocte prostratis. nec uero
simplex malum aut in ipso tantum motu periculum est, set
par aut maius ostentum. nunquam urbs Roma tremuit, ut non
futuri euentus alicuius id prenuntium esset.

XLVIII Quod repente nascuntur terre in mari.

Nascuntur *quoque* terre ac repente in aliquo mari emer- 2, 202*
gunt, uelut paria secum faciente natura queque hauserit hia-
tus alio loco reddente.

XLIX De quibusdam miraculis terre.

Motus sileantur et terre miracula potius dic*antur* quam 2, 206*
scelera nature. quedam uero terre ad ingressus tremunt, sicut 2, 209*
in Gauiensi agro non procul urbe Roma iugera ferme ducenta
equitantium cursu. similiter in Reatino quedam insule sem-
per fluctuant. in Tarquinensi lacu magno duo nemora circum-
feruntur, nunc triquetram figuram edentes, nunc rotundam
complexu uentis inpellentibus, quadratam nunquam.

L De caute horrenda.

Iuxta Harpasa oppidum Asie cautes stat horrenda, uno 2, 211*
digito mobilis, ea, si toto corpore impellatur, resistens. in

B G L

9 terre in mari: etc *B* **12** aliquo *L* **13** terre: etc *B* **19** triquatram *L* **20** complexa *B L*

18 Tarquiniensi *cf.* STOTZ, *HLSMA 3, VII § 35.1*

Taur*ic*orum peninsula in ciuitate Parasino terra est, qua sanantur omnia uulnera. at circa Ason Troadis lapis *est*, quo consumuntur omnia corpora; sarcofagus uocatur. duo sunt montes iuxta flumen Indum; alteri *in* natura *est*, ut ferrum omne teneat, alteri, ut respuat; itaque, si sint claui in calciamento, uestigia in alio euelli non posse, in altero sisti. apud Tusculanum et in silua Ciminia loca sunt, in quibus in terram depacta non extrahuntur.

LI De fluxu et refluxu maris.

Sed estus maris accedere et reciprocare mirum *est*, pluri- 2, 212*
bus quidem modis, uerum causa in sole lunaque. bis inter duos exortus lune affluunt bisque remeant uicenis quaternisque semper horis, et primum attollente se cum ea mundo intumescentes, mox a meridiano celi fastigio uergente in occasum residentes, rursusque ab occasu subter in celi ima et meridiano contraria accedente inundantes, hinc, donec iterum
exoriantur, resorbentes, donec unquam eodem tempore quo 2, 213*
pridie refluit, ut canc*i*llantes siderum auido trahentesque secum haustu maria, et assidue aliunde quam pridie exorientes, paribus tamen interuallis reciprocis senisque semper horis, non cuiusque diei aut noctis aut loci, sed ab equinoctialibus ideoque inequales uulgarium horarum spatio, utcumque plures in eas aut diei aut noctis illarum mensure cadant, et equi-
noctio tantum pares ubique, duobus equinoctiis maxime tu- 2, 215*
mentes et autumnali amplius quam uerno, inanes uero bruma
et magis solsticio. omnes autem estus in occeano maiora inte- 2, 217
gunt spacia nudantque quam in reliquo mari, siue quia totum

B G L

1 parafino *G* **9** maris *om. B* **14** fastigia B^1 **15 sq.** meriadiano *B* **16** accedentes *L* **17** nec *L*

18 anhelantes

in uniuersitate animosius quam in parte est, siue quia magnitudo aperta sideris uim laxe grassantis efficacius sentit, eadem angustiis arcentibus. qua de causa nec lacus nec amnes similiter mouentur. octogenis cubitis supra Britanniam intumescere estus Pithias Massiliensis auctor est. circa littora au- 2, 218*
tem magis quam in alto deprehenduntur hi motus, quoniam et in corpore extrema pulsum uenarum, id est spiritus, magis sentiunt.

LII Quod omnia in plenilunio purgantur maria.

Omnia plenilunio maria purgantur, quedam et statuto 2, 220*
tempore. circa Messanam et Milas fimo similia expuuntur in litus purgamenta, unde fabula Solis boues ibi stabulari. his adde, ut nichil, quod equidem nouerim, pretermittam: Aristotiles nullum animal nisi estu recedente exspirare *affirmat.* obseruatum id multum in Gallico occeano et dumtaxat in homine compertum. quo uera coniectatio existit haud frustra 2, 221*
spiritum sidus lune existimari, et hoc esse, quod terras saturet accedensque corpora impleat, abscedens inaniat. ideo cum incremento eius augeri conchilia et maxime spiritum sentire quibus sanguis non sit, set et sanguinem, hominum etiam, cum lumine eius augeri aut minui, frondes quoque et pabula sentire, in omnia eadem penetrante ui.

LIII Quod ardore solis etc.

Itaque solis ardore siccatur liquor, et hoc esse masculum 2, 222*
sidus accepimus, torrens cuncta sorbensque. sic mari late pa-

B G L

9 purgat *B* **10** statuo *G* **12** fabulosa *L* **18** inaiat *B* **20** etiam: et *L* **23** etc *om. B*

tenti saporem incoqui salis, aut quia exhausto inde dulci te-
nuique, quod facillime trahat uis ignea, omne asperius cras-
siusque linquatur; ideo summum equor aquam dulciorem
profundit. e contrario ferunt lune femineum ac molle sidus, 2, 223*
atque nocturnum soluere humorem et trahere, non auferre. id
manifestum es*t*, quod ferarum occisa corpora in tabem uisu
suo resoluat sompnoque sopitis torporem contractum in caput
reuocet, glaciem refundat cunctaque humifico spiritu laxet.
set in dulcibus aquis lune alimentum esse, in marinis solis.
altissimum mare quindecim stadiorum Fabianus tradit. aqua- 2, 224*
rum natura a miraculis n*on* cessat. dulces mari inuehuntur,
leuiores haud dubie; ideo et marine, quarum natura grauior,
magis inuecta sustinent. quedam uero et dulces inter se su-
permeant alias, ut in Lemanno Rodanus; hic trans Alpes, su-
periores in Italia, mutiorum militum transitu hospitalis suas
tantum nec largiores quam intulere aquas euehentes. quidam 2, 225*
uero odio maris ipsa subeunt uada, sicuti Arethusa, fons Sira-
cusanus, in quo redduntur iacta in Alpheum, qui per Olimpi-
am fluens Peloponesiaco litori infunditur. nichil in Asphalt*o* 2, 226*
Iudee lacu mergi potest nec in Armenie Maioris Aritisso; is
quidem nitrosus pisces alit. in Salentino iuxta oppidum An-
duriam lacus ad margines plenus neque exhaustis minuitur
neque infusis augetur aquis. in flumine Silero ultra Surren-
tum non uirgulta modo immersa, uerum et uolatilia lapides-

B G L

3 liquatur *G L* **12** ideo et: ideoque *L* quorum *L* **16** tamen *G*
17 subueunt *G* sicut *L*

1 sqq. *aut sqq.; extremam sententiam Plinii, quae fere est* aut quia plurimus ex arido misceatur illi uapor *om., ut* aut *compare careat* **14 sq.** superiores *ad* Fucinum, Larium, Adduam *aliosque Italiae fluuios uel lacus a Roberto om. pertinet* **15** multorum milium transitu hospitali **21 sq.** Manduriam

cunt, alias salubri potu eius aque. in exitu paludis Reatine
saxum crescit. Patauinorum aquis calidis herbe uirentes in- 2, 227*
nascuntur. in Dodone Iouis fons, cum sit gelidus et inmersas 2, 228*
faces extinguat, si extincte admoueantur, accendit. idem me-
ridie semper deficit, mox increscens ad medium noctis ex-
uberat, ab eo rursus sensim deficit. in Illiricis supra fontem
frigidum expanse uestes accenduntur. Iouis Ammonis fons,
interdiu frigidus, noctibus feruet. contra Timau*i*m amnem in- 2, 229*
sula parua in mari est cum fontibus calidis, qui pariter cum
estu maris crescunt minuunturque. in Falisco amnis aqua po- 2, 230*
tata candidos boues facit, in Boetia amnis Melas oues nigras,
Cephisus ex eodem lacu profluens albas, rursus nigras peni-
tus, rufas iuxta Ilium Xantus, unde et nomen amni. in Ponto
fluuius Astaces irrigat campos, in quibus paste *oues* nigro
lacte eque gentem *nutriunt*. Brundusii in portu fons incorrup-
ta spera prestat aquas nauigantibus. Lincestis aqua que uoca-
tur acidula uini modo temulentos facit; item in Paflagonia et
in agro Caleno. Andro in insula templo Liberi patris fontem 2, 231*
nonis Ianuariis semper uini saporem fluere Mucianus ter con-
sul credit; Diestheodesia uocatur. Colofone in Apollinis Cla- 2, 232*
rii specu lacuna est, cuius potu mira redduntur oracula, bi-
bentium breuiore uita. amnes retro fluere et nostra uidit etas
Neronis principis suppremis, sicut in rebus eius retulimus.
pluuias salinis aquis dulciores esse quam reliquas, nec fieri 2, 233*
salem nisi admixtis dulcibus; marinas tardius gelare, celerius 2, 234*
accendi; hieme mare calidius esse autumno; niues in alto ma-
ri non cadere; cum omnis aqua deorsum feratur, exilire fon-

B G L

3 inmensas *G* **4** ascendit *L* item *L* **12** cephisis *B* **26** auptumno *L*

8 Timauum **11** Boeotia **12 sq.** Penius **14** oues *iteratio eiusdem uocabuli e uersu 11 uidetur* **20** dies Theodosia *uel* d- Θεοδοσία **24** aquas

tes atque etiam in Ethne radicibus, flagrantis in tantum, ut
quinquagena et centena milia passuum harenas flammarum
globus eructet. namque et ignium, quod est nature IIII ele- 2, 235*
mentum, reddamus aliqua miracula, set primum ex aquis.

LIIII De limo cuiusdam stagni flagrante.

In Comagene urbe Samosata stagnum est emittens li-
mum – maltam uocant – flagrantem. cum quid attigit solidi,
adheret; preterea et tactum sequitur fugientis. sic defendere
muros oppugnante Lucullo, flagrabatque miles armis suis.
aquis accenditur, terra tantum restingui docuere experimenta.
similis est natura naphte. ita appellatur circa Babiloniam et
in Austacenis Parthie profluens bituminis liquidi modo. huic
magna cognatio ignium, transiliuntque in eam protinus unde-
cumque uisam. ferunt a Medea pelicem crematam, postquam
sacrificatura ad aras accesserat, corona igne rapta. uerum in 2, 236*
montium miraculis ardet Ethna in noctibus semper, tantoque
euo materia ignium sufficit, niualis hibernis temporibus eges-
tumque cinerem pruinis opperiens. nec in illo tantum natura
seuit exustionem terris denuntians.

LV De monte Chimera etc.

Flagrat in Phaselitis mons Chimera, et quidem inmortali
diebus ac noctibus flamma; ignem eius accendi aqua, extin-
gui uero terra aut feno Nidius *E*thesias tradit. eadem in Licia
Ephesti montes teda flammant*i* tacti flagrant, et adeo, ut lapi-

B G L

1 cibus *B* **3** eructat B^{1} **5** flagrante *om. B* **10** tamen *G* **16** montium: noctium G^{1} **18 sq.** seuit natura *L* **19** terre *L* **20** etc *om. B* **21** phaseltriis *L* **23** litio *L*

23 Cnidius Ctesias

des quoque riuorum et arene in ipsis aquis ardeant, aliturque
ignis ille pluuiis; baculo si quis ex his accenso traxerit sul-
cos, riuos ignium sequi narrant. et interdiu campus Babilonie 2, 237*
flagrat, quadam uelut piscina iugeri magnitudine. similiter in
Mega*di*politanorum agro. nam si in terminis sit ille iocundus
frondemque densi supra se nemoris non adurens, e*s*t iuxta
gelidum fontem semper ardens.

Explicit liber primus. incipit liber secundus.

I Quod tractaturus sit de partibus mundi.

Hactenus de situ et miraculis terre aquarumque et side- 3, 1*
rum ac ratione uniuersitatis atque mensure. nunc de partibus,
quamquam infinitum id quoque estim*e*tur nec temere sine
aliqua reprehensione tracta*nd*um, haud ullo in genere uenia
iustiore, si modo minime mirum est hominem genitum non
omnia humana nouisse. quapropter auctorem neminem unum
sequar, set ut quemque uerissimum in quaque parte arbitra-
bor, quoniam commune omnibus ferme fuit, ut eos quisque
diligentissime situs disceret, in quibus ipse prodibat. ideo*que* 3, 2*
nec culpabo aut coarguam quemquam.

II De tribus partibus mundi.

Terrarum orbis uniuersus in tres diuiditur partes, Euro- 3, 3*
pam, Asiam, Affricam. origo ab occasu solis et Gaditano fre-
to, qua irrumpens occeanus Atlanticus in maria interiora dif-
funditur. h*u*ic intranti dextra Affrica est, leua Europa, inter
has Asia. termini amnes Tanais et Nilus.

B G L

1 arena *L* **8** liber[2] *om. L* **9** I *om. B* **19** quemquam *om. L*

5 Megalopolitanorum

III De Europa et partibus eius.

Primum ergo de Europa, altrice uictoris omnium genti- 3, 5*
um populi longeque terrarum pulcherrima, quam plerique
merito non terciam portionem fecere, uerum equam, in duas
partes ab amne Tanai ad Gaditanum fretum uniuerso orbe di-
uiso. Occeanus Atlanticum mare infundens et auido meatu
terras, quacumque uen*erit* ex par*t*e, demergens resistentes
quoque flexuoso littorum amfractu lambit, Europam uel ma-
xime recessibus crebris excauans, set in IIII precipuos sinus.
in eo prima Hispania terrarum est, ulterior appellata. in uni- 3, 6* 8*
uersam Hispaniam M'. Varro peruenisse Hiberas et Persas et
Phenicas Celtasque et Penos tradit. lisum enim Liberi patris
aut lisam cum eo bachantem nomen dedisse Lusitanie et Pa-
na prefectum eius. uniuersa aut*em*, que de Hercule ac Pirene
uel Saturno traduntur, fabulosa in primis arbitror. metallis 3, 30*
plumbi, eris, ferri, argenti, auri tota ferme Hispania scatet,
citerior et specularis lapidis, Betica et minio, s*ed* et marmo-
rum lapidicin*is* uniuerse Hispanie. Pirenei montes Hispanias
Galliasque disterminant promunctoriis in duo diuersa maria
proiectis.

IIII De partibus Gallie et de flumine Rodano.

Narbonensis prouincia appellatur pars Galliarum, que In- 3, 31*
terno mari alluitur, Braccata antea dicta, amne Varo ab Italia
discreta Alpiumque uel saluberrimis Romano imperio iugis,
a reliqua uero Gallia latere septemtrionali montibus Gebenna
et iugeribus agrorum. cultu uirorum, morum dignatione, am-

B G L

1 partibus eius *om. B* **5** partes ab amne: parte *L* **14** *p.* prefectum *uerbum* est *hab. L* **18** pirinei *B G*

11 M. **12** lusum **13** lyssam

plitudine opum null*a* *e*i prouinciarum preferenda. Galliarum 3, 33*
fertilissimus Rodanus amnis, *a* Roda Rodiorum dictus, ex
Alpibus se rapiens per Lemmannum lacum segnemque defe-
rens Ararim nec minus se ipso torrentes Ysaram et Druanti-
am. Ebussi terra serpentes fugat, Colubraria parit; ideo infes- 3, 78*
ta omnibus nisi Ebusistanam terram inferentibus; Greci
Offiosam dixere. cuniculos Ebusus gignit populantes Baliari-
um messes.

V De Corsica.

In Ligustico mari est Corsica, quam Greci Cirn*um* ap- 3, 80*
pellauere, Sardinia ab oriente patens, a Sirene ibi sepulta ap- 3, 84* 85*
pellata; ipsam Timeus Sandaliotim appellauit ab effigie so-
lee. Sicilia Sichania dicta, Trinacria pluribus aut Trinacia a 3, 86*
triangula specie. insula citra Siciliam ex aduerso Metauri 3, 92*
amnis $\overline{XXV}$ ferme passuum Ephestiadis a Grecis, a nostris
Vulcania *uel* Eolia, *eo* quod Eolus Iliacis temporibus ibi reg-
nauit. Lippara a Lipparo rege qui successit Eolo. tercia Stro- 3, 93* 94*
gile, que a Lippara liquidiore flamma differt. a cuius fumo,
quinam flaturi s*u*nt uenti in triduo, predicere incole tradun-
tur; unde uentos Eolo paruisse existimatum.

VI De secundo sinu Europe.

A Lacinio promunctorio secundus Europe sinus incipit. 3, 97*
hinc Apulia Dauniorum cognomine a duce, Diomedis socero, 3, 103*
in qua oppidum Salappia Hannibalis meretricio amore incli-

B G L

2 *s.* Roda Rodiorum *uerba* oppido *(*opi- *L B*[2]*)* rodani *add.* *L B*[2] *G*[2] **5** [.]bussi *G* **6** ebunstanam *G*: ebustanam *L* **7** offiocam *L* **11** sardnia *G* **12** ipsa *L* **15** XXV *L* **16** uulcana *B*[1]: uuſchania *L* **18** lipparo *L*

6 Ebusitanam **7** Ophiussam **14 sq.** *apud Plinium* Hephaestiades insulae *tractantur* **17 sq.** Strongyle

tum, Sipuntum, amnis Cerbalus, portus Agasus, promuncto-
rium montis Gargani. ceter*um* intus in secunda regione Hirpi- 3, 105*
norum colonia una Beneuentum auspicatius mutato nomine,
que quondam appellata Maleuentum. ab Ancona Gallica hora 3, 112*
incipit Togate Gallie cognomine.

VII De Pado flumine etc.

Padus, e gremio Vesuli motus celsissimum in cacumen 3, 117
Alpium elati, finibus Ligurum Gabiennorum uisendo fonte
fluens condensque se cuniculo et in Forouibiensium agro ite-
rum exoriens, nullo amnium claritate inferior, a Grecis dictus
Eridanus ac pena Phetontis illustratus, augetur ad canis ortus
liquatis niuibus, agris quamuis torrentior, nil tamen ex rapto
sibi uendicans atque, ubi linquit, ubertate largior; nec alius 3, 119*
amnium tam breui spatio maioris incrementi est. amnes n*on* 3, 118*
tantum Appenninos Alpinosque nauigabiles capiens, set la-
cus quoque inmensos in eum sese exonerantes, omni numero
XXX flumina in mare Adriaticum refert. urgetur quippe 3, 119*
aquarum mole et in profundum agitur, grauis terre, quam-
quam deductus in flumina et fossas inter Rauennam Altinum-
que. proximum inde ostium magnitudinem portus habet qui
Vaterni dicitur, qua Claudius Cesar Britanniam triumphans
pregrandi illa domo uerius quam naue intrauit Adriam. Me- 3, 122*
trodorus Sceptius dicit, quoniam circa fontem arbor multa sit
picea, quales Gallie uocantur padi, *ob* hoc nomen accepisse,
Ligurum quidem lingua amnem ipsum Bodingum uocari,

B G L

6 etc *om. B* **12** liquantis *B* **17** $\overline{XXX}$ *G* fer⟦.⟧t *G*[1]: refer⟦.⟧t *G*[2]
21 uaternis *B* cladius *B*[1] **22** pregrandi … domo *p.* naue *transp. L*
sq. metrodolus *B*: -odius *L*

8 Bagiennorum **13** uendicans *cf.* STOTZ, *HLSMA 3, VII § 28.8*
23 Scepsius **25** Bodincum

quod significet fundo carentem. opidum *Y*poredia *in* regio*ne* 3, 123*
Transpadana Sibillinis libris a populo Romano condi iussum.
*y*poredias Galli bonos equorum domitores uocant.

VIII De tercio sinu Europe etc.

Tertius Europe sinus Acroceraunis incipit montibus, fini- 4, 1*
tur Hellesponto. omnis Grecie fabulositas sicut et litterarum
claritas ex hoc primum sinu effulsit, quapropter paululum in
eo commorabimur. castellum in Acrocerauniis Chimera, sub 4, 4*
eo Aque Regie fons. ultra Cirrhei Phocidis campi, opidum 4, 7*
Cirra, portus Chaleona quo IIII milia passuum introrsus libe-
rum opidum Delphi*s* sub monte Parnasi, clarissimi in terris
oraculi Apollinis. Demetrius rex, dictator Cesar, Gaius prin- 4, 10*
ceps, Domitius Nero infausto, ut omnium exitu patuit, incep-
to temptau*it* per*rumpere* angustias Eoas magnitud*ine* palustri
*in*transuehi*biles*.

IX De his que sunt mirabilia in prouintia etc.

Achaie nomen prouincie ab Isthmo incipit. *hic* Eliorum 4, 12* 14
ager, qui antea Epi*c*e uocabatur. ipsa Helis in mediterraneo
et a Philo $\overline{XII}$ intus delubrum Olimpii Iouis, ludorum clari-
tate fastos Grecie complexum. Pisa eorum quondam opidum,
prefluente Alpheo amne. siquidem a septemtrione Ionium ir- 4, 19*
rumpit, ab occidente Siculo pulsatur, a meridie Cretico urge-
tur, ab oriente solstitiali Mirt*e*o, quod a Megarico incipiens

B G L

2 transpodana *L* **4** etc *om. B* **8** acroceraunis *L* **16** mirabilia *om. L* in prouintia *om. B* etc *om. L* **17** isthino *G* **19** XII *G*

1 Eporedia **3** eporedias **5** Acrocerauniis **10** Chalaeon a **14 sq.** angustias *sqq.; Plinius* angustias eas Isthmi *tractat, impedimentum nauium,* quas magnitudo plaustris transuehi prohibet **18** Epioe uocabantur **20** Pisaeorum

sinu totam Atticam alluit. mediterranea eius Archadia maxi- 4, 20*
me tenet undique a mari remota. sequitur mutatis sepe nomi- 4, 28*
nibus Hemona, eadem Thessalia, Driopis, semper a regibus
cognominata. ibi genitus rex nomine Grecus, a quo Grecia.
fons Thessalie et ante cunctos claritate Penius, ortus iuxta 4, 30*
Gonphos interque Ossam et Olimpum nemorosa conualle de-
fluens quingentis stadiis, dimidio nauigabilis. spatia eius in 4, 31*
eo cursu Tempe uocant, quinque milia passuum longitudine,
ultra uisum hominis attollentibus se dextra leuaque leniter
conuexis iugis, intus sua luce uiridante. hac labitur Penius ui-
ridis calculo, amenus circa ripas gramine, canorus auium
concentu. accipit amnem Horcon nec recipit, set olei modo
supernatantem, ut dictum est *ab* Homero, breui spatio porta-
tum abdicat, penales aquas dirisque genitas argenteis misceri
recusans.

X De potentia Macedonii regis.

Tessalie adnexa Magnesia est. Macedonia postea centum 4, 32* 33*
quinquaginta populorum, duobus inclita regibus quondamque
terrarum imperio, Emathia antea dicta. hec est Macedonia 4, 39*
terrarum imperio potita quondam, hec Asiam, Armeniam,
Hiberiam, Albaniam, Cappadociam, Siriam, Egyptum, Tau-
rum, Caucasum transgressa, hec in Bactris, Medis, Persis
dominata toto oriente possesso, hec etiam Indie uictrix per
uestigia Liberi patris atque Herculis uagata. hec eadem est
Macedonia, cuius uno die Paulus Emilius imperator LXXII
urbes direptas uendidit. tantam differentiam sortis prestitere
duo homines. Tracia sequitur, inter ualidissimas Europe gen- 4, 40*

B G L

5 Penius: pro(prium) n(omen) *B* **6** nemorasa *L* **9** leuiter *L* **10** luce *om.* *L* **16** regis *om.* *B* **24 sq.** macedonia est *L*

3 Haemonia

tes. *in ea* Hemi excelsitas $\overline{\mathrm{VI}}$ passuum. circa Ponti litora Mo- 4, 41*
riseni *Ti*sitonique, Orphei uatis genitores, optinent. *in*gens 4, 42*
opidum fuit Tyrida, Diomedis equorum stabulis dirum. opi- 4, 43*
dum Enor cum Polidori tumulo. Gerania, ubi Pigmeorum 4, 44*
gens fuisse proditur; Gatizos barbari uocabant, creduntque a
gruibus fugatos. Bitiar*a* inuisa hirundinibus regio. aduersum 4, 47* 49
Sige oculos in obliqua fronte Cynos*f*ema. ita appellatur Hecube tumulus.

XI De Egeo mari et insulis eius.

Egeo mari, *quod alluit* [50*]tertiu*m* Europe sinu*m*, [51*]no- 4, 51* 50
men dedit scopulus inter Tenum et Chium uerius quam insula E*g*a ex nomine a specie capre, que ita a Grecis appellatur, repente e medio mari exiliens. Romani omnia hec maria duobus nominibus appellant, Macedonicum quacumque Macedoniam aut Traciam attingit, Greciense qua Greciam alluit. nam Grecia et Ionium diuidunt in Siculum ac Creticum ab insulis, item Icarium, quod est inter Samum et Miconum. ce-
tera nomina sinus dedere quo*s* diximus. a Phalario, Corcyre 4, 53*
promunctorio, scopulus, in quem mutatam Vlixis nauem a
simili specie fabula est. Creta, altero latere ad austrum, altero 4, 58*
ad septemtrionem uersa, inter ortum occasumque porrigitur centum urbium clara fama. Dosiades eam a Crete nimpha, Hesperidis filia, Anaximander a rege Curetum, Philistides M*e*leseates primum Aeriam dictam, deinde postea Curetim et Maccaron, nonnulli a*utem* temperie celi appellatam estima-

B G L

1 hiemi *G* **3** tyria *L* **4** geranea *L* **6** bitira *L* **9** eius *om. B* **17** miconium *L* **20** austrauum *L* **24** postea *om. L*

2 Sithonique **4** Aenos **6** Bizye arx **7** Sigeo cuius Cynosſema **11** Tenedum **sq.** insula Aex nomine **18** Phalacro **24** Mallotes et Crates primum

uere. a promunctorio Geresto *insule* circa Delum in orbem 4, 65*
site, *i*nde nomen traxere Ciclades. prima earum Andrus.

XII De quarto sinu Europe.

Quartus e magnis Europe sinus ab Hellesponto incipiens 4, 75*
Meotis ostio finitur. set potius Ponti forma breuiter complectenda est, ut facilius partes noscantur. uastum mare, preiacens Asie et ab Europe porrecto Cerronesi littore expulsum, angusto meatu irrumpit in terras, $\overline{\text{VII}}$ stadiorum interuallo Europam auferens Asie. primas angustias Hellespontum uocant; hac Xerxes Persarum rex constrato in nauibus ponte duxit exercitum. porrigitur deinde euripus LXXXVI spatio ad Priapum urbem Asie, quam Magnus Alexander transcendit.
inde exspaciatur equor, rursus in artum coit. laxitas Propontis 4, 76*
appellantur, angustie Trachius Bosphorus, latitudinis quingentorum passuum, qua Darius pater Xerxis copias ponte transuexit.

XIII De flumine Danubio etc.

Hister ortus in Germanni*e* iugis montis Noue ex aduerso 4, 79*
Saurici Gallie opidi, multis ultra Alpes milibus ac per innumeras lapsus gentes Danubii nomine, inmenso aquarum auctu et unde primum Illiricum alluit Hister appellatur, LX amnibus receptis, medio ferme eorum numero nauigabili, in Pontum uastis VI fluminibus euoluitur. singula autem ora sunt tanta, ut prodatur in LX milia passuum longitudinis uinci mare dulcemque intelligi haustum [80*]ab eo. 4, 80*

B G L

1 geraste *L* orbe *L* **7** porrecto *om. L* corronesi *L* **15** xersis *B* **17** etc *om. B* **18** *s.* Noue *uerba* pro(prium) n(omen) *add.* B^2 **24** longitidinis *B*

8 VII **11** $\overline{\text{LXXXVI}}$ **14** appellatur **18** Abnobae **19** Raurici

XIIII De Ripheis montibus etc.

Ad Riphe*os* montes Pterophoro appellata regio, pars 4, 88*
mundi dampnata a natura rerum et densa mersa caligine ne-
que in alio quam rigoris opere gelidisque aquilonis concep-
taculis. po*st* eos montes ultraque aquilonem gens felix, si 4, 89*
credimus, quos Yperboreos appellauere, annoso degit euo,
fabulosis celebrata miraculis. ibi creduntur esse cardines
mundi extremique siderum ambitus semenstri luce et una die
solis auersi, non, ut imperiti dixere, ab equinoctio uerno in
autumnum; semel in anno solsticio oriuntur hi soles bru-
maque semel occidunt. regio aprica, felici temperie, omni
afflatu noxio carens. domus his nemora lucique, et deorum
cultus uiritim gregatimque, discordia ignota et egritudo om-
nis. mors non nisi sacietate uite epulatis delibutoque senio
luxu e quadam rupe in mare salientium; hoc genus sepulture
beatissimum. quidam eos in prima parte Asie littorum posue- 4, 90*
re, non in Europa, qui sunt ibi similitudine et situ Satacorum
nomine. alii medios fecere eos inter utrumque solem, antipo-
dum occasum orientemque nostrum, quod fieri nullo modo
potest tam uasto mari interueniente. qui alibi quam in semen-
stri luce constituere eos, serere matutinis, meridie metere,
occidente fetus arborum decerpere, noctibus in specus condi
tradiderunt. nec libet dubitari de gente ea; tot auctores pro- 4, 91*
dunt frugum primitias solitos Delon mittere Apollini, quem
precipue colunt. uirgines ferebant eas, hospitiis gentium per
annos aliquot uenerabiles, donec uiolata fide in proximis ac-

B G L **1** [*V* **16** beatissimum *V*] **20** qui [*V* **23** tradiderunt *V*]

1 Rimpheis *V* etc: de gente que non infirmatur nec moritur nisi quando saciate uite de rupe salit in mare *V*: *om. B* **10** auptumnum *L* **11** felice *L* **13** uiritum *L* **14** sacietatate *B* **16** parte prima *B* **17** sisatacorum *B L* **25** uirginies *G*

2 Pterophoros **17** situs Attacorum

colarum finibus deponere sacra ea instituere i*nde*que ad conterminos deferre atque Italiam usque. mox et hoc ipsum exsoleuit.

XV De Simplegadibus etc.

Hellespontus insulas non habet in Europa dicendas. in 4, 92*
Ponto due, mille quingentis *passibus* Ciane*t*e, ab aliis Symplegades appellate traditeque fabulis inter se concurrisse, quoniam paruo discrete interuallo ex aduerso intrantibus gemine cernebantur paulumque deflexa acie coeuntium speciem prebebant.

XVI De hominibus qui nascuntur equinis pedibus.

Non est omittenda multorum opinio, priusquam digredia- 4, 93*
mur a Ponto, quoniam estus semper *a* Ponto profluens nunquam reciprocet. exeundum deinde est, ut extera Europe 4, 94*
dicantur, transgressisque Ripheos montes litus occeani septemtrionalis in leua, donec perueniatur Gadis, legendum. insule complures sine nominibus eo situ traduntur. feruntur et 4, 95*
Oeone, in quibus ouis auium et auenis incole uiuant, alie, in quibus equinis pedibus homines nascantur, Ypopodes appellati, Fanesiorum alie, in quibus nuda, ali*e*, *in* qui*bus* pregrandes ipsorum aures corpora contegant.

B G L **11** [*V* **21** *V*]

3 exoleuit *L*: exsoluit *B* **4** etc *om. L* **6** *s.* due *(*ciue *L) uerba* pro(prium) n(omen) *add. B*[2] **7** fabulosis *L* **15** transgressisse *B*[1] **16** ueniatur *G* **18** eoeone *in ras. G*: oenoe *L* auium: ouium *G*

6 passibus *scil.* ab Europa Cyaneae

XVII De Germanorum generibus.

Incipit deinde clarior aperiri fama ab gente Ingueonum, 4, 96*
que est prima inde Germania, *que* multis annis nec tota est 4, 98*
percognita. genera Germanorum quinque: Vindili, quorum 4, 99*
pars Burgundiones, Varinne, Charini, Gutones. alterum genus Inciacones, quorum pars Cimbri, Theutoni, Acaucorum
gentes. proximi autem Rheno Istriaones, quorum pars Cimbri 4, 100*
mediterranei, Herimones, quorum Sueui, Hermunduri, Chatti, Cherusci. quinta pars Peucini, Basterne, supradictis contermini Dacis.

XVIII De Britannia insula.

Britannia insula, clara Grecis nostrisque monimentis, in- 4, 102*
ter septemtrionem et occidentem iacet, Germanie, Gallie, Hispanie, multo maximis Europe partibus, magno interuallo aduersa. Albion ipsi nomen fuit, cum Britannie uocarentur omnes, de quibus mox paulo dicemus. Agrippa longitudinem octingentorum milia *passuum credidit* esse, latitudinem $\overline{CCC}$. credidit eandem Hibernie, set longitudinem $\overline{CC}$ *passuum* mi-
norem. super eam hec sita abest breuissimo transitu a Silu- 4, 103*
rum gente. sunt autem *et* XL Orcades, modicis inter se discrete spatiis. ab aduerso in Germanicum mare sparse Glessarie, quas Electridas Greci recentiores appellauere,
quod ibi electrum nasceretur. ultima omnium que memoran- 4, 104*
tur Thile. Thimeus historicus a Britannia introrsus sex dierum nauigatione abesse dicit insulam *M*ictin, in qua candi-

B G L

7 theno *L* **16** longitudine *L* **17** CCC *B L* **18** *ad* eandem *in margine uerba* mensuram s(cilicet) *add.* G^2 CC *B L* **23** ultimo *L*

3 in **6** Inguaeones ac Chaucorum **8** Hermiones

dum plumbum proueniat; ad eam Britannos uilibus nauigiis corio circumsutis nauigare.

XIX De Gallia et partibus eius et populis.

Gallia omnis Comata uno nomine appellata in tria popu- 4, 105*
lorum genera diuiditur, amnibus maxime distincta. a Scalde ad Sequanam Belgica, ab e*a* ad Garumnam Celtica eademque Lugdunensis, inde ad Pirenei montis excursum Aquitania, Aremorica antea dicta. Agrippa uniuersarum Galliarum inter Renum et Pireneum atque occeanum ac montes Gebannam et Iuris, quibus Narbonensem Galliam excludit, longitudinem $\overline{\text{CCCXX}}$ passuum, latitudinem $\overline{\text{CCCXVIII}}$ computauit.
a Scal*t*i incolunt Morini, Britanni, Ambiani, Beluagi, Bassi, 4, 106*
Atrebates, Veromandui, Suesiones liberi, Tungri, Frisi, Leuci liberi, Treueri liberi antea et Lingones federati, Remi federati, Mediomatrici, Sequani. *in* Lugdunensi Gallia Lex*e*ui*i*, 4, 107*
Abringat*i*, flumen Liger*is*, Hedui, Carnuteni, Boi, Senones, Aulerti qui cognominantur Eburones et qui Cenomanni, Meldi, Parisi, Trecasses, Andegaui, Turones*i*. *in* Aquitania 4, 108*
Pictones, Sanctoni, Bituriges cognomine Vbisci, Aquitani, unde nomen prouincie, Belendi, saltus Pireneus; dein Lemo- 4, 109*
uices, Aluerni, rursus Narbonensi prouintie contermini Ruteni.

B G L

3 et^1 … populis: etc *B* **4 sq.** genera populorum *L* **7** pirinei *L* **8** agippa *B* **9** pirenum *L* **16** legeris B^1 **18** parasi *G* tracasses *L* **20** deinde *L* **21 sq.** Rutheni *L*

12 Scaldi Bellouaci **13** Frisiauones **15** Lexouii **16** Abrincatui **17** Aulerci **18** Tricasses Andecaui Turones **19** Santoni *cf. RE I A 2290, 18 sqq.* Viuisci **21** Aruerni *cf. ThLL II 727, 19 sq.*

XX De Hispania etc.

A Pirenei promunctorio Hispania incipit, angustior non 4, 110*
Gallia modo, uerum etiam semet ipsa, ut diximus, quantum
hinc occeano, illinc Iberico mari comprimentibus. ipsa Pire-
nei iuga ab exortu equinoctiali in occasum brumalem breuio-
res latere quam meridiano Hispanias faciunt. proxima ora ci-
terioris est eiusdemque Terraconensis situs. a Pyreneo per
occeanum Vasconum saltus, [111*]regio Cantabrorum, flumen 4, 111*
Sauga, portus Victorie Iuliobrigensium, ab eo loco fontes Hi-
beri. Durius amnis maximus Hispanie. 4, 112*

XXI De Lusitania regione etc.

A Durio Lusitania incipit – Turdulli ueteres, Paesuri flu- 4, 113*
men, Vagia oppidum, Talabrica oppidum et flumen Eumeni-
um, oppida Eburobrittium – e*t* currit deinde in aliud uasto
cornu promunctorium, quod aliqui Attrabum appellauere, alii
Magnum, multi Holisiponense ab oppido, terras, maria, ce-
lum disterminans. illo finitur Hispanie latus, et circuitu eius
incipit frons septemtrionis. hinc occeanus qui et Gallicus, 4, 114*
occasus, illinc occeanus Atlanticus. promunctorii excursum
$\overline{LX}$ prodidere, alii $\overline{XC}$ *passuum*. ab Durio Tagus $\overline{CC}$ *passuum* 4, 115*
interueniente Munda. Tagus auriferis harenis celebratur. a 4, 116*
Gadibus $\overline{CII}$ *passuum* gentes Celtice Turduli et circa Tagum

B G L

1 etc *om. L* **2** angustiar *L* **11** regione *om. B* etc *om. L* **12** lusitana *B* **14** alio *L* **18** *p.* incipit *uerba* hispanie latus *hab. L* **20** XC *L* CC *L* **21** *s.* Munda *uerba* pro(prium) n(omen) *add.* B^2

7 Tarraconensis **12 sqq.** Paesuri, flumen Vagia, oppidum Talabrica, oppidum et flumen Aeminium **14** Eburobrittium *apud Plinium oppidi nomen singulari nominatiuo Robertum nomen (populi?) plurali genetiuo ab* oppida *pendens interpretatum apparet* **15** Artabrum

Vetones, ab Agana ad Sacrum Lusitani. in ora Olisippo,
equarum e fauonio uentu conceptu nobile*s*. uniuersa prouin- 4, 117*
cia diuiditur in conuentus tres, Emeritensem, Pacensem, Sca-
labitanum. Lusitaniam cum A*u*sturia et Gallicia patere longi- 4, 118*
tudine $\overline{\mathrm{DXL}}$ *passuum*, latitudine $\overline{\mathrm{DXXXVI}}$, Agrippa prodidit.

XXII De insulis Hiberie.

Ex aduerso Celti Hiberie complures sunt insule, Cassie- 4, 119*
rides dicte a Grecis a fertilitate plumbi. est *et* insula in lon- 4, 120*
gum passus mille lata; uocatur ab Ephoro et Phillide Erithea;
in hac Geriones habitasse a quibusdam existimantur, quorum
armenta Hercules abduxit. peracto ambitu Europe [122*]hinc 4, 121* 122*
deinde Affrica atque Asia dicentur.

XXIII De Affrica etc.

Affricam Greci Libiam appellauere et mare Antheum Li- 5, 1*
bicum; Egypto finitur, nec alia pars terrarum pauciores reci-
pit sinus, longe ab occidente littorum obliquo spatio. populo-
rum eius oppidorumque nomina uel maxime sunt ineffabilia
preterquam ipsorum linguis. principia terrarum Mauritanie 5, 2*
appellantur. promunctorium occeani extimum Ampelusia no-
minatur a Grecis. oppida fuere Lissa, Cotte ultra columpnas
Herculis, nunc est Tingi, quondam ab Antheo conditum,
postea a Claudio Cesare, cum coloniam faceret, appellatum
Traducta Iulia. triginta milia *passuum* ab hora occeani colo-

B G L

1 *s.* Sacrum *uerba* pro(prium) n(omen) *(*m G^2*, sed hoc mendose pro* n(omen) *scriptum esse suspicor) add. B^2 G^2* **2** equorum *G* nobilis *a. corr. B* **3** pascensem *B* **4** galicia *B^2 L* **sq.** latitudine *G^1* **8** fertilite *G^1* **12** aque *B^1* **13** etc *om. L* **18** principio *L* **19** extimuit *L*

1 Ana **2** uento **4** Asturia Gallaecia **7** Celtiberiae **sq.** Cassiterides **9** Philistide **10** **sq.** existimatur cuius armenta **14** ante eam

nia a Claudio Cesare facta Lixos, fabulosissime ab antiquis narrata; ibi regia Antei certamenque cum Hercule et Hesperi- 5, 3 dum orti. affunditur autem estuarium e mari flexuoso meatu, in quo draconis custodie instar fuisse nunc interpretantur. amplectitur intra se insulam, quam solam e uicino tractu aliquando excelsiore non tamen estus maris inundant. exstat in ea ara Herculis nec preter oleastros aliud ex narrato illo aurifero nemore.

XXIIII De monte Affrice.

Montem Affrice fabulosissimum Athlantem [6*]e mediis 5, 5* 6* harenis in celum attolli prodidere, aspectu squalentem, qua uerg*i*t ad litora occeani, cui cognomen imposuit, eundem oppacum nemorosumque, scatebris fontium riguum, qu*o* spectat Affricam, fructibus omnium generum sponte ita subnascentibus, ut nunquam sacietas uoluptatibus desit incolarum. neminem interdiu cerni; silere omnia haud alio quam 5, 7* solitudinum horrore; subire tacitam religionem animos propius accedentium preter*ea*que horrorem elati super nubila atque in uicinia lunaris circuli. eundem noctibus micare crebris ignibus, Egipanum Satirorumque lasciuia impleri, tibiarum ac fistule cantu, timpanorum et cymbalorum sonitu strepere. hec celebrati auctores prodidere.

B G L

3 flexocioso *a. corr. L* **6** existat *L* **11** *s.* prodidere *uerba* s(cilicet) auctores *add.* B^2 G^2 **12** cognomem *G* **13** irriguum *L* **19** crebis *G* **21** fistile *G*

13 qua

XXV De Romanis qui primum etc.

Romana arma primum Claudio principe in Mauritania bellauere, Ptholomeum regem a Gaio Cesare interemptum ulciscente liberto Aedemone, refugientibusque barbaris uentum constat ad montem Athlantem. nec solum consulatu perfunctis atque e senatu ducibus, qui tum res gessere, set equitibus quoque Romanis, qui ex eo prefuere ibi, Atlantem penetrasse gloria fuit. Suetonius Paulinus, quem consulem uidimus, primus Romanorum ducum enenses transgressos quoque Atlantem aliquot milium spatio, prodidit de excelsitate quidem eius que ceteri, imas radices densis altisque repletas siluis incognito genere arborum, proceritatem spectabilem enodi nitore, frondes cupressi similes preterquam grauitatem odoris, tenui eas obduci lanugine, quibus addita arte posse quales bombice uestes confici. uerticem altis etiam operiri niuibus. decumis se eo peruenisse castris et ultra ad fluuium, qui Ger*um* uocatur, per solitudines nigri pulueris, eminentibus interdum uelut exustis cautibus, loca inhabitabilia feruore quamquam hiberno tempore. expertos, qui proximos inhabitant saltus refertos elephantorum ferarumque et serpentium omni genere, Canarios appellari, iuncta Ethiopum gente, quos Perorsos uocant, satis constat.

(Right-margin references: 5, 11 — 5, 14 — 5, 15* — 5, 16*)

B G L

1 qui primum *om. B* **2** maritania *L* **3** pholomeum *a. corr. G* **4** liberto *om. L* ademone *B*[1] **9** enenses *om. L* **19** quamquam … tempore: quam *L* **20** saltus *om. L* **21** iunctos *G*[1] ephiopum *G*

9 ducum transgressus **17** Ger

XXVI De Iuba rege etc.

Iuba Pthol*o*mei pater primus utrique Mauritanie imperauit, studiorum claritate memorabilior, et tanquam *de* regno, similia prodidit de Atlante, preterque gigni herbam ibi euphorbiam nomine, ab inuentore medico suo *sic* appellatam. cuius lacteum succum miris laudibus celebrat in claritate uisus contraque serpentes et uenena omnia.

XXVII De Numidia etc.

Tingitana prouincia ab oriente montuosa fert elephantos. 5, 18*
Numidia, Massinisse clara nomine, Met*o*gonitis terra a Gre- 5, 22*
cis appellata; Numide uero Nomades a permutandis pabulis,
mapalia sua, hoc est domus, palustris circumferentes. Tusca
fluuius Numidie, nec preter marmoris Numicidi ferarumque
prouentum aliud insigne. a Tusca regio est, que proprie uoca- 5, 23*
tur Affrica. Libifoenices uocantur qui Bizantium incolunt. ita 5, 24*
appellatur regio $\overline{\mathrm{CCL}}$ passuum per circuitum, fertilitatis ex-
imie, cum centesima fruge agricolis f*o*enus reddente terra. ea 5, 25*
pars, quam Affricam appellauimus, diuiditur in duas prouin-
cias, ueterem et nouam, discretas fossa inter Affricanum se-
quentem et reges Thenas usque producta, quod oppidum a
Cartagine abest $\overline{\mathrm{CCXVI}}$ *passus*.

XXVIII De tercio sinu Affrice.

Tertius sinus diuiditur in geminos, duarum Sircium ua- 5, 26*
doso ac reciproco mari diros. ad proximam, que minor est, a
Chartagine $\overline{\mathrm{CCC}}$ *passuum*. Berenice *ciuitas* in Sirtis extimo 5, 31*

B G L

1 etc *om. L* **2** pholomei *G* **3** studorum *B*[1] *G*: stadio- *L* **8** etc *om. L* **11** numades *B L* **14** propria *L* **22** sinu *om. B* **24** disros *B L*

10 Metagonitis **12** plaustris **13** Numidici **15** Byzacium

cornu est, quondam uocata Hesperidum supradictarum uagantibus Grecie fabulis. a Sirtibus maioribus ad occidentem 5, 34* puteos haud difficiles binum fere cubitorum altitudine inueniunt ibi restagnantibus Mauritanie aquis. domos sale montibus exciso ceu lapide construunt. e regione Sabrate mons 5, 35* longo spatio in occasum ab ortu tendit, Ater nostris dictus a natura, adusto similis aut solis repercussu accenso. ultra eum 5, 36* deserta, Matelge oppidum Garamantum itemque Dedris adfuso fonte a media die ad mediam noctem aquis feruentibus totidemque horis ad medium diem rigentibus, clarissimumque Garadana, caput Garamantum, omnia armis Romanis superata et a Cornelio Balbo triumphata. *hic* mons Garim, quo 5, 37* gemmas nasci titulus prodidit. ad Garamantas iter inexplica- 5, 38* bile adhuc fuit harenis operientibus, *set in* initiis Vespasiani imperatoris compendium uie *a bellantibus* quatriduo deprehensum est.

XXIX De eo quod due sint Ethiopie.

Ea que sequitur regio Mareotis Libia appellatur, Egypto 5, 39* contermina. in eo tractu intus Apis interest, nobilis religione Egypti locus. insulas multas non ita complectuntur hec ma- 5, 41* ria. Gauloe, Galatha *insula*, cuius terra scorpione*m*, dirum 5, 42* animal Affrice, necat. dicuntur et in Clupea emori. Ethiopum 5, 43* gentes Nigrate a qu*ibus* dictum est flum*e*n Agimnetes Pharustam, occeanum attingentes quos in Mauritanie fine dic*unt* Perossi. ab his omnibus uaste solitudines orientem uersus us-

B G L

1 est *om. L* **4** restangnantibus *B G* **5** seu *L* sebrate *L*: sabratæ *B* **6** acer *B* **12** ballo *G* **17** sunt *L* **18** mariotis *L* appellatur *om. L* **24** maritanie *B L*

13 titulus *in triumpho Cornelii Balbi* **21** Gaulos **23 sq.** Nigritae a quo dictum est flumine, Gymnetes Pharusi **25** Perorsi

que ad Garamantas Angilasque et Trogoditas, uerissima opinione eorum, qui desertis Affrice duas Ethiopias superponunt, et ante omnes Homeri, qui bipertitos tradit Ethiopas ad orientem occasumque uersos.

XXX De flumine cuius proprium nomen est Niger.

Nigri fluuio eadem natura que Nilo. calamum ac papi- 5, 44*
rum et easdem gignit animantes isdemque temporibus augescit. oritur inter Tarelios Ethiopas et Eocalicas. horum oppidum Magium. quidam solitudinibus interposuerunt Atlantas, iuxta eas Egipanas semiferos et Blemmias et G*r*amphasantas et Satiros et Hymantop*a*das.

XXXI De habitatoribus secus Athlantem.

Atlantes degeneres sunt humani ritus, si credimus. nam 5, 45*
neque nominum ullorum inter ipsos appellatio est, et solem orientem occidentemque dira imprecatione *in*tuentur ut exicialem ipsis agrisque, neque in sompnio uisunt qualia reliqui mortales. Troc*h*odite specus excauant; hec illis domus, uictus serpentium carnes, stridorque, non uox; adeo sermonis commercio carent. Garamantes matrimoniorum exortes passim cum feminis degunt. Augile*s* inferos tantum colunt. G*r*am-

B G L **12** [*V*

1 garamantes *B*[1] **3** ephiopas *G*[1]: ethiopias *L* **4** uersas *L* **5** cui *L* **6** *s.* Nigri *uerba* pro(prium) n(omen) *add. B*[2] **7** idemque *G* **8** tarelias *B G* **9** magnum *G* athlantes *G* **12** Athlantem: adlantem quorum ritus sunt degeneres *V* **16** sompno *L* **17** troahodite *a. corr. L* uictus *s. uersum add. G*[2] **20** degunt cum feminis *L* **sq.** Graphasantes *L*

1 Augilasque **6** Nigri, *quod apud Plinium datiuus nominis* Nigris *est, Robertum genetiuum nominis* Niger *interpretatum ex inscriptione huius cap. apparet* **8** Oecalicas **10** Gamphasantas **11** Himantopodas **17** Trogodytae **20** Augilae **sq.** Gamphasantes

phasantes, nudi preliorumque expertes, nulli externo congre-
gantur. Blemmiis traduntur capita abesse, ore et oculis pec- 5, 46*
tori affixis. Satiris preter figuram nichil moris humani. Egi-
pan*i* qualis uulgo pingitur forma. Himanthopodes loripedes
quidam, quibus serpendo ingredi natura est. Pharusi, quon-
dam Perse, comites fuisse dicuntur Herculis ad Hesperi*a*das
tendent*es*. nec de Affrica plura que memorentur occurrunt.

XXXII De Asia et par(t)i(bus) etc.

Asia adheret, quam patere a Canopico hostio ad Ponti 5, 47*
hostium Thimost*i*nes $\overline{\text{LXXVI}}$ passuum tradit, ab ore autem
Ponti ad os Meotis *A*eratosthenes $\overline{\text{XV}}$ XLV *passuum*, uniuer-
sam uero cum Egypto ad Tana*um* Artemidorus et Isidorus
$\overline{\text{LXIII}}$ DCCL *passus*. maria eius complura ab accolis traxere
nomina, in qua re simul indicabuntur. proxima Affrice incoli- 5, 48*
tur Egyptus, introrsus ad meridiem recedens, donec a tergo
pretendantur Ethiopes. inferiorem eius partem Nilus dextra
leuaque diuisus amplexu suo determinat, Canopico hostio ab
Affrica, ab Asia Pelusiaco, CLXX passuum interuallo. quam
ob causam inter insulas quidam Egiptum retulere, ita se f*u*n-
dente Nilo, ut triquetram terre figuram efficiat, ideoque multi
Grece littere uocabulo Deltam appellauere Egyptum. est
summa pars contermina Ethiopie et Thebai*di*s uocatur.

B G L V **7** *V*]

3 affexis *L* **4** *p.* forma *uerbum* humanos *hab. L* hymanthopes *L* **6** hesperiades *B* **7** africa *B* **8** et par(t)i(bus) *om. L* etc *om. B* **10** $\overline{\text{XXVI}}$ *L* **11** $\overline{\text{XV}}$ $\overline{\text{XLV}}$ *L* **13** LXIII DCCCL *L* *p.* passus *inscriptionem* XXXIII De Nilo flumine *hab. L* **14** similis *G*[1], *a. corr. B* **19** Egiptum *om. L* **22** summa pars *om. L*

3 sq. Aegipanum **6** Hesperidas **7** tendentis **10** Timosthenes *numerum* $\overline{\text{LXXVI}}$ *minorem esse apparet; Plinium* |$\overline{\text{XXV}}$ I|·$\overline{\text{XXXVIII}}$ *scr. uerisimile est* **11** |$\overline{\text{XV}}$|·$\overline{\text{XLV}}$ **12** Tanaim *uel* -in **13** |$\overline{\text{L}}$|·$\overline{\text{XIII}}$·DCCL **18** $\overline{\text{CLXX}}$ **22** Thebais

XXXIII De Nilo flumine.

Nilus incertis ortus fontibus ut per deserta et ardentia et 5, 51* inmenso longitudinis spatio ambulans famaque tantum inermi, quesitu*m* sine bellis. ut Iuba rex potuit exquirere, in monte inferioris Mauritanie non procul occeano H*iberi* lacum protinus stagnantem, quem uocant Nullidem. ibi pisces reperiuntur alabete, coracini, siluri. cocodrillus quoque inde ob argumentum hoc in Iseo spectatur hodie. preterea obseruatum est, prout in Mauritania niues imbresue satiauerint, ita Nilum increscere. ex hoc lacu p*er*fusus indignatur fluere per harenosa 5, 52* et squalentia conditque se aliquot dierum itinere, mox alio lacu maiori in Cesariensis Mauritanie gente Massilum erumpit et hominis cetus ueluti circuit, isdem animalium argumentis. iterum harenis receptus conditur rursus XX dierum desertis ad proximos Ethiopas atque, ubi iterum senserit hominem, prosilit, fonte, ut ueri simile est, illo quem Nigrum uocauere. inde Affricam ab Ethiopia dispescens *uel dissoci-* 5, 53* *ans*, etiam si non protinus populis, feris tamen et beluis frequens siluarumque opifex, medios Ethiopas secat, cognominatus Astapus, quod illarum gentium lingua significat aquam e tenebris profluentem. insulas ita innumeras spargit quasdamque tam uaste magnitudinis, quamquam rapida celeritate, ut tamen dierum quinque cursu breuiore transuolet circa clarissimam earum Meroen. nec ante Nilus quam se totum aquis rursus concordibus iunxit; sic quoque etiannum Giris ante

B G L

1 XXXIIII *L (ab hac inscriptione usque ad extremum librum secundum omnes numeros inscriptionibus ascriptos mutat L)* **2** incertus *a. corr. L* **5** Hiberi *om. L* **9** sauciauerint *G* **14** receptis *G*: -ptius *L* **17** uel: in B^1: ue *L* **21** ę *G*: ex *L*

2 ut *interrogatiuum* **5** occeano habet lacum **6** Nilidem **10** profusus **12** Masaesylum **17 sq.** uel dissocians *interpretatio, fortasse Roberti*

nominatus per aliquot milia. postremo inclusus montibus, nec 5, 54*
aliunde torrentior, uectus aquis properantibus ad locum
Ethiopum, qui Cathadup*l*a uocantur, nouissimo catharacte in-
ter occursantes sc*epid*os non pluere inmenso fragore queritur,
set ruere. postea le*u*is et confract*us* aquis domitaque uiolen-
tia, aliquid et spatio fessus, multis quamuis faucibus in Egyp-
tium mare se euomit; ceteris tamen diebus actu magno per
totam spaciatus Egyptum secundus innatat terre. causas huius 5, 55*
incrementi uarias prodidere, set maxime probabiles ethesia-
rum eo tempore ex aduerso flantium repercussu, ultra in ora
acto mari, aut imbres Ethiopie estiuos, hisdem ethesiis nubila
illo ferentibus e reliquo orbe. incipit crescere luna noua, que- 5, 57
cumque post solsticium est, sensim modiceque cancrum sole
transeunte, habundantissime autem leone, et residet in uirgi-
ne hisdem quibus acreuit modis. in totum autem reuocatur in-
tra ripas in libra, ut tradit Herodotus, centesimo die. cum
crescit, reges aut prefectos nauigare eo nefas iudicatum est.
auctus per puteos mensure notis deprehenduntur. iustum in-
crementum est cubitorum XVI. in XII cubitis famen sentit, in 5, 58*
tredecim etiam n*on* esurit, XIIII cubita hilaritatem afferunt,
XV securitatem, XVI delicias. maximum incrementum ad
hoc eui fuit cubitorum XVIII Claudio principe, minimum V
Farsalico bello, ueluti necem Magni prodigio quodam flumi-
ne auersante. cum stetere aque, apertis molibus admittuntur.

B G L

3 uocatur *L, p. corr. B* **4** quęritur *G* **6 sq.** egipcitum *B*[1] *G*: egipticum *B*[2] **10** *p.* eo *uerba* s(cilicet) uentorum *hab. L* *s.* tempore *uerbum* uentorum *add. B*[2] **12** noua *om. L* **15** acreum *G*: acre uir *L* **17** nauigare *om. L* **19** fam̄ *B L* **23** *s.* Magni *uerba* pro(prium) n(omen) *add. B*[2] *G*[2]

3 Catadupi **4** scopulos non fluere **19** famem *cf. Stotz, HLSMA 3, VII § 249.2*

ut queque liberata est terra, seritur. idem amnis unus omnium nullas exspirat auras.

XXXIIII De Egypto et urbibus eius.

Egyptus super ceteram antiquitatis gloriam XX urbium 5, 60*
sibi Amase regnante prefert, nunc quoque multis etiamsi
ignobilibus frequens celebratur. inter Menphi*m* et Arsinoiten 5, 61*
n*e*m*e*on turres, que piramides uocantur, et laberintus, un*de*
preterea intus et Arabie conterminum claritatis magne Solis
oppidum.

XXXV De Alexandria etc.

Sed iure laudetur in littore Egyptii maris Alexandria, a 5, 62*
Magno Alexandro condita. ultra *portum* Pelusiacum Arabia 5, 65*
est, ad Rubrum mare pertinens. iuxta Syria*m* litus occupat, 5, 66*
quondam terrarum maxima et plurimis distincta nominibus.
namque Palestina uocabatur, qua contingit Arabas et Iudea*m*,
et Coele, dein Phenice*m*, et qua recedit intus, Damascena, ac
magis etiannum meridiana Babilonia, ex eadem Mesopota-
mia inter Euphratem et Tigrim quoque transit Taurum So-
ph*o*ene, citra uero eam Commagene et ultra Armeniam Adia-
baneas, Syria antea dicta, et ubi Ciliciam attingit, Antiochia.
longitudo eius inter Ciliciam et Arabiam $\overline{\text{CCCCLXX}}$ passu- 5, 67*
um est, latitudo a Seleutia Epieria ad oppidum in Euphrate

B G L

2 nullus *G* **5** etiam etsi *B L* **9** *s.* oppidum *uerba* s(cilicet) Elyopolis *add.* *B*[2] **10** etc *om. B* **12** alexandre *G* **16** deinde *L* **17** *p. (s. B*[2]*)* ex eadem *uerba* sir(ia) uel ba(bilonia) *hab. L B*[2] **18 sq.** *s.* Sophoene *uerbum* proui(ncia) *add. B*[2] **20** ciciliam *G L* **21** ciciliam *G L* **22** epierea *L*

4 $\overline{\text{XX}}$ **7** nomon labyrinthus *cf. ThLL VII 2, 814, 37 sq.; STOTZ, HLSMA 3, VII § 64.1* unum; *in Roberti exemplari* un̄ *scr.* **13** Syria **15** Iudaea **16** Phoenice **18 sq.** Sophene **19 sq.** Adiabene Assyria **22** Pieria

Zeumam $\overline{\mathrm{CLXXV}}$ *passuum*. qui subtilius diuidunt, circum *Euphraten* Syria*m*, Phenicen uolunt et esse oram maritimam Syrie, cuius pars sit Idumea et Iudea, deinde Phenicen, dein Syriam. id quod preiacet mare totum Phoenicium appellatur. ipsa gens Phenicum in gloria magna litt*o*rum inuentionis et
siderum naualiumque ac bellicarum artium. a Pelusio Cha- 5, 68*
brie castra, Casius mons, tumulus Magni Pompei. Arabia finitur a Pelusio $\overline{\mathrm{LXV}}$ passuum. mox Idumea incipit et Palestina ab emersu Sirbonis lacus, quem quidam $\overline{\mathrm{CL}}$ *passuum* circuitus tradidere. Herodotus Cassio monti applicuit, nunc est palus modica. oppida Rinoco*r*ura et intus Raphace, Gaza et intus Anthedon, mons Angaris, regio Per*ea*, Samaria, op-
pidum Ascalo liberum, Azotus; saxum, quo*d* uinculorum An- 5, 69*
dromede uestigia ostendit, inde Appollonia, Stratonis turris, eadem Cesarea ab Herode rege condita. finis Palestinis $\overline{\mathrm{CLXXXIX}}$ passuum a confinio Arabie; dein Phoenices.

XXXVI De Iudea et partibus eius.

Iudea longe lateque funditur; pars *enim* Syrie iuncta Ga- 5, 70*
lilea uocatur, Arabie uero et Egypto proxima Perea, asperis dispersa montibus et a ceteris Iudeis Iordane amne discreta. reliqua Iudea diuiditur in toparchias X*II* quo dicemus ordine: Ieric*o*ntem palmetis consitam, fontibus irriguam, Emmaum, Liddam, Iopicam, Acrabatenam, Zophaniticam, Tamniticam, Bethole e*t* Thephene, Enorine, in qua fuere Ierosolim*e*, longe

B G L

2 fenicen *B G*: phenicem *L* **3** dein: deinde *L* **5** lititorum *B*: litterum *G* **6** appelusio *B* **7** cassius *B* pompeii *G* **9** quę *G* **13 sq.** andromade *L* **16** deinde *L* **18** iuncta syrie *L* **22** Iericontidem *L* **23** ioppica *L* Tamniticam: zānicam *B*

5 litterarum **11** Rhinocolura Rhaphea **12** Argaris per oram Samaria **23** Gophaniticam **24** Betholeptephene clarissima urbium orientis, nomen Iudee modo, Herodium cum oppido illustri eiusdem nominis.

XXXVII De Iordane flumine.

Iordanis amnis oritur e fonte Paniade, amnis amenus et, 5, 71*
quatinus locorum situs patitur, ambitiosus accolisque se prebens uelut inuitus Asphaltiten lacum dirum natura petit, a quo postremo ebibitur aquasque laudatas perdit pestilentibus mixtas. ab occidente *Asphaltitis* Tiberia*s*, aquis calidis salubri*s*. Asphaltites nichil preter bitumen gignit; nullum corpus 5, 72*
animali*s* recipit, tauri camelique fluitant; inde fama nichil in eo mergi. ab oriente calidus fons medice salubritatis Calliroe, aquarum gloriam ipso nomine preferens. ab occidente littora 5, 73*
Esseni fugiunt usque qua nocent, gens sola et in toto orbe preter ceteras mira, sine ulla femina, omni uenere abdicata, sine pecunia, socia palmarum, in qua nemo nascitur, tamen fecundat. illis aliorum uita penitentia est. iungitur *Iudee e* la- 5, 74*
tere Syrie Decapolitana regio, a numero oppidorum, in qu*a* non omnes eadem obseruant. *hinc* Tyrus, quondam insula 5, 76*
prelato mari $\overline{DCC}$ passibus diuisa, nunc uero Alexandri oppugnantis operibus continens; olim partu clara, urbibus genitis Lepti, Vtica et illa emula terrarum *et* orbis auida Carthagine, etiam Gadibus extra *u*rbem conditis; nunc omnis eius nobilitas conchilio atque purpura constat. a tergo eius Liba- 5, 77*
nus mons orsus mille quingentis stadiis Gim*a*rum usque porrigitur, que Celes Syrie cognominatur. huic par interiacente

B G L **3** [*V* **16** est *V*]

3 *p.* flumine *uerba* et de aspectu lacu quem mare mortuum uocant *hab. V* **6** asphaltitem *L* **7** pestilencie *L* **11** callirore *L* **13** tota *G* **19 sq.** Alexandri oppugnantis: ob alexandri pugnantis *L* **25** qua *L*

1 non Iudaeae **19** praealto DCC **22** orbem **24** Zimyram *cf.* Stotz, *HLSMA 3, VII § 283.13*

ualle mons aduersus Antelibanus optenditur. dein Syria An- 5, 79*
tiochie, intus ipsa Antiochia libera, Epiphanes cognominata.
super eam mons Casius, cuius excelsa altitudo quarta uigilia 5, 80*
orientem per tenebras solem aspicit, breui circumactu *tem-*
*po*ris diem noctemque pariter ostendens. ambitus ad cacumen
$\overline{\mathrm{XI}}\mathrm{X}$ passus est, altitudo per directum $\overline{\mathrm{IIII}}$.

XXXVIII De Euphrate et de procursu eius.

De Euphrate hoc in loco dixisse aptissimum fuerit. oritur 5, 83*
in prefectura Armenie Maioris Charanitide, ut prodidere ex
his, qui proxime uiderunt, Domitius Corbulo, Licinius Mutia-
nus, in monte Aga sub radicibus montis quem Capoten ap-
pellant, initio Pixurates nominatus. Armenie regiones a Ca-
padocia exclud*it*. accip*it* flumin*a* Lyc*um*, Arsani*am*, Arsa- 5, 84*
n*am*. apud Eulegiam occurrit ei Taurus mons nec resistit,
quamquam $\overline{\mathrm{XII}}$ passuum latitudine preualens. Ommam uo-
cant irrumpentem, mox *i*bi perfregit Euphraten. pontis tamen, 5, 85*
etiam ubi Taurum expugnat, patiens apud Claudiopolim Cap-
padocie cursum ad occasum solis agit. primo hunc illi in pug-
na Taurus aufert uictusque et abscisus sibimet alio modo
uincit ac fractum expellit in meridiem. ita nature dimicatio:
ille quatitur, hoc eunte quo uult, illo prohibente ire qua uelit.

XXXIX De Palmira ciuitate et de situ eius.

Palmira, urbs nobilis situ, diuitiis soli et aquis amenis, 5, 88*
uasto undique ambitu harenis includit agros ac, uelut terris

B G L

1 deinde *L* **4** circumacta *a. corr. G* **7** de *om. L* **15** XII *L* **16** eufratem *B*
18 sq. taurus in pugna *L* **19** *s.* uictusque *uerba* s(cilicet) taurus *add.* B^2
22 et … eius *om. B*

13 sq. Arsanum **18** illic *cf.* STOTZ, *HLSMA 3, VII § 161.2*

exempta a rerum natura, priuata sorte inter duo imperia sum-
ma Romanorum Parthorumque et prima in discordia semper
utrimque cura abest a Damasco $\overline{\text{XXVII}}$ p*assuum*. infra Pal- 5, 89*
mire solitudinem Stelendena regio est dictaque iam Ierapolis.
scinditur Euphrates circa uicum Masice*m* et parte leua in 5, 90*
Mesopotamiam uadit, per ipsam Seleutiam circaque eam pre-
fluenti infusus Tigri, dexteriore autem alueo Babilonem,
quondam Caldee caput, petit mediamque permeans, item
quam Moti uocant, distrahitur in paludes. increscit autem et
ipse Nili modo statis diebus, paulum differens, ac Mesopota-
miam inundat, sole optinente XX partem cancri. minui
incipit in uirgine et leone transgresso, in totum uero remeat
in XXIX parte uirginis. set redeamus ad horam Syrie, cui 5, 91*
proxima est Cilicia. Cilicie Pamphiliam omnes iunxere neg- 5, 94*
lecta gente Isaurica. mare Pamphilium Cilicio iungitur. 5, 96*

XL De Tauro monte etc.

Taurus mons, ab Eois ueniens littoribus, Celidonio pro- 5, 97*
munctorio disterminatur, inmensus ipse et innumerarum gen-
tium arbiter, dextro latere septemtrionalis, ubi primum ab
Indico mari exurgit, leuo meridianus et ad occasum tendens
mediamque distrahens Asiam, nisi opprimenti terras occurre-
rent maria. resilit ergo a septemtrione flexusque inmensum
iter querit, uelut de industria rerum natura s*i*bi n*on* equora
opponente. hinc Phoenicium, hinc Ponticum, illinc Caspium

B G L

4 stellendena *L* **6 sq.** prefluente B^1 **7** alpheo *L* **10** statutis *L* **11** chancri partem *a. corr. B* **12** incipit *om. L* **14** *s.* Cilicia *(*-icie *L) uerba* s(cilicet) hora *add.* B^2 **15** *s.* Cilicio *uerba* mari s(cilicet) *(*s- m- B^2*) add. G* B^2 **16** etc *om. L* **24** phenicium *G* illic *L*

3 $\overline{\text{XXVII}}$ propius *scil.* quam a proximo Syriae litore **4** Telendena **9** Mothrim **23** subinde aequora

et Hyrcanium contraque Meotium lacum torquetur. itaque 5, 98*
collisus inter hec claustra et tamen uictor flexuosus euadit
usque ad cognata Ripheorum montium iuga, numerosis nomi-
nibus et nouis, quocumque incedit, insignis: Symaus prima
parte dictus, mox Edigis, Taurus atque, ubi se quoque exsu-
perat, Caucasus, ubi brachia emittit, Sarpedon; *item* Hyrca- 5, 99*
nius, Caspius, Amazonicus, in uniuersa uero Grecia Cerauni-
us.

XLI De amne Indico.

Amnis Indus, in Cib*a*ratarum iugis ortus, recipit LX per- 5, 103*
ennes fluuios, torrentes uero amplius centum. oppidum Cau- 5, 104*
nos liberum, dein Pirnos, portus Cressa, a quo Hrodus insula
passuum $\overline{XX}$, lacus Lorisma. celeberrima urb*s* Laodicia 5, 105*
imposita est Lico flumini, latera alluentibus Asopo et Capro,
primo Diospolis, dehin*c* Hroas. amnis Meander, ortus e lacu 5, 113*
in monte Aulotrene plurimisque affusus oppidis et repletus
fluminibus crebris, ita sinuosus flexibus, ut sepe credatur re-
uerti, omnes agros fertilissimo *ir*rigans limo ad decimum a
Mileto stadium lenis illabitur mari.

B G L

4 insignus *L* **5 sq.** superat G^1 **10** cibaratrum *L* **11** fluios *B* **12** deinde *L*

4 Imaus **10** Cibyratarum **13** Loryma **16** Aulocrene

XLII De Troade qui prius Antigonia etc.

Troas prius dicta Antigonia, nunc Alexandria, *iuxta Me-* 5, 124*
*a*nder, amnis nauigabilis, et promunctorio quondam Sygeum
oppidum. dein portus Acheorum, in quem influit Xantus Si-
moenti iunctus, *et* ceteri Homero celebrati. est *ibi* Scaman-
dria ciuitas parua ac mille quingentis passibus remotum a
portu Ilium immune, unde omnis rerum claritas. fuit et 5, 125*
Achilleon oppidum, iuxta tumulum Achillis conditum a Mi-
teleneis et mox Atheniensibus, ubi classis eius steterat in Si-
ge*t*o. extra Hellespontum aduersa Sygeo littori iacet Tenedus. 5, 140*
impetum deinde sumit Hellespontus et mare incumbit uorti- 5, 141*
cibus limitem fodiens, donec Asiam abrumpat Europe. urbs 5, 143*
fuit inmensa Atussa nomine, nunc sunt XII ciuitates. Phrigia 5, 145*
Troadi superiecta populisque a promunctorio ad flumen Ce-
leum predictis, septemtrionali sua parte Galacia contermina.
flumina sunt in ea Sagarium et Gallus, a quo nomen traxere 5, 147*
Matris de*or*um sacerdotes. in Bithania Brusa, ab Hannibale 5, 148*
sub Olimpo condita. fuit et Libissa oppidum, nunc Hanniba-
lis tantum tumulus, et in intimo sinu Nicomedia Bithinie pre-
clara.

XLIII De Ponto Euxino etc.

Pontus Euxinus antea ab inhospitali feritate Axenus ap- 6, 1*
pellatus est, peculiari inuidia nature sine ullo fine indulgentis
auiditati maris, et ipse in Europam Asiamque funditur. non

B G L

1 Troade … Antigonia: traade *B* etc *om. L* **4** xanctus *B* **8** achilleuti *L, p. corr. B (quae a. corr. hab. B non iam legi possunt)* **9** ubi: nisi *B* **10** aduerso *L* **14** prounctorio *B* **21** etc *om. L* **24** auiditate *L*

1 que *cf. indicem capitum* **9 sq.** Sigeo **14 sq.** Echeleum **16** Sangarium **17** Bithynia Prusa

fuerat satis occeano ambisse terras et partem earum aucta in-
manitate abstulisse, non irrupisse fractisque montibus Calpe-
que Affrice euulsa tanto maiora absorbuisse quam reliquerit
spatia, non per Hellespontum Propontida infudisse. iterum
deuoratis a Bosphoro quoque in aliam uastitatem panditur
nulla sacietate, donec exspacianti lacus Amoetiti rapinam su-
am iungunt. inuitis hoc accidisse terris indicio sunt tot angus- 6, 2*
tie atque tam parua nature repugnantis interualla, ad Helles-
pontum octingentorum $\overline{XXV}$ passuum, a Bosphoro duos uel
bubus meabili transitu, unde nomen; ambobus etiam quedam
in dissociatione germanitas concors; alitum quippe cantus ca-
numque latratus inuicem audiuntur, uocis etiam humane
commercia, inter duos orbes manente colloquio, nisi cum id
ipsum auferunt uenti. a faucibus Bosphori est amnis Rebas, 6, 4*
quem aliqui Phesum dixerunt. a Ponti ore *miliariis* CC abest
portus Acone, ueneno aconito dirus.

XLIIII De Armenia Maiore etc.

Ordiemur autem a Capadocum gente; longissime hec 6, 23* 24*
Ponticarum omnium introrsus recedens Minorem Armeniam
Maioremque et Commagenen leuo suo latere transit, dextro
uero omnes in Asia dictas gentes scandens, ad ortum solis et
Tauri iuga transit Licaoniam, Pisidiam, Ciliciam, uadit super
Antiochie tractum et usque ad Cirrestricam eius regionem
parte sua, que uocatur Cathaonia, contendit. itaque ibi longi-
tudo Asie $\overline{XII}$ L *passus* efficit, latitudo DCXL. Armenia 6, 25*

B G L

2 irrumpisse *L*: irripisse *B* **6** amotiti *B*: amoenti *G* **12** inuiciem *L, p. corr. B* **sq.** commercia humane *L* **17** etc *om. L* **20** suo *om. L* **21** *p.* Asia *uerbum* omnes *hab. L* **23** antiochiochie *B* cirestricam *L*

4 *p.* iterum *uerbum* terris *om.* **6** Maeotii **9** XXV ad Bosporos duos **15** Rhesum **25** $|\overline{XII}|\cdot\overline{L}$ $\overline{DCXL}$

autem Maior incipit a Parihedris montibus, Euphrate amne,
ut dictum est, aufertur Capadocie et, qua discedit Euphrates,
Mesopotamie haud minus clara amne Tigri. utrumque fundit
ipsa et initium Mesopotamie facit inter duos amnes iture;
quod interest ibi tenent Arabes Soroci. sic finem usque in
Diabenen perfert, ab ea transuersis iugis inclusa. Araxes eo- 6, 26*
dem monte quo Euphrates, $\overline{\mathrm{V}}\,\overline{\mathrm{I}}$ passuum interuallo, auctusque
amne Vsi et ipse, ut plures existimauere, de Cyro defertur in
Caspium mare.

XLV De admirandis portis Caucasie.

Porte Caucasie, magno errore a multis Caspie dicte, 6, 30*
ingens nature opus montibus interruptis repente, ubi fores ab-
dite ferratis trabibus, subter medias amne diri odoris fluente
citraque in rupe castello, quod uocatur Cumania, comm*in*u*to
ad arcendas transitu gentes innumeras *s*ibi loci terrarum orbe
discluso. in insula Calcheritis, quam Greci Ariam dixerunt 6, 32*
sacramque Marti, et in ea uolucres cum aduenis pugnasse
pennarum ictu.

XLVI De Arempheis.

Nunc *his* que sunt Asie interiora dictis Ripheos montes 6, 33*
transcendat animus dextraque litori occeani incedat. ab extre- 6, 34*
mo aquilone ad initium orientis estiui Scite sunt. extra eos,
aquilonis initia, Hyperboreos aliqui posuere. ibique Arem-
pheos quosdam accepimus, haud dissimilem Hyperboreis
gentem. sedes illis nemora, alimenta bace, capillus iuxta fe- 6, 35*

B G L

4 ituree *B*: yturee *L* **6** diabenem *L* **8** tyro *L* **10** Caucasie *om. B*
19 arepheis *B* **25** capillis *L*

6 Adiabenen **12 sq.** addite **14** communito **15** ibi

minis uirisque in probro existimatus; ritus clementes *a*tque
serios haberi narrant inuiolatosque esse etiam feris seculari-
um populis, nec ipsos modo, set illos quoque, qui ad eos
profugerint. ultra eos plane Amazonum gens; hec usque ad
Caspium et Hyrcanium mare. Persarum regna, que nunc Par- 6, 41*
thorum intelligimus, inter duo maria Persicum et Hyrcanium
Caucasis iugis attolluntur. Ecbata caput Medie est, Seleucus 6, 43*
rex condidit; a Seleucia Magna DCCL passibus, a Portis uero
Caspiis $\overline{XX}$. causa Portarum nominis eadem que supra, inter-
ruptis angusto transitu iugis ita, ut uix singula meent plaustra
a longitudine $\overline{VIII}$ passus, toto opere manu facto. dextra le-
uaque ambustis similes impendent scopuli sitiente tractu per
$\overline{XXVIII}$ passus. angustias impedit corriuatus salis e cautibus
liquor atque eadem emissus; preterea serpentium multitudo
nisi hieme transitum non sinit. hunc cardinem Alexandri 6, 45*
Magni itinera fecere. ab his Portis ad Indie principium stadia
$\overline{XV}$ DCLXXX.

XLVII De regione quadam delectabili etc.

Sequitur regio Marciane apricitatis inclite, sola in eo 6, 46*
tractu uitifera, undique inclusa montibus amenis, ambitu sta-
diorum mille quingentorum, difficilis aditu propter harenosas
solitudines per CXX passus, et ipsa contra Parthie tractum si-
ta. in qua Alexander Alexandriam condiderat, qua diruta a 6, 47*
barbaris Antiochus Seleuci filius eodem loco restituit Se-
leuciam. ultra Sogdiani, oppidum Panda et in uicinis eorum 6, 49*

B G L

2 etiam esse *L* **3** ad *om. L* **5** hircanum *B*: hyr- *L*: hircanium *G* **18** delectabili etc *om. B* **22 sq.** sita *om. L* **25** *s.* Panda *uerba* pro(prium) n(omen) *add. B*²

2 inuiolatosque *scil.* Arempheos **sq.** accolarum **7** Ecbatana **8** $\overline{DCCL}$ **19** Margiane **22** $\overline{CXX}$

finibus Alexandria, ab Alexandro Magno conditum oppidum.
are ibi sunt ab Hercule ac Libero patre constitute, item Cyro
et Semiramide atque Alexandro. ultra sunt Scytharum populi. 6, 50*
Perse illos Sagas uniuersos appellauere, Scithe ipsi Persas
Chorsaros et Caucasum montem Groucasum, hoc est niue
candidum. haustum *proximi* maris dulcem esse et Alexan- 6, 51*
der Magnus prodidit et Marcus Varro talem perlatum Pom-
peio iuxta res gerenti Mitridatico bello, magnitudine haud
dubie influentium fluminum uicto sale. inhabitabilis prima 6, 53*
pars Scithic*i* promunctori*i* ob niues. proxima inculta seuitia
gentium. Antropofagi Scithe insident humanis corporibus
uescentes, ideoque iuxta uaste solitudines ferarumque mul-
titudo. nec ante dimidiam ferme longitudinem eius ore, que
spectat abstidon orientem, inhabitatur illa regio. primi sunt 6, 54*
hominum qui uocantur Seres, Latine siluarum nobiles, perfu-
sam aqua depectentes frondium canitiem, unde geminus fe-
minis nostris labor redordiendi fila rursusque texendi; tam
multiplici opere, tam longinquo orbe petitur, ut in publico
matrona transluceat. Seres mites quidem, cetum *tamen* re-
liquorum mortalium fugiunt, commercia expet*u*nt.

XLVIII De Indico mari etc.

Indorum gens a meridi*e* *habet* mar*e* quod Indicum ap- 6, 56*
pellamus. Alexandri Magni comites *tradidere* Indiam terciam 6, 59*
partem esse terrarum omnium, multitudinem populorum in-
numeram, probabil*e* sane ratione; Indi enim gentium prope

B G L **11** Antropofagi [*V* **12** uescentes *V*]

3 scitharum *B G*: cyth- *L* **11** *a.* Antropofagi *inscriptionem* de antropofagis et de barbetate opido et de incolis eius qui solutio italium odiunt aurum et de sabeis. *hab.* *V* **15 sq.** perfusa *L* **19** centum *L*

4 Sacas **5** Groucasim *uel* Cro- **14** aestiuum orientem **15** lanitio **25** probabile *cf.* STOTZ, *HLSMA 4, VIII § 35.5*

soli nunquam migrauere finibus suis. colliguntur a Libero
patre ad Alexandrum Magnum reges eorum CLIII annis
$\overline{\mathrm{VI}}$ CCCCII, adiciunt et menses III. amnium mira uastitas; 6, 60*
proditur Alexand*er* nullo die minus stadia sexcenta nauigasse
Indo[A] nec potuisse ante menses V enauigare adiectis paucis
diebus; et tamen minorem Gange esse constat.

[A]Rob(ertus): nom(en) flum(inis).

XLIX De Gange etc.

Gangem alii incertis fontibus ut Nilum rigantemque uici- 6, 65*
n*i*a eodem modo, alii in Scithicis montibus nasci dixerunt.
omnium prope in India potentiam claritatemque antecedunt 6, 68*
Farsi amplissima urbe ditissimaque *B*alibothra, unde quidam
ipsam gentem Phalibothros uocant. regi eorum peditum sex-
centa milia, equitum triginta milia, elephantorum nouem mi-
lia per omnes dies stipendantur, unde coniectio ingens opum
est. uita mitioribus populis Indorum multis perdita degitur; 6, 66*
tellurem exercent, militiam alii capessunt, merces alii suas
euehunt, res publicas optumi ditissimique temperant iudicia-
que reddunt, regibus assident. quintum genus, sapientie dedi-
tum, uoluntaria semper morte uitam accenso prius rogo finit.
unum super hoc est semiferum ac plenum laboris inmensi – a
quo supra dicta continentur – uenandi elephantos domandi-
que; his arantes inueniuntur, hec maxime nouere pecuaria,
his militant dimicantque pro finibus. dilectum in belua uires
et etas atque magnitudo faciunt. a Gange uersa ad meridiem 6, 70*
plaga tinguntur sole populi, iam quidem infecti, nondum ta-

B G L **6** *B*] *G*] *L*] **7** [*B*^{2}] **8** [*B* [*L* **9** [*G*

2 CLIIII *in ras. G* **5** *s.* Indo *uerba* pro(prium) n(omen) f(luminis) *add. G*

9 sq. uicina **12** Prasi Palibothra **13** Palibothros **15** stipendiantur *cf.* *STOTZ, HLSMA 3, VII § 35.1* **16** multipertita

men Ethiopum modo exusti; quantum ad Indum accedunt,
tantum colore preferunt. Indus statim a Prasiorum gente,
quorum in montanis Pigmei traduntur. Artemidorus inter
duos amnes $\overline{\text{XXI}}$ *passuum* tradit, gentem Garganid*e*m; regi 6, 65* 66
suo $\overline{\text{LX}}$ peditum, equites M, elephanti DCC in procinctu bel-
lorum excusant. rex Modresephorum peditum quinquaginta 6, 67*
milia, equitum $\overline{\text{IIII}}$, elephantorum CCCC in armis habet.
ualidior deinde gens Andare, plurimis uicis, XXX oppidis
que muris turribusque muniuntur, regi prebet peditum $\overline{\text{C}}$,
equitum $\overline{\text{II}}$, elephantos mille. Indus appellatus in iugo Cau- 6, 71*
casi montis, quod uocatur Paropanisus, aduersus solis ortum
effusus undeuiginti recipit amnes, set clarissimos Hydaspen
IIII alios afferentem. gentes montane inter eum et Iomanem 6, 73*
Cesi, Cetriboni siluestres, dein Megalle, quorum regi quin-
genti elephanti, peditum *et* equitum numerus incertus. Chri-
sei, Parasangeas, Magi armant peditum $\overline{\text{XXX}}$, elephantos
CCC, equites DCCC. hos Indus includit montium corona cir-
cumdatos et solitudinibus, plerumque harenis ambientibus
haud alio modo quam insulas mari. hi montium, qui perpetuo 6, 74*
tractu occeani ora pertinent, incole liberi et regum expertes
multis urbibus montanos optinent colles. pauperior Charma- 6, 75*
rum rex elephantos LX paruasque reliquas uires habet. ab his 6, 76*
gens Panda e^{A} sola Indorum regnata feminis. unam Herculi
sexus eius genitam ferunt ob idque gratiorem regno donatam.
ab ea deducentes originem imperitant CCC oppidis, peditum
$\overline{\text{CL}}$, elephantis quingentis. post hanc trecentarum urbium se-

B G L

1 *s.* Indum *uerbum* flu(men) *add.* B^2 **2** *s.* Indus *uerbum* flu(men) *add.* *G* B^2 **5** LX *G* **8** pluribus *L* **12** hisdaspen *a. corr. B*, *a. corr. G* **14** deinde *L* **sq.** quigenti *L* **22** elephanto *L* ui *L* **25** CCCC *L*

4 Gangaridum **6** excubant Modressarum **16** Parasangae Asmagi **23** Pandae sola

rie*s*. caput e*a*rum Bucephala, Alexandri regis equo, cui fuerit 6, 77*
hoc nomen, ibi sepulto.

[A]Rob(ertus): e sola; constr(ue): e gente Indorum sola regn(ata) etc. item sic constr(ue): unam eius sexus, i(d est) ‹f›eminei sexus, ferunt genitam Herculi.

L De Taprobane insula etc.

Taprobanen alterum orbem terrarum esse diu existima- 6, 81*
tum est Anhictonum appellatione. ut liqueret insulam esse,
Alexandri Magni etas resque prestitere. Onesichritus, classis
eius prefectus, elephantos ibi maiores bellicosioresque quam
in India gigni scripsit, Megasthenes flumine diuidi incolas-
que Paleogonos appellari, auri margaritarumque grandium
fertiliores quam Indos. nauigan*tibus illuc* siderum nulla ob- 6, 83*
seruatio; septemtrio non cernitur, set uolucres[A] secum uehunt
emittentes sepius, meatum earum terras petentium comitan-
tur. nec plus quam ternis mensibus anno nauigant. cauent a
solsticio maxime C dies. hactenus a priscis[B] memorata. nos 6, 84*
diligenter notitia Claudii principatu contigit legatis etiam ex
ea insula aduectis. id accidit hoc modo. Aniplocam*us*, qui
maris Rubri uectigal*i*a fisco redemerat, libertus circa Arabi-
am nauigans aquilonibus raptus preter Arm*e*niam, quinto de-
cimo die Hippuros portum eius inuectus, hospitali regis cle-
mentia sex mensium tempore imbutus alloquio percunctanti
postea narrauit Romanos et Cesarem. mirum in modum in 6, 85*

B G L **2** *B*] *G*] *L*] **3** [B^2 [L^2 **5** B^2] L^2] **6** [*B* [*L* **7** [*G*

3 e sola *om.* L^2: *del.* B^3 in[ ]um L^2 regn(ata): [ ]egn̄ B^2 **4** sic: [ ] L^2 i(d est): [ ] L^2 [ ]eminei B^2 L^2 sexus^2 *s. uersum add.* B^2 fertur L^2 ge[ ]tam L^2 **6** etc *om. B* **18** *p.* Claudii *uerbum* in *hab. L* contingit *L* **19** amplolocamus *L* **22** *s.* eius *uerba* i(d est) taprobanen *add.* B^2

8 Antichthonum **19** Anni Plocami **20** uectigal a fisco

auditis iustitiam ille suspexit, quod pari pondere denarii es-
sent, cum diuerse imagines indicarent a pluribus factos, et
hoc maxime sollicitatus ad amicitiam legatos IIII misit prin-
cipe eorum Rachia. ex his cognitum D esse oppida, portum
contra meridiem appositum oppido P*e*lisimendo omnium ibi
clarissimo ac regio, ducenta milia plebis. stagnum intus Me- 6, 86*
gisba $\overline{\text{CCCLXXV}}$ passuum ambitu, insulas tantum fertiles
complexum; ex eo duos amnes erumpere, Palesim*e*ndum[C]
iuxta oppidum eiusdem nominis influentem in portum tribus
alueis, V stadiorum altissimo, XV amplissimo, alterum ad
septemtriones Indiamque uersum, Cydara nomine. mare in 6, 87*
colore peruiridi, preterea fruticosum arboribus, iubas eorum
gubernaculis deterentibus. septemtriones uirgiliasque apud
nos ueluti in nouo celo mirabantur, lunam quidem apud ipsos
non nisi ab octaua ad sextam decimam super terram aspici
fatentes; Canopum lucere noctibus, sidus ingens et clarum.
sed maxime mirum umbras suas in nostrum celum cadere,
non in suum, solemque a leua oriri et in dexteram occidere
potius quam e diuerso. idem narrauere latus insule, quod pre- 6, 88*
tenditur Indie, $\overline{\text{X}}$ stadiorum esse ab oriente hiberno; ultra
montes Hemodos; aduenis ibi feras occursare, ipsos uero ex-
cedere hominum magnitudinem, rutilis comis, ceruleis ocu-
lis, oris sono truci, nulli commercio lingue. cetera eadem que
nostri negotiatores; fluminis ulteriore ripa merces positas
iuxta uenalia tolli ab his, si placeat permutatio, non aliter
odio tristiore luxurie, quam si perducta mens illic usque cogi-
tet, quid et quod petatur et quare. sed ne Taprobane quidem, 6, 89*

B G L

4 $\overline{\text{D}}$ *G L* **5** pelesimendo B^1 **7** $\overline{\text{CCCLXXXV}}$ *L* **10** *s.* V *uerba* s(cilicet) portum *add.* B^2 *s.* alterum *uerbum* flu(men) *add.* B^2 **12** fructicosum *L* **14** celo *it. L* **16** luce *L* **20** X *G*

5 Palaesimundo **8** Palaesimundum **12** earum **23** nullo

quamuis extra orbem a natura relegata, nostris uitiis caret.
aurum argentumque et ibi in precio; marmor testudinis simi-
le, margarite gemmeque in honore multo prestantiores, et to-
tus luxurie nostre cumulus. ipsorum opes maiores esse dice-
bant, set apud nos maiorem opulentie usum. omn*i*um edificia
modice ab humo existentia, annonam numquam augeri, non
fora litesue esse *eo*, coli Herculem, eligi regem a populo se-
necta clementiaque liberos non habentem, et, si postea gig-
nat, abdicari, ne fiat hereditarium regnum. rectores ei a popu- 6, 90*
lo XXX dari, nec nisi plurium sententia quemquam capit*e*
dampnari; sic quoque appellatione ad populum LXX iudices
dari. regem, si quid delinquat, morte multari nullo interimen- 6, 91
te auersantibus cunctis et commercia etiam sermonis neganti-
bus. festa uenatione absumi; gratissimam eam tigribus ele-
phantisque constare. agros diligenter coli, uitis usum non
esse, pomis habundare. esse et in piscatu uoluptatem, testudi-
num maxime, quarum superficie familias habitantium conte-
gi; tanta reperiri magnitudine. uitam hominum C annis modi-
cam. hec comperta de Taprobane. 6, 92*

[A]Rob(ertus): natura uolucrum est, cum super aquas emittuntur, quaqua uersi proximas petere terras; similiter pisces, qui repunt sicut et anguille in terra positi et, si auertantur, petunt aquas, quod et ego expertus sum.

[B]Rob(ertus): hactenus a priscis i(d est) antiquis ab eo loco quo superius dixit in tempore Alexandri expertum Taprobanen esse insulam; quidam moderni sui temporis inde dixerunt, subiungit dicens: nos diligenter etc.

[C]Rob(ertus): flumen.

B G L **19** *B*] *G*] *L*] **20** [B^2 [L^2 **22** L^2] **26** B^2]

5 opulentie *(*oppu- *B)* maiorem *p. corr. B*, *p. corr. G* **8 sq.** gignit *a. corr. G* **18** multitudine G^1 **20** est: [ ]t L^2 ommit[ ]ntur L^2 **21** [ ]etere L^2 et *om.* B^2 anguil[ ]e L^2 **22** terram L^2 auer[ ]antur L^2 petere L^2 [ ]go L^2

LI De mari Rubro etc.

Regio autem, ex qua piper monoxilis lintribus Bencaren- 6, 105*
con uehunt, uocatur Cocionara. mare, quod Rubrum dixere 6, 107*
nostri, Grecia Erithrum ab rege Erithra aut, ut alii, solis re-
percussu talem reddi colorem existimantes, alii ab harena ter-
raque, alii tali aque ipsius natura. in Carnanie angulo Cheno- 6, 109*
lophagi, testudinum superficie casas tegentes carne uescen-
tes. a flumine Arabi promunctorium ipsum inhabitant, preter
capita toto corpore hirti coriisque piscium uestiti. regna Par- 6, 112*
thorum duodeuiginti sunt omnia; ita enim diuidunt prouincias
circa duo, ut diximus, maria, Rubrum a meridie, Hyrcanium
a septemtrione. Media, alio occasu transuersa oblique Parthie 6, 114*
occurrens, utraque regna includit. habet ergo ipsa ab ortu
Caspios et Parthios, a meridie Sitiacenen et Persida, ab occa-
su Adiauen, ad septemtrionem Armeniam. Perse Rubrum 6, 115*
mare semper accoluere, propter quod sinus Persicus uocatur.
Persepoli*s*, caput regni, *ad quam* arduo montis ascensu per
gradus *peruenitur*, introitu angusto, diruta ab Alexandro. pre-
terea habet in extremis finibus Laodiciam ab Antiocho condi-
tam. inde ad orientem Magi optinent Asarcida castellum, in 6, 116*
quo Cyri sepulcrum; est et horum Hegbatana oppidum, trans-
latum a Dario rege ad montes. Mesopotamia tota Assiriorum 6, 117*
fuit, uicatim dispensa preter Babiloniam et Ninum. Macedo-
nes eam in urbes congregauere propter ubertatem soli.

1 [*B* [*L* **2** [*G*

1 etc *om. B* **2 sq.** berencaon *L* **4** grætia *G* **8** arabum *L* **10** sunt duodeuiginti *L* **12** casu *L* **13 sq.** caspios ab ortu *L* **19** laodociam *L*

2 sq. Becaren conuehunt **3** Cottonara **6** Carmaniae **sq.** Chelonophagi **14** Parthos Sittacenen **15** Adiabenen **20** Phrasargida **21** Ecbatana

LII De Babilonia et Tigri flumine.

Babilon, Chaldaicarum gentium caput, diu summam claritatem [6, 121] inter urbes optinuit in toto orbe, propter quam reliqua pars Mesopotamie Assyrieque Babilonia appellata est, $\overline{LX}$ passus amplexa, muris ducenos pedes altis, quinquagenos latis, in singulos pedes ternis digitis mensura ampliore quam nostra, interfluo Euphrate, mirabili opere utroque. durat ibi Iouis Beli templum; inuentor hic sideralis scientie. sed et de [6, 127*] Tigri ipso dixisse conueniat. oritur in regione Armenie Maioris, fonte conspicuo in planicie loco. nomen Elegosine est ipsius, qua tardior fluit, Diglito; unde concitatur, a celeritate Tigris incipit uocari; ita appellant Medi sagittam. influit in lacum Aretissam omnia illata pondera sustinentem et nitrum nebulis exhalantem. unum genus ei piscium est. proxima Ti- [6, 131*] gri regio Par*o*potamia appellatur.

LIII De Barbetace oppido etc.

Oppidum est Barbethace; abest a Susis $\overline{CXXXV}$ passus. [6, 133*] ibi mortalium soli aurum in odio contrahunt; id defodiunt, quo ne cui sit in usu. Susianen ab Elimaide disterminat amnis [6, 135*] Euleus, ortus in Medis modicoque spatio cuniculo conditus ac rursus exortus et per Mesopotanen lapsus. circuit arcem Susarum *et* Diane templum augustissimum illis gentibus, et ipse in magna cerimonia, siquidem reges non ex alio bibunt et ob id in longinqua portant. oppidum Genna, $\overline{V}$ passuum [6, 147*]

B G L **17** [*V* **19** usu *V*]

4 *s.* Babilonia *uerba* pars s(cilicet) *add.* B^2 **6** ternos B^1 ampliori *L* **7** nostram *L* **11** tardio G^1 **14** exhalentem *L* **15** paropatamia *a. corr. G* **16** etc *om. B* **17** *s.* Susis *uerbum* ciuitas *add.* B^2 **19** nec *L*

10 planicie *genetiuus* **15** Parapotamia **21** Massabatenen **22** Susorum

amplitudine, turres habet ex salis quadratis molibus. Stagnos 6, 155*
insula, quam canes non intrant expositique circa littora erran-
do moriuntur. Sabe*i* ditissim*i* siluarum fertilitate odorifera, 6, 161*
auri metallis, agrorum riguis, mellis cereque prouentu. Ara- 6, 162*
bes mitrati degunt aut intonso crine; barba adraditur preter-
quam in superiori labro; aliis et hec intonsa. mirumque dictu,
ex innumeris populis pars *co*equa in commerciis aut latroci-
niis degit. in uniuersum gentes ditissime, ut puta quas maxi-
me opes Romanorum Parthorumque subsidant, uendentibus
que e mari aut siluis capiunt nichilque inuicem redimentibus.
insula ibi Citis, topazium ferens, et ipsa [171*]ultra siluas, ubi 6, 170*
Ptholomais a Phil*o*delpho condita ad uenatus elephantorum.
hec est regio secundo uolumine a nobis significata, in qua
XLV diebus ante solsticium totidemque postea hora sexta
consumuntur umbre. hinc in ora Ethiopie sinus incognitus, 6, 173*
quod admiremur, cum ulteriora mercatores scrutentur. gentes 6, 176*
Trogoditarum Iuba tradit Herotoas a uenatu dict*a*s, mire ue-
locitatis, sicut Ictiophagos, natantes ceu maris animalia.
Ethiopia uicissim imperitando seruiendoque clara et potens 6, 182*
et usque ad Troiana bella Mennone regnante. et Syrie impe-
ritasse eam nostroque littore etate regis Cephei patet Andro-
m*a*de fabulis. simili modo et de mensura eius uaria prodide- 6, 183*
re; nam et Thimostenes, classium Philadelphi prefectus, sine
mensura dierum $\overline{LX}$ a Siene Meroen iter prodidit, Erastotene
$\overline{DCXXV}$ passuum, Artemidorus $\overline{DC}$. iuxtaque Meroen insu- 6, 185*
lam tractu dextro subeuntibus [186*]regnare feminam Canda- 6, 186*
cem, quod nomen multis iam annis ad reginas transit. uniuer- 6, 187*

B G L **1** Stagnos [*V* **10** redimentibus *V*]

1 amplitudine *om. L* **5** tonso B^1 **6** libro *L* **9** subdidant *L* **14** $\overline{XLV}$ *L*
17 dicta *G*

1 Sygaros **8** ut aput quas **17** Therothoas **21 sq.** Andromedae **24** LX
Eratosthenes

sa uero gens Etheria appellata est, deinde Atlantia, mox a Vulcani filio Ethiope *Ethiopia*.

LIIII De animalibus etc.

Animalium hominumque monstriferas effigies circa extremitates eius gigni minime mirum, artifici ad formanda corpora effigiesque celandas mobilitate ignea. ferunt certe ab orientis parte intima gentes esse sine naribus, equali totius oris planitie, alias superiore labro orbas, alias sine linguis.
pars etiam ore concreto et naribus carens uno tantum forami- 6, 188*
ne spirat potumque calamis auene trahit et grana eiusdem auene prouenientis sponte ad uescendum. quibusdam pro sermone nutus motusque membrorum est. quibusdam ante Ptholomeum Latyrum regem Egypti ignotus fuit usus ignium.

LV De hominibus qui canem etc.

Ex Affrice parte Ptoenbani, Pthonemphani, qui canem 6, 192*
pro rege habent, motu eius imperia augur*i*antes. dein fabulo- 6, 195*
sa: ad occidentem uersus Nigroe, quorum rex unum oculum habeat in fronte, Acrorgi, pantherarum leonumque maxime carnibus uiuentes, Pamphagi, omni*a* mandentes, Antropophagi, humana carne uescentes, Cynamolgi caninis capitibus,

B G L **3** [*V*] **6** ferunt [*V*

2 Ethiope: ethiopie *G* **3** anutialibus *B* etc: hominibusque monstruosis *V* **7** orientes *G V* **8** libro *L* **11** ad uescendum sponte *a. corr. B* **12 sq.** *p.* Ptholomeum *uerbum* binomius (*-*ouuus *V*) *hab. L V* **13** lityrum *G* ingnotus *L* **14** etc: habent pro Rege et de diuersis uictualibus hominum *V*: *om. B* **16** deinde *L* **17** ad … uersus: aduersus ad occidentem *L* **18** in fronte *om. L* **19 sq.** Antuspophagi *L* **20** *p.* carne *uerba* mandentes et *hab. L*

15 Ptonebari Ptoemphani **16** auguriantes *cf. ThLL II 1376, 27 sq.*
18 Agriophagi

Anthabatite quadrupedes, ferarum modo uagi. pars quedam Ethiopum locustis tantum uiuit fumo et sale duratis in annua alimenta; hi quadragesimum uite annum non excedunt.

LVI De longitudine terre Ethiopum etc.

Ethiopum terram cum mari Rubro patere in longitudi- 6, 196*
nem $\overline{XXI}$ LXX passus, in latitudinem cum superiore Egypto
$\overline{XII}$ XCVI Agrippa existimauit. sita est Ethiopia ab oriente 6, 197*
hiberno ad occidentem hibernum. meridiano cardine silue; he uero maxime uirent. a media eius parte imminens mari mons excelsus eternis ardet ignibus, Theonochema dictus a Grecis.
Clitarchus uero tradidit Alexandro regi renuntiatam *insulam* 6, 198*
adeo diuitem, ut equos incole talentis auri permutarent, alteram ubi sacer mons opacus siluarum repertus esset, distillan-
te arboribus odore mire suauitatis. contra promunctorium 6, 200*
Hesperuceras Gorgades insule narrantur, Gorgonum quondam domus, bidui nauigatione distantes *que* continenti, ut tradit Xenophon Lamsacenus. penetrauit in eas Hanno Penorum imperator prodiditque hirta feminarum corpora, uiros pernicitate euasisse; duarum Gorgonum cutes argumenti et miraculi gratia in Iunonis templo posuit, spectatas usque ad
Carthaginem captam. *insula* Ombrion habe*t* in montibus 6, 203*
stagnum, arbores similes ferule, ex quibus aqua exprim*i*tur,
ex nigris amara, ex candidioribus potui iocunda. alteram in- 6, 204*
sulam Caprariam, lacertis grandibus refertam. proximam ei 6, 205*
Canariam uocari a multitudine canum ingentis magnitudinis,

B G L V **4** *V*] **21** insula [*V*

3 alimento B^1 **4** longitudine … etc: long' terre ethio *B*: diuersis insulis Ethiopie *V* **6** XXI LXX *L* **9** minens G^1 **12** *p.* equos *uerbum* insule *hab.* *L* **17** lamsancenus *L* **18** birta B^1 *L* **20** usque: us *G*

6 |$\overline{XX\,I}$|·$\overline{LXX}$ **7** |$\overline{X\,I\,I}$|·$\overline{XCV\,I}$

ex quibus perducti sunt Iube. apparent ibi uestigia edificiorum.

LVII De quantitate trium partium orbis terrarum.

Nunc parthium *terre* magnitudo comparetur. apparet *autem* Europam paulo minus dimidia Asie parte maiorem esse quam Asiam, eandem altero tanto et sexta parte Affrice ampliorem quam Affricam. quod si misceantur omnes summe, liquido patebit Europam totius terre terciam esse partem et octauam paulo amplius, Asiam uero quartam et quartam decimam, Affricam autem quintam et insuper sexagesimam. 6, 208* 210*

LVIII De segmentis mundi.

His addemus etiamnum unam Grece inuentionis scientiam uel exquisitissime subtilitatis, ut nichil desit in spectato terrarum situ indicatisque regionibus noscatur et qu*e* cuique eorum societas sit siue cognatio dierum ac noctium quibusque inter se pares umbre et equa mundi conuexitas. ergo reddetur hoc etiam, terreque uniuerse in menbra celi digerentur. plura sunt autem segmenta mundi, que nostri circulos appellauere, Greci paralellos. 6, 211

LIX In primo segmento etc.

Principium habet pars Indie uersa ad austrum. patet usque Arabiam et Rubri maris accolas. continentur Gedrosie, 6, 212*

B G L V **1** Iube *V*]

3 orbis *om. B* **4 sq.** *p.* autem *(*aum *G) uerbum* in *hab. L* **6** tantum *L p.* parte *uerbum* asye *hab. L* **8** partem *(*-tæm *B)* esse *L* **9** octouam *B* **12** etiamnum: num *L*[1] **13** specato *G* **15** societas: regio *L* **16** partes *G*, *a. corr. B*

Carmani, Perse, Elimei, Parthiene, Naria, Susiane, Mesopotamia, Seleucia cognominata Babilonia, Arabia ad Petras usque, Syria Coele, Pelusium, Egypti inferiora, que Cora uocatur, Alexandria Affrice, Mauritania, Cyrenaica oppida omnia, Kartago, Vtica, uterque Hippo, Numidia, Mauritania utraque, Athlanticum mare, columpne Herculis. in hoc celi circumplexu equinoctii die medio umbilicus, quem gnomonem uocant, septem pedes longus umbram non amplius quatuor pedes longam reddit, noctis uero dieique longissima spatia horas XIIII equinoctiales habent, breu*es* ex contrario X.

LX Secundum segmentum etc.

Sequens circulus incipit ab India uergente ad occasum, 6, 213*
uadit per Medos, Parthos, Persepolim, Arabiam citeriorem, Iudeam, Libani montis accolas, amplectitur Babilonem, Ydumeam, Samariam, Ierosolimam, Ascalonem, Ioppen, Cesaream, Phenicem, Ptholomaid*a*m, Sidonem, Tyrum, Beritum, Bothrim, Tripolim, Biblum, Antiochiam, Laodiciam, Seleuciam, Cilicie maritima, Cypri austrina, Cretam, Lilibeum in Sicilia, septemtrionalia Affrice et Numidie. umbilicus equinoctio XXXV pedum umbram XXIII pedes longam facit, dies autem noxque maxima XIIII horarum equinoctialium est accedente bis quinta parte unius hore.

B G L

4 *p.* Mauritania *uerba* athlanticum mare *hab. L* **5** numida *G* **6** utraque Athlanticum mare *om. L* **7** umbiculus *L* **11** etc *om. L* **17** laodociam *L* **19** Sicilia septemtrionalia: cilicia septemtrionalia *B*: septemtrionalia cilicia *L* **21** est *om. L*

1 Aria **4** Alexandria, Africae maritima **16** Ptolemaidem

LXI Tercium segmentum.

Tercius circulus ab Indis Imauo proxim*us* oritur. tendit per Caspias partes Medieque proxima, Cataoniam, Capadociam, Ta*u*rum, Cilias portas, Cyprum, Pamphiliam, Licaoniam, Liciam, Xantum, Rodum, Coum, Gnidum, Delum, Cicladas medias, Cythium, Malean, Argos, Laconiam, Elim, Olimpiam, Messaniam, Syracusas, Catinam, Siciliam mediam, Sardinie austrina. gnomonis cuncte umbram LXXIIII untiarum faciunt. longissimus dies est equinoctialium horarum XIIII atque dimidie cum trigesima unius hore parte. 6, 214*

LXII Quarto subiacent etc.

Quarto subiacent circulo que sunt ab altero latere Imaui, Capadocie austrina, Galacia, Mysia, Sardis, Zmirna, Sip*u*lus, Tmolus mons, Lidia, Ionia, Trallis, Colophon, Ephesus, Milet*o*s, Samos, Chios, Ycarium mare, Cicladum septemtrio, Athene, Megara, Corinthus, Achaia, Patre, Istumus, Epirus, septemtrionalia Sicilie, Narbonensis Gallie exortiua, Hispanie maritima a Kartagine Noua et inde ad occasum. gnomoni uiginti unus pedum respondent umbre XIII pedum. longissimus dies habet equinoctiales horas XIIII et tercias duas unius hore. 6, 215*

B G L

3 *s.* Medieque *uerba* pro(prium) n(omen) *add.* *B*[2] **7** mediani *p. corr.* *G* **10** atque: et *L* **11** etc *om.* *B* **13** austrine *L* galicia *G* **14** tinolus *B* **19** respondent … pedum *in margine add.* *B*[2]

4 Cilicias **6** Gythium **8** C unciae **13** Sipylus **16** Isthmus **19** unius

LXIII Quinto continentur segmento etc.

Quinto continentur segmento ab introitu Caspii maris Bactri, Hiberia, Armenia, Mysia, Frigia, Hellespontus, Troas, Tenedus, Abydos, Scepsis, Ilium, Yda mons, Zizicum, Heraclea in Ponto, Paphlagonia, Lemnus, Imbrus, Thasus, Cassandria, Thessalia, Macedonia, Larissa, Amphipolis, Thessalonice, Pella, Edesus, Beroea, Pharsalia, Euboea Boeotum, Calcis, Delphi, Acarnania, Etholia, Apollonia, Brundusium, Tharentum, Locri, Regium, Lucani, Neapolis, Putheoli, Thuscum mare, Corsica, Baleares, Hyspania media. gnomonis VII pedes, umbris VI. magnitudo diei summa horarum equinoctialium XII. 6, 216*

LXIIII Sexto segment‹o›.

Sexta comprehensio, qua continetur urbs Roma, amplectitur Caspias gentes, Caucasum, septemtrionalia Armenie, Apolloniam supra Rindacum, Nicomediam, Niceam, Calc*e*donem, Bizantium, Lisimacheam, Samotrachiam, Maroneam, Trachiam, Illirios, Canusium, Apulie extima, Campaniam, E*u*truriam, Pisas, Lucam, Genuam, Liguriam, Antipolim, Massiliam, Narbonem, Terraconem, Hispaniam Terraconensem mediam et inde per Lusitaniam. gnomoni pedes *sex*, umbre octo. longissima spacia horarum equinoctiali*a* XI*I* addita nona parte unius hore, ut Nigidio placuit, quinta. 6, 217*

B G L

1 segmento etc *om. B* **3** misya *L* **7** boetum *L* **9** *s.* Regium *uerba* pro(prium) n(omen) *add. B*[2] **13** Sexto segm̄ *B*: Sextum segmentum *L* **17** maroniam *L* **18** illurios *L* canisium *L* **20** terraconam *B* **23** notia *L* ut … quinta *om. L*

4 Cyzicum *cf.* S*TOTZ*, *HLSMA 3, VII § 283.6* **19** Etruriam

LXV Septimum segmentum.

Septima diuisio ab altera Caspii maris hora incipit, uadit super Bosphorum, Triuallos, Illirici reliqua, Adriaticum mare, Aquileiam, Alti*m*um, Venetiam, Patauiam, Veronam, Cremonam, Rauennam, Anconam, Picenum, Marsos, Pelignos, Sabinos, Vmbriam, Ariminum, Bononiam, Placentiam, Mediolanum, omnia que ab Appennino transque Alpes Galliam, Aquitaniam, Viennam, Pireneum, Celtiberiam. umbilico XXXII pedum umbre XXX*II*I, ut tamen in parte Venecie exequetur umbra gnomoni. amplissima dies horarum equinoctialium X*II* et quintarum horarum partium trium. hactenus antiquorum exacta celebrauimus. sequentium diligentissimi quod superest terrarum supra tribus assignauere segmentis, a Tanai per Meoti*u*m lacum et Sarmat*i*s usque Boristenen atque ita per Dacos partemque Germannie, Gallias occeani littora amplexi, quod esset horarum XIII, alterum per Hyperboreos et Britanniam horarum XIIII, postremum Scithicum a Ripheis iugis in Thilen, in quo dies continui oriuntur, ut diximus, noctesque per uices. et hactenus de terris. 6, 218* 6, 219* 6, 220*

Explicit liber secundus. incipit liber tercius.

I Primum promittit se loqui etc.

Mundus et in eo terre, gentes, maria, insignia, insule, urbes ad hunc modum se habent. animantium in eodem natura nulli prope partis contemplatione minor est, siquidem cum 7, 1*

B G L **21** [*V*] **24** cum [*V*

10 exequatur *L* **11** *p.* et *uerbum* in *hab. L* **17** hiperboreos *G*: yperboreas (hip- *B*) *B L* **20** liber[2] *om. L* **21** Primum … etc: De homine et de imbecillitate eius *V*: *om. B* **23** mundum *a. corr. G*: mudum *p. corr. G* eadem *L*

3 Triballos **4** Altinum Patauium

omnia exequi humanus animus nequeat. principium iure tri-
buetur homini, cuius causa uidetur cuncta alia genuisse natu-
ra, m*ultum* seua mercede contra tanta sua munera, ut non sit
satis estimare, parens melior homini an tristior nouerca fue-
rit. ante omnia unum animantium cunctorum alienus uela*mi*- 7, 2*
nis op*e*. ceteris uarie tegumenta tribuit, testas, cortices, coria,
spinas, uillos, setas, pilos, plumam, pennas, squamas, uellera,
truncos etiam arbori, que cortice, interdum gemino, a frigori-
bus et calore tuta est. hominem tantum nudum et in nuda hu-
mo natali die abicit ad uagitus statim et ploratum, nullumque
tot animalium aliud ad lacrimas, et has protinus uite princi-
pio. at Hercule risus precox illi et celerrimus ante quadrage-
simum diem nulli datur ab hoc lucis rudimento. neque feras 7, 3*
quidem inter nos genitas uincula excipiunt et omnium mem-
brorum nexus. at homo infeliciter natus iacet manibus pedi-
busque deuinctus, flens animal ceteris imperaturum, et a
suppliciis uitam auspicatur, unam *quidem* ob culpam, quia
natum est. heu dementiam ab his initiis existimantium ad
superbiam se genitos! prima roboris spes, primum temporis 7, 4*
munus quadrupedi similem facit. quando hominis incessus,
quando uox, quando firmum cibis os, quam diu uertex palpi-
tans, summe inter cuncta animalia imbecillitatis indicium?
iam morbi totque medicine contra mala excogitate, et he quo-
que subinde nouitatibus uicte. et cetera sentire naturam su-
am, alia pernicitatem usurpare, alia prepetes uolatus; homi-
nem nichil scire, nichil sine doctrina, non fari, non ingredi,
non uesci, breuiterque non aliud nature sponte quam flere.
itaque multi exstitere, qui non nasci optimum censerent aut
quam ocissime aboleri.

B G L V

1 *p.* iure *uerba* in hoc opusculo nostro *hab. V* **5** alienus *om. L* **8** trancos *L* **13** diem *om. L* ob *L* **16 sq.** auspicatur a suppliciis uitam *L* **25** perpetes *L* **27** *p.* quam *uerbum* sponte *hab. L*

II Quod ei luctus est datus etc.

Vni animantium luctus est datus, uni luxuria et quidem 7, 5*
innumerabilibus modis ac per singula menbra, uni ambitio, uni auaritia, uni inmensa uiuendi cupido, uni superstitio, uni sepulture cura atque etiam post se de futuro. nulli uita fragilior, nulli rerum omnium libido maior, nulli pauor confusior, nulli rabies acrior. denique cetera animantia in suo genere prope degunt. congregari uidemus et stare contra dissimilia; leonum feritas inter se non dimicat, serpentium morsus non peti*i*t serpentes, ne maris quidem belue ac pisces nisi in aduersa genera seuiunt. at Hercule homini ex homine plurima sunt mala.

III De moribus hominum.

Innumer*i* *sunt* ritus moresque hominum, totidem pene 7, 6*
quot cetus *eorum*, in quibus prodigiosa aliqua et incredibilia multis uisum iri haut dubito. quis enim Ethiopas ante quam cerneret credidit? aut cui non miraculo est, cum primum in noticiam uenit? quam multa fieri non posse prius quam sint facta iudicantur? nature uero rerum uis aut maiestas in omni- 7, 7*
bus momentis fide caret, si quis modo partes eius ac non totam complectatur animo.

IIII De Scithis etc.

E*cc*e Scitharum genera, et quidem plura, que corporibus 7, 9*
humanis uescerentur, indicauimus. id ipsum incredibile fortasse, ne cogitemus in medio orbe terrarum ac Sicilia et Italia

B G L V **12** *V*]

1 est: sit *B* etc: et quod solus suo generi malus est *V*: *om.* *B* **8** congregare *L* **10** petit *p. corr.* *B* **11** *p.* homini *uerbum* plurima *hab.* *G*[1]: *del.* *G*[2] **13** hominibus *B* **14** ritus *s. uersum add.* *G*[2] **17** ceneret *L* **24** incredibili *G*

fuisse gentes huius monstri, Ciclopas et Lestrigonas, et nuperrime trans Alp*e*s hominem immolari gentium earum more solitum, quod paulum a mandendo abest.

V De Arimaspis etc.

Sed et iuxta eos, qui sunt ad septemtrionem uersi, haud 7, 10*
procul ab ipso aquilonis exortu specuque eius dicto, quem locum Gescliton appellant, produntur Arimaspi quos diximus uno oculo in fronte media insignes. quibus assidue bellum esse circa metalla cum grifis, ferarum uolucri genere, quale uulgo traditur, eruente ex cuniculis aurum, mira cupiditate et feris custodientibus et Arimaspis rapientibus, multi, set maxime illustres Herodotus et Ariste*le*as Conesius scribunt.

VI De hominibus etc.

In quadam conualle magna Imaui montis regio est que 7, 11*
uocatur Abarimon, in qua siluestres uiuunt homines auersis post crura plantis, eximie uelocitatis, passim cum feris uagantes. hos in alio non spirare celo ideoque ad finitimos reges non pertrahi neque ad Alexandrum Magnum pertractos Beton, itinerum eiusdem Alexandri mensor, prodidit.

B G L **13** [*V* **17** uagantes *V*]

4 etc *om. B* **7** geseliton *B* **8** insignes in fronte media *L* **10** mira *add.* G^2 **11** multis *G* **12** illustrus B^1 aristelas G^1 **13** etc: habentibus auersas post cruras plantas *V*: *om. B* **18 sq.** beton pertractos *L* **19** eius *L* men[ ]r *G*

7 Ges clithron **12** Aristeas Proconnesius

VII De Antropophagis etc.

Antropofagos decem dierum supra Boristenen amnem ossibus humanorum capitum bibere cutibusque cum capillo pro mantilibus ante pectora uti Is*o*gonus Iceensis *tradit*. idem in Albania gigni quosdam glauca oculorum acie, puericia statim canos, qui noctu plus quam interdiu cernant. idem itinere dierum X supra Boristhenen Sauromatas tercio die cibum capere semper. 7, 12*

VIII De hominibus qui Ophiogenes etc.

Crates Pergamenus in Hellespontum circa Parium genus hominum fuisse, quos Ophiogenes uocat, serpentium ictus contactu leuare solitos et manu imposita uenena extrahere corpori. Varro etiam nunc esse paucos ibi, quorum saliue contra ictus serpentium medentur. 7, 13

IX De Psillorum gente.

Similis et in Affrica Psillorum gens fuit, ut Agatharchides scribit, a Psillo rege dicta, cuius sepulcrum in parte Sirtium Maiorum est. horum corpori ingenitum fuit uirus exitiale serpentibus et cuius odore sopirent eas; mos uero liberos genitos protinus obiciendi seuissimis earum eoque genere pudiciciam coniugum experiendi, non profugientibus adulterino 7, 14

B G L **1** [*V*

1 etc: et de quibusdam gentibus qui in puericia canes sunt *V*: *om. B* **3** capillis *L* **7** boristenen *B*: -sthenem *L* **9** Ophiogenes etc: op *B*: ophigenes uocantur manu uenenum in corporibus extrahentes et de pusillorum gente *V* **15** De Psillorum *(*sill- *B)* gente *om. V* **18** exiciciale *L*

2 *p.* dierum *uerbum* itinere *om.* **4** Isigonus Nicaeensis **10** Hellespontum *cf.* S*TOTZ*, *HLSMA 4, IX § 11.1*

sanguine natos serpentibus. hec gens ipsa quidem prope internitione sublata est a Nasamonibus, qui nunc eas tenent sedes. genus tamen hominum ex his, qui profugerant aut, cum pugnatum est, abfuerant, hodieque remanet in paucis.

X Quod similis gens etc.

Simile et in Italia Marsorum genus durat, quos a Circes 7, 15*
filio ortos ferunt et ideo inesse his uim naturalem eam. et tamen omnibus hominibus contra serpentes inest uenenum, feruntque ictas saliua ut feruentis aque contactu fugere; quod si in fauces penetrauerit, etiam mori, idque maxime humani ieiuni oris.

XI De androginis etc.

Supra Nasamonas confinesque illis Maclyas androgin*a*s esse utriusque nature inter se uicibus coeuntibus Caliphanes tradit. Aristotiles adicit dextram mammam his uirilem, leuam muliebrem esse.

XII De quibusdam effascinantibus etc.

In eadem Affrica familias quasdam effascinantium Is*o*- 7, 16*
gonus et Nimphodorus tradunt, qu*a*rum laudatione intereant probata, arescant arbores, emoriantur infantes. esse eiusdem generis in Triballis et Illiri*ci*s adicit Ysigonus, qui uisu quo-

B G L V **1** serpentibus *V*] **5** [*V*

1 Nec G^1 **4** abfugerant *B* **5** gens etc: gens *B*: grecis sit adhuc in marsia quod saliua omnium hominum uenenum est serpentibus *V* **12** etc: qui utriusque creduntur esse nature *V*: *om.* *B* **13** nasomonas *L* **17** quibus *B L* effascinantibus etc: effaci *B*: effascinantibus laude et aliis uisu *V* **21** ysogonus *G L V*

13 androgynos

que effascinant interimantque quos diutius intueantur, iratis precipue oculis, quod eorum malum facilius sentire puberes; notabilius esse quod pupillas binas in oculis singulis habeant. huius generis et feminas in Scythia, que I*n*tie uocantur, prodit 7, 17* Appollonides Philarcus. et in Ponto Tibiorum genus multosque alios eiusdem nature, quorum notas tradit in altero oculo geminam pupillam, in altero equi effigiem; eosdem preterea non posse mergi, nec ueste quidem degrauatos.

XIII De hominibus quorum sudor etc.

Haud dissimile his genus Pharmacum in Ethiopia Damon, quorum sudor tabem contactis corporibus afferat. femi- 7, 18 nas quidem omnes ubique uisu nocere, que duplices pupillas habeant, Cicero quoque apud nos auctor est. adeo nature, cum ferarum morem uescendi humanis uisceribus in homine genuisset, gignere etiam in toto corpore et in quorundam oculis quoque uenena placuit, ne quid usquam mali esset quod in homine non esset.

XIIII De Hirpiis etc.

Haud procul urbe Roma in Faliscorum agro familie sunt 7, 19 pauce que uocantur Hirpie, que sacrificio annuo, quod fit ad montem Soractem Apollini, super ambustam ligni struem ambulantes non aduruntur et ob id perpetuo senatus consultu militie omniumque aliorum munerum uacationem habent.

B G L V **17** *V*]

4 prodi *L* **9** etc: tabem afferat tactis corporibus *V*: *om. B* **18** etc *om. L* **20** ann[.]o *G* **23** munerum *om. L*

4 Bitiae *(in Roberti exemplari* uitiae*; cf.* S*TOTZ, HLSMA 3, VII § 215.6)* **5** Apollonides. Phylarchus et **20** Hirpi **22** consulto

XV De Pirro rege etc.

Quorundam corpori partes nascuntur ad aliqua mirabiles, 7, 20
sicut Pirro regi pollex in dextro pede, cuius tactu lienosis medebatur. hunc cremari cum reliquo corpore non potuisse tradunt conditumque loculo in templo.

XVI De mirabili etc.

Precipue India Ethiopumque tractus miraculis scatent. 7, 21
maxima in India gignuntur animalia. indicio sunt canes grandiores ceteris. arbores quidem tante proceritatis traduntur, ut sagittis superiaci nequeant - hec facit ubertas soli, temperies celi, aquarum habundantia, si libeat credere, ut sub una ficu turme condantur equitum -, harundines uero tante proceritatis, ut singula internodia alueo nauigabili ternos interdum homines ferant. multos ibi quina cubita constat longitudine ex- 7, 22*
cedere, non expuere, non capitis, non dentium aut oculorum ullo dolore affici.

XVII De hominibus habentibus octonos digitos etc.

In monte, cui nomen est Nulo, homines esse auersis plantis octonos digitos in singulis pedibus habentes auctor est
M*a*gasthenes; in multis autem montibus genus hominum ca- 7, 23*
pitibus caninis ferarum pellibus uelari, pro uoce latratum edere, unguibus armatum uenatu et aucupio uesci.

B G L **6** [*V*

1 etc *om. B* **6** etc: magnitudine hominum et animalium in india *V*: *om. B* **8** canes sunt *a. corr. G* **10** soli *om. L* **14** *s. (p. V)* multos *uerbum* homines *add. V B*[2] **17** digitos etc: digi *B*: etc *L*: digitos in singulis pedibus et de aliis canina capita habentibus *V* **20** hominem *B* **22** uenatum armatum *L*

20 Megasthenes

XVIII De Scipiodis etc.

Ecesias scribit in quadam gente Indie feminas semel in uita parere genitosque confestim canescere. idem hominum genus, qui Monoceoli uocarentur, singulis cruribus, mire pernicitatis ad saltum; eosdem Scip*i*odas uocari, qui in maiori estu humi iacentes resupini umbra se pedum protegant. non longe eos a Trogoditis abessse, rursusque ab his occidentem uersus quosdam sine ceruice oculos in humeris habentes.
sunt et Satiri subsolanis Indorum montibus - Catharcludorum 7, 24*
dicitur regio -, pernicissimum animal, tanquam quadrupedes, tam recte currentes humana effigie; propter uelocitatem nisi senes aut egri non capiuntur. Choromandarum gentem uoca*n*t Tauroni siluestrem, sine uoce, stridoris horrendi, hirtis corporibus, oculis glaucis, dentibus caninis. Eudox*i*us in meridianis Indie uiris plantas esse cubitales, feminas adeo paruas, ut strutophodes appellentur. Megasthenes gentem inter Noma- 7, 25*
das Indos narium loco foramina tantum habentem anguium modo loripedem uocari. Asio*rn*orum gentem sine ore, corpore toto hirtam uestiri frondium lanugine, halitu uiuentem et odore quem naribus trahant. nullum illis cibum nullumque potum, tantum radicum florumque uarios odores et silues-

B G L V

1 etc: qui in umbra se pede contegunt et de hiis qui oculos habent in humeris. et aliis monstriferis *V*: *om. B* **2** *s.* Ecesias *uerba* pro(prium) n(omen) *add.* B^2 **4** uocaretur *B* **7** trogoditas *B* **8** oculis *L* **10** quadrupes *B G V* **12** capiantur G^1 **13** *s.* Tauroni *uerba* pro(prium) n(omen) po(puli) *add.* B^2 **16** Megastenes *B*: Mag- *L* **17** tantum *om. L* **18** loripidem B^1 Asiornarum B^1 **20** quæm *B* **21** florumque: et florum *L*

2 Ctesias **4** Monocoli **5** Sciapodas **12 sq.** uocat Tauron **14** Eudoxus **18** Astomorum

trium malorum, que secum portant longiore itinere, ne desit olfactus; grauiore paulo odore haud difficulter exanimari.

XIX De Pigmeis etc.

Super hos extrema in parte montium Sphitami Pigmei- 7, 26*
que narrantur, ternas phitamas longitudine, hoc est ternos dodrantes, non excedentes, salubri celo semperque uernante montibus ab aquilone oppositis, quos a gruibus infestari quoque prodidit. fama est, *quod* insidentes arietum caprarumque dorsis armatos sagittis ueris tempore uniuerso agmine ad mare descendere et oua pullosque earum alitum consumere; ternis expeditionem eam mensibus confici; aliter futuris gregibus non resisti. casas eorum luto pennisque et ouorum pu-
taminibus construi. Aristotiles in cauernis uiuere Pigmeos 7, 27*
tradit, cetera de his ut reliqui.

XX De gente candidos capillos etc.

*E*cesias *item* gentem que appellatur Pandere in conualli- 7, 28*
bus sitam annos ducenos uiuere, in iuuenta candido capillo,
qui in senectute nigrescat. Artemidorus in Taprobana insula 7, 30*
longissimam uitam sine ullo corporis languore traduci. uiros Indorum quosdam cum feris coire mixtosque et semiferos es-

B G L V **2** *V*] **15** [*V*

1 itenere B^{1} **2** examinari *L* **3** etc *om. L* **5 sq.** drodrantes *L* **8** indesidentes B^{1} **15** capillos etc: capillos habente in iuuentute in senectute nigros et qui se auribus contegit *V*: *om. B* **16** pand'e *B G L*: pandire *V* **18** nigrescit G^{1} rtemedorus *G*

4 Trispithami*?* **5** spithamas **8** prodidit *scil.* Homerus *a Roberto om.* quod *add. Robertus, infinitiuos* descendere consumere *etc. uerbis temporalibus finitis commutare obliuiscens* **16** Ctesias Pandae*?*

se partus. in Colingis eiusdem Indie gentes quinquennes concipere feminas, octauum uite annum non excedere. et alibi cauda uillosa homines nasci pernicitatis eximie, alios auribus contegi. in Affrice solitudinibus hominum species obuie subinde fiunt momentoque euanescunt. hec atque talia ex hominum genere ludibria sibi, nobis miracula ingeniosa fecit natura. et singula quidem, que facit in dies ac prope horas, quis enumerare ualeat? ad detegendam eius potentiam satis sit inter prodigia posuisse gentes. hinc ad confessa in homine pauca. 7, 32

XXI De Fausta muliere etc.

Tergeminos nasci certum est. proxime suppremis Diui Augusti Fausta quedam e plebe Hostie duos mares *et* totidem feminas enixa famem que consecuta est portendit. in Egypto septenos utero simul gigni auctor est Trogus. gignuntur et utriusque sexus quos hermaphroditos uocamus, olim androginos uocatos et in prodigiis habitos, nunc uero in deliciis. Claudius Cesar scribit hippocentaurum in Thessalia natum eodem die interisse, et nos principatu eius allatum illi *in* Egypto in melle uidimus. est inter exempla in uterum protinus reuersus infans Sagunti quo anno deleta ab Hannibale est. 7, 33* 7, 34* 7, 35*

B G L V **10** *V*]

1 colinchis *L* **sq.** con|concipere *L* **9 sq.** ad ... pauca: transseamus ad cetera animalia et primum ad terrestia *V* **11** etc *om. B* **13** *s.* Hostie *uerba* pro(prium) n(omen) c(iuitatis *?*) *add. B*^{2}

1 Calingis

XXII Quod non sit fabulosum etc.

Ex feminis mutari in mares non est fabulosum. Licinius 7, 36*
Mucianus prodidit uisum a se Argis Aristontem nupsisse,
mox barbam et uirilitatem prouenisse uxoremque duxisse;
eiusdem sortis et Zmirne puerum a se uisum. ipse in Affrica
uidi mutatum in marem nuptiarum die L. Con*f*icium ciuem
Thisdritanum.

XXIII De cognoscendo conceptu etc.

Ceteris animantibus statutum et pariendi et partus egre- 7, 38 *
diendi tempus est; homo toto anno et incerto gignitur spacio.
a conceptu decimo die dolores capitis, oculorum uertigines 7, 41*
tenebreque, fastidium in cibis, redundatio stomachi indices
sunt hominis inchoati. melior color marem ferenti et facilior
partus, motus in utero quadragesimo die. contra omnia in al-
tero sexu, ingestabile onus, crurum et inguinis leuis *h*umor,
primus autem nonagesimo die motus. feminas celerius gigni 7, 37*
quam mares, sicut celerius senescere. set plurimum laboris in 7, 42*
utroque sexu capillum germinante partu et in plenilunio,
quod tempus editos quoque infantes precipue infestat. adeo-
que incessus atque omne quicquid dici potest in grauida re-
fert, ut salsioribus cibis use carentes ungulis edant partus et,
si respirauere, difficilius enitantur. oscitatio quidem in enixu
letalis est, sicut sternuisse a coitu abortiuum. miseret atque 7, 43
etiam pudet estimantem quam sit friuola animalium superbis-
simi origo, cum plerisque abortus causa odor ab lucernarum

B G L **1** [*V*

1 etc: feminas mutari in mares *V*: *om. B* **8** conceptu etc: conceptu maris siue femine *V*: *om. B* **11** decimo die conceptu *L* **13** homines *B*[1] **22 sq.** est letalis in enixu *L*

3 Arescontem **6** Confitium

fiat extinctu. his principiis nascuntur tyranni, his carnifex animus.

XXIIII De facili interitu hominis.

Tu qui corporis uiribus fidis, tu qui fortune munera amplexaris et te ne alumnum quidem eius existimas, set partum,
tu cuius semper tinctoria est mens, tu qui te deum credis ali- 7, 44
quo successu tumens, tanti tamen perire potuisti. atqui etiam hodie minoris potes, quantulo serpentis ictu dente aut etiam, ut Anacreon poeta, acino uue passe, ut Fabius Senator pretor, in lactis haustu uno pilo strangulatus. is demum profecto uitam equa lance pensitabit, qui semper fragilitatis humane memor fuerit.

XXV Quod Nero etc.

In pedes procedere nascentem contra naturam est, e quo 7, 45*
argumento eos appellauere Agrippas ut egre partos. Neronem 7, 46*
qu*ipp*e, paulo ante principem et toto principatu suo hostem generis humani, pedibus genitum scribit parens eius Agrippina. ritu nature hominem capite gigni, mos est pedibus efferri.
auspicatius enecata parente gignuntur, sicut Scipio Affrica- 7, 47*
nus prior natus primusque Cesarum obsces*um* matris uter*um* dictus, qua de causa et Cesones appellati. simili modo natus
et Manlius, qui Chartaginem cum exercitu intrauit. preter 7, 48
mulierem pauca animalia coitum nouere grauida; unum quidem omnino aut alterum superfetat. exstat in monimentis et medicorum et quibus talia consectari cure fuit uno abortu

B G L V

3 facile *B* homi *B*: hominum *L* **6** te *om. L* **11** eque *L* **13** etc: contra naturam egressus est ab utero *V* **23** coitum *om. L*

20 ob cesum **22** Manilius

duo puerperia egesta. set ubi paululum temporis inter duos conceptus intercessit, uterque est perfectus, ut in Proconnesia 7, 49*
ancilla, que eiusdem diei coitu alterum domino similem, alterum procuratori eius, et in alia, que unum iusto partu, quinque mensium alterum edidit. Dacorum originis nota in bra- 7, 50*
chio redditur.

XXVI De diuersis similitudinibus nascentium.

Quasdam sibi similes semper parere, quasdam uiro, 7, 51*
quasdam nulli, quasdam feminam patri, marem sibi, indubitatum exemplum est Nicei nobilis pictoris Bizanti genit*um*, qui, adulterio Ethiopis nata matre nichil a ceteris colore differente, ipse in auum degenerauit Ethiopem. memoria, hauste 7, 52*
imagines, cogitatio etiam utriuslibet animum subito transuolans animique celeritas et ingenii uarietas effingere similitudinem aut miscere existimatur, ideoque plures in homine quam in ceteris omnibus animalibus differentie, quoniam uelocitas cogitationum multiformes notas imprimit, cum ceteris animantibus immobiles sint animi et similis omnibus singulique in suo genere.

XXVII De Arthemio etc.

Anthioco regi Syrie e plebe nomine Artem*i*us in tantum 7, 53*
similis fuit, ut Laodice coniunx regia necato iam Antiocho mimum per eum commendationis regnique successionis peregerit. Magno Pompeio Vibius quidam e plebe et Publicius etiam seruitute liberatus indiscreta prope specie fuere simi-

B G L V **19** *V*]

4 parto G^1 **7** nascentium *om. B* **12** ethiopum *L* **22** laodocie *L* **24** iubius *L* publicus *L* **25** seruitate *L*

10 geniti **18** similes **21** Artemo

les, illud probum os reddentes ipsumque honorem eximie
frontis. Sure *e*quidem proconsulis etiam rictus in loquendo 7, 55*
intractionemque lingue et sermonis tumultum, non imagine
modo, piscator quidam in Sicilia reddidit. Toranius magno 7, 56
Antonio iam triumuiro eximios forma pueros, alterum in Asia
genitum, alterum trans Alp*e*s, ut geminos uendidit; tanta unitas erat. postquam deinde sermone puerorum detecta fraude a furente increpitus Antonio est inter alia magnitudinem precii conquirente, nam ducentis erat mercatus sesterciis, respondit uersutus ingenii magno id ipsum se tanti uendidisse, quoniam non esset mira similitudo in ullis eodem utero editis; diuersarum quidem gentium natales tam concordi figura reperiri super omnem esse taxationem; adeoque tempestiuam admirationem intulit, ut ille proscriptor animus modo et contumelia furens non aliud in censu magis et in fortuna sua duceret.

XXVIII Quod arte medicine etc.

Est quedam priuatim dissotiatio corporum et inter se ste- 7, 57*
rilis, ubi cum aliis iunxere, gignunt, sicut Augustus et Liuia. item alii alieque feminas tantum generant aut mares, plerumque et alternant. aliis sterilis est iuuenta, aliis semel in uita
datur gignere. quedam non pariunt partus, quales, si quando 7, 58*
medicina et cura uicere, feminam fere gignunt. mulier post 7, 61
quinquagesimum annum non gignit, maiorque pars quadragesimo profluuium genitale sistit. nam e uiris Masinissam regem post octoginta sex annos generasse filium, quem Methi-

B G L **16** [*V*

6 altera *B* **8** magnitudine *L* **9** mercatus erat *L* **16** etc: confectus semper fere feminam gignit *V*: *om. B* **17** priuatum *G* **20** inuenta *G* **22** post: primo *L* **23** ann[ ] *G* **24** massinissam *L* **25 sq.** mæthimannum *G*

4 mango **10** mango

mannum appellauerit, clarum est, Catonem censorium octogesimo exacto e filia Salonis clientis sui.

XXIX De mola etc.

Solum autem animal menstruale mulier est; inde caro in- 7, 63*
formis *in* utero, qua*m* appellauere mola*m*, ferri ictum et aci-
em respuens. mouetur sistitque meses et ut partus, alias leta-
lis, alias una senescens, aliquanto aluo citatior excedens. si-
mile quiddam et uiris in uentre gignitur, quod uocant scyron,
sicut Oppio Capitoni pretorio uiro. set nichil facile reperietur 7, 64*
mulierum profluo magis monstrificum. acescunt superuentu
musta, orta steriliscunt, fruges moriuntur, insita exuruntur,
ortorum germina et fructus arborum, quibus insidere, deci-
dunt, speculorum fulgor aspectu ipso hebetatur, acies ferri
prestringitur eborisque nitor, alui apum moriuntur, es et fer-
rum rubigo protinus corrumpit odorque dirus aera, et in rabi-
em aguntur gustato eo canes atque insanabili ueneno morsus
infigitur. quin et bituminum sequax alioquin et lenta natura 7, 65*
in lacu Iudee, qui Aspaltites, certo tempore anni supernatans
non quit sibi auelli, ad omnem contactum adherens preter-
quam filo, quem tale uirus infecerit. etiam formicis, animali
minimo, inesse sensum eius ferunt abicique gustatas fruges
nec postea repeti. et hoc tale tantumque omnibus tricenis die- 7, 66
bus malum in muliere existit et trimenstri spatio largius, qui-
busdam uero sepius mense, sicut aliquibus numquam. set ta-
les non gignunt, quando hec est generando homini materia,
germine e matricibus coaguli modo hoc in sese reglomerante,

B G L V

3 etc: que in mulieribus nascitur retenta mense et de malignitate menstrui *V* **4 sq.** informis *it. G* **8** sclyron *B* **11** orta steriliscunt *in margine add.* G^2 **14** apium *G* oriuntur *L* **18** alpaltites *B* **25** homini generando *L*

2 Saloni **10** profluuio

quod deinde tempore ipso animatur corporaturqe. ergo cum
grauidis fluxit, inualidi aut non uitales partus eduntur aut fa-
mosi, ut auctor est Nigidius. idem lac femine non corrumpi 7, 67*
alenti partum, si ex eodem uiro rursus conceperit, arbitratur.
incipiente autem hoc statu at*que* desinente conceptus facilli-
mi traduntur. editis primores septimo mense gigni dentes pri- 7, 68*
usque in supera fere parte haud dubium est, septimo eosdem
decidere anno aliosque suffici, quosdam et cum dentibus nas-
ci, sicut M. Curium, qui ob id Dentatus cognominatus est, et
consulem Papirium Carbonem, preclaros uiros. dentes autem 7, 70*
tantum inuicti sunt ignibus nec cremantur cum reliquo corpo-
re, idemque flammis indomiti cauantur tabe pituite. quippe
uocis sermonisque regimen primores tenent, concentu quo-
dam excipientes ictum lingue.

XXX De homine qui primo die risit.

Risisse eodem die quo genitus esset unum hominem ac- 7, 72*
cepimus Zoroestren; eidem cerebrum ita palpitasse, ut im-
positam repelleret manum, future presagio scientie. in trima- 7, 73*
tu suo cuique dimidiam esse mensuram stature certum est.
raros patribus proceriores, consumente ubertatem seminum
exustione. in Creta terre motu rupto monte inuentum est cor-
pus stans quadraginta sex cubitorum, quod alii Orionis, alii
Osii esse tradunt. Orestis corpus oraculi iussu refossum sep- 7, 74*
tem cubitorum fuisse monimentis creditur. iam uero ante an-

B G L V **21** exustione *V*]

5 hoc autem *G* **6** mense *om. L* **12** cauantur: caue *L* **13** regnum *G* **14** excipientis *G* **15** *p.* risit *uerba* quo genitus et quod cuique dimidia statura est in tribus annis *hab. V* **16** *a sinistra uerbi* Risisse (Mis- *L V*) *litteram* R *add. L*[2] **sq.** accepimus unum hominem *L* **18** rep[.]lleret *G* futuro *L* **21** motus *L* **24 sq.** annos ante *L*

2 sq. faniosi **9** M'. **sq.** et Cn. Papirium **17** Zoroastren **23** Oti

nos prope mille uates ille Homerus non cessauit minora cor-
pora mortalium quam prisca conqueri. inuenimus in moni- 7, 76*
mentis Salamine Euthimenis filium in tria cubita triennio ac-
creuisse, incessu tardum, sensu hebetem, etiam puberem fac-
tum, uoce robusta, absumptum contractione membrorum sub-
ita triennio circuacto. quod sit homini spatium a uestigio ad 7, 77*
uerticem, id esse sparsis manibus inter longissimos digitos
obseruatum est, sicuti uires quibusdam dextera parte maio-
res, quibusdam equa*le*s utraque, aliquibus leua manu preci-
puas, nec id unquam in feminis; mares prestare pondere et
defuncta uiuentibus corpora omnium animalium et dormien-
tia uigilantibus; uirorum *corpora* supina fluitare, feminarum
prona, uelut pudori defunctarum parcente natura.

XXXI Quosdam homines etc.

Concretis quosdam ossibus ac sine medullis uiuere acce- 7, 78*
pimus. signum eorum esse nec sitim sentire nec sudorem
emittere, quamquam et uoluntate sciamus sitim uictam equi-
temque Romanum Iuli*an*um Viatorem in pupillaribus annis
aqua subter cutem fu*is*se morbo, prohibitum humore a medi-
cis naturam fecisse consuetudine atque in senecta caruisse
potu. nec non et alii multa sibi imperauere.

XXXII De Crasso qui nunquam risit.

Ferunt Crassum, auum Crassi in Parthis interempti, 7, 79*
nunquam risisse, sicuti nec flesse multos. Socratem clarum
sapientia eodem semper uisu, uultu nec hilaro magis aut
turbato. exit hic animi tenor aliquando in rigorem quendam

B G L **2** inuenimus [*V* **13** *V*] **22** [*V* **26** turbato *V*]

6 sq. ad uerticem a uestigio *L* **10** in *add.* B^2 **12** fluitate *L* **13** parente B^1 *V* **25** uisu *om.* *L* **26** quandam *G*

t*urbidi*tatemque nature dur*u*m et inflexibilem affectusque hu-
manos adimit, quales a*ff*atis Greci uocant, multos eius gene-
ris experti – quod mirum sit – auctores maxime sapientie, 7, 80*
Diogenen Cynicum, Pirronem, Heraclitum, Timonem, hunc
quidem etiam in totius odi*i* generis humani euectum. set hec
parua nature insignia in multis uaria cognoscuntur, ut in An-
tonia Drusi numquam expuisse, in Pomponio consulari poeta
nunquam ructasse.

XXXIII De Aulo Vinnio.

Corpore neruosi *esse produntur* eximiis uiribus. A*ulus* 7, 81* 82*
Vinnius [81*]toto corpore *et* brachiis neruos*us* [82*]carpenta ap- 7, 81* 82*
prehensa una manu solitus retinere obnixus contra *re*nitenti-
bus iumentis. Visu plurimum potuit Strabo nomine, quem Sol. 1, 99*
superspexisse per $\overline{\text{CXXXV}}$ p(assuum) Varro significat soli-
tumque exeuntem a Chartagine classem Punicam specula
notare. annos octo genitum puerum Fonteio et Vpistano con- 7, 84*
sulibus a meridie ad uesperum septuaginta quinque milia
p(assuum) cucurrisse. auditus unum exemplum habet*ur* mira- 7, 86*
bile prelium, quo *Larissa* deleta est, eo die quo gestum erat
auditum Olimpie.

B G L **9** [*V*

2 *s.* affatis *uerba* i(d est) inpassibiles *add.* *B*² *G* **4** diogenem *G* **9** *p.* Vinnio *uerba* qui solitus erat una manu apprehensa carpenta retinere et de uisu cuiusdam strabonis *hab. V* **12** obn[ ]us *G* **sq.** retinentibus (-ib|bus *V*) *B V* **14** $\overline{\text{CXXX}}$ *L* uarco *B* **18** p(assuum) cucurrisse: precucurrisse *L* **19** deleta est larissa *L*

1 toruitatemque; *pro quo in exemplari formam posterioris Latinitatis* turbitatemque *(cf.* STOTZ, *HLSMA 3, VII § 41.3; 3, VII § 227.3) scriptam Robertus non intellegens* turbiditatemque *scr.* duram **2** apathis *uel* ἀπαθεῖς **5** odium **16** Vipstano

XXXIIII De mirabili memoria regum quorundam.

Memoria necessarium maxime uite bonum cui precipua 7, 88
fuerit, haud facile dictum est, tam multis gloriam eius adep-
tis. Cyrus rex omnibus in exercitu suo militibus nomina red-
didit, L. Scipio populo Romano, Cyneas Pirri regis legatus
senatui et equestri ordini Rome postero die quam aduenerat.
Mitridates, duarum et uiginti gentium rex, totidem linguis iu-
ra dixit, pro contione singulas sine interprete affatus. ars 7, 89*
postremo eius rei facta et inuenta est a Simonide medico, ut
nichil non hisdem uerbis redderetur auditum.

XXXV De Gaio Cesare etc.

Animi uigore prestantissimum arbitror G*ai*um Cesarem 7, 91*
dictatorem; scribere et legere, simul dictare et audire solitum
accepimus, epistolas uero tantarum rerum quaternas pariter
librariis dictare aut, si nichil aliud ageret, septenas dictare.
Cesari proprium et peculiare preter supra dicta clementie in- 7, 93*
signe, qua usque ad penitentiam omnes superauit. ceteris uir- 7, 100*
tutum generibus uarie et multi fuere prestantes. Cato primus
Porcie gentis tres summas in homine res prestitisse existima-
tus est, optimus orator, optimus imperator, optimus senator.
fortitudo in quo maxime exstiterit, inmense questionis est. L. 7, 101*
Siccius Dentatus, qui tribunus plebei*e* fuit, cencies uicies
preliatus, octies ex prouocatione uictor, quadraginta V cica-
tricibus aduerso corpore insignis, nulla in tergo. Magnus 7, 108*
Alexander inter spolia Darii Persarum regis unguentorum

B G L V **15** dictare[2] *V*]

1 quorundam regum *V*: *om. B* **5** Romano: R. *B G*[1] *L V* **11** etc: qui solebat scribere simul et legere. dictare et audire *V*: *om. B* **14** Epistulas *L*: Epostolas *G* quaternis *G* **21** existiterit *G*

9 melico **22** plebei

scrinio capto, quod erat de auro, margaritis gemmisque preciosum, uarios eius usus amicis demonstrantibus, quando tedebat unguenti bellatorem et militia sordidum, immo Hercule, inquit, librorum Homeri custodie detur, ut preciosissimum humani animi opus quam maxime diuiti opere seruaretur, *hoc indicio* dilectum glorie ingeniorum *ei adiudicans*. item 7, 107* 109* Pindari uatis familie penatibusque iussit parci, cum Thebas raperet. Aristotilis philosophi patriam suam cred*eba*t tanteque rerum claritati tam benignum testimonium miscuit.

XXXVI De Dionisio tirranno etc.

Platoni sapientie antistiti Dionisius tirannus, alias seui- 7, 110* cie superbieque natus, uittatam nauem misit obuiam, ipse quadrigis albis egredientem in littore excepit. Escines Atheniensis summus orator, cum accusationem qua fuerat usus Rodi legisset, legit et defensionem Demosthenis, qua in illud depulsus fuerat exilium, mirantibusque tum magis fuisse miraturos dixit, si ipsum orantem audissent, testis ingens factus inimici. Gn. Pompeius confecto Mitridatico bello intraturus 7, 112* Possidonii sapientie professione clari domum fores de more percuti a lictore uetuit et fasces litterarum ianue summisit is, cui se oriens occidensque summiserat. Cato censorius in illa nobilium trium sapientie procerum ab Athenis legatione audito Carneade quam primum legatos eos censuit dimittendos, quoniam illo uiro argumentante, quid ueri esset, haud facile discerni posset. quanta morum commutatio! ille semper uni- 7, 113* uersos exitiali nomine appellandos censuit Grecos, at pronepos eius Vticensis Cato unum ex tribunatu militum philosophum, alterum ex Cipria legatione deportauit, eandemque

B G L

10 tirranno *om. B* **15** qua in: quam *B*[1] **17** *p.* factus *uerbum* est *hab. G* **18** midridatico *L* **20** littorarum *B*[1] **23** *s.* Carneade *uerba* pro(pr)i(um) n(omen) *add.* *B*[2] **24** aut *L* **27** tribunatuum *L* **28** cipia *L*

linguam ex duobus Catonibus in illo abiecisse, in hoc inportasse m*i*rabile est.

XXXVII De Affricano etc.

Sed et nostrorum gloriam percenseamus. prior Africa- 7, 114
nus Quinti Ennii statuam sepulcro suo imponi iussit clarumque illud nomen, immo uero spolium ex tercia orbis parte raptum, in cinere suppremo cum poete titulo legi.

XXXVIII De Augusto Cesare.

Diuus Augustus carmina Virgilii cremari contra testamenti eius uerecundiam uetuit, maiusque ita uati testimonium contigit, quam si ipse sua probauisset. innumerabilia de- 7, 116*
inde sunt exempla Romana, si persequi libeat, cum plures una gens in quocumque genere eximios tulerit quam cetere terre.

XXXIX De laude Marci{i} Tullii.

Sed quo et te, Marce Tulli, piaculo taceam, quoue maxime excellentem insigni predicem? quo potius quam uniuersi populi et illius gentis amplissimo testimonio et tota uita tua et consulatus tantum operibus electis? te dicente legnariam, 7, 117*
hoc est alimenta sua, abdicarunt tribus; te suadente Roscio theatralis seditionis auctori leges ignouerunt notat*o*sque se ignominie discrimine equo animo tulerunt; te orante proscriptorum liberos honores petere puduit; tuum Cat*e*lina fugit ingenium; tu Antonium proscripsisti. salue primus omnium parens patrie appellate, primus in toga triumphum lingueque

B G L

3 affricac *B* **10** uerecundia *G* magisque *L* **15** mar' *B* Tullii *om. B*

19 legem agrariam

lauream merite et facundie Latinarumque litterarum parens eque – ut dictator Cesar, hostis quondam tuus, de te scripsit – omnium triumphorum lauream adepte maiorem, quanto plus est ingenii Romani terminos in tantum promouisse quam imperii.

XL De Socrate philosopho.

Apud Grecos Socrates oraculo Apollinis Phithii prelatus 7, 118*
cunctis sapientia. rursus oraculorum societatem dederunt 7, 119*
Chiloni Lacedemonio tria precepta eius Delphis consecrando aureis litteris, que sunt hec: nosse se quemque, et nichil nimium cupere, comitemque eris alieni atque litis esse miseriam. quin et funus eius, cum uictore filio Olimpie exspirasset gaudio, tota Grecia prosecuta est. diuinitas et quedam celitum societas nobilissima ex feminis in Sibilla fuit, ex uiris in Melampode apud Grecos, apud Romanos in Martio.

XLI De bonitate Scipionis Nasice.

Vir optimus semel a condito euo iudicatus est Scipio Na- 7, 120*
sica adiurato senatu, idem in toga candida bis repulsa notatus a populo. in summa ei in patria mori non licuit, non Hercule magis quam extra uincula illi sapientissimo ab Apolline iudicato Socrati.

XLII De eximia pietate.

Pietatis exempla infinita quidem toto orbe exstitere, sed 7, 121*
Rome unum, cui comparari cuncta non possunt. humilis in plebe et ideo ignobilis puerpera supplicii causa carcere inclusam matrem, cum impetrasset aditum, a ianitore semper curante, ne quid inferret cibi, deprehensa est uberibus suis

B G L

9 lacedomonio *G* **16** Nasice *om. B*

alens eam. quo miraculo matri salus donata filie pietate est,
ambeque perpetuis alimentis, et locus ille eidem consecratus
est dee, C. Quintio M. Acilio consulibus templo Pietatis ex-
tructo in illius carceris sede. Graccorum pater anguibus pre- 7, 122*
hensis in domo, cum responderetur ipsum uicturum alterius
sexu interempto, immo uero meum, inquit, necate, Cornelia
enim iuuenis est et parere adhuc potest. hoc erat uxori parere
et rei publice consulere, idque mox secutum est.

XLIII De scientia uariarum artium etc.

Variarum artium scientia *et* innumerabiles enituere, quos 7, 123*
tamen attingi par sit florem hominum libantibus; astrologia
Berosus, cui ob diuinas predictiones Athenienses publice in
gignasio statuam inaurata lingua statuere; grammatica Apol-
lodorus; Hypocrates medicina, qui uenientem ab Illiriis pesti-
lentiam predixit et discipulos ad auxiliandum circa urbes
dimisit. eandem scientiam in Deombroto Ptholomeus rex
Megalensibus sacris donauit C talentis seruato Antiocho re-
ge. magna et Critobolo fama est ext*in*c*to* Philippi regis oculo 7, 124*
sagitta et citra deformitatem oris curata orbitate luminis,
summa autem Asclepiades Prusiensis condita noua secta
*y*pr*a*te*r*is legatis et pollicitationibus Mitridatis regis, reperta
ratione qua uinum egris medetur, relato e funere homine et
conseruato, sed maxime sponsione facta cum fortuna, ne me-
dicus crederetur, si unquam inualidus ullo modo fuisset ipse.
et uictor suprema in senecta lapsu scalarum exanimatus.

B G L

8 mox: maxime *L* **9** etc *om. B* **16** deoinbroto *L* **17** talentas *a. corr. G* **18** philippo *L* **20** pursiensis *L* **22** e: de *L* **25** se|senecta *L*

13 gymnasio *cf. ThLL VI 2, 2379, 13 sq., Stotz, HLSMA 3, VII, § 252* **16** Cleombroto **18** Critobulo **20 sq.** secta spretis legatis

XLIIII Quod Romana gens etc.

Gentium in toto orbe prestantissima una omnium uirtute 7, 130*
haud dubie Romana extitit felicitas. cui precipua fuerit homi-
ni, non est humani iudicii, cum prosperitatem ipsam alius
alio modo et su*a*pte ingenio quisque terminet. si uerum face-
re iudicium uolumus ac repudiata omni fortune ambitione de-
cernere, nemo mortalium est felix. habunde agitur atque in-
dulgenter fortuna deciditur cum eo, qui *non* dici non infelix
potest. quippe ut alia non sint, ne lassescat fortuna, metus
est, quo semel recepto solida felicitas non est. quid, quod ne- 7, 131*
mo mortalium omnibus horis sapit? utinam falsum hoc et non
a uate dictum quam plurimi iudicent! uana mortalitas et ad
circumscribendam se ipsam ingeniosa computat more Tra-
chie gentis, que calculos colore distinctos pro experimento
cuiusque diei in urnam condit ac supremo die separatos dinu-
merat atque ita de quoque pronuntiat. quam multos accepta 7, 132*
afflixere imperia! quam multos bona p*ro*didere et ultimis
mersere suppliciis! alius de alio iudicat dies et tamen supre-
mus de omnibus, ideoque nullis credendum est. quid, quod
bona malis paria non sunt etiam pari numero, nec leticia ullo
minimo merore pensanda? heu uana et inprudens diligentia!
numerus dierum comparatur, ubi queritur pondus. una[A] femi- 7, 133*
narum in omni euo Lampido Lacedemonia reperitur, que re-
gis filia, regis uxor, regis mater fuerit; una familia Curionum,
in qua tres continua serie oratores extiterunt; una Fabiorum,
in qua tres continui principes senatus. cetera exempla fortune 7, 134*

B G L **1** [*V*] **5** si [*V* **11** sapit *V*] **16** quam [*V* **18** suppliciis *V*]

1 Quod … etc: Quod romana gens *B*: De Vanitate uite hominum *V* **6** ac *add.* G^2 **8** diciditur B^1: decitur *L* **10** non est *om. L* **16** de *s. uersum add.* G^2 **17** ultim *a. corr. G* **20** sint *G* leticia *s. uersum add.* G^2 **21** errore *L* **23** lacedomonia *G*

5 suopte **8** qui iure dici

uariantis innumera. etenim que facit magna gaudia nisi ex malis aut que mala inmensa nisi ex ingentibus gaudiis?

[A]Rob(ertus): In nostra etate reperta est mulier Macillis regis filia, regis etiam uxor, que filium suum quoque uidit regem potentissimum; et quod etiam additur miraculo: unusquisque eorum Henrici sortitus est nomen.

XLV De felicitate et infelicitate etc.

Quintus Metellus in ea oratione, quam habuit suppremis 7, 139*
laudibus patris sui Lucii Metelli pontificis, bis consulis, qui
primus elephantos ex primo Punico bello duxit in triumpho,
scriptum reliquit decem maximas res optimasque consum-
masse eum u*a*luisse; primarium enim bellatorem esse, op- 7, 140*
timum oratorem, fortissimum imperatorem, auspicio suo ma-
ximas res geri, maximo honore uti, summa sapientia esse,
summum senatorem, habere pecuniam magnam bono modo
inuenire, multos liberos relinquere et clarissimum in ciuitate
esse; hec contigisse ei nec ulli alii post Romam conditam. si- 7, 141*
quidem is Metellus orbam luminibus exegit senectam, amis-
sis incendio, cum Palladium raperet ex ede Veste, memorabi-
li causa, set euentu misero. quo fit, ut infelix quidem dici non
debeat, felix tamen esse non possit. tribuit ei populus Roma-
nus quod nulli alii ab condito euo, ut, quotiens in senatum
iret, curru ueheretur ad curiam; magnum ei et sublime, set
pro oculis datum. Cornelius Rufus, qui consul cum Marco 7, 166*

B G L **1** etenim [*V* **2** *B*] *G*] *L*] *V*] **3** [B^2 **5** B^2] **6** [*B* [*L* **7** [*G*
23 Cornelius [*V*

1 ex: in *L* **5** eorum *s. uersum add.* B^2 **6** et … etc *om.* *B* **10** m[ ]ximas *G*
18 *ad* Veste *in margine uerba* id est ex templo ueste. Vesta enim dicebatur dea ignium. *add.* G^2 **20 sq.** populus Romanus: P. R. *B* G^1 *L*
22 uehe|eretur *G* **23** maro *L*

3 Macillis *cf. LdM VI 392, numero 4* **23 sq.** M'. Curio

Cario fuit, dormiens oculorum uisum amisit, cum id sibi accidere sompniaret.

XLVI De incomoditate uite hominum.

Incertum ac fragile est hoc munus nature, quicquid datur 7, 167*
nobis, malignum uero et breue etiam in his, quibus largissime
contingit, uniuersum utique eui tempus intuentibus. quid post
estimationem nocturne quietis dimidio quisque spatio uite
sue uiuit, pars equa morti similis exigitur aut pene, nisi conti-
git quies? nec reputantur infantie anni, qui sensu carent, nec
senecte in penam uiuacis; tot periculorum genera, tot morbi,
tot metus, tot cure, tociens inuocata morte, ut nullum fre-
quentius sit uotum. natura uero nichil hominibus breuitate ui- 7, 168*
te prestitit melius; hebescunt sensus, membra torquentur,
premoritur uisus, auditus, incessus, dentes etiam a*d* ciborum
instrumenta, et tamen uite hoc tempus annumeratur. ergo pro
miraculo et id solitarium reperitur exemplum Xenophili*ni*us
ducentis et quinque uixisse ann*i*s sine ullo corporis incom-
modo. at reliquis omnibus per singulas membrorum partes, 7, 169*
qualiter nullis aliis animalibus, certis pestifer calor remeat
horis aut rigor, neque horis modo, set et diebus noctibusque
trinis quadrinisue, etiam toto anno. atque etiam morbus est
aliquis per sapientiam mori. morbis quoque quasdam leges 7, 170*
natura imposuit, precipue senes minime sentire pestilentiam.
namque uniuersis gentibus ingruunt morbi et generatim modo
seruiciis, modo procerum ordini aliosque per gradus. qua in
re obseruatum a meridianis partibus ad occasum solis pesti-

B G L V

1 uisum *s. uersum add. G*[2] **sq.** accideret *B* **3** uite hominum: uite homini et quod natura nichil hominibus breuitate uite prestitit melius *V*: *om. B* **8** morti *s. uersum add. G*[2] **sq.** contingit *L V*

8 poenae **16 sq.** Xenophili musici centum

lentiam semper ire nec unquam aliter fere, nisi hieme, nec ut ternos excedant menses.

XLVII De quibusdam prenosticis mortis.

Iam signa letalia in furoris morbo risu*s* *est*, sapientie uero egritudine fimbriarum cura*s* et stragule uestis plicaturas, a sompno morientium neglectum, profundi humoris e corpore effluuium, et alia, que Ypocrati principi medicine obseruata sunt. et cum innumerabilia sint mortis signa, salutis securitatisque nulla sunt, quippe cum censorius Cato ad filium ut ex oraculo aliquo prodiderit senilem iuuentam premature mortis esse signum. morborum uero tam infinita est multitudo, ut Pheretides Sirius copia serpentium ex corpore eius erumpente exspirauerit. quibusdam perpetua febris est, sicut C. Mecenati; eidem triennio supremo nullo hore momento contigit sompnus. Antipater Sidonius poeta omnibus annis uno die natali tantum corripiebatur febre et eo consumptus est longa senecta. Auiola consularis in rogo reuixit et, quoniam subueniri non potuerat, preualente flamma uiuus crematus est. hec est conditio mortalium. ad has et eius modi occasiones fortune gign*unt*ur, uti de homine ne forte morti quidem debeat credi.

7, 171*
7, 172*
7, 173*

XLVIII De anima Glazomini etc.

Reperimus inter exempla Hermoni Glazom*i*ni animam relicto corpore errare solitam uagamque e longinquo multa 7, 174*

B G L V **21** *V*]

4 uisum *a. corr. G*: risum *p. corr. G* **12** ex: ea *L* **17 sq.** subueni *B* **19** *s.* eius *(*huius *G) uerbum* eius *add. G*²

12 Pherecydes **23** Hermotimi Clazomenii *cf.* S*TOTZ*, *HLSMA 3, VII § 159.7*

nuntiare, que nisi a presente nosci non possunt. Ignosi*us* Epi- 7, 175*
menide*s* puerum estu et itinere fessum in specu septem et
quinquaginta dormisse annis, rerum faciem, mutationem mi-
rantem uelut postero die experrectum. Aristee etiam uisam 7, 174*
euol*are* ex ore in Proconnesso corui effigie. Varro quoque 7, 176
auctor est e XXuiris agros diuidentem Capue quendam, qui
efferretur foro, domum remeasse pedibus. hoc idem Aquini
accidisse. Rome quoque Corfidium, matertere sue maritum,
funere locato reuixisse, et locatorem funeris ab eo elatum.
adiecit miracul*um*, qu*od* tot*um* indicasse conueniat: bello Si- 7, 177* 178*
culo Gabienus Cesaris classium fortissimus captus a Sexto
Pompeio, iussu eius incisa ceruice et uix coherente, iacuit in
littore tota die. deinde, cum aduesperauisset, gemitu preci-
busque congregata multitudine petiit, ut Pompeius ad se ue-
niret aut aliquem ex archanis mitteret; se enim ab inferis
remissum habere que nuntiaret. misit plures Pompeius ex 7, 179*
amicis, quibus Gabienus dixit inferis diis placere Pompei
causas et partes pias; proinde euentum futurum quem optaret;
hoc se nuntiare iussum; argumentum fore ueritatis, quod per-
actis mandatis protinus exspiraturus esset. idque ita euenit.
sed his uaticiniis non *cred*end*um*, cum sepius falsa sint. 7, 178*

B G L

3 dormis *G* **4** exprectum G^1 **sq.** *p. (s.* B^2*)* uisam euolare *uerba* s(cilicet) animam *hab. L* B^2 **5** *s.* Proconnesso *uerba* i(d est) *(om. G)* locus *add. G* B^2 **6** xxuigis G^1 deuidentem *G* **10** [ ]onueniat *G* **11** [ ]exto *G* **13** aduesperasset *L* **sq.** precibus *L* **17** pompeii *B* G^2 **20** exspira G^1

1 Ignosius *cf.* S*TOTZ, HLSMA 3, VII § 261; apud Plinium sententia erat* in Gnosio Epimenide simili modo accipio puerum ... **4** uisam *scil.* animam

XLIX De subita morte hominum.

In primis autem miraculo sunt atque frequenter mortes 7, 180*
repentine – hoc est summa uite felicitas –, quas esse naturales docebimus. plurimas prodidit Verrius, nos cum delectu modum seruamus. gaudio obiere preter Chilonem, de quo diximus, Sophocles et Dionisius Sicilie tirannus, uterque accepto tragice uictorie nuntio; Q. Emilius Lepidus iam egredi- 7, 181*
ens incusso pollice limini cubili, Caufustius, cum egressus in
senatum iret, offenso pede in comitio. legatus quoque, qui 7, 182*
Hrodiorum causam in senatu magna cum admiratione concionauerat, in limine curie protinus exspirauit progredi uolens,
Aulus Pompeius in Capitolio, cum deos salutasset, L. *Ci*nthi- 7, 183*
us medicus Valla, dum mulsi potionem haurit; Cornelius 7, 184*
Gallus pretorius et *V*ethrius eques Romanus in uenere obiere.

L Quid sit sepeliri.

Crema*ri* *corpora* apud Romanos non fuit ueteris instituti; 7, 187*
terra condebantur. at postquam longinquis bellis obrutos erui cognouere, tunc institutum. sepultus *autem* intelligitur quoquo modo conditus, humatus uero humo contectus.

LI De errore ipsius Plinii etc.

Post sepulturam alie manium ambages. omnibus[A] a*utem* 7, 188*
suprema die eadem que ante primum, nec magis a morte sensus ullus aut corpori aut anime quam ante natalem. eadem enim unitas in futurum etiam se propagat et in mortis quoque tempore ipsa sibi uita mentitur, alias inmortalitatem anime,

B G L **1** [*V*

1 hominum *om. B* **5** Gaudia *L* **7** Q: Quintus *B* **11** pregredi *G* **12** deus *L*[1] **15** sepelire *L* **20** ipsius *del. V* etc: et de inmortalitate anime *V*: *om. B*

8 cubiculi C. Aufustius **12 sq.** L. Tuccius **14** Hetereius **24** uanitas

alias transfigurationem, alias sensum inferis dando et manes
colendo deumque faciendo qui iam etiam homo esse desierit,
ceu uero ullo modo spirandi ratio ceteris animalibus distet
aut non diuturniora multa in uita reperiantur, quibus nemo
similem diuinat inmortalitatem. similis et de asseruandis cor- 7, 189*
poribus hominum ac reuiuiscendi promissa Democrito uani-
tas, qui non reuixit. perdit profecto ista dulcedo credulitasque 7, 190*
precipuum nature bonum, mortem, ac duplicat obitu, si dolo-
rem etiam post futuri estimationem *in*uenit. etenim si dulce
uiuere, cui potest esse uixisse? at quanto facilius certiusque
sibi quemque credere, specimen securitatis antegenitali su-
mere experimento.

[A]R(obertus): Nota errorem Plinii, quem ipse idem destruit, ubi superius dixit Hermonii Glazomini animam post funus errasse, et Aristee morienti in specie corui euolasse ab ore.

LII Quis primus instituit emere et uendere.

Consentaneum uidetur, priusquam digrediamur a natura 7, 191*
hominum, indicare, que cuiusque scientia inuenta sint. emere ac uendere instituit Liber pater, i*llud* diadema, regium insigne, et triumphum inuenit; Ceres frumenta, cum antea glande uescerentur, eadem molere et conficere in Attica et alia in Sicilia, ob id dea iudicata. eadem prima leges dedit, ut alii putauere, Rhadamantus.

B G L V **12** *B*] *G*] *L*] *V*] **13** [B^2 **15** B^2] **16** [*B* [*L* **17** [*G*

2 disierit *G* **6** democrita *G* **8** nature bonum precipuum *a. corr. G*
9 inuenit *om. L* **11** antegentali *L* **16** et uendere *om. L*

14 Hermotimi Clazomenii

LIII De inuentoribus litterarum.

Litteras arbitror semper Assyrias fuisse, set alii apud 7, 192*
Egyptios, ut Mercuri*us et* Gellius, alii apud Syros repertas
uolunt; utique in Greciam attulisse e Phenice Cadmum sede-
cim numero, quibus Troiano bello Palamedem adiecisse IIII
hac figura N Y Φ X, totidem post eum Simonidem medicum
Y Z Θ E, quarum omnium uis in nostris recognoscitur. in La- 7, 193*
cium eas attulerunt Pelasgi latterarias. domum constituerunt 7, 194*
prim*um* Eurial*d*us et Hyperbius fratres; Athenis antea specus
erant pro domibus. Gellio T*a*xius Celi filius lutei edificii in-
uentor placet, exemplo sumpto ab hirundinum nido. oppidum
Cecrops a se appellauit Cecropiam, que nunc est Athen*e*. te- 7, 195*
gulas inuenit Cinira Agricole filius et metalla eris, utrumque
in insula Cipro, item forcipem, martulum, uectem, incudem;
puteos Danau*m* ex Egypto aduectus in Greciam, lapidicinas
Cadmus Thebis, Trason muros, turres; Egiptii textilia, infece- 7, 196*
re lanas Sardibus, Lidi fusos in lanificio, Closter filius Arag-
ne linum et rethia, Arachne fulloniam artem, Nicias Mega-
rensis sut*o*riam, Boetius medicinam; Egiptii apud ipsos uo-
lunt repertam, alii per Arabum, Babilonis et Apollinis filium;
herbariam et medicamentariam a Chirone Saturni et Phil*one*
filio. es conflare et temperare Lidum Scitham, Ciclopas fer- 7, 197*
rum. argentum inuenit Ericthonius Atheniensis, ut alii, Cea-
cus, auri metalla et flaturam Cadmus Fenix ad Pangeum
montem aut Sol Occeani filius, cui Gellius medicine quoque
inuentionem ex melle assignat. plumbum ex Cassiteride insu-

B G L

2 *p.* Assyrias *uerbum* semper *hab. L* **8** litterarias *L* **15** ægypto *L*: egipto *B G* **17 sq.** araugne *B*, *p. corr. G* **18** Araehne *B G* **19** illos *L*

8 latterarias *Robertus ut* litterarias *interpretatus uidetur; apud Plinium ad sententiam sq. pertinet* **9** Euryalus **10** Toxius **13** Agriopae **15** Danaus lapidicinas *cf.* *Stotz, HLSMA 3, VII § 295.1* **21** Philyrae **23 sq.** Aeacus

la primus apportauit Midacritus. fabricam ferream inuenerunt 7, 198*
Cic*r*opes, fabricam materiariam Dedalus et in ea*m* serram,
asciam, perpendiculum, terebram, glutinum, lithocoliam;
normam autem et libellam et tornum et clauem Theodorus
Samius, mensuras et pondera Pal*i*mides, ignem e silice Piro-
des Cilicis filius, *et* eundem asseruare ferula*m* Prometheus.
uehiculum cum IIII rotis Phriges, mercaturas Peni, culturas 7, 199*
uitium et arborum Eumolphus Atheniensis, uinum aque mis-
ceri Staphi*n*us Sitheni filius, oleum et mella Aristeus Atheni-
ensis, aratrum Triptholemus; regiam ciuitatem Egyptii, popu- 7, 200*
larem Attici. post Theseum tyrannus primus fuit Phalaris
Agrigenti*nus*. seruitium inuenere Lacedemonii. iudicium ca-
pitis in Ariopago primum actum est. prelium Afri contra
Egyptios primi fecere fustibus, quas uocant phalangas. cli-
peos inuenerunt Pretus et Acritus inter se bellantes, loricam
Midias Messenius, galeam, gladium, hastam Lacedemonii,
ocreas et cristas Cares, arcum et sagittam Scithe. iaculum 7, 201*
cum amento *ferunt* inuenisse Etholum Martis filium, pilum
Pentesileam Amazonem, securim Piseum, uenabula et in tor-
mentis scorpionem Cretes, balistam, fundam *et* eneam tubam
Piseum, equum, qui nunc aries appellatur, in muralibus ma- 7, 202*
chinis pri*m*um ad Troiam; equo uehi Bellorophontem, frenos
et strata equorum Peletronium, pugnare ex equo Thessal*i*os
qui Centauri appellati sunt. bigas primum iunxit Frigum na-
tio, quadrigas Ericthonius. ordinem exercitus, signi datio-
nem, uigilias Palamedes inuenit Troiano bello, specularum

B G L

2 mariam *L* **4** clauum *B*[1] **8** et *om. L* **12** inuenire *L* **16** mesenius *L* gladium galeam *L* **18** *s.* amento *uerba* i(d est) corigia *add. B*[2] **23** pelotronium *L*

2 Cyclopes ea **3** ichthyocollam **5** Palamedes **9** Staphylus Sileni **15** Acrisius **21 sq.** machinis Epium **22** Bellerophontem **23** Thessalos

significationem eodem Sinon, indutias Lichaon, federa The-
seus, auguria ex auibus Chara, *ex* quo Charia appellata; ad- 7, 203*
iecit ex ceteris animalibus Orpheus, aruspicum Delphus,
ignispicia Amphiaraus, auium Tiresias Thebanus, interpre-
tationem ostentorum et sompniorum Amphiction, astrologi-
am Atlas Libie filius, uentorum rationem Eolus Hellenis
filius, musicam Amphion, fistulam Pan et monaulum Mercu- 7, 204*
rius, citharam Orpheus. Dardanus instituit saltationem. uer-
sum heroicum Phithio oraculo habemus. de poematum origi- 7, 205*
ne magna questio; ante Troianum bellum probantur fuisse.
prosam orationem condere Pherecides Syrius instituit tempo-
re Cyri regis, historiam Cadmus Milesius, *P*iges Ligius pictu-
ram. nauem primus in Greciam ex Egypto Danaus adinuenit; 7, 206*
antea ratibus nauigabatur inuentis in mari Rubro a rege Eri-
thra. longa naue Iasonem primum nauigasse Philostephanus 7, 207*
auctor est. cymbam Phenices *instituerunt*, lembum Cyrinen- 7, 208*
ses, siderum obseruationem in nauigando Phenices, remum 7, 209*
Cope, latitudinem eius Plat*o*, uela Icarus, malum et anthen-
nam Dedalus, tectas longas Thasii; antea ex prora tantum et
puppi pugnabatur. rostra addidit Pis*c*eus, Tirreni anchoram,
adminicula gubernandi Tiphis. classe princeps depugnauit
Minos. animal occidit primus Hiperbius Martis filius, Pro-
metheus bouem.

B G L

1 federe *L* **2** cara *a. corr. G* **4** ignispicium *a. corr. G* **11** syrus *(*sir- *B L) B L, p. corr. G p.* instituit *uerbum in hab. L* **12** historia *B* **sq.** Piges … picturam *om. L* **19** testas G^1

2 Car a quo **3** aruspicium **12** Gyges Lydus **16 sq.** Cyrenenses **18** Plataeae **20** Pisaeus

LIIII A quibus sit institu{tu}tum quod raderentur homines.

Gentium consensus tacitus primus omnium conspirauit, 7, 210*
ut litteris uteretur. se*cundus* gentium consensus in tonsoribus 7, 211*
fuit, sed Romanis tardior. in Italiam ex Sicilia uenere post
Romam conditam anno quadringentesimo quinquagesimo
IIII, ut auctor est Varro. primus omnium radi cotidie instituit
Affricanus; sequens Diuus Augustus cultris semper usus est.
tertius consensus fuit horarum. serius etiam hoc Rome conti- 7, 212*
git. duodecim tabulis ortus tantum et occasus nominantur,
post aliquos annos adiectus est et meridies, set hoc serenis
tantum diebus, [215*]*nam* nubilo incerte fuer*unt* hore. Scipio 7, 215*
Nasica collega Lenati primus aqua diuisit horas equinoctium
ac dierum idque horologium sub tecto dicauit anno urbis
quingentesimo nonagesimo quinto. tam diu populo Romano
indiscreta lux fuit. nunc reuertamur ad reliqua animalia primumque terrestria.

LV De elephante etc.

Maximum est elephas proximumque humanis sensibus, 8, 1*
quippe intellectus illis sermonis patrii et in primis obedientia,
officiorum que didicere memoria, amoris et glorie uoluptas,
immo uero que etiam in homine rara, probitas, prudentia,
equitas, religio quoque siderum solisque ac lune ueneratio. in 8, 2*
Mauritanie saltibus ad quendam amnem, cui nomen est Amilo, nitescente luna noua greges eorum descendere ibique se

B G L **17** [*V* **22** ueneratio *V*]

1 institu{tu}tum ... homines *L*: īst' *B* **2** *s.* tacitus *uerba* pro(prium) n(omen) *add.* B^2 **8** seruis *B* **12** aque G^1 **14** nonogesimo *G* **17** etc: et quod nichil in eo ebur sit nisi dens *V* **18** elephans *L* **20** et *om. G* **23 sq.** milo *L*

12 aeque noctium

purificantes solempniter aqua s*e* circumspergi atque ita salu-
tato sidere in siluas reuerti. maria quoque transituri non ante 8, 3*
naues concendere quam inuitati rectoris iure iurando de red-
itu. quod *autem* ad docilitatem attinet, regem adorant, genua
summittunt, coronas porrigunt. Indis arant minores quos
appellant nothos. dentes casu aliquo uel senecta deciduos de- 8, 7*
fodiunt. hoc solum ebur est. dentium candore intelligitur iu-
uenta. circumuenti a uenantibus fessi*que* inpactos arbori 8, 8*
frangunt predaque se redimunt. mirum in plerisque animali- 8, 9*
um scire, quare petantur, set et per cuncta, quid caueant.

LVI De clementia elephantis etc.

Elephas homine obuio forte in solitudine et simpliciter oberrante clemens placidusque etiam demonstrare uiam traditur; idem uestigio hominis animaduerso priusquam homine intremiscere insidiarum metu, subsistere olfactu, circumspectare, iras proflare; tunc agmen circumagi et reuerti aciemque
dirigi. sic et tigris, etiam feris ceteris truculenta atque ipsa 8, 10*
elephanti quoque spernens uestigia, homine uiso transferre protinus dicitur catulos, quonam modo agnito, ubi ante conspecto illo quem timet? etenim tales siluas minime frequentari certum est. sane mirantur ipsam uestigii raritatem. set unde sciunt timendos esse? immo uero cur uel ipsius conspectum paueant, tanto uiribus, magnitudine, uelocitate prestantiores? nimirum hec est natura rerum, hec potentia eius,

B G L **2** maria [*V* **3 sq.** reditu *V*] **6** dentes [*V*

1 purificaretes *G*[1] circumspergi se *a. corr. G* **8** Circumuenientia uenantibus *L* *p.* inpactos (-osque *a. corr. G) uerbum* dentes *hab. L* **11** etc: et tutōre et de choitu elephantorum *V*: *om. B* **13** placidusque: et placidus (et -usque *a. corr.) G* **18** quoque *om. G* **19** catulos dicitur *G* agnitos *L* **24** *p.* hec[2] *uerbum* est *hab. G*

3 conscendere *cf.* S*TOTZ*, *HLSMA 3, VII §§ 273.1 sq.*

seuissimas ferarum maximasque, que nunquam uidissent, quod debeant timere, et statim intelligere, cur sit timendum.

LVII De implacabili etc.

Elephanti gregatim semper ingrediuntur. ducit agmen 8, 11*
maximus natu, cogit etate proximus. amnem transituri mini-
mos premittunt, ne maiorum ingressu atterente alueum cres-
cat gurgitis altitudo. pudore nunquam nisi in abdito coeunt, 8, 12*
mas quinquennis, femina decennis. perfunduntur amne, non 8, 13*
ante reduces ad agmen. nec adulteria nouere nullaue propter
feminas inter se prelia ceteris animalibus perniciosa. ele- 8, 16*
phantos primum Italia uidit Pirri regis bello. clara est unius e 8, 18*
Romanis dimicatio aduersus elephantum, cum Hannibal cap-
tiuos nostros dimicare inter se coegisset. namque unum qui
supererat obiecit elephanto, et illum dimitti pactus, si inter-
emisset; solus ergo in harena congressus magno Penorum
dolore confecit. Hannibal, cum famam eius dimicationis con-
temptum allatur*um* beluis intelligeret, equites misit qui ab-
euntem interficerent. proboscide eorum facillime amputari
Pirri preliorum experimentis patuit. Affrica foueis capit. Tro- 8, 24* 26*
coditi contermini Ethiopie, qui hoc solo uenatu aluntur, pro-
pinquas itineri eorum conscendunt arbores; inde totius agmi-
nis nouissimum speculati extremas in clunes desiliunt. leua
deprehenditur cauda, pedes stipantur in sinistro femine; ita
pendens alterum poplitem dextra cedit ac preacuta bipenni
hoc crure tardato profugiens alterius poplitis neruos ferit,

B G L V **11** bello *V*]

2 quid *L* **3** inplicabili etc *B*: uti placabili discordia elephantorum et draconum *V* **5 sq.** minimas *G* **6** pretermittunt *L* nec *L* **12** elephatum *G* **13** inter se *om. L* **14** abiecit *L* **15** aggressus *G* **21** condescendunt *L* **22** dissiliunt *G L* **24** poblitem *G* dextera *G*

17 allaturam **18** proboscidem **19 sq.** Trogodytae

cuncta preceleri pernicitate peragens. alii tutiore genere, set
magis fallaci, ingentes arcus intentos defigunt humi longius;
hos precipui uiribus iuuenes continent, alii con*e*xi pari cona-
tu tendunt ac pretereuntibus sagittarum uenabula infigunt,
mox sanguinis uestigiis sequuntur. elephantorum generis fe- 8, 27*
mine multo pauidiores. domiti militant et turres armatorum in
dorsis ferunt magnaque ex parte orientis bella conficiunt;
prosternunt acies, proterunt armatos uulneratique et territi re-
tro semper cedunt, haud minore partium suarum pernicie. de- 8, 28*
cem annis gestari in utero uulgus existimat, Aristotiles bien-
nio, nec amplius quam singulos semel gignere pluresque
uiuere ducentis annis et quosdam trecentis. iuuenta eorum a
sexag*inta* incipit. deuorant autem lapides; truncos quidem 8, 29*
gratissimo in cibatu habent. palmas excelsiores fronte pro-
sternunt atque ita iacentium absumunt fructum. mandunt ore,
spirant et bibunt odoranturque haud inproprie appellata
manu. animalium maxime odere murem. dentibus ingens 8, 31*
precium.

LVIII De magnitudine dra(conum) etc.

Bellant cum *elephantis* perpetua discordia dracones tan- 8, 32*
te magnitudinis, ut circumflexu facili ambiant nexuque nodi
prestringant. draco itaque, ut tritum iter ad pabula speculatur, 8, 33*
ab excelsa se arbore inicit. scit ille imparem sibi, luctatu*r*
contra, nexus itaque arborum aut rupium querit. cauent hoc
dracones ob idque gressus primum alligant cauda; resoluunt
illi nodos manu, at hi in ipsas nares caput condunt pariterque

B G L **5** elephantorum [*V* **18** *V*]

5 generibus *G* **6** pauidores *G* **8** Prostern[[ ]] *G* Vulnerati B^1 **10** gestare *a. corr.* *G* **13** quidem: autem *G* **15** absumit *G* **16** aut *L* **17** murem odere *L* **19** etc *om.* *B* **20** drocones G^1 **22** perstringant *L* **23** arbore se *L*

3 conixi

spiritum precludunt et mollissimas laniant partes. idem obuii
deprehensi in aduersos erigunt se oculosque maxime petunt.
ita fit, ut plerumque ceci ac fame et meroris tabe confecti re-
periantur. est et alia dimicationis huius fama. elephantis fri- 8, 34*
gidissimum esse sanguinem; ob id estu torrente precipue a
draconibus expeti. quamobrem in amnes mersos insidiari
bibentibus arctatosque illigata manu in aurem morsum de-
figere, quoniam is tantum locus defendi non possit manu.
dracones esse tantos, ut tantum sanguinem capiant, itaque
elephantos ab his ebibi siccatosque concidere et dracones in-
ebriatos opprimi commorique.

LIX Item de draconibus.

Generat dracones Ethiopia Indicis pares, uicenum cubi- 8, 35*
torum. Megesthenes scribit in India serpentes in tantam mag- 8, 36
nitudinem adolescere, ut solidos hauriant ceruos taurosque,
Metrodorus circa Sindacum amnem in Ponto, superuolantes
ut quamuis alte perniciterque alites haustu raptas absorbeant.
faciunt his fidem in Italia appellate boue in tantam amplitu- 8, 37*
dinem exeuntes, ut du*e* Claudio principe occise in Vaticano
solidus in aluo spectatus est infans.

LX De feris malchin etc.

Paucissima Scithia gignit inopia fruticum, pauca conter- 8, 38*
mina illi Germania, machlin *tantum* in Scadinauia insula na- 8, 39*

B G L

1 lan[.]ant *G* **13** indices *L* **14** Magesthenes *L* **19** cludio *G* **21** malchin *om. B* **23** germinia *a. corr. G*: germana *p. corr. G* malchin *L* tamen *G* **sq.** *p.* natam *uerbum* et *hab. L*

7 artatosque **14** Megasthenes **16** Rhyndacum **18** bouae **19** Diuo Claudio **20** sit **21** malchin*; uerbum* machlin *e uersu 23 ut indeclinabile interpretatus Robertus uidetur* **23** achlin

tam nec unquam uisam in hoc orbe, multis tamen narratam,
flexu *carentem* ideoque non cubantem et acclinem arbori in
sompno eaque incisa ad insidias capi, alias uelocitatis memo-
rate. labrum ei superius pregrande; ob id retro graditur in
pascendo, ne in priora *tantum* tendens inuoluatur. tradunt in 8, 40*
Peonia feram que bonasus uocetur equina iuba creta*m* tauro
similem, cornibus ita inflexis, ut non sint utilia pugne. qua-
propter fuga*m* sibi auxiliari reddenti in ea fimum, interdum
et trium iugerum longitudine, cuius contactus sequentes ut
ignis aliquis comburat. mirum pardos, pantheras, leones et si- 8, 41
milia condito in corporis uaginas unguium mucrone, ne re-
fringantur hebetenturque, ingredi auersisque falculis currere
nec nisi in appetendo protendere.

LXI De promiscua genitura animalium.

Leoni precipua generositas tunc, cum colla armosque 8, 42*
uestiunt iube. quos uero pardi generauere semper insigni hoc
carent; simili modo femine. magna his libido coitus et ob hoc
maribus ira. Affrica hec maxime spectat, inopia aquarum ad
paucos amnes congregantibus se feris. ideo multiformes ibi
animalium partus, uarie feminis cuiusque generis mare se aut
ui aut uoluptate miscente, unde etiam uulgare Grecie dictum
semper aliquid noui Affricam afferre. odore pardi coitum 8, 43*
sentit in adultera leo totaque ui consurgit in penam; iccirco et
culpa flumine abluitur.

B G L **14** [*V* **18** ira *V*] **22** odore [*V* **24** *V*]

2 fluxu *G* acclinen *G* arbori *it. L* **4** ei *om. G* **5** nec *L* tamen *G* dens *G L* Traditur *G* **7 sq.** Que propter *G* **15** generositas precipua *L* **16** uestiuit *G* **17** co[ ]us *G* **20** animalium *om. G* **sq.** se aut ui: seui *(*seue *a. corr.) G*

6 cetera

LXII Quomodo gignitur leo etc.

Alexand*er* Magn*us* inflammat*us* cupidine animalium na- 8, 44*
turas noscendi Aristotili, summo in omni doctrina uiro, ali-
quot milia hominum in totius Asie Grecieque tractu parere
iuss*it*, quos uenatus, aucupia piscatusque alebant quibusque
uaria armenta, aluearia, piscine, uiuaria in cura erant, ne quid
usquam genitum ignoraretur ab eo. quos percunctando quin-
quaginta ferme uolumina illa preclara de animalibus condi-
dit. is ergo tradit leenam primo fetu parere quinque catulos 8, 45*
ac per annos singulos minus, ab uno sterilescere. informes
minimasque carnes magnitudine mustelarum esse *in* initio;
semenstres uix ingredi posse nec nisi bimenstres moueri; in
Europa autem inter Achelou*nt*a*m* Tumestumque amnes leo-
nes esse, set longe uiribus prestantiores his quos Affrica aut
Syria gignant. leonum duo genera, compactile et breue cris- 8, 46*
pioribus iubis. hos pauidiores esse quam longo simplicique
uillo; eos contemptores uulnerum. leoni tantum ex feris cle- 8, 48*
mentia in supplices. prostratis parcit et, ubi seuit, in uiros
potius quam in feminas fremit, in infantes non nisi in magna
fame. leonum animi index cauda, sicut et equorum aures, 8, 49*
cuius in principio terra uerberatur, incremento terga ceu quo-
dam incitamento flagellantur. uis summa in pectore. ex omni
uulnere, siue ungue impresso siue dente, ater profluit san-
guis. idem saciati innoxii sunt.

B G L **9** leenam [*V* **12** moueri *V*] **15** leonum [*V*

1 etc *om. B* **3** *p.* summo *uerbum* et *hab. L* **6** aruearia *a. corr. G* niuaria *B* curia *G* **7** percuntando *L* **9** is ergo: isque *L* ca[.]ulos *G* **11** min[ ]sque *G*

13 Acheloum tantum Mestumque

LXIII De generositate leonis et animositate.

Generositas in periculis maxime deprehenditur, non in 8, 50*
illo tantum modo, quod spernens tela diu se terrore solo tue-
tur ac uelut cogi testatur cogiturque non tanquam periculo
coactus, sed tamquam amentia iratus. illa nobilior animi sig-
nificatio: quamlibet magna canum et uenantium urgente ui
contemptim restitansque cedit in campis et ubi spectari pot-
est; idem ubi uirgulta siluasque penetrauerit, acerrimo cursu
fertur uelut deputans absconsionem turpitudinem. uulneratus 8, 51
obseruatione mira percussorem nouit et in quantalibet multi-
tudine appetit. eum quidem qui tela miserit sed non uulnera-
uerit correptum rotatumque sternit nec uulnerat. cum pro ca-
tulis feta dimicat, oculorum aciem traditur defigere in terram,
ne uenabula expauescat. ceterum dolis carent et suspicione. 8, 52*
atque hoc tale tamque seuum animal rotarum orbes circuacti
currusque inanes et gallinaceorum criste cantusque etiam
magis terrent, set maxime ignes.

LXIIII De Helpis Samio etc.

Helpis Samius natione in Affricam delatus naue iuxta li- 8, 57*
tus conspecto leone hiatu minaci arborem fuga petit Libero
patre inuocato, quoniam tum precipuus uotorum locus est,
cum spei nullus est. sed neque profugienti, cum potuisset, fe-
ra institerat et procumbens ad arborem hiatu quo terruerat
miserationem querebat. os morsu auidiore inheserat dentibus
cruciabatque inedia, tum penam in ipsis eius telis suspectante

B G L V

1 et animositate: etc *B* **6** *p.* uenantium *uerbum* urgentium *hab. L* urgenti *G* **7** restitans *B L V* cepit *L* **9** f[ ]tur *G* de|deputans *L* **12** neque *L* **18** helpisamio *L V* etc: qui extracxit os de faucibus leonis supplicis uultum offendentis *V*: *om. B* **20** arbore[ ] *G* **22** ne[ ] *G* profugien[ ]isset *G* **23** i[.]stiterat *G* **sq.** hia[ ]mi[.]erationem *G* **24** auidiore … dentibus: auidi[ ] *G* **25** cruciabat *L* suspec[ ]n[ ]e *G*

ac uelut mutis precibus orante, dum fortuitu fidens non est contra feram, multoque diutius miraculo quam metu cessatum est. digressus tandem euellit prebenti et, qua maxime opus esset, accommodanti. traduntque, quamdiu nauis ea in littore stetit, retulisse gratiam uenatus aggerando. miremur postea uestigia hominum intelligi a feris, cum etiam auxilia ab uno animalium sperent. cur enim non ad alia iere? aut unde medicas manus hominis sciunt? nisi forte uis malorum etiam feras omnia experiri cogit. 8, 58*

LXV De patre Philiginis.

Eque memorandum et de panthera tradit Demetrius phisicus; iacentem in media uia hominis desiderio repente apparuisse patri cuiusdam Philini*s*, assectatoris sapientie; illum pauore cepisse regredi, feram uero circumuolitari non dubie blandientem seseque conflictantem merore, qui etiam in panthera intelligi possit. feta erat catulis in foueam procul delapsis. primum ergo mira*culum* fuit non expauescere, proximum ei curam intendere, secutusque qua trahebat uestem unguium leui iniectu, ut causam doloris intellexit simulque salutis sue mercedem, ea usque cum his prosequente usque extra solitudines deductus leta atque gestiente, ut facile appareret grati- 8, 59* 8, 60*

B G L V

1 [ ]utis *G* fortuit[ ] *G* **2** [ ]ontra *G* multque *G* contraculo *G* qua[ ] *G* **sq.** [ ]essatum *G* **3 sq.** maxi[ ]s esset *G* **4** a[ ]danti *G* **5** littore … retulisse: [ ] *G* aggerendo *L* Mire[ ]ur *G* **6** hominum: h[ ]nis *G* au[ ]lia *G* **7 sq.** unde: [ ]de *G* **8** med[.]cas *G* malo[ ] *G* **10** *p.* patre Philiginis (patre philiga *B*: panthera et tigride *L) uerba* qui extrahit catutulos (catulos *V*²) pantere de fouea et de dracone qui liberauit puerum qui se nutrierat *hab. V* **11** et de panthera: et[ ]era *G* **12** ho[.]inis *G* **13** philiginis *L* **20** *s.* ea *uerba* s(cilicet) pari *add. B*² **21** gestien[.]e *G*

13 Philini **20** *p.* mercedem *uerba* exemit catulos *om.*

am referre et nichil inuicem imputare, quod etiam in homine
rarum est. hec fidem et Democrito afferunt, qui Dathen in 8, 61*
Archadia seruatum a dracone narrat. eum nutrierat puer dilectum admodum, pauensque serpentis naturam et magnitudinem metuens in solitudines tulerat, in quibus circumuento latronum insidiis agnitoque uoce subuenit.

LXVI De panthera et tigride.

Panthera et tigris macularum uarietate prope sole bestia- 8, 62*
rum spectantur, ceteris unus *et* suus cuique generis color est. ferunt colore earum mire sollicitari quadrupedes cunctas, set capitis toruitate terreri; quamobrem occultato eo reliqua dul-
cedine inuitatas corripiunt. tigrim Hyrcani et Indi feru*m* ani- 8, 66*
mal uelocitatis tremende et maxime cognite, dum capitur. totus eius fetus, qui semper numerosus est, ab insidiante rapitur equo quam maxime pernici atque in recentes subinde transferuntur. at ubi uacuum cubile reperit feta – maribus enim sobolis cura non est –, fertur preceps odore uestigans. raptor appropinquante fremitu abicit unum ex catulis; tollit illa morsu et pondere etiam ocior acta remeat iterumque consequitur ac subinde, donec in nauim regresso irrita feritas seuit in littore.

B G L V

3 a dracone *om. G* **6** *p.* agnitoque *uerbum* per *hab. V* *s.* uoce *uerba* i(d est) per *add. B*[2] **7** panthera et tigri *B*: patre philiginis etc *L*: pantera et tygride quomodo de electione uarietatis sue capiunt bestias et de uelocitate tygridis *V* **8** uaritate *L* **9** unus et *it. G* **10** sollicitare *a. corr. G* **12** inuitatos *B L*: mutatas *V* tigrum *G* **13** [ ]xime *G* co[ ]ite *G* **14** numer[ ]iante *G* rapitur: [ ]ap[ ]r *G* **15** in recentes: [ ]es *G* **sq.** [ ]ansfertur *G* **16** ubi: uero *G* marib[ ] *G* **17** preceps … uestigans: unum ex catulis *G* **18** f[ ]mitu *G* **19** etiam: et[ ] *G* **20** s[ ]inde *G* done[ ] *G* nauem *L*

2 Thoantem in **12** ferunt

LXVII De camelo.

Camelos inter armenta pascit oriens, quorum duo genera, Bactrie et Arabie; differunt, quod illi bina habent tubera in dorso, hi singula et sub pectore alterum cui incumbant. dentium superiore ordine, ut boues, carent in utroque genere. nec ultra assuetum procedit spatium nec plus instituto onere recipit. odium aduersus equos gerunt naturale. sitim quatriduo tolerant. castrandi genus etiam feminas, que bello preparantur, inuentum est; fortiores ita fiunt coitu negato. 8, 67* 8, 68*

LXVIII De camelopardo.

Nabuna Ethiopes uocant collo similem equo, pedibus et cruribus boui, camelo capite, albis maculis rutilum colorem distinguentibus, unde appellata camel*e*pardalis, aspectu magis quam feritate conspicua. Pompei Magni primum ludi ostenderunt chaum, quem callirufium uocabant, effigie lupi, pardorum maculis. idem ex Ethiopia quas uocant cephos, quarum pedes posteriores pedibus humanis et cruribus, priores manibus fuere similes. hoc animal postea Roma non uidit. 8, 69* 8, 70

LXIX De rinocerote.

Rinoceros, unius in nare cornus, hostis elephanto, cornu ad saxa limato, in dimicatione aluum maxime pet*it*, quem scit esse molliorem. 8, 71*

B G L V **9** *V*]

3 illa *G* ubera *L* **4** pectus *a. corr. G*: pecture *p. corr. G* alter[ ] *G* incubant *B V*: incumbit *G*[1] **5** u[ ]que *G* **6** instituto onere: in[ ]re *G* **10** camelepardo *L B*[2] **11** ethipes *G* **16** eephos *B* **17** cru[ ]bus *G* **21** petit maxime *L*

11 nabun Aethiopes **13** camelopardalis **15** Galli rufium **21** quem *cf. ThLL I 1800, 11; 16 sqq.*

LXX De monstris Ethiopie.

Lincas uulgo frequentes et spingas, fusco pilo, mammis 8, 72*
in pectore geminis, Ethiopia generat, multaque alia monstra
similia, pennatos equos et cornibus armatos, quos pegasos
uocant, crotocas uelut ex cane lupoque conceptos, omnia
dentibus frangentes protinusque deuorata conficientes uentre,
Indicos boues duicornes tricornesque, leucocrotam, pernicio-
sissimam feram asini fere magnitudine, clunibus ceruinis,
collo, cauda, pectore leonis, capite melium, bisulca ungula,
ore ad aures usque recisso, dentium locis osse perpetuo; hanc 8, 73*
feram humanas uoces tradunt imitari. apud eos [74*]atrocissi- 8, 74*
mos tauros siluestres, maiores agrestibus, uelocitate ante om-
nes, colore fuluos, oculis ceruleis, pilo in contrarium uerso,
rictu ad aures dehiscente iuxta cornua mobilia. tergoris duri-
cia silicis, omne respuens uulnus. feras omnes uenantur, ipsi
non aliter quam foueis capti feritate semper intereunt. in In- 8, 76*
dia et boues solidis ungulis, unicornes. asperrimam autem fe-
ram monocerotem, reliquo corpore equo similem, capite cer-
uo, pedibus elephanto, cauda apro, mugitu graui, uno cornu
nigro media fronte cubitorum duum *im*minente. hanc feram
uiuam negant capi.

LXXI De catobleba et malicia eius.

Apud Hesperios Ethiopas fons est Nigris, ut plerique es- 8, 77*
timauere, Nili caput; argumenta que diximus persuadent. iux-

B G L **22** [*V*

2 spincas *L* **5** *s.* int *in* uelut *(*-lint *G) litteras* ut *add.* G^2 **7** eucocrotam *G*
9 pec[ ]re *G* **10** oss[ ] *G* **18** [ ]eliquo *G*

5 crocottas **7** unicornes *(uel* duicornes *pro* bic-*?)* leucocrotam *cf. ThLL VII 2, 1196, 7 sq.* **10** rescisso

ta hunc fera appellatur cathoblepas, modica alioqui ceteris-
que membris iners, caput tantum pregraue egre ferens, id *est*
deiectum semper in terram, alias internicio humani generis,
omnibus, qui oculos eius uidere, confestim exspirantibus. ea- 8, 78*
dem et basilisci serpentis est uis. Circnaica hunc generat pro-
uincia, duodecim non amplius digitorum magnitudine, candi-
da in capite macula *et in* quodam diademate insigne. sibilo
omnes fugat serpentes nec flexu multiplici, ut relique, corpus
impellit, sed celsus et erectus in medio incedens. necat fruti-
ces, non contactas modo, uerum et afflatas, exurit herbas,
rumpit saxa. est creditum quondam ex equo occisum hasta et
per eam subeunte ui non equit*ant*em modo, sed equum quo-
que absumptum. huic tali monstro – sepe enim enectum con- 8, 79*
cupiuere reges uidere – mustelarum uirus exicio est; adeo na-
ture placuit nichil esse sine pari. interficiunt eos cauernis fa-
cile cognitis. soli tabe necant ille, simul odore moriuntur, que
et nature pugnam conficiunt. sed in Italia quoque creditur lu- 8, 80*
porum uisus esse noxius uocemque homini, quem priores
contemplentur, adimere ad presens. huic quamuis in fame 8, 84*
mandenti, si respexerit, obliuionem cibi surripere aiunt di-
gressumque querere aliud.

LXXII De ceraste etc.

Quod ad serpentes attinet, uulgatum est colorem eius 8, 85*
plerasque terras habere, in qua occultentur. innumera esse

B G L V

1 cathoblebas *V* aliqui *G* **sq.** cet[ ]ris G^1: cet[ ]risque G^2 **3** de[ ]ctum *G* **4** omn[ ]bus *G* confestim *it. L* conspirantibus *L* **5** hanc *G* **9** impellit: inflectit G^1 **10** herbaf *L* **11** equ[ ] *G* **13** erectum *G* **18** hominis *G* priores quem *a. corr. G* **22** etc: et de amphesebene et ceteris serpentibus et malignitate eorum *V* **23** colores *L*

24 terrae

genera. cerastes corpore eminere cornicula sepe quadrigemi-
na, quorum motu reliquo corpore occultato sollicitent ad se
aues. geminum caput amph*e*sibene, hoc est et ad caput et ad
caudam, tamquam parum esset uno ore fundi uenenum. aliis
squamam esse, aliis picturas, omnibus exiciale uirus. nec pe-
dibus tantum pauendas serpentes, sed et missili uolare tor-
mento. colla aspidum intumescere nullo ictus remedio, pre-
terquam si confestim partes contacte amputentur. unus huic 8, 86*
tam pestifero animali sensus uel potius affectus est; coniugia
ferme uagantur, nec nisi cum compari uita est. itaque alter-
utra interempta incredibilis ultionis alteri cura; persequitur
interfectorem unumque eum in quant*a*libet populi agmine
noticia quadam infestat, perrumpit omnes difficultates, per-
meat spacia nec nisi amnibus arcetur aut preceleri fuga. he- 8, 87*
betes huic natura malo oculos dedit eosque non in fronte, sed
in temporibus *dedit*; itaque excitatur, sed sepius auditu quam
uisu. *habet* bellum cum ycneumone. notum est animal hac 8, 88*
gloria maxime in eadem natum Egypto. mergit se limo sepius
siccatque sole, mox, ubi pluri*mi*s eodem modo se coriis lori-
cauit, in dimicatione pergit. in ea cauda se attollens ictus ir-
ritos auersus excipit, donec obliquo capite speculatus inuadat
in fauces. nec hoc contentus aliud haud mitius debellat ani-
mal.

B G L V

1 imminere *G* cornic[ ]a *G* **2** reliqua *a. corr. G* **3** amphisibene *a. corr. G* **9** potius: [ ]s *G* **10** comp[ ]ri *G* **18** *p.* Egypto *uerbum* natum *hab. L* **22** aliud: alui *G*

3 amphisbaenae **12** quantolibet

LXXIII De crocodillo et eius natura.

Crocodillum habet Nilus, quadrupes malum et terra pari- 8, 89*
ter ac flumine infestum. unum hoc animal terrestre lingue usu caret, unum superiore mobili maxilla imprimit morsum, alias terribile pectinatim stipante se dentium serie. magnitudine excedit plerumque duodeuiginti cubita. parit oua quanta anseres eaque extra eum locum semper incubat prediuinatione quadam, ad quem summo actu eo*dem* anno egressurus est Nilus. nec aliud animal ex minori origine in maiorem crescit magnitudinem. et unguibus autem armatus contra omnes ictus cute iniucta. dies in terra agit, noctes in aqua, teporis utrunque ratione. hunc saturum cibo piscium et semper es- 8, 90*
culento ore in littore sompno datu*r* parua auis, que trochilos ibi uocatur, rex auium in Italia, inuitat ad hiandum pabuli sui gratia, os primum eius ad saltum repugnans, mox dentes et intus fauces quoque ad hanc scabendi dulcedinem quam maxime hiantes, in qua uoluptate sompno pressum conspicatus ychneumon per easdem fauces ut telum aliquod inmissum erodit aluum.

LXXIIII De ychneumone.

Similis crocodillo, sed minor etiam ychneumone, est in 8, 91*
Nilo natus scincos, contra uenena precipuus antidotus.

B G L V

1 natura eius *B* **2** Crocodillum *B G*m: Rocodill- *G*: PRocodill- *L*: CRocodrill- *V* **4** us[.] *G* superiori *L* morsum imprimit *L*, *a. corr. B* **10** et *om. B L V* **11** aqu[.] *G* temporis *B L V* **13** qui *G* **16 sq.** maxime: [ ]me *G* **21** ycneu[ ] *G*

13 datum **15** repurgans

LXXV Quomodo delphini etc.

Verum in crocodillo maior erat pestis, quam ut uno esset
eius hoste natura contenta. itaque et delphini inmeantes Nilo,
quorum dorso tanquam ad hunc usum cultellata inest penna,
abigentes eos predam ac uelut in suo tantum amne regnantes,
alioquin impares uiribus ipsi, astu interimunt. callent enim in
hoc cuncta animalia sciuntque non sua modo commoda, ue-
rum et hostium aduersa, norunt sua tela, norunt occasiones
partesque dissidentium in bellis. in uentre mollis est tenuis-
que cutis crocodillo; ideo se ut territi mergunt delphini sub-
euntesque aluum illa secant spina. quin et gens hominum est 8, 92
huic belue aduersa in ipso Nilo et in Tiro insula, in qua habi-
tat, appellata. mensura eorum parua, sed presentia hominum
in hoc tantum usu mira. terribilis hec contra fugaces belua
est, fugax contra serpentes. sed aduersum ire soli hi audent, 8, 93
quin et flumini innatant dorsoque equitantium modo impositi
hiantibus resupino capite ad morsum addita in os claua, a
dextra ac leua tenentes extrema eius utrinque, ut frenis in
terram agunt captiuos, a uoce etiam sola territos cogunt euo-
mere recentia corpora ad sepulturam. itaque uni ei insule cro-
codilli non annatant olfactuque eius generis hominum, ut
Psillorum serpentes, fugantur. hebetes oculos hoc animal di- 8, 94
citur habere in aqua, extra acerrimi uisus, quatuorque menses
hiemis semper inedia transmittere in specu. quidam hoc
unum, quamdiu uiuat, crescere arbitrantur; uiuit autem longo
tempore.

B G L V

1 etc: interficiunt crocodrillos et quosdam genere hominum quos crocodrilli mirabiliter curent *V* **6** alioqui *B*[1] **8** norunt[2] *om. L* **9** dissidentur *L* **15** so[.]i *G* **17** os *s. uersum add. G* **18** utrumque *(scr.* utr̄que *B) B V* **21** a[ ]atant *G* **23** quatuor *a. corr. G*

12 Tentyri insula

LXXVI De hyppotame et eius natura.

Maior altitudine in eodem Nilo belua hyppotamis [96*]in 8, 95* 96* quadam medendi parte etiam magister existit. assidua nanque sacictate obesus exit in litus recentes harundinum cesuras speculatus atque, ubi acutissimam uidet stirpem, imprimens corpus uenam quandam in cute uulnerat atque ita profluo sanguinis morbidum alias corpus exonerat et plagam limo rursus obducit.

LXXVII De ibidis natura etc.

Simile quiddam et uolucris in eadem Egypto monstrauit, 8, 97* que uocatur ibis, rostri aduncitate per eam partem se perluens, qua reddi ciborum onera maxime salubre est. nec hec sola; multis animalibus reperta sunt usui futura et homini. ditamnum herbam extrahendis sagittis cerui monstrauere percussi eo telo pastuque eius herbe eiecto; idem percussi a phalangio, quod est aranei genus, aut aliquo simili cancros edendo sibi medentur. est et ad serpentium ictus precipua. celidoniam uisui saluberrimam hirundines monstrauere ue- 8, 98* xatis pullorum oculis illa medentes. mustela serpill*um* in murium uenatu, ciconia origano, hedera apri in morbis sibi medentur et cancros uescendo maxime mari eiectos.

B G L V

1 hyppome *B*: yppotame *L*: hypotame *V* **2** belua *om. L* hipopotamis *V* **8** oducit G^1 **9** etc: ceuique et hirundinis et apre *V*: *om. L* **11** uocat[.]r *G* **12** cibbrum *G* **13** et homini: hominum *G* **sq.** ditannum *B L*: ditaminum *V* **14** non strauere *L* **15** eius *it. G* **17** ad *s. uersum add.* G^2 **18** usui *G* **20** organo *L* **21** carcros *G* uescentes *G*

1 hyppotame *Robertus a nominatiuo* hyppotamis *in uersu sq. formauit* **2** hippotamius *cf. ThLL VI 3, 2817, 32 sqq.* **6** profluuio **13 sq.** dictamnum **19** serpillo

LXXVIII Quomodo angues etc.

Anguis hiberna latebra uisu obscurato maratro herbe se 8, 99*
africans oculos inungit ac refouet; si uero squame obtorpue-
re, spinis iuniperi se scabit. draco uernam nauseam siluestris
lactuce suco restinguit. pantheras per carnes fricatas aconito 8, 100*
ueneno barbari uenantur. occupat ilico fauces earum angor,
quare pardalianches id uenenum appellauere quidam; at fera
contra hec excre*a*mentis hominis sibi medetur et alias tam
auida eorum, ut a pastoribus in aliquo uase suspensa altius,
quam ut quea*n*t saltu contingere; iaculando ea petendoque
defigi et postremo exspirare, alioqui*n* uiuacitatis adeo lente,
ut eiectis interaneis diu pugnet. elephas, cameleone concolori 8, 101*
fronde deuorato, occurrit oleastro huic ueneno suo. ursi, cum
mandragore mala gustauere, formicas lambunt. ceruus herba
cinare uenenatis pabulis resistit. palumbes, gracule, merule,
perdices lauri folio annuum fastidium purgant, columbe et
gallinacei herba que uocatur anathes; anseres cetereque
aquatice herba siderite, grues et similes iunco palustri. cor-
uus occiso chameleone, qui etiam uictori suo nocet, lauro in-
festum uirus exstinguit.

B G L V

1 Quo *B* etc: et dracones pantere quoque et pleraque animalia et uolucres simul medicinam prestant *V* **3 sq.** abtorpuere *L* **4** nausiam *G* **11** Aliquin *G* **12** interanais *G* **13** occ[.]rrit *G* eleastro *G* B^{1} **14** formicam *L* **15** uenatis *L* **17** gallinacia G^{1} **20** *p.* exstinguit *uerba* Nec minus *hab. L*

11 defici *cf.* *Stotz, HLSMA 3, VII § 159.5* **17** herba quae uocatur helxine, anates, anseres

LXXIX De cuniculis etc.

Nec minus clara exicii documenta sunt etiam contemp- 8, 104*
nendis animalibus. Marcus Varro auctor est a cuniculis suffossum in Hispania opidum, a talpis in Tessalia, ab ranis ciuitatem in Gallia pulsam, ab locustis in Affrica. sed ad reliqua ferarum genera transeamus.

LXXX De hienis etc.

Hienis utramque esse naturam et alternis annis marem, 8, 105
alternis feminam fieri, parere sine mari uulgus credit, Aristotiles negat. collo et iuba et unitate spine porrigitur flectique
nisi circumactu totius corporis nequit. multa preterea mira 8, 106
traduntur, sed maxime sermonem humanum inter pastorum stabula assimilare nomenque alicuius addiscere, quem euocatum foras laceret, item uomitionem hominis imitari ad sollicitandos canes quos inuadat. ab uno animali sepulchra erui inquisitione corporum. feminam raro capi. oculis mille esse uarietates colorumque mutationes. preterea umbre eius contactu canes obmutescere, et quibusdam magicis artibus omne
animal, quod ter lustrauerit, in uestigio herere. huius generis 8, 107*
coitu leena Ethiopica parit crocottam similiter uoces imitan-
tem hominum pecorumque. hiene plurime gignuntur in Affri- 8, 108*
ca, que et asinorum siluestrium multitudinem fundit. mares morsu natos mares castrant. contra grauide latebras petunt et
parere furto cupiunt gaudentque copia libidinis. easdem par- 8, 109*
tes sibi ipsi Pontici amputant fibri periculo urgente, ob hoc se peti gnari; castoreum id uocant medici. alias animal horrendi

B G L V

1 etc: et talpis et ranis quemadmodum exitio fuerut quibusdam urbibus *V*
7 etc: et earum natura et malicia *V* **8** mares *V* **9** feminas *V* mare B^2
11 circuactu *G* **13** assimulare *G* **20** ethiopia *G* **21** peorumque *B*
24 furco *L*

morsus hominis parte comprehensa non antequam fracta concrepuerint ossa morsus resoluit. cauda piscium his, cetera species lutre. utrumque aquaticum, utrique mollior pluma pilus.

LXXXI De ranis rubetis etc.

Rane quoque rubete, quarum et in terra et in humore ui- 8, 110
ta, plurimis referte medicaminibus, deponere ea assidue ac
resumere pastu dicuntur, uenena tantum sibi semper reser-
uantes. similis et uitulo marino uictus in mari ac terra, simile 8, 111*
fibris et ingenium. euomit fel suum ad multa medicamenta
utile, item coagulum ad comitiales morbos, ob ea se peti pru-
dens. stelliones *sicut* angues senectutem exu*unt* protinusque
deuora*nt* preripientes comitiali morbo remedia.

LXXXII De cerui malignitate etc.

Ceruis quoque est sua malignitas, quamquam placidissi- 8, 112*
mo animalium. urgente ui canum ultro confugiunt ad homi-
nem. et in pariendo semitas minus cauent humanis uestigiis
tritas quam que secrete ac feris oportune. a conceptu separant
se, mares relicti rabie libidinis seuiunt. femine a partu duas
herbas, que tamo et siselis appellantur, paste redeunt ad fe-
tum; illis imbui lactis primos uolunt succos. quacumque de
causa [113]editos partus exercent cursu et fugam meditari do- 8, 113
cent, ad prerupta ducunt saltumque demonstrant. iam mares
soluti desiderio libidinis auide petunt pabula; ubi se prepin-

B G L V

1 sq. ossa fracta crepuerint *G* **5** etc: et quorumdam aliorum repiilium *V* **7** Depon[ ] *G* **12** exeunt *G V* **14** etc: et sagacitate Et de ceruo centum annorum *V* **15** eruus *G V*: Cer- G^{m} **18** separent *B* **19** relicta *G* **21** imbi *G* lacte *G* **22** medetari *G*

20 tamnus et seselis

gues sensere, latebras querunt fatentes incommodum pondus. et alias semper in fuga adquiescunt stantesque resipiscunt, cum prope uentum est, rursus fuge presidia repetentes. hoc fit intestini dolore tam infirmi, ut ictu leui rumpatur intus. fu- 8, 114 giunt autcm latratu canum audito secunda semper aura, ut uestigia cum ipsis habeant. mulcentur fistula pastorali et cantu, cum erexere aures, acerrimi auditu, cum remisere, surdi. ceterum animal simplex et omnium rerum miraculo stupens in tantum, ut equo aut bucula accedente propius hominem iuxta uenantem non cernant aut, si cernant, arcum ipsum sagittasque mirentur. maria tranant gregatim nantes porrecto ordine et capita imponentes precedentium clunibus uicibusque ad terga redeuntes. hoc maxime notatur a Cilicia Ciprum trahicientibus. nec uident terras, sed in odore earum natant. cornua mares habent solique animalium omnibus annis statu- 8, 115* to ueris tempore amittunt. ideo sub ipsa die quam maxime inuia petunt; latent amissis uelut inermes, sed et hi bono suo inuidentes. dextrum cornu negant inueniri ceu medicamento aliquo preditum. accensis autem utriusque libet odore et serpentes fugantur et comitiales morbi deprehenduntur. n*ec* de- 8, 117* cidunt castratis cornua nec nascuntur. et his cum serpente 8, 118* pugna; inuestigant cauernas nariumque spiritu extrahunt renitentes. ideo singulare abigendis serpentibus odor adusto cerui cornu, contra morsus uero precipuum remedium ex coagulo in matris utero occisi. uita ceruis in confesso longa, 8, 119 post C annos aliquibus captis cum torquibus aureis, quos Alexander Magnus addiderat, adopertis iam cute in magna obesitate. febrium morbos non sentit hoc animal, quin et me-

B G L V

17 et *s. uersum add. G* **19** [.]liquo *G* utrius *G* **22** Inuestiga *G* **25** maris *B*[1]

19 accensi

detur huic timori. quasdam modo principes feminas scimus omnibus diebus matutinis carnem eam degustare solitas et longo euo caruisse febribus, quod ita demum existimant ratum, si uulnere uno interierit. ceruos Affrica propemodum 8, 120* sola non gignit, at chameleonem et ipsa quamquam frequentiorem India. figura et magnitudo erat lacerte, nisi crura essent recta et excelsiora. solus animalium nec cibo nec potu 8, 122* alitur, mutat subinde color*em* preter rubrum *et* candidum. mutat colores et Scitharum tarandrus. magnitudo *illi* que bo- 8, 123* 1 ui, caput magis ceruino, cum libuit sui coloris esse, asini similis. colorem omnium arborum, fruticum, florum locorumque reddit metuens in quibus latet; ideo raro capitur.

LXXXIII De ursorum coitu etc.

Vrsorum coitus hiemis initio nec uulgari quadrupedum 8, 126* more, sed ambobus cubantibus complexisque; deinde recessus in specus separatim, in quibus pariunt tricesimo[A] die plurimum quinos. hii sunt candida informisque caro, paulo muribus maior, sine oculis, sine pilo; ungues tantum prominent. hanc lambendo paulatim figurant. nec quicquam rarius homines quam parientem uidere ursam. ideo mares quadragenis diebus latent, femine quaternis mensibus. specus si non ha- 8, 127* buere, ramorum fruticumque congerie edificant inpenetrabiles imbribus mollique fronde constratos. primis diebus bis septenis tam graui sompno premuntur, ut nec uulneribus quidem excitari queant. tunc mirum in modum ueterno pingues-

B G L V **4** interierit *V*] **13** [*V*

3 sq. natum *L* **4** uulnero *B G* **6** lacerta B^1, *p. corr. G* **9** *p.* mutat *uerbum* at *hab. L* **10** colores *G* **13** etc: et eorum mirabili natura *V*: *om. B* **16** inspectus *L V* *p.* die *uerba* i(d est) post recessum *hab. V* **17** hii *p. corr. B (quae a. corr. hab. B non iam legi possunt)*: his *G L V* **19** Han *G*

10 maius

cunt. illi sunt adipes medicaminibus apti contraque defluum
capilli tenaces. ab his diebus residunt ac priorum pedum sue-
tu uiuunt. fetus rigentes adprimendo pectori fouent non alio
incubitu quam ad oua uolucres. mirum dictu, credit Theo- 8, 128*
phrastus per id tempus coctas quoque ursorum carnes, si ad-
seruentur, increscere. procedunt uere, sed mares prepingues, 8, 129*
cui rei causa non prompta est. inualidissimum urso caput, 8, 130*
quod leoni fortissimum. oculi eorum hebetantur. 8, 129*

[A]Rob(ertus): s(cilicet) post recessum.

LXXXIIII De natura herinaci etc.

Preparant hiemi et herinacei cibos ac uolutati supra ia- 8, 133*
centia poma affixa spinis unum amplius tenentes ore portant
in cauas arbores. ubi sensere uenantem, contracto et ore pedi-
busque ac parte omni inferiore in desperatione urinam ex se 8, 134*
reddunt tabificam, tergori suo spinisque noxiam, propter hoc
se capi gnari. lincum humor ita redditus, ubi gignuntur, gla- 8, 137*
ciatur arescitue in gemmas carbunculis similes et igneo colo-
re fulgentes lingurium uocatas. no*ll*e hoc sciuntque linces et
inuidentes urinam terra operiunt, eoque celerius solidatur.
alia sollertia in metu melibus; sufflata cute distente ictus ho- 8, 138*
minum et morsus canum arcent. lacerti Arabie cubitales, in 8, 141*
India uero Niso monte uiginti quatuor in longitudine pedum.

B G L V **8** *B*] *G*] *L*] *V*] **9** [B^2] **10** [*B* [*L* [*V* **11** [*G*

1 adipes sunt *L* **2** priorumque *L* **3** rig[.]ntes *G* **5** *p.* coctas *uerbum* carnes *hab. G* **9** .ſ. *s. uersum add.* B^2 **10** herinaci etc: exermatii et liticium lacertorum *V*: herinacum *L* **11** Oreparant B^1 uoluntati *a. corr. B*: uoluptati *L* **14** pante B^1 **15** spinis *G* **22** longitudine: solitudine *L*

1 defluuium **2 sq.** suctu **10** herinacei *uel* -cii **18** lyncurium *cf. ThLL VII 2, 1946, 66* nouere

LXXXV De natura canum etc.

Ex his quoque animalibus que nobiscum degunt multa 8, 142* sunt cognitu digna, fidelissimumque ante omnes homini canes *et* equi. pugnasse aduersus latrones pro domino canem accepimus confectumque plagis a corpore non recessisse uolucres et feras abigentem. Garamantem regem canes ducenti ab exilio reduxere preliantes contra resistentes. Celiu*s* sena- 8, 144* tor eg*er* Placentie ab armatis oppressu*s* n*on* prius uulneratus est quam cane interempto. sed super omnia in nostro euo ac- 8, 145* tis populi Romani testatum Appio Iunio et P. Silio consulibus, cum animaduerteretur ex causa Neronis Germanici filii in Titum Sabinum et seruitia eius, unius ex his canem nec in carcerem abigi potuisse nec a corpore recessisse, abiectis in*de* gradibus mestos edentem ululatus magna p(opuli) R(omani) corona, ex qua cum quidam ei cibum obiecisset, ad os defuncti tulisse. innatauit idem in Tiberim cadauere abiecto sustentare conatus, effusa multitudine ad spectandam animalis fidem. soli dominum nouere et ignotum quoque, si repente 8, 146* ueniat, intelligunt; soli nomina sua, soli uocem domesticam agnoscunt. itinera quamuis longa meminere, nec ulli preter hominem memoria maior. impetus et seuitia mitigatur ab homine considente humi.

LXXXVI De cane quem rex Albanie etc.

Indiam petenti Alexandro Magno rex Albanie dono de- 8, 149* derat inusitate magnitudinis unum, cuius specie delectatus

B G L V **22** *G*] *V*]

1 etc: et de eorum mirabili amore circa dominos *V*: *om. L* **11** anima|aduerteretur *G* **14** ululutus *G* **18** et ignotum: [ ]gnotum *G* quoque *om. L* **22** consedente *B L V* **23** etc *om. B*

12 Titium

iussit ursos, mox apros *ac* deinde dammas emitti, contemp-
tim immobili iacenti eaque segnitie tanti corporis offensus
imperator generosi spiritus eum interimi iussit. nuntiauit hoc
fama regi. itaque alterum mittens addidit mandata, ne in par-
uis experiri uellet, sed in leone elephantoue; duos sibi fuisse,
hoc interempto nullum *sibi* fore. nec distulit Alexander leo- 8, 150
nemque fractum protinus uidit. postea elephantum iussit in-
duci, haud alio magis spectaculo letatus. horrentibus quippe
per totum corpus uillis ingenti primum latratu intonuit, mox
in ceruicem assultans contraque beluam exurgens hinc et il-
linc artifici dimicatione, qua maxime opus esset, infestans at-
que euitans, donec assidua rotatum uertigine afflixit ad ca-
sum eius tellure concussa. cec*i* gignunt*ur* can*es*. optimus in 8, 151*
fetu qui nouissimus cernere incipit aut quem primum fert in
cubile feta. ad morsum *rabidi canis* unicum remedium radix 8, 152*
siluestris rose que cynorhoda appellatur. quapropter obuiam
itur per XXX eos dies sirio a*ppa*rente gallinaceo maxime fi-
mo inmixto canum cibis aut, si preuenerit morbus, ueratro.

LXXXVII De equo Alexandri etc.

Eidem Alexandro et equi magna raritas contigit. Buce- 8, 154*
phalaneum uocarunt siue ab aspectu toruo siue ab insigni
taurini capitis armo impressi. sedecim talentis ferunt ex Phi-
lonic*o* Farsalii grege emptum, etiam tum puero capto eius de-
core. neminem hic alium quam Alexandrum regio instratus
ornatu recepit in sedem, alios passim reiciens. nec Cesaris 8, 155*
dictatoris quemquam alium recepisse dorso equus traditur.

B L **13** ceci [*V*

1 *p.* ac *uerbum* et *hab. L* **5** elphantoue *B* **7** induci iussit *L* **15** cubili *B*[1]
19 equo … etc: natura equorum *V* **25** *p.* recepit *uerba* in fidem *hab. L*
26 recepisso *L*

17 ardente **20 sq.** Bucephalan eum **22 sq.** Philonici

cognationum intellectus his est, atque in grege prioris anni 8, 156*
sorore libentius etiam quam matre equa comitatur. idem 8, 157*
presagunt pugnam et amissos lugent dominos. interfecto Ni-
chomede rege equs eius inedia uitam finiuit. Phalarcus refert 8, 158*
Centaretum Megal*i*tis in prelio occiso Anthioco potitum equo
eius concendisse ouantem, at illum indignatione accensum
domitis frenis, ne regi posset, precipitem in abrupta isse ex-
animatumque una. Sarmate longinquo acturi inedia pridie 8, 162*
preparant eos potum tantum exiguum impercientes, atque ita
per centena milia et quinquaginta continuo cursu euntibus in-
sident. uiuunt annis quidam quinquagenis, femine minore
spatio; eedem quinquennio finem crescendi capiunt, mares
anno addito. bimo utrimque uulgaris, set a trimatu firmior 8, 163*
partus. equarum libido exstinguitur iuba tonsa. et sane equis 8, 164*
amoris innasc*itur* ueneficium, hippomanes appellatum, in
fronte, Carice magnitudine, colore nigro, quod statim edito
partu deuorat feta aut partum ad ubera non admittit. constat 8, 166*
in Lusitania circa Olisipponem oppidum et Tagum amnem
equas fauonio flante obuersas animalem concipere *in* spiri-
tum, idque partum fieri et gigni pernicissimum ita, set trien-
nium uite non excedere. equo fere qui homini morbi.

LXXXVIII De natura asinorum.

Asinu*s* maxime frigoris impatiens, ideo non generatur in 8, 167*
Ponto. mares in remissione operis deteriores. paritura lucem 8, 168*

B L V

4 eius: etiam *L* **5** *s. (a. V)* Centaretum *(*-retrum *B L) uerba* pro(prium) n(omen) *hab. V* B^2 potito *L* **12 sq.** marsanno *L*

2 comitatur *passiue; cf. ThLL III 1810, 56 sqq.* **3** praesagiunt *cf. STOTZ, HLSMA 3, VII § 35.1* **4** equs *cf. STOTZ, HLSMA 3, VII § 110.6* Phylarchus **5** Centaretum e Galatis *per dittographiam* **6** conscendisse *cf. STOTZ, HLSMA 3, VII §§ 273.1 sq.*

fugit et tenebras querit, ne conspiciatur ab homine. partus ca- 8, 169*
ritas summa; per ignes ad fetus tendunt. nec nisi assuetos po-
tant fontes, mirumque dictu, siciunt et si mutentur aque; ut
bibant, cogende exorandeue sunt. pontes n*on* transeunt per
raritatem eorum translucentibus fluuiis. questus opima predia 8, 170*
exsuperat. ex asino et equa mula gignitur, animal uiribus in 8, 171*
labores eximium. feminas a partu optime septimo die impleri 8, 172*
obseruatum, mares fatigatos melius implere. generantur ex 8, 174*
equa et onagris mansuefactis mule ueloces in curs*um*, duritia
eximia pedum, uerum strigoso corpore, indomito animo, set
generoso. onagro et asina genitus omnes antecellit.

LXXXIX De bubus Indicis etc.

Bubus Indicis camelorum altitudo traditur, cornua in la- 8, 176*
titudinem quaternorum pedum. si autem coitum in dexteram
partem habeant tauri, generatos mares esse, si in leuam, fe-
minas. concept*us* uno initu peragitur, que si forte pererrauit, 8, 177*
uicesimo post die marem femina repetit. pariunt mense deci-
mo; quicquid ante genitum, inutile est. gentibus quidem que
lacte uiuunt ita dispensatur *coitus*, ut omni tempore anni su-
persit id alimentum. tauri non sepius quam bis die ineunt.
tauris minora quam bubus cornua tenuioraque. domitura bo- 8, 179* 180*
um in trimatu, postea sera, ant*ea* prematura. socium laboris
agrique culture habemus hoc animal. est frequens in prodigi- 8, 183*
is bouem locutum.

B L V **24** *V*]

6 asina *B* **10** *s.* strigoso corpore (strigore *L*: i(d est) rugoso corpore *V*) *uerba* i(d est) ru(goso) *add.* B^2 **11** omne *L* **12** bubis *L* etc: et natura boum *V*: *om.* *B* **20** *p.* bis *uerbum* in *hab.* *L*

16 conceptio

XC De boue Egyptio etc.

Bos in Egypto etiam numinis uice colitur; Apin uocant, 8, 184*
insigni et in dextro latere candi*d*ante macula. non est fas eum certos uite excedere annos mersumque in sacerdotum fonte enecant quesituri luctu alium quem substituant et, donec inuenerint, merent derasis etiam capitibus; nec tamen unquam
diu queritur. inuentus deducitur a sacerdotibus Memphim; 8, 185*
responsa priuatis dat e manu consulentium cibum capiendo. Germanici Cesaris manus auersatus est haud multo post exstincti. cum se prorumpit in coitus, grex puerorum comitatur carmen honori eius canentium; intelligere uidetur et adorari
uelle. femina bos ei semel anno ostenditur, suis et ipsa insig- 8, 186*
nibus, quamquam aliis, semperque eodem die et inueniri eam et exstingui tradunt.

XCI De natura pecorum etc.

Magna et pecori gratia in usu uellerum. ut boues sump- 8, 187*
tum hominum excolunt, ita corporum tutela pecori debetur. generatio bimis utrimque ad nouenos annos. gerunt partum diebus centum quinquaginta. solum hoc animal utiliter bruma
nasci. arieti naturale agnas fastidire, senectam ouium consec- 8, 188*
tari, et ipse melior senecta *et* utilior. ferocia eius cohibetur *dextro* cornu iuxta aurem terebrato. dextro teste preligato feminas generat, leuo mares. tonitrua solitariis ouibus abortus inferunt; remedium est congregare eas, ut coitu iuuentur.
aquilonis flatu mares concipi *trad*unt, austri feminas, atque 8, 189*
in eo genere arietum maxime spectantur ora, quia cuius coloris sub linguis habuere uenas, eius et lanitium in fetu est uariumque, si plures fuere. et mutatio aquarum potusque uariat.

B L **15** [*V*

9 aduersatus *L* **12** ei *om. L* **13** semper B^1 **15** etc: et uulitate et natura eorum *V* **27** lancium B^1

lane et per se coactam uestem faciunt et, si addatur acetum, 8, 192*
etiam ferro resistunt, immo uero etiam ignibus. lanarum ni- 8, 193*
gre nullum colorem bibunt. aurum intexere *in uestem* in Asia 8, 196*
inuenit Attalus rex, unde nomen Attalic*us*. colores diuersos
picture intexere Babilon maxime celebrauit et nomen inposu-
it. plurimis uero liciis texere que polimita appellant Alexan-
dria instituit, scutulis diuidere Gallia.

XCII De natura caprarum.

Capre pinguedine sterilescunt; mutilum in utroque sexu 8, 200*
utilius. noctu non minus cernere quam interdiu, et ideo capri- 8, 203*
num iecur restitui uespertinam aciem his quos nictalopas uo-
cant. morsus earum arbori exicialis. 8, 204*

XCIII De natura suum et ibicum.

Partus suilli bis anno, tempus utero quatuor mensium, 8, 205*
numerus fecunditati ad uicenos, set educare nequeunt tam
multos. implentur uno coitu, qui et geminatur propter facili-
tatem. mares non ultra trimatum generant. comesse fetus his 8, 206*
non est prodigium. suem oculo amisso putant cito extingui.
pinguescunt LX diebus, set magis tridui inedia saginatione 8, 207*
orsa. castrantur femine sic quoque uti et cameli, post bidui 8, 209*
inediam suspense pernis prioribus uulua recisa; celerius ita
pinguescunt. sues fere semel *in* anno gignunt. maribus in coi- 8, 212*
tu plurima asperitas. tunc inter se dimicant indurantes attritu
arborum costas lutoque stercorantes. femine in partu asperio-

B L V

5 celebrantnt *B* **7** scutulus B^1 **8** *p.* caprarum *litteras* etc *hab. B* **11** nictolopas *L* **13** et ibicum: et ibicum etc *B*: etc *L* **14** *p.* bis *uerbum* in *hab. L* **15** uicinos B^1 **21** suspensis *L* **sq.** celerius ita pinguescunt *om. L* **23** atritas *L*

4 Attalicis **10 sq.** caprino iecore

res et fere similiter in omni genere. in India cubitales denti-
um flexus, gemina ex rostro, totidem a fronte, ceu uituli cor-
nua, exeunt. at in Arabia suillum genus non uiuit [213*]in ullo 8, 213*
genere. ibices *similes capris* pernicitatis mirande, quamquam 8, 214*
onerato capite uastis cornibus gladiorumque uaginis. in hec
se librant, ut tormento aliquo rotati, in petras potissimum et e
monte aliquo in alium transire querentes atque recursu perni-
ci quo libuerit exultant.

XCIIII De natura simiarum.

Simiarum genera hominis figure proxima. erga fetum 8, 215* 2
precipua affectatio; mansuefact*i* omnibus demonstrant tracta-
rique gaudent, gratulationem intelligentes. et leporum plura 8, 217*
sunt genera; in Alpibus conditi, quibus hibernis mensibus pro
cibatu niuem credunt esse. certe liquescente ea rutilescunt
annis omnibus. lepor*is* generis sunt et quos Hispania cunicu-
los appellat, fecunditatis innumere famemque Balearum in-
sulis populatis messibus afferens. certum Balearicos aduer- 8, 218*
sus prouentum eorum auxilium militare a Diuo Augusto
petisse. Archelaus auctor utramque uim singulis inesse ac si-
ne mare eque gignere.

XCV De murium natura et insigni pietate.

Mures haud spernendum in ostentis etiam publicis ani- 8, 221*
mal; arrosis Lauini clipeis argenteis Marsicum portendere
bellum. plur*ima* eorum genera in *Or*renaica regione. ferrum 8, 222*
ro*dunt*, *aurum deglutiunt*; tanta es*t* dulced*o* furti aurarii. ob

B L V

9 *p.* simiarum *uerba* et leporum *hab. V* **15** et *om. L* **16** fameque *L V*
21 muriarum *B* et insigni pietate *om. L* **24** orreinaica *L*

2 gemini **5** gladiorum ceu **17** afferentis **24** Cyrenaica

hoc aluos eorum excid*unt*. genitores suos fessos senecta alunt 8, 224*
insigni pietate. quedam animalia indigenis innoxia aduenas 8, 229*
interimunt, sicut in Siria angues circa Eufratis maxime ripas
dormientes Siros non attingunt aut, si calcati mordere, non
sentiuntur maleficia, aliis cuiuscumque gentis infesti. contra
in Latemo Carie monte a scorpionibus hospites non ledi, in-
digenas interimi.

Explicit liber III. incipit liber IIII.

I De eo quod de animalibus terrestribus tractauerit.

Animalium, que terrestria appellauimus hominum qua- 9, 1
dam consortione degentia, indicata natura est. ex reliquis mi-
nimas esse uolucres conuenit. quamobrem prius equorum,
amnium stagnorumque dicentur. sunt autem complura in his 9, 2*
maiora etiam terrestribus. causa euidens humoris luxuria. alia
sors alitum quibus uita pendentibus.

II De piscibus etc.

Plurima autem et maxima animalia in Indico mari, ex 9, 4*
quibus balene quaternum iugerum, pristes ducen*t*um cubito-
rum, quippe ubi locuste quaterna cubita impleant, anguille
quoque in Gange amne tricenos pedes. set in mari belue circa
solstici*um* maxime uisuntur. tunc illic ruunt turbines, tunc 9, 5*
imbres, tunc deiecte montium iugis procelle ab imo uertunt
maria pulsatasque ex profundo beluas cum fluctibus uoluunt.
exeunt quedam belue equorum, asinorum, taurorum capitibus 9, 7*

B L V **7** *V*] **9** [*V*

2 aduenis *B*[1] **6** latimo *L* **9** De … terrestribus *(*-tris *L)* tractauerit *om. B* **12** *p.* equorum *uerbum* omnium *hab. L* **16** etc: indici maris occeani balena et priste et de quibusda aliis *V*

4 momordere *cf. ThLL VIII 1485, 17 sqq.* **6** Latmo

que depasc*entes* sata remeant. maximum animal in Indico 9, 8
mari pristis et balena est.

III De phisetro etc.

In Gallico occeano phiseter ingentis columpne modo se attollens altiorque nauium uelis diluuiem quandam eructans, in Gaditano occeano arbor in tantum uastis dispansa ramis, ut ex ea causa fretum nunquam intrasse credatur. apparent et rote appellate a similitudine, quaternis distincte radiis, modiolos earum oculis duobus utrimque claudentibus.

IIII De Tiberio etc.

Tiberio principi nuntiauit Olisipolensium legatio ob id 9, 9*
missa uisum auditumque in quodam specu concha canentem Tritonem qua n*a*scitur forma. et Nereid*is* falsa opinio non est, squamis modo hispido corpore etiam in qua humanam effigiem habent. namque hec in eodem spectata littore est, cuius morientis etiam cantum tristem accole audiuere longe.

V De maximo homine etc.

Auctores habeo in equestri ordine splendentes, uisum ab 9, 10*
his Gaditano occeano ma*xim*um hominem toto corpore absoluta similitudine ascendere nauigia nocturnis temporibus statimque degrauari quas insederit partes et, si diutius permaneat, etiam mergi. belue, cui dicebatur exposita fuisse An- 9, 11*

B L V **9** *V*] **17** [*V*

3 etc: in gallico occano et arbore et rotis in gallico *V* **10** etc *om. B* **11** olisipolentium *L* **17** homine: quem *L* etc: uiso in gallico occeano *V*: *om. B* **18 sq.** ab his *om. L* **22** fuisse *om. L* **sq.** andromade *L*: andromede *V*

11 Olisiponensium

dromeda, ossa Rome apportata ex oppido Iudee Ioppe longitudine pedum quadraginta altitudine costarum Indicos elephantes excedente*s*.

VI De pugna balene.

Balene et in nostra maria penetrant; *huic inimica est* or- 9, 12*
ca; *insidiatur* par*iture* belua, cuius imago nulla representatio-
ne exprimi possit alia quam carnis inmense dentibus trucu-
lente. irrump*it* in secreta ac uitulos aut fetus uel etiam 9, 13*
grauidas lac*er*ant morsu incursuque ceu Liburnicarum rostris
f*er*iunt. *ballene* ad flexum immobiles, ad repugnandum iner-
tes e*x* suo pondere, tunc quidem et utero graues pariendiue
penis inualide, solum auxilium nouere in altum profugere et
se toto defendere occeano. contra orce occurrere laborant, in
uada urgere, saxis illidere. spectantur ea prelia ceu mari ipso
sibi irato, nullis in sinu uentis, fluctus uero ad hanelitus ic-
tusque quantos null*o* turbine uolant. orca et in portu O*r*tiensi 9, 14*
uisa est oppugnata a Claudio principe, lanceas congerente 9, 15*
milite e nauigiis, quorum unum mergi uidimus reflatu belue
oppletum unda. ora balene habent in frontibus ideoque sum- 9, 16*
ma aqua annatantes in sublime nimbos efflant.

VII De spiraculo piscium.

Spirant autem confessione omnium et paucissima alia in mari, que internorum uiscerum pulmonem habent, quoniam sine eo nullum animal spirare putatur. nec pisc*es* branchias habentes hanelitum reddere ac per uices recipere existimant,

B L V

3 elephantos *L* **4** *p.* balene *uerba* et orce *hab. V* **19** opplentum *B* Idoque *L* **20** in *om. B*

8 irrumpunt **15** fluctibus **16** nulli turbines uoluant Ostiensi

*s*et pulmon*is* uice aliis possunt alia spirabilia inesse uiscera 9, 17*
ita uolente natura, sicut et pro sanguine est multis alius hu-
mor. in aquas quidem penetrare uitalem hunc alitum quis mi-
retur? super omnia est quod esse auditum et odoratum pisci- 9, 18*
bus non erit dubium, ex aeris utrumque materia, sompn*um*
quoque. branchie non balenis nec delphinis; fistulis spirant, 9, 19*
que ad pulmonem pertinent, balen*e* a fronte, delphini a dor-
so. uituli marini, quos focas uocant, spirant ac dormiunt in
terra.

VIII De uelocitate delphini.

Velocissimum omnium animalium, non solum marino- 9, 20*
rum, est delphinus, ocior uolucre, acrior telo, ac nisi multum
infra rostrum os illi foret medio pene in uentre, nullus pisci-
um celeritatem eius euaderet. fame concitati fugientem per-
secuti piscem tanta ui exiliunt ad respirandum, qu*od* nisi re-
supini *et* conuersi *nequeunt*, ut plerumque uela nauium trans-
uolent uento. agunt uere coniugia, pariunt catulos decimo 9, 21*
mense estiuo tempore. lingua est his contra naturam aquatili- 9, 23*
um mobilis, breuis atque lata, haud differens suille. pro uoce
gemitus humano similis, dorsum repand*is*simum. qua de cau-
sa nomen Simonis omnes miro modo agnoscunt maluntque
ita appellari. delphinus non hominis tantum amicum animal, 9, 24*
uerum et musica arte mulcetur et precipue hidrauli sono. Di- 9, 25*
uo autem Augusto principe Lucrinum lacum inuectus paupe-
ris cuiusdam puerum ex Baiano Puteolis in lud*o* litterarum
stantem, cum meridiano memorans appellatum eum Simonis

B L V

8 focas uocant: focant B^1 **10** *p.* delphini *uerba* et eius insigni natura et de puero quem sepius potauerat miro amore diligens quo mortuo obiit et ipse dolore *hab. V* **16 sq.** transuolant B^1: -lænt B^2 **17** *s.* uere *uerba* i(d est) in *add.* *V* B^2 **22** amicum animal tantum *L* **25** luto *L* nomine sepius fragmentis panis, quem obiter ferebat, allexisset, miro amore dilexit. pigeret referre, ni res Mecenatis et Flaui*i* Alfii multorumque esset litteris mandata. quocumque diei tempore inclamatus a puero quamuis occultus atque abditus ex imo aduolabat pastusque e manu prebebat ascensuro dorsum penne aculeos uelut uagina condens receptumque Puteolos per magnum equor in ludum ferebat simili modo reuehens pluribus annis, donec morbo exstincto puero subinde ad consuetum locum uentitans tristis et merenti similis ipse quoque, quod nemo dubitaret, desiderio exspirauit. *hoc* fac*it* ut *incredibile non sit* Arionem citharedu*m*, interficere in mari nautis parantibus ad intercipiendos eius questus, eblanditum, ut prius caneret cithara, congregatis cantu delphinis, cum se iecisset in mari, exceptum ab uno Tenarum in litus peruectum. 9, 28*

IX De magnitudine testudinum etc.

Testudines tante magnitudinis Indicum mare emittit, ut singularum superficie habitabiles casas integant atque inter insulas Rubri precipue maris his nauigent cimbis. 9, 35*

X De uitulo marino etc.

Vitulus *marinus* initu canum mo*re* coheret; parit more pecudum, nunquam geminis plures, educat mammis fetum, non ante duodecimum diem deducit in mare. nullum animal grauiore sompno premitur. pennis quibus in mari ut*i*tur humi 9, 41* 9, 42*

B L V

1 fraugmentis *V* *s.* obiter *uerba* i(d est) assidue *add. V B*[2] **sq.** allexisset ferebat *a. corr. L* **16** testudinum *om. L* etc *om. B V* **20** etc: et piscium specie *V*: *om. B*

3 Flaui

quoque uice pedum serp*it*. pilo carentium duo omni*um* ani- 9, 43*
mal pariunt, delphinus ac uipera. piscium species sunt septuaginta IIII, preter crustis intecta, que sunt XXX.

XI De augurio piscium et principatu.

Sunt et piscibus prescita, in hac parte nature auguria. Si- 9, 55*
culo bello ambulante in littore Augusto piscis e mari ad pedes eius exiliit, quo argumento uates respondere sub pedibus
Cesaris futuros qui maria *tunc* tene*ba*nt. hec natura, ut alii 9, 68*
alibi pisces principatum optineant. precipuam auctoritatem 9, 61*
fuisse lupis in amne cap*tis*. in Aquitania salmo fluuiatilis ma- 9, 68*
rinis omnibus prefertur.

XII De anguilla etc.

Piscium alii branchias multiplices habent, alii simplices, 9, 69*
alii duplices. his aquam emittunt acceptam in ore. senectutis indicium squamarum duritia, que non sunt omnibus similes.
anguille octonis uiunt annis. durant et sine aquis et senis die- 9, 74*
bus aquilone spirante, austro paucioribus. pascuntur noctibus. exanimes piscium sole non fluitant.

XIII De murena etc.

Murena quocumque mense parit, cum ceteri pisces statu- 9, 76*
to *tempore* pariant. oua eius scitissime crescunt. in sicco littore elapsas uulgus coitu serpentium impleri putat. Aristotiles zmirum uocat marem qui generat; discrimen esse quod mure-

B L V

2 sq. septuginta *B* **4** et principatu *om. B* **10** *ad* salmo *in margine uerba* non ualet *add.* B^2 **12** etc: et natura eius *V* **16** aqua *L* **17** aspirante *L* **19** etc: et natura eius *V* **20** quoque *L*

21 citissime

na uaria et infirma sit, zmirus unicolor et robustus dentesque extra os habeat.

XIIII De echineis etc.

Est paruus admodum piscis assuetus petris ech*i*neis ap- 9, 79*
pellatus. hoc carinis adherente naues tardius ire creduntur.
Mucianus muricem la*u*tiorem purpura *arbitratur*, neque as- 9, 80*
pero neque rotundo ore neque in angulos prodeunte rostro,
set simplice concha utroque latere sese colligente. Trebius
Niger pedalem esse et grossitudine quinque digitorum. pre-
terea hanc esse uim eius asseruati in sale, ut aurum, quod
deciderit in altissimos puteos, admotus extrahat. mutat phicis 9, 81*
colorem uere. piscium sola nidificat ex alga atque in nido pa-
rit. uolat sane per *a*quam similis uolucri hirundini. item mil- 9, 82*
uus subit in summa maria piscis ex argumento appellatus,
lucerna linguaque ignea per os exerta tranquillis noctibus re-
lucet. sepie et lolligini caput inter pedes et uentrem, pediculi 9, 83*
octoni, pedes duo ex his longissimi et asperi, quibus ad ora
admouent cibos et in fluctibus se uelut anchoris stabiliunt.
sepi*e*, ubi sensere se apprehendi, effuso atramento, quod pro 9, 84*
sanguine his est, infuscata aqua absconduntur. *polippi* ues- 9, 86*
cuntur conchiliorum carne, quorum conchas complexu cru-
rum frangunt. et cum alioquin brutum habeatur animal, ut
quod ad manum hominis adnatet, in re quodammodo familia-
ri callet. omnia in domum comportat, dein putamina rosa car-
ne egerit adnatantesque pisciculos ad ea*m* uenatur. colorem 9, 87*
mutat ad similitudinem loci et maxime in metu. canchris uita 9, 97*

B L V

3 echineis etc: thineis *B*: echineis et murice et phice qui solus piscium uolat et de mira natura aliorum piscium *V* **4** assuetus petris *om. L* **24** Deinde *L* putamina *it. L*

4 echeneis *cf. ThLL V 2, 44, 8 sq.* **25** ea

longa, pedes octoni, omnes in obliquo flexi. femine primus
pes duplex, mari simplex. preterea bina brachia denticulatis
forcipibus. dimicant inter se ut arietes aduersis cornibus in- 9, 99*
cursantes. contra serpentium ictus medentur.

XV De cocleis etc.

In eodem genere coclee aquatiles terrestresque, exeren- 9, 101*
tes se domicilio binaque ceu cornua protendentes contrahen-
tesque, oculis carent ideoque corniculis pretemptant iter. set 9, 104*
quid hec parua commemoro? iam quidem ex tota rerum natu-
ra damnosissimum uentri mare est tot modis, tot mensis, tot
piscium saporibus, quis pretia capientium periculo fiunt. sed 9, 105
quota hec portio est reputantibus purpuras, conchilia, marga-
ritas? parum scilicet fuerat in gulas condi maria, nisi mani-
bus, auribus, capite totoque corpore a feminis iuxta uirisque
gestarentur? quid mari cum uestibus, quid undis fluctibusque
cum uellere? non recte recipit hec nos rerum natura nisi nu-
dos. esto, sit tanta uentri cum eo societas. quid tergori? pa-
rum est, nisi qui uescimur periculis etiam uestiamur? adeo
per totum corpus anime hominis quesita maxime placent.
principium ergo columenque omnium rerum preti*um* marga- 9, 106*
rite tenent. Indicus maxime has mittit occeanus.

XVI De margaritis etc.

Origo atque genitura conche haud multum ostrearum 9, 107*
conchis differens. has ubi genitalis a*m*nis t*u*mularit, ora pan-

B L V

5 clocleis etc *B*: cocleis *L*: chocleis aquatilibus et terrestriis et inuectio contra ambitionem hominum *V* **20** principium ergo: Principiumque *L* **22** etc: qualiter fiunt et ubi reperiantur *V*: *om. L* **23** Erigo *L*

24 anni stimularit hora

dentes se quadam oscitatione impleri roscido conceptu*m* tradunt, grauidas postea eniti, partumque concharum esse margaritas pro qualitate roris accepti. si purus influxerit, candorem conspici; si uero turbidus, et fetum sordescere; eundem pallere celo minante conceptum. concha ipsa, cum manum 9, 110* uidet, comprimit sese operitque opes suas, gnara propter illas se peti, manumque, si preueniat, acie sua abscidit; quippe inter scopulos maior pars inuenitur, set in alto quoque comitantur marinis canibus. omn*e*s in candore, magnitudine, orbe, le- 9, 112* uiore pondere, haud promptis rebus in tantum, ut nulli duo reperiantur indiscreti; unde nomen unionum Romane scilicet imposuere delicie, nam id apud Grecos non est, nec apud barbaros, inuentores eius, aliud quam margarite. elenchos ap- 9, 113* pellant fastigata longitudine alabastrorum figura in pl*a*niore orbe desinentes. hos digitis suspendere et binos ac ternos au- 9, 114* ribus feminarum gloria est. Lolliam Paulinam, que fuit Gai*i* 9, 117* principis matrona, mediocrium sponsalium cena uidi smaragdis margaritisque opertam, alterno textu fulgentibus toto capite, crinibus, spira, auribus, collo, monilibus, digitis. que summa quadringenties sestercium colligebat, auite opes, prouintiarum spoliis scilicet parte. hic est rapinarum exitus, hoc 9, 118* fuit quare M̄. Lollius infamatus regum muneribus in toto oriente interdicta amicitia a Gaio Cesare Augusti filio uenenum biberet, ut neptis eius quadringenties sextercio operta spectaretur ad lucernas.

B L V **25** *V*]

17 matro *L* **19** monilia *L* **24 sq.** spectaretur: sequeretur *L*

1 conceptu **24** sestertio *cf.* *STOTZ, HLSMA 3, VII § 279.6*

XVII De duabus margaritis.

Nec hec summa luxurie exempla sunt. duo fuere maximi uniones per omne euum; utrumque possedit Cleopatra, Egypti reginarum nouissima, per manus orientis regum sibi traditos. hec, cum exquisitis cotidie Antonius saginaretur epulis, superbo simul ac procati fastu ut regina meretrix omnem eius apparatum obtrectans una se scena centies sestercium *iactauit* absumpturam. cupiebat discere Antonius, set fieri posse non arbitrabatur. ergo sponsionibus factis postero die quo iudicium agebatur inferri mensam secundam iussit. ex precepto ministri unum tantum uas ante eam posuere aceti, cuius asperitas uisque in tabem margaritas resoluit. gerebat auribus tum maxime singulare illud et uere unicum nature opus. itaque spectante Antonio, quidnam esset actura, detractum alterum mersit ac liquefactum absorbuit. 9, 119* 9, 120* 9, 121*

XVIII De purpura et eius natura.

Purpure uiuunt annis plurimum septenis. latent sicut murices contra canis ortum tricenis diebus. congregantur uno tempore. simili modo et murices, sed purpure florem illum tinguendis expetitum uestibus in mediis habent faucibus. reliquum corpus sterile. uiuas capere contendunt, quia cum uita *sua* succum eum euomunt. capte quinquagenis diebus uiuunt saliua sua. conche omnes celerrime crescunt, precipue purpure; anno magnitudinem implent. purpure usum Rome semper fuisse uideo. 9, 125* 9, 126* 9, 128* 9, 136*

B L **16** [*V*

2 Dec *L* maxime *L* **6** faustu *L* **7** scenties *B* **9** non *om. L* **14** esse *B*[1] **21** uta *L*

6 procaci **7** cena **18** uerno

XIX De sensu aquatilium.

Miror quosdam existimasse aquatilibus nullum inesse 9, 143*
sensum. scolopendre, terrestribus similes, quas centipedes 9, 145*
uocant, hamo deuorato omnia interranea euomunt, donec ha-
mum egerant, deinde sorbent. at uulpes simili in periculo
glutiunt amplius usque ad infirma linee, que facile prerodant.
aries ut latro et nunc grandiorum nauium in salo stantium oc-
cultatus umbra, si quem nandi uoluptas inuitet, expectat,
nunc elato extra aquam capite piscantium cimbas speculatur
occultusque adnatans mergit.

XX De urtica etc.

Equidem et his inesse sensum arbitror, que neque anima- 9, 146*
lium neque fruticum, set terciam quandam ex utroque natu-
ram habent, urticis dico *ac* spongiis. urtice noctu uagantur
noctuque mutant. carnose frondis his natura, *u*t carne uesc*an*-
tur. uis pruritu mordax eademque que terrestris urtice. con-
trahit ergo se quam maxime rigens hac prenatante pisciculo
frondem suam spargit complectensque deuorat. alias marcen- 9, 147*
ti similis et iactari se passa fluctu alge uice contractos pisces
attrit*i*que petre scalpentes pruritum inuadit. eadem noctu pec-
tines et echinos perquirit. cum admoueri sibi manum sentit,
colorem mutat et contrahitur. tracta u*i*redinem mittit, paulu-
*lu*mque si fu*er*it interualli, absconditur. ora et in radices esse
traduntur, excrementa per summa tenui fistula reddi.

B L V

7 solo *L* **11** etc: et pisce et eius natura *V* **17** prenante *L*
22 sq. paulumque *V*

17 ac *cf.* *Stotz, HLSMA 3, VII § 119.3* **20** attrituque **22** uredinem
23 radices *cf.* *Stotz, HLSMA 4, IX § 11.1*

XXI De lepore marino.

Certissima est securitas uidisse planos pisces, quia nunquam sunt, ubi malefice bestie. n*on* uenena cessant dira, ut in lepore, qui Indico mari etiam tactu pestilens. morbos uniuersa genera piscium, ut cetera animalia etiam fera, non accipimus sentire. uerum egrotare singulos manifestum facit aliquorum macies, cum in eodem genere prepingues alii capiantur. 9, 153* 9, 155* 9, 156

XXII Quomodo pisces generent etc.

Quonam modo generent, desiderium et admiratio*nem* hominum differri non patitur. pisces attritu uentrium coeunt tanta celeritate, ut uisum fallant, delphini et reliqua cete simili modo et paulo diutius. femina piscis coitus tempore marem sequitur uentrem eius rostro pulsans; sub partu mares feminam similiter, oua uescentes earum. nec satis est generationi per se coitus, nisi editis ouis inter *se* uersando mares *et femine* uitale asperserint uirus. non omnibus id contingit ouis in tanta multitudine; alioqui replerentur maria et stagna, cum singuli uteri innumerabilia concipiant. sepie et lollig*e*nes lingu*a coeunt*, componentes inter se brachia et in contrarium nantes; et ore pariunt. anguille atterunt se scopulis; ea strigmenta uiuescunt, nec alia est earum procreatio. piscium lupus et trichias bis anno pari*unt*, et saxatiles omnes. acus siue b*ale*ne unus piscium dehiscente propter multitudinem utero parit. mus marinus in terras scrobe effosso parit oua et rursus 9, 157* 9, 158* 9, 160* 9, 162* 9, 166*

B L V

6 *p.* egrotare *uerbum* manifestum *hab. L* **9** generent etc: etc *B*: generent *L*: coeunt et generant de pisce qui uixit sexaginta anos *V* **10** Quoniam *B* **18** Alioquin *L V*

10 admiratio **19** lolligines **24** belone

obruit terra, tricesimo die refossa aperit fetumque in aquam
ducit. eritini et canne u*u*luas habere traduntur. *in* Paulisipp*o* 9, 167*
uilla Campanie haud procul Neapoli in Cesaris piscinis a
Pollione Vedio coniectum piscem sexagesimum post annum
exspirasse scribit Anneus Seneca, duobus aliis equalibus eius
ex eodem genere etiam tunc uiuentibus.

XXIII Quod in eodem flumine etc.

Aquatili*a* genera aliubi atque aliubi meliora, sicut lupi 9, 168* 169*
pisces in Tiberi amne inter duos pontes, r*u*mbus Rauenne,
murena in Sicilia, elops Rodi, et alia genera similiter. apud 9, 172*
Baulos in parte Baiana piscinam habuit Hortensius orator, in
qua murenam adeo dilexit, ut exanimatam flesse credatur. in
eadem uilla Antonia Drusi murene, quam diligebat, inaures
addidit, cuius propter famam nonnulli Baulos uidere concu-
pierunt. preter hec claros sapientia auctores uideo mirari stel- 9, 183*
lam in mari. ea figura est, parua admodum caro intus, extra
duriore call*e*. huic tam igneum feruorem *in*esse tradunt, ut
omnia in mari contracta adurat. concharum e genere dactili*s* 9, 184*
natura in tenebris remoto lumine alio fulgere clare et, quanto
magis humorem habeant, lucere in ora *cer*nentium.

XXIIII De natura auium etc.

Sequitur natura auium, quarum grandissimi et pene bes- 10, 1*
tiarum generis strucio, cameli Affrici uel Ethiopici. altitudi-
nem equitis insidentis equo excedunt, celeritate uincunt, ad

B L V

5 alii B^{1} **7** etc: ablu meliores sunt pisces et de murena que gestauit inaurem *V*: *om. B* **10** silicia *L* **12** mure|renam *L* **21** etc: et primum de strutione *V*

2 Pausilypo **9** rhombus **17** callo **23** struthocameli

hoc demum datis pennis, ut currentem adiuuent. cetero non sunt uolucres nec a terra tolluntur. ungule his ceruinis similes, quibus dimicant, bisulce et comprehendendis lapidibus utiles, quos in fuga contra *in*sequentes ingerunt. mira natura, 10, 2* set non minus stoliditas in tanta reliqui corporis altitudine, cum colla frutice occultauerint, latere sese existimantium.

XXV De phenice et eius natura.

Ethiopes atque Indi discolores maxime et inenarrabiles 10, 3* ferunt aues et ante omnes nobilem Arabie phenicen, haud scio an fabulose, unum in toto orbe nec uisum magno opere. aquile narratur magnitudine, auri fulgore circa colla, cetera purpureus, ceruleam roseis caudam pennis distinguentibus, cristis facies caputque plumeo apice honestare. primus atque 10, 4* diligentissime togatorum de eo prodidit Manlius, senator ille maximis nobilis doctrinis; neminem exstitisse qui uiderit uescentem, sacrum in Arabia Soli esse, uiuere annis quingentis sexaginta, senescentem cassia thurisque surculis construere nidum, replere odoribus et super emori. ex ossibus deinde ac medullis eius nasci primo ceu uermiculum, inde fieri pullum, principioque iusta funera priori reddere et totum deferre nidum prope Panchaiam in Solis urbem et ibi deponere.

XXVI De sex generibus aquilarum etc.

Ex his qu*o*s nouimus aquile maximus honos, maxima et 10, 6* uis. sex earum genera. melenotos a Grecis dicta, eadem in

B L V

7 *p.* natura *litteras* etc *hab. L* **10** magnopere *B* **13** tristis *L V* **15 sq.** qui uiderit uescentem *om. L* **22** aquilarum *V*: aqui *B*: aquile *L* etc: et de natura earum et de Vulture et natura eius *V*

9 phoenicem *cf.* S*TOTZ*, *HLSMA 3, VII § 249.2* **14** Manilius **24** melanaetos **sq.** eadem leporaria*?*

Valeria, minima magnitudine, uiribus precipua, colore nigri-
cans. conuersatur autem in montibus. secundi generis pigar- 10, 7*
gus in oppidis et in campis, albicante cauda. tercii morphons;
Phoemonoe, Apollinis dicta filia, dentes ei*us* esse prodidit.
huic uita circa lacus. ingenium est ei testudines raptas fran-
gere e sublimi iaciendo. item quarti generis est percipitirus. 10, 8*
eadem moratur per lacus, uulturina specie, alis minimis, reli-
qua magnitudine antecellens, set imbe*ci*llis et degener, ut*po-*
te quam uerberet coruus, querule semper murmurat *s*onis.
hec facit, ut quintum genus gesion uocetur, colore subrutilo,
rarum conspectu. superest alietus clarissima oculorum acie,
librans ex alto sese uisoque in mari pisce preceps in eum ru-
ens et discussis pectore aquis rapiens. *hec* tantum inplumes 10, 10*
etiamnum pullos suos percutiens subinde cogit aduersos in-
tueri solis radios et, si coniuentem flectentemque animaduer-
terit, precipitat e nido uelut adulterinum atque degenerem. il-
lum, cuius acies firma contra steterit, educat. alieti suum ge- 10, 11*
nus non habent, sed ex diuerso aquilarum coitu nascuntur. id
quidem, quod ex his natum est, ossifragi genus habet, e qui-
bus uultures progenerantur minores et ex his magni, qui om-
nino non generant. oppetunt non senio nec egritudine, set fa- 10, 15
me, in tantum superiore accrescente rostro, ut aduncitas
aperiri non queat. a meridiano autem tempore operantur et
uolant. prioribus horis diei, donec impleantur hominum con-
uentu fora, ignaue sedent. aquilarum penne mixtas reliqua-
rum alitum pennas deuorant, negatumque solam hanc alitem

B L V

1 minima … precipua: uiribus precipua nimia magnitudine *a. corr. L*: nimia mag- ui- pre- *p. corr. L* **4** *s.* esse *uerba* huic generi *add.* B^2 **5** testidunes *L* **8** in bellicis *L* **23** non queat *(*-ant *B) om. L*

3 morphnos **4** ei **6** percnopterus **9** murmurationis **10** gnesion *uel* γνήσιον

fulmine exaninatam; ideo armigeram Iouis consuetudo iudi-
cauit. primo et secundo generi non minorum tantum quadru- 10, 17*
pedum rapina, set etiam cum ceruis prelia. multum puluerem
uolatu collectum insidens cornibus excutit in oculos pennis
ora uerberans, donec precipitet in rupes. nec unus hostis illi
satis est; acrior *est* cum dracone pugna multoque magis an-
ceps, etiamsi in aere. oua hic consectatur aquile auiditate ma-
lefica. at illa ob hoc rapit ubicumque uisum, ille multiplici
nexu alas ligat, ut simul decidat. uulturum preualent nigri. ni- 10, 19*
dos nemo attingit. nidificant in excelsissimis rupibus. fetus
quidem sepe cernuntur, fere bini.

XXVII De generibus accipitrum etc.

Accipitrum genera sedecim inuenimus. in Tracie parte 10, 21* 2
super Amphipolim homines et accipitres societate quadam
aucupantur. hi ex siluis et harundinetis excitant aues, illi su-
peruolantes deprimunt, rursus captas aucupes diuidunt. coc- 10, 25*
cix ex accipitre uidetur fieri; modico tempore estatis uisus
non cernitur postea. est autem neque aduncis unguibus, solus
accipitrum, nec capite similis illis neque alio quam colore,
quin et absumitur ab accipitre, si quando una apparuere, sola
omnium auis a suo genere interempta. mutat autem et uocem. 10, 26*
procedit uere, occultatur canicule ortu, inter que parit in alie-
nis nidis, maxime palumbium, maior*i* ex parte singula oua,
quod nulla alia auis, raro bina. causa subiciendi pullos puta-
tur, quod sciat se inuisam cunctis auibus; nam minuta quoque
infestant. ita non fore tutam generi suo stirpem opinatur, ni*si*

B L V

8 ob hoc rapit *om. L* **9** Vulturnum *L* **12** accipitrum etc: ancipitur *B*: ancipitrum et natura eorum *V* **15** excitent B^1 **sq.** superuolentes *L* **16** aucupas *L* **25** inuicusam *B*

4 uolutatu

fefellerit; quare nullum facit nidum. ergo subdit*us alii in* nido auidus ex natura preripit cibos reliquis pullis, itaque pinguescit et nitidus in se nutricem conuertit. illa gaudet eius specie miraturque sese ipsam, quod talem pepererit; suos comparatione eius damnat ut alienos absumique se inspectante patitur, donec corripit ipsam quoque iam uolandi potens. nulla t*amen* auium suauitate carnis comparatur illi. 10, 27*

XXVIII De miluis etc.

Milui ex eodem accipitrum genere uidentur artem gubernandi docuisse caude flexibus in celo monstrante *rerum* natura, quod opus esset in profundo. traduntur autem et a solsticiis affici podagra. uolucrum prima distinctio pedibus maxime constat; aut enim aduncos ungues habent aut digitos, aut palmipedum in genere sunt, uti anseres et aquatice fere *omn*es. aduncos ungues habentia carne tantum uescuntur ex parte magna. cornices et alio pabulo atque duriciam nucis rostro repugnantem in saxa tegulasue iaciunt iterum ac sepius, donec quassatam perfringere queant. corui ante solsticium generant, item egrescunt sexagenis diebus, siti maxime, antequam fici coquantur autumno. cornix ab eo tempore corripitur morbo. corui pariunt, cum plurimum, quinos. ore eos parere aut coire uulgus arbitratur ideoque grauidas, si ed*a*nt coruinum ouum, per os partum reddere atque in totum difficulter parere, si tecto inferantur. Aristotiles negat. pessima eorum significatio, cum glutiunt uocem uelut strangulati. uncos ungues et nocturne aues habent, ut noctue, bubo, ulule. omnium horum hebetes interdiu oculi.

10, 28* 10, 29* 10, 30* 10, 32* 10, 33* 10, 34*

B L V

8 etc: et cornicibus et cornis et eorum natura *V* **13 sq.** palmides *L* **20** quoquantur *B* **22** Ideo *L* **23** in *s. uersum add. L*

14 fere aues

XXIX De pico et eius natura.

Sunt et parue aues uncorum unguium, ut pic*o* Martio 10, 40*
cognomine insignes. pullos in cauis educant auium soli. ad-
act*us* cauernis eorum a pastore cune*us* admota quadam herba
ab his elabi creditur uulgo. Trebius auctor est clauum uel cu-
neum adactum quant*um* libeat ui arboris, in qua nidum habe-
at, statim exilire cum strepitu arboris, cum insederit. uncos 10, 42*
ungues habentes omnino non congregantur et sibi queque
predantur. omnibus ale grandes, corpus exiguum. ambulant
difficulter.

XXX De pauonibus.

Nunc de secundo genere dicamus, quod in duas diuiditur 10, 43*
species, oscines et alites. illarum generi cantus oris, his mag-
nitudo differentiam dedit. in his pauonum genus. laudatus ex-
pandit colores aduerso maxime sole, quia sic fulgentius ra-
diant. uiuit annis uiginti quinque, colores fundere incipit in 10, 44*
trimatu.

XXXI De gallis etc.

Proxime gloriam sentiunt et hi nostri uigiles nocturni, 10, 46*
quos excitandis in opera mortalibus rumpendoque sompno
natura genuit. norunt sidera et ternas distingunt horas inter-
diu cantu. cum sole eunt cubitum diemque uenientem nunti-
ant cantu. celum sola uolucrum aspicit. desinunt canere cas- 10, 47*
trati, quod duobus fit modis, lumbis adustis candente ferro

B L V

1 et … natura: etc *B* **3 sq.** Adauctus *L* **5** clauem *L* **13** ocscines *L* **18** etc: et quomodo castrantur *V*

2 pici

aut imis cruribus, mox ulcere oblito fig*u*lina creta; facilius ita pinguescunt.

XXXII De anseribus etc.

Est et anseri uigil cura Capitolio testata defenso. candi- 10, 51* 53* dorum uectigal in pluma. uelluntur quibusdam locis bis anno, rursus plumigeri uestiuntur. mollior que corpori proxima et e Germania laudatissima. candidi ibi, uerum minores; gante uocantur. eoque delicie processere, ut sine hoc instrumento 10, 54* durare iam ne uirorum quidem ceruices possint. anseris ge- 10, 56* n*us est* chenalopes, qu*o* lautiores epulas non nouit Britannia.

XXXIII De natura gruum.

Excubias habent nocturnis temporibus *grues* lapillum 10, 59* pede sustinentes, qui lassato sompno decidens ind*u*lgentiam coarguat. cetere dormiunt capite subter alam condito. dux erecto preuidet collo ac predicit. Cornelius Nepos, qui Diui 10, 60* Augusti principatu obiit, cum scriberet turdos paulo ante coe*m*ptos saginari, addidit ciconias magis placere quam grues, cum hec nunc ales inter primas expetatur, illam nemo uelit tetigisse. ciconie quonam e loco ueniant aut quo se referant, 10, 61* incompertum adhuc est. e longinquo uenire non dubium eodem quo grues modo, illas hiemis, has estatis aduenas. abiture congregantur in loco certo [62*]ea*nde*mque, que nouissima 10, 62* aduenit, lacerant atque ita abeunt. honos his serpentium exitio tantus, ut in Thessalia capitale fuerit occidisse eadem le-

B L V

1 fugulina B^1 **2** pisguescunt *L* **3** anseribus etc: duseribus et unde gante ueniant *V* **7** gantes *L* **11** igruum *B* **14** conditam *B* **18** hec *add.* B^2 **24** eam *L*

10 chenalopeces

gis pena que in homicidam. simili anseres quoque et olores 10, 63*
ratione commeant. colla imponunt precedentibus, fessos du-
ces ad terga recipiunt. ciconie nidos eosdem repetunt, geni-
tricum senectam inuicem educant. olorum morte narratur fle-
bilis cantus, falsis, ut arbitror, aliquot experimentis. abeunt et 10, 70*
hirundines hibernis mensibus. *cui* soli uolucrum flexuosi uo- 10, 73*
latus uelox celeritas, ex quibus causis neque rapine cetera-
rum alitum obnoxia est. ea demum sola auium non nisi in uo-
latu pascitur.

XXXIIII De Mennonidis etc.

Auctores sunt omnibus annis aduolare Ilium ex Ethiopia 10, 74*
aues et confligere ad Mennonis tumulum, quas ob id Menno-
nidas uocant. Rodos aquilam non habet. Thebarum tecta sub- 10, 76*
ire hirundines negantur. perdices non transuolant Boetie fi- 10, 78*
nes, nec ulla auis in Ponto insula. Rome in edem Herculis in 10, 79*
foro Boario nec musce nec canes intrant. merula ex nigra ru- 10, 80*
bescit, canit estate, hieme balbutit. turdis color estate circa
ceruicem uarius, hyeme concolor.

XXXV De luciniis etc.

Luciniis diebus ac noctibus continuis XV garrul*i*s sine 10, 81*
intermissu cantus densante se frondium germine, non in no-
uissimum digna miratu aue. primum tanta uox tam paruo in

B L V

6 fluxuosi *L* **7** rapina *L* **10** etc: atque quod nullus auis sit in ponto insula *V* **13** *s.* Rodos *uerbum* locus *add.* B^2 *s.* Thebarum *(*Te- *B V) uerbum* locus *add.* B^2: *del.* B^3 **18** heieme *B* **19** etc: id est philomenis. et de natura earum *V* **22** maratu B^1

12 Memnonis *cf.* *STOTZ, HLSMA 3, VII § 249.3* **14** Boeotiae
20 Lusciniis *cf.* *STOTZ, HLSMA 3, VII § 273.1 sq.*

corpusculo, tam pertinax spiritus; deinde in una perfecta musica scientia: modulatus editur sonus et nunc continuo spiritu trahitur in longum, nunc uariatur inflexo, nunc distinguitur conciso, copulatur intorto, promitur, reuocat*ur*, infuscatur ex inopinat*u*; interdum et secum ipse murmurat, plenus, grauis, 10, 82* acutus, creber, extentus, ubi uisum est, uibrans, summus, medius, imus. breuiterque omnia tam paruulis in faucibus, que tot exquisitis tibiarum tormentis ars hominum excogitauit, ut non sit dubium hanc suauitatem premonstratam efficaci auspicio, cum in ore Ste*r*sicori cecinit infantis. ac ne quis dubitet art*e*s esse plures, singuli sunt cantus, et nec idem omnibus, set su*us* cuique. certant inter se, palamque animosa con- 10, 83* tentio est. uicta morte finit sepe uitam spiritu prius deficiente quam cantu. meditantur alie iuniores uersusque quos imitentur accipiunt. set he tante tamque artificis argutie a quinde- 10, 85 cim diebus paulatim desinunt, nec ut fatigatas possis dicere aut satiatas. mox estu aucto in totum alia uox fit, nec modulata aut uaria; mutatur et color. postremo hieme ipsa non cernitur. linguis earum tenuitas illa prima non est que ceteris auibus. pariunt uere primo, cum plurimum, sena oua.

XXXVI De merulis candidis.

Merule circa Cillenen Archadie, nec usquam aliubi, can- 10, 87* dide nascuntur. ibis circa Pelusium tantum nigra est, ceteris omnibus locis candida.

B L V

1 spiritus *(scr.* sp'c*)* *L V*: specie *(scr.* sp'e*)* *B* **12** animaso *L* **17** ne *L* **21** candidis *om. B* **22** cirenen *B*

5 inopinato **10** Stesichori

XXXVII De altione etc.

Eo maxime sunt insignes altiones. dies earum partus qui- 10, 89*
que maria nauigant nouere. ipsa auis paulo amplior passere,
colore cyaneo ex parte maiore tantum, purpureis et candidis
admixta pennis, collo gracili *et* procero. alterum genus earum
magnitudine distinguitur et cantu; minores in harundinetis
canunt. altionem uidere rarissimum est. fetificant bruma, qui 10, 90*
dies altionides uocantur, placido mari per eos et nauigabili,
Siculo maxime. nidi earum admirationem habent pile figura; 10, 91*
ferro intercidi n*e*queunt.

XXXVIII De hirundinibus etc.

Hirundines in Egypto Eracleotico hostio molem conti- 10, 94*
nuatione nidorum euaganti Nilo inexpugnabilem opponunt
stadii fere unius spatio, quod humano opere perfici non pos-
set. *sunt hirundines que* excauant ripas atque ita internidifi- 10, 95*
cant. harum pulli ad cinerem ambusti mortifero faucium ma-
lo multisque aliis morbis humani corporis medentur.

XXXIX De pica etc.

Pice cum diligentius uisum ab homine nidum sensere, 10, 98*
oua transgerunt alio. hoc in his auibus, quarum digiti non
sunt accommodati complectendis transferendisque ouis, miro
traditur modo. namque surculo super bina oua posito ac feru-
minato alui glutino, subdita ceruice medio, equa utr*a*que li-
bra deportant alio. merobs genitores suos reconditos pasc*it*, 10, 99*

B L V

1 etc: et eius natura *V* **11** hyrundinis *L* etc: que nidos suos opponunt nilo *V*: *om. B* **18** etc: et merobe. et perdice. et columba et. turture *V* **21** accomodatis *L* **22** modo *om. L* Nam *B*[1]

2 alcyones

pallido intus colore pennarum, superne cyaneo, priori subru-
tilo. nidificat in specu sex pedum defossa altitudine. perdices 10, 100*
spina et frutice sic muniunt receptaculum, ut contra feram
habunde uallentur. fallunt maritos suos, quoniam intempe-
rantia libidinis frangunt earum oua, ne cubando detineantur.
tunc inter se dimicant mares desiderio feminarum; uictum
aiunt uenerem pati. si contra mares steterint, femine aura ab 10, 102*
his flante pregnantes fiunt. concipiunt et superuolantium af-
flatu, sepe uoce tantum audita masculi. columb*is* pudicicia 10, 104*
prima et neutri nota adulteria. coniugii fidem non uiolant
communemque seruant domum. nisi celebs aut uidua nidum
non relinquit. amor utrique sobolis equalis; sepe et ex hac 10, 105*
causa castigatio pigrius intrante femina ad pullos. pullis pri-
mo salsiorem terram collectam gutture in ora inspuunt pre-
parantes tempestiuitatem cibo. proprium generis eius et tur-
turum, cum bibant, coll*o* non resupinare largeque bibere
iumentorum mo*re*. octonis uiuunt annis. contra passeri mini- 10, 107*
mum uite, cui sagacitas par. mares negantur anno diutius du-
rare argumento, quia nulla ueris initio appareat nigritudo in
rostro, que ab estate incipit. defendit tinn*i*ngulus *columbas* 10, 109*
terretque accipitres naturali potentia. hac de causa precipuus
columbis amor eorum. internuntie in rebus magnis fuere *co-* 10, 110*
lumbe, epistolas adnexas earum pedibus obsidione Mut*u*nen-
si in castra consulum Decimo Bruto mittente. quid uallum et
uigil*um* obsidio atque etiam rethia amne pretenta profuere
Antonio per celum eunte nuntio?

B L V

1 priore *L* **14** ore *L* **19** nigredo *L*

18 salacitas **20** tinnunculus **23 sq.** Mutinensi

XL De uario incessu.

Omnibus animalibus reliquis certus et uniusmodi in suo 10, 111*
cuique genere incessus est. aues sole uario meatu feruntur et
in terra et in aere. ambulant alique, ut cornices; saliunt alie,
ut passeres, merule; currunt, ut perdices, rusticule; ante se
pedes iaciunt, ut ciconie, grues. expandunt alas pendentesque
raro interuallo quatiunt alie, crebrius set et primas dumtaxat
pennas, alie et tota latera pandunt. quedam uero maiore ex 10, 112*
parte compressis uolant percussoque semel, alique et gemino
ictu feruntur, uelut inclusum eum prementes. iaculantur sese
in sublime, in rectum, in pronum. inpingi putes aliquas aut
rursus ab alto cadere has, illas salire. anates sole queque sunt
eiusdem generis in sublime protinus sese tollunt atque e ues-
tigio celum petunt. plurimum uolant que apodes, quia carent 10, 114*
usu pedum, ab aliis c*apsed*i appellantur. he sunt, que toto
mari cernuntur, nec umquam tam longo naues tamque conti-
nuo cursu recedunt a terra, ut non circumuolitent eas apodes.

XLI De psitaco etc.

Super omnia humanas uoces reddunt psitaci. India hanc 10, 117*
auem mittit, psitacem uocat, uiridem toto corpore torque tan-
tum miniato in ceruice distinctam. imperatores salutat et que
accipit uerba pronuntiat; in uino precipue lasciuia. capiti eius
duritia eadem que rostro. hec cum loqui discit, ferreo uerbe-
ratur radio; non sentit aliter ictus. minor nobilitas, quia non 10, 118*

B L V

1 *p.* incessu *uerba* et uolatu auium et de auibus que apodes u[ ]can[ ] *hab. V* **14** apedes B^1 *V* **15** appellantur: uocantur *V* **17** apedes *V* **18** psitaco etc: spitaco *B*: phitaco et quodam genere picarum exprimencium humanam uocem *V* **20** autem *a. corr. B*

15 cypseli **20** siptacem *uel* -cen

ex longinquo uenit, set expressior loquacitas certo generi pi-
carum est. adamant uerba que loquantur nec discunt, set dili-
gunt meditantesque intra semet cura atque cogitatione inten-
tionem non occultant. constat emori uictas difficultate uerbi
ac, nisi subinde eadem audiant, memoria falli querentesque
mirum in modum hilarare, si interim audierint id uerbum.
Agrippina *coniunx* Claudii Cesaris turdum habuit, quod num- 10, 120*
quam ante, imitantem sermones hominum. cum hec prode-
rem, habebant et Cesar*i*s iuuenes item sturnum.

XLII De coruo qui cotidie salutabat Cesares.

Tiberio principe ex fetu *corui* supra castrorum edem ge- 10, 121*
nit*us* pullus in appositam sutrinam deuolauit, etiam religione
commendatus officine domino. is mature sermoni assuefac-
tus, omnibus matutinis euolans in rostra in forum uersus Ti-
berium, dein Germanicum et Drusum Cesares nominatim,
mox transeuntem populum Romanum salutabat, postea ad ta-
bernam remeans, plurium annorum assiduo officio meritus.
hunc siue emulatione uicinitatis manceps proxime sutrine si- 10, 122*
ue iracundia subita exanimauit tanta plebei consternatione, ut
primo pulsus ex ea regione, mox *et* interemptus sit, funusque
aliti innumeris celebratum exequiis. Cipionis uero Emiliani 10, 123*
ob Kartaginem Numantiamque deletas ab eo nemo uindica-
uerat mortem.

B L V **6** uerbum *V*]

10 qui … Cesares *om. B* **15** deinde *L* **22 sq.** uindicauerint *a. corr. B*

11 Castorum **21** Scipionis

XLIII De auibus Diomedeis.

Nec Diomedeas preteribo aues; Iuba cataractas uocat et 10, 126*
eis esse dentes oculosque igneo colore, cetero candidas. he in 10, 127*
solo loco totius orbis uisuntur, in insula quam diximus nobilem Diomedis tumulo contra Apulie horam. aduenas barbaros clangore infestant, Grecis tantum adulantur miro discrimine, uelut g*ratia* Diomedis hoc tribuentes. eedem e*u*m cotidie pleno gutture ad*d*entibus pennis perluunt atque purificant, unde
origo fabule Diomedis socios in e*o*rum effigies mutatos. non 10, 128
ommittendum est, cum de ingeniis disserimus, e uolucribus hirundines indociles esse et e terrestribus mures, cum elephanti iussa faciant, leones iugum subeant, in mari uituli totque piscium genera mitescant.

XLIIII Quomodo bibunt aues.

Bibunt aues suctu et capite resupinato uelut infundentes. 10, 129*
porphirio solus morsu bibit. idem e proprio genere omnem cibum aqua subinde tingens, deinde pede ad rostrum ueluti manu afferens.

XLV De similitudinibus olorum.

Olorum similitudinem onochrotali habent nec distare ex- 10, 131*
istimantur omnino, nisi faucibus ipsis inesset alterius uteri genus. huc omnia inexplebile animal congeri, mira ut sit capacitas. mox perfecta rapina sensim inde in os reddita in aluum ruminantis more fertur. Gallia hos septemtrionalis pro-

B L **1** [*V*] **9** non [*V* **19** *V*]

1 auibus Diomedeis: hirundinibus et muribus quod indomabiles sint *V* **2** Hec *L* **7** grati *L* **19** similitudinibus olorum: quibus quorum plume in noctibus lucent *V* **20** onacrotali *L*

7 uelut generi Diomedis **8** madentibus **9** earum **22** congerit

xima occeano mittit. in H*i*rcinio Germanie saltu inusitata ge- 10, 132*
nera alitum accepimus, quarum plume ignium modo colluce-
ant noctibus.

XLVI De pegasis etc.

Pegasos equino capite uolucres et griphas aurita adunci- 10, 136*
tate rostri fabulosos reor, illos in Sci*l*itia, hos in Ethiopia. nec
Sirenes impetrauerint fidem, licet affirmet Dinon, Clitarchi
celebrati auctoris pater, in India esse mulcerique earum cantu
quos grauatos sompno lacerent. qui credit ista non abnuet 10, 137*
que Democritus tradit nominando aues, quarum confuso san-
guine serpens gignatur, quem quisquis ederit intellecturus sit
colloquia alitum.

XLVII De fecunditate auium.

Tribuit hoc auium generi natura, ut fecundiores essent 10, 143*
fugaces earum quam fortes. auium oua ex calore fragilia, ser- 10, 145*
pentium ex frigore lenia, piscium ex liquore mollia. feminam
edunt que rotundiora gignuntur, reliqua marem. quedam om- 10, 146*
ni tempore coeunt, ut galline, et pariunt, preterquam duobus
mensibus hiemis brumalibus. ex his iuuente plura quam ue-
teres. columbe decies anno pariunt, quedam et undecies, in 10, 147*
Egypto uero etiam brumali mense. a coitu decem diebus oua
maturescunt in utero. omnibus ouis parua inest uelut sangui- 10, 148*
nea gutta, quod esse cor auium existimant. aues omnes in pe- 10, 149*
des nascuntur, contra quam reliqua animalia. oua incubari 10, 151*
intra decem dies edita utilissimum; uetera aut recentiora infe-

B L **1** in [*V*

4 etc: et gryphis *V* **6** silicia *L* **13** *p.* auium *uerba* et de prouentu et periculo *hab. V* **18** et pariunt *om. L*

1 Hercynio **6** Scythia

cunda. subici impari numero debent. quarto die postquam cepere incubare, si contra lumen cacumine ouorum apprehenso ima manu purus et uniusmodi perluceat color, sterilia existimantur esse proque eis substituenda alia. uicesimo die moue- 10, 149*
tur ouum, iam uiuentis intra putamen uox auditur. ab eodem tempore plumescit, ita positus, ut caput supra dextrum pedem habeat, dextram uero alam supra caput. plus uicena qui- 10, 150*
na oua subici uetant. celerius excluduntur calidis diebus, ideo 10, 152*
estate undeuicesimo educente fetum, hieme uicesimo quinto. si incub*a*tu tonu*er*it, oua pereunt; et accipitris audita uoce uiciantur. remedium contra tonitruum clauus ferreus sub stramine ouorum positus. incubationi datur initium post nouam lunam, quia prius inchoata non prouen*iu*nt.

XLVIII De coitu columbarum.

Columbe proprio ritu osculantur ante coitum. pariunt fe- 10, 158*
re bina oua ita natura moderante, ut aliis crebrior sit fetus, aliis numerosior. columbe marem semper et feminam pari- 10, 159*
unt, priorem marem, post tridie feminam. incubant in eo*dem* genere ambo, interdiu mas, noctu femina. pauo a trimatu pa- 10, 161*
rit. mares *oua* frangunt desiderio incubantium; quapropter noctu et in latebris pariunt. mares singuli quinis sufficiunt coniugibus. anseres in aqua coeunt, pariunt uere aut, si bru- 10, 162*
ma coiere, post solsticium, quadragesimo prope, bis *in* anno, si priorem fetum galline excludant. si quis surripiat, pariunt

B L V

1 imperari *uel* imparari *(scr.* impari*) L, a. corr. B* **2** ouarum *L* **8** ideo: Vnde *L* **10** si incubatu: Sincubatu *B* tenuerit *a. corr. B* **11 sq.** tramine *B L* **12** Incubatione *L* nonam *B* **14** *p.* columbarum *uerba* pauonum et anserum et quod sola uolucrum uespertilio parit et de fetu serpent[ ] *hab. V* **23** quadragesime *L*

10 incubitu **18** postridie

donec rumpantur. incubanda subici utilissimum nouem *uel* 10, 163*
undecim. pullis eorum urtica contactu mortifera, nec minus
auiditas nunc sacietate nimia, nunc suamet ui, quando appre-
hensa radice morsu sepe conantes auellere ante colla sua ab-
rumpunt. contra urticam remedium est stramento ab incub*a*tu
subdita radix earum. ardoli*e* in coitu a*r*gu*u*ntur; mares qui- 10, 164*
dem cum uociferat*ione* sanguinem etiam ex oculis profun-
dunt. nec minus egre pariunt grauide. oua aceto macerata in 10, 167*
tantum emolliuntur, ut per anulos transeant. seruari ea hieme
in paleis, estate furfuribus utilissimum. uolucrum animal pa- 10, 168*
rit uespertilio tantum. eadem sola uolucrum lacte nutrit ubera
admouens. rursus in terrestribus oua pariunt serpentes. co- 10, 169*
eunt complexu, adeo circumuolute sibi ipse, ut una existima-
ri biceps possit. uipere mas caput inserit in os, quod illa abro-
dit uoluptatis dulcedine. terrestrium eadem sola intra se parit 10, 170*
oua unius coloris et mollia, ut pisces. tercia die intra uterum
catulos excludit, dein singulos singulis diebus parit, uiginti
fere numero. itaque ceteri tarditatis inpatientes perrumpunt
latera occisa parente. set reliquorum quoque terrestrium red-
datur generatio.

XLIX De coitu animalium.

Bipedum solus homo animal gignit. homini tantum primi 10, 171*
coitus penitentia, augurium scilicet uite penitenda origine.
ceteris animalibus stat*ut*i per tempora anni concubitus, homi-
ni, ut dictum est, omnibus horis dierum noctiumque. ceteris
sacietas in coitu, homini prope nulla. in hominum genere ma- 10, 172*
ribus deuerticula ueneris, excogitata omnia scelera nature,

B L V

13 amplexu *L* **17** Deinde *L V* **19** latera *om. L* **21** *p.* animalium *uerba* et fetu et primim de homine *hab. V*

5 incubitu **6** ardiole anguntur

feminis uero abortus. in hac parte multo nocentiores quam
fere sumus. uiros auidiores ueneris hieme, feminas estate He-
siodus prodidit. omnia animalia quo maiore corpore, *eo* mi- 10, 175*
nus fecunda. ocissime pariunt, que plurimos gignunt. quo
maius est animal, tanto diutius formatur in utero. diutius ges-
tantur quibus longiora sunt uite spatia. que solidas habent un- 10, 176*
gulas, singulos, que bissulcas, et geminos pariunt. quorum in
digitos pedum fissura diuisa est, eo numerosiora in fetu. sed
superiora omnia perfectos edunt partus, hec inchoatos, in quo
sunt genere leene, urse et uulpes. postea lambendo cale-
faciunt fetus et figurant. dasipodes omni mense pariunt et su- 10, 179*
perfetant, sicut lepores. a partu statim implentur. cameli XII
mensibus ferunt a trimatu. pariunt uere iterumque post an-
num implentur a partu. equas autem post tercium diem aut 10, 180*
post unum ab enixu utiliter admitti putant coguntque inuitas.
et mulier septimo die concipere facillime creditur. equarum
iubas tondere precipiunt, ut asinorum coitu*s* patiantur.

L Quod in utero se uertunt animalia.

Quecumque animal pariunt, in capita gignunt circuacto 10, 183*
fetu sub enixu. alia in utero porrecta quadrupedes gestantur
extensis ad longitudinem cruribus et ad aluum suam applica-
tis, homo in semet conglobatus inter duo genua naribus sitis.
molas, de quibus ante diximus, gigni putant, ubi mulier non 10, 184*
ex mare, uerum ex semet ipsa conceperit. ideo nec animari,
quia non sit ex du*a*bus, altricemque habere per se uitam il-
lam, que satis arboribus contingat. super cuncta est murium 10, 185*

B L V

14 aut: que *L* **18** *p.* animalia *uerba* sub enixu *hab. V* **19** animalia *L* **26** *s. (p. V)* que satis *(*satis que *V) uerba* i(d est) seminatis *(*-mitat *V) add. V B*[2] est *s. uersum add. B*[2]

20 alia *cf. ThLL I 1652, 55 sqq.* porrecto **25** duobus

fetus. ex una genitos centum uiginti tradiderunt. in quibus il- 10, 186* lud adhuc latet, quonam modo illa multitudo repente occidat. nam nec exanimes reperiuntur neque extat qui murem hieme in agro effoderit.

LI De salamandra etc.

Anguem ex medulla hominis spine gigni accepimus a 10, 188* multis. pleraque occulta et ceca origine proueniunt etiam in quadrupedum genere, sicut salamandra, animal lacerte figura, stellatum, nunquam nisi magnis imbribus proueniens et serenitate deficiens. huic tantus rigor, ut ignem tactum extinguat non alio modo quam glacies. eiusdem sanie, que lactea ore uomitur, quacumque parte corporis humani contacta toti defluunt pili, idque quod contactum est colorem in uitiliginem *com*mutat. quedam uero gignuntur ex non genitis et sine 10, 189* ulla simili origine. ex his quedam nichil gignunt ut salamandre, neque est in his genus masculinum femininumue, sicut neque in anguillis omnibus, que nec animal nec ouum ex sese generant. que*dam* autem per se gen*ita* generant quidem 10, 190* aliquid coitu, set imperfectum ac dissimile et ex qu*a* nichil aliu*d* gignatur, ut uermiculos musce.

LII De sensibus etc.

Ex sensibus ante cetera homini tactus, dein gustus. reli- 10, 191* quis superatur a multis; aquile clarius cernunt, uultures sagacius odorantur, liquidius audiunt talpe; obrute terra, tam

B L V

1 fetus *om. L* **sq.** adhuc latet illud *L* **5** etc: et malicia eius *V* **11** lacteo *L* **13** defluant *L* **15 sq.** salamandræ *B* **16** genus *om. L* **21** etc: quibus cetera animalia homo superat. et quibus ab aliis superatur *V*: *om. B* **22** deinde *L*

19 quo **20** amplius **22** gustatus

denso atque surdo nature elemento, preterea uoce omni in
sublime tendente, sermonem exaudiunt et, si de his loquare,
intelligere etiam dicuntur et profugere. auditus cui hominum 10, 192*
primo negatus est, huic et sermonis usus ablatus, nec sunt na-
turaliter surdi, ut non idem sint et muti. pisces quidem au- 10, 193*
dituum nec menbra habent nec foramina, audire tamen eos
palam est, ut patet in piscinis Cesaris genera piscium ad no-
men uenire quosdamque singulos. olfactum his esse manifes- 10, 194*
te patet, quippe *in* eadem omnes esca capiuntur et priusquam
appetant odorantur. nam de reliquo animalium genere quis 10, 195*
dubitet? cornus ceruini odore serpentes fugantur, sed maxime
stiracis; origani aut calcis aut sulphuris formice necantur. cu-
lices acida petunt, ad dulcia non aduolant.

LIII Quod omnia animalia etc.

Tactus sensus omnibus est, etiam quibus nullus alius;
nam et ostreis et terrestrium uermibus; sensum *quoque* gus- 10, 196*
tus. cur enim alios alia sapores appet*u*nt? uenenis capree et 10, 197*
coturnices pinguescunt, placidissima animalia. scorpiones 10, 198*
terra uiunt. serpentes, cum occasio est, uinum precipue appe-
tunt, cum alioqui exiguo indigeant potu; edunt minimo *ac* pe-
ne nullo cibo, cum asseruantur incluse, sicut aranei quoque,
alioqui ructu uiuentes. ideo nullum interit fame aut siti uene-
natum. nam neque caloris uim habent ne*que* sanguinis nec
sudoris, que auiditatem naturali sale augent. unum animal di- 10, 199*
gitos habentium herba alitur, lepus, set et fruge. ursi et fruge,
fronde, uindemia, pomis uiuunt et apibus, cancris etiam *et*

B L V

2 loquere *L* **6** tamen: autem *L* **11** fugantur serpentes odore *L* **14** etc: habeant sensum tactus *V*: *om. B* **24** naturalem *L*

16 sq. gustus *(a Roberto loco synonymi* gustatus *scr.) scil.* existimauerim omnibus esse *a Roberto om.* **20** eaedem minimo

formicis. pecus potu pinguescit, ideo sal illis aptissimu*m*. 10, 200*
origem perpetuo sicientem Affrica generat ex naturali loco 10, 201*
potu carentem, cum mirabili modo *sit* ad remedia sitientium.

LIIII De inimicicia uolucrum etc.

Alios quosdam sensus esse quam supradictos haud diffi- 10, 203*
culter apparet; sunt enim quedam his bella amicicieque. dis-
sident olores et aquile, simili modo coruus et miluus, illo pre-
ripiente huic cibos; rursus cum terrestribus mustela et cornix, 10, 204*
egithus auis minima cum asino; spinis enim se scabendi cau-
sa atterens nidos eius dissipat; igitur aduolans ulcera eius
rostro excauat. esalon uocatur parua auis oua corui frangens. 10, 205*
librat araneus se filo in caput serpentis porrecte sub umbra 10, 206*
arboris sue tantaque ui morsu cerebrum apprehendit, ut stri-
dens subinde et uertigine rotata ne filum quidem pendentis
rumpere, adeo n*ec* fugere queat. nec finis ante mortem est.
rursus amici pauones et columbe, turtures et psitaci, merule 10, 207*
et turtures, cornix et ardeole contra uulpium genus commu-
nibus inimiciciis.

LV De aspide miraculum etc.

De aspide miraculum Pilarco reddatur. is enim auctor 10, 208
est, cum ad mensam cuiusdam ueniens in Egypto aleretur as-
sidue, enixam catulos, quorum ab uno filium hospitis inter-
emptum, illam reuersam ad consuetudinem cibi intellexisse
culpam et necem intulisse catulo nec postea in tectum id re-
uersam. sompni questio non obscuram coniectationem habet. 10, 209*
in terrestribus omnia que contuentur dormire manifestum est.

B L V

4 etc: inter se et ad alia animancia *V*: *om. B* **6** enim *om. L* amiticie *L*
19 miraculum etc: mir *B*: etc *L*: miraculum et de sompno animancium *V*
21 ueniens cuiusdam *L* **24** intellectum *a. corr. B*

aquatili*um* quoque exiguum quidem, uerum ipsa quiete cer-
nuntur placida sceu soporata ad tumultum aliquem expauen-
tia. plani pisc*es* in uado, ut manu sepe tollantur. nam delphi- 10, 210*
ni balleneque stertentes etiam audiuntur. homo genitus 10, 211*
premitur sompno per aliquot menses, dein longior in dies ui-
gilia. sompniat statim infans; nam et pauore expergiscitur et
ructum imitatur. quidam uero nunquam, quibus mortiferum
fuisse signum. est autem sompnus nichil aliud quam animi in
medium sese recessus. preter hominem sompniasse equos, 10, 212*
canes, boues, pecora, capras palam est; ob hoc creditur et in
omnibus que animal pariant. de his que oua gignunt incertum
est, set dormire ea certum *est*. uerum ad insecta transeamus.

LVI De insectis etc.

Multa hec et multigena terrestrium uolucrumque uita. 11, 1*
alia pennata, ut apes, alia utroque modo, ut formice, aliqua et
penn*a* et pedibus carentia. et iure omnia insecta appellata ab
incisuris, que nunc ceruicum loco, nunc pectorum atque alui
precincta separant membra tenui modo fistula coherentia. in 11, 2*
magnis siquidem corporibus aut certe maioribus facilis offi-
cina sequaci materia fuit; in his *uero* tam paruis atque tam
nullis que ratio, quanta uis, tam inextricabilis perfectio *est*?
ubi tot sensus collocauit in culice? et sunt alia dictu minora;
set ubi uisum in eo pretendit? ubi gustatum applicauit? ubi
odoratum inseruit? ubi uero truculentam illam et portione*m*
maximam, uocem, ingenerauit? qua subtilitate pennas adnec- 11, 3*
tit, prelongauit pedum crura, disposuit ieiunam cauam uti al-

B L V

2 sompniata *L* **5** deinde *L* **11** pariunt *L* **13** etc: et quare insecta dicantur. et mirabili natura eorum *V*: *om. B* **18** precuncta *L*, *a. corr. B* **23** gustum *L* **26** prolongauit *L*

1 aquatilia **2** ceu **3** plani pisces *scil.* dormiunt

uum, auidam sanguinis et potissimam humani sitim accendit? te*r*gum uero perfodiendo tergori quo spiculauit ingenio atque, ut capaci, cum cerni non possit exilitas, reciproca generauit arte, ut fodiendo acuminat*im* pariter sorbendoque fistulosum esset? qu*i*s terredini ad perforanda robora cum s*a*no teste dentes affixit potissimumque e ligno c*au*atum fecit? set 11, 4* turrigeros elephantorum miramur humeros taurorumque colla et truces in sublime actus, tigrium rapinas, leonum iubas, cum rerum natura nusquam magis quam in miminis tota sit?

LVII Item quod insecta spi(rant) etc.

Insecta multi negarunt spirare, set nec sanguinem his esse. 11, 5* unde numerosa questionum series exoritur. michi *autem* 11, 6* contuenti semper suasit rerum natura nichil incredibile existimare de ea. nec uideo, cur magis possint non trahere animam talia et uiuere quam spirare sine uisceribus, habere sen- 11, 7* sum uictus, generationis, operis atque etiam de futuro curam. et quamuis non sint membra, que uelut carina sensus inuehant, esse tamen his auditum, olfactum, gustatum, eximia preterea nature dona, sollerciam, animum, artem. quis facile crediderit sanguinem non esse his? fateor sicut ne terrestri- 11, 8* bus quidem cunctis inter se similem, ut sepie in mari sanguinis uires atramentum optineat, purpurarum generi infector ille succus, sic et insectis quisquis est *ille* uitalis humor, hic erit sanguis, donec existimatio sua cuique sit. nobis propositum est naturas rerum manifestas indicare, non causas indicare dubias.

B L V **9** *V*]

4 arce *B* **6** *p.* cauatum *uerba* e ligno *hab. L* **18** gustum *L* **24** existimantio *B*

2 telum uero **4** acuminatum **5** sono **6** cibatum **8** iactus

LVIII Item quod non habent ossa etc.

Insecta, ut intelligi possit, non uidentur neruos habere 11, 9*
nec ossa nec spinas nec cartilaginem nec pinguia, carnes nec
crustam quidem fragilem ut quedam marina. itaque di*s*uulsis 11, 10*
precipua uiuacitas et partium singularum palpitatio, quia
quecumque est ratio uitalis illa non certis inest membris, set
toto in corpore; minime tamen cap*u*t solumque non mouetur
nisi cum pectore auulsum. in nullo genere plures sunt pedes;
ex his diutius uiuunt diuuls*i*, ut in scolopendris uidemus.

LIX Quod inter insecta etc.

Sed inter omnia ea principatus apibus et iure precipua 11, 11*
admiratio solis ex eo genere hominum causa genitis. mella
contrahunt succumque dulcissimum atque subtilissimum ac
saluberrimum, fauos confingunt et cera*m*, simile*m* ad usus
uite laborem tolerant, opera conficiunt, semper habent consi-
lia priuatim ad ducesque gregatim et, quod maxime mirum
sit, mores habent, preterea cum sint neque mansueti generis
neque feri. tantum est natura rerum, ut prope ex umbra mini- 11, 12*
ma animalis incomparabile effecerit quiddam. estimemus in-
genium. hieme conduntur a uergeliarum occasu, set latent ul- 11, 13*
tra exortum, ante fabas florentes. exeunt ad opera et labores 11, 14*
nullusque, cum per celum licuit, otio per i*d* dies. primum fa-
uos construunt, ceram fingunt, hoc est domos cellasque *fin*-
gunt, dein sobolem, postea mella, ceram ex floribus, melligi-

B L **10** [*V*

1 Item *om. L* **5** palpitatatio *L* **8** pectore … nullo *it. L* **10** etc: principatum tenent apes et de operibus eorum *V*: *om. B* **13** subtelissimum *B*[1] **19** fecerit *L* **20** uergiliarum *B*[1] **24** deinde *L* **sq.** milliginem *B*[2]: -genem *L*

3 *p.* pinguia *uerbum* nec *om.* **22** perit

nem a lacrimis arborum que glutinum pariunt, salicis, ulmi,
harundinis succos, gummi, resina*m*. his primum aluum ips*um* 11, 15*
intus totum ut quodam tect*a*rio illin*i*unt et aliis amarioribus
succis contra aliarum bestiolarum auiditates, id se facturas
conscie, quod concupisci possit; hisdem fores quoque latiores
circumstruunt.

LX De nominibus fundamentorum etc.

Prima fundamenta comosin uocant periti, secunda disso- 11, 16*
ceron, tercia propol*it*in, inter coria cerasque, magni ad medi-
camina usus. commosis crusta est prim*i* saporis amari. disso-
ceros super eam uenit, picantium modo, ceu dulcior cere
uitium populorumque mitiore gummi. propolis, crassioris iam
materie additis floribus, nondum tamen cera, set fauorum sta-
bilimentum, qua omnes frigoris aut iniurie aditus obstruun-
tur, odore et ipsa etiam n*o*n graui, ut qua pl*urimi* pro galbano
utantur. preter hec conue*he*tur erithace, quam aliqui sandara- 11, 17*
cam, alii cherintum uocant. hic erit apum, dum operantur, ci-
bus, qui sepe inuenitur in fauorum inanitatibus. gignitur
autem rore uerno et arborum succo, austri flatu nigrior, aqui-
lonibus melior et rubens.

B L V **6** *V*]

1 paruunt *B* **3** amaioribus B^1 **4** bestiarum *L* **7** etc *om. B* **11** eos *L* **12** *s.* populorumque *(-orum L) uerba* s(cilicet) *(om.* L^2*)* arborum *add.* B^2 L^2 **13** ceras *L* **15** quam *L* **16 sq.** sandaricam *L*

2 ipsum *cf. ThLL I 1800, 11; 16 sqq.* **3** tectorio illiniunt *cf. ThLL VII 1, 381, 60 sqq.* **8 sq.** pissoceron **9** propolin **10** prima **11** dilutior **sq.** cera e uitium **15** etiamnum graui

LXI Quomodo confingunt.

Ceras ex omnium arborum satorumque floribus confin- 11, 18*
gunt excepta rumi*d*e et chinope*d*e; herbarum hec genera. fal-
so excipitur et spartum, quippe cum in Hispania multa in
spartariis herbam eam sapi*u*nt. falso et oleas excipi arbitror,
quippe oliue prouentu plurima examina gigni certum est.
fructibus nullis noce*n*t. operantur intra LX pedes et subinde 11, 19*
consumptis in proximo floribus speculatores ad pabula ulte-
riora mittunt. noctu deprehense in expeditione excubant supi-
ne, ut alas a rore protegant.

LXII De ratione operis etc.

Ratio operis: interdiu statio ad portas more castrorum, 11, 20*
quies in matutinum, donec una excitet omnes gemino aut
triplici bombo ut bucino aliquo. tunc uniuerse prouolant, si
dies mitis futurus est. prediuinant enim uentos imbresque et
tunc se continent tectis; itaque temperies celi hoc inter pre-
scita habet. cum agmen ad opera processit, alie flores agge-
*ra*nt pedibus, alie aquam ore guttasque lanugine totius corpo-
ris. quarum adolescent*iores* ad opera exeunt et supradicta 11, 21*
conuehunt, seniores intus operantur. que flores comportant,
prioribus pedibus femin*e* onerantur, propter id natura scabr*i*
pedes priores, toteque onuste remeant. excipiunt eas terne
quaterneque, exonerant. sunt enim intus quoque officia diui- 11, 22*
sa; alie struunt, alie poliunt, alie suggerunt, alie cibum com-

B L **1** [*V*

1 confingunt *B*: fingunt *L*: fingunt ceras et excubant nocte *V* **11** etc: earum. et quod iuuenes exeunt ad opera et senes intus operantur *V*: *om. B* **12** corporis *a. corr. B* **13** matinum *L* **19** adoloscentiores *L* **24** sternunt *L*

3 rumice echinopode **4** multa *scil.* mella **19** quibus est earum adulescentia **24 sq.** comparant

po*rt*ant ex eo quod allatum est; neque enim separatim ues-
cuntur, ne inequalitas operis et cibi fiat et temporis. struunt
rursus ea concaua ratione limitibus binis, ut aliis intrent, aliis
exeant. faui superiori parte affixi paulum lateribus herent. ru- 11, 23*
entes ceras fulciunt. primi fere tres uersus *m*ane struuntur. 11, 24*
nouissimi maxime implentur melle. idco auersa aluo faui ex-
imuntur. gerule secundos flatus captant. si cooriatur procella,
apprehensis pondusculo lapillis librant. quidam humero eum
imponi tradunt. iuxta uero terram uolant in aduerso flatu ue-
pribus euacuatis. mira obseruatio operis; cessantium inertiam 11, 25
notant, castigant, mox et puniunt morte. mira munditia amo-
liuntur omnia medio, nulleque inter opera spurcitie iacent;
quin et excrementa operantium intus, ne longius recedant,
unum congesta in locum turbidis diebus et operis otio ege-
runt. cum aduesperascit, in aluo strepunt minus ac minus, do- 11, 26*
nec una circumuolet eodem quo excitauit bombo ceu quietem
capere imperans, et hoc castrorum more. tunc repente omnes
conticescunt.

LXIII De fucis et quomodo etc.

Domos primum plebeis edificant, deinde regibus. si spe-
ratur largior prouentus, adiciuntur contubernia et fucis e cel-
larum m*u*nim*in*e; sed *et* ipsi maiores apibus. sunt autem fuci 11, 27*
sine aculeo, uelut imperfecte apes, serotinus fetus et quasi
seruitia uerarum apum; quamobrem imperant his primosque
expellunt in opera, tardantes sine clementia puniunt. neque

B L V

6 auerso B^1 *L*: aduersa *V* **13** recedunt B^1 **19** et … etc: et quo *B*: quomodo etc *L*: et quomodo puniunt eos et expellunt maturante melle et de multimoda natura apium et de Mellis genere *V* **22** *s.* maiores *uerba* s(cilicet) fuci *add.* B^2

5 inanes **10** euitatis

in opere tantum, set in fetu quoque adiuuant eas, multum ad
calorem conferente turba. certe quo maior eorum fu*er*it mul- 11, 28*
titudo, eo maior fiet examinum prouentus. cum mella cepe-
*ri*nt maturescere, abigunt eos multeque singulos aggresse tru-
cidant. nec id genus nisi uere conspicitur. regias imperatori- 11, 29*
bus futuris in una parte alui extruunt amplas, magnificas, *ita*
separatas, turberculo eminentes. die cellas replent. siderum 11, 30*
exortu folia arborum melle roscida inueniuntur, siue ille est
celi sudor siue aque est, et purus ac liquidus et sue nature,
qualis defluit primo. nunc uero et ant*e* cadens altitudine mul- 11, 31*
tumque, dum uenit, sordescens, e*x* obuio terre alitu infectus,
preterea e fronde ac pabulis potus et in utriculo congestus
apum. ore eum uomit ad hoc succo florum corruptus, et alu*u*s
maceratus totiens mutatus magnam tamen celestis nature uo-
luptatem affert. est autem initio mel ut aqua dilutum et pri- 11, 32*
mis diebus feruet ut musta seque purgat, uicesimo die cras-
sescit. mox obducitur tenui membrana, que feruoris ipsius
spuma concrescit. sorbetur optimum et minime fronde in*u*ec-
tum e*t* quercus, file, harundinum foliis. summa quidem boni- 11, 33*
tatis natione constat; aliubi enim cer*e* spectabiles gignuntur,
ut in Sicilia, Pelignis, aliubi copia mellis, ut in Creta, Cipro,
Affrica, aliubi magnitudine, ut septemtrionalibus uiso. in 11, 34*
quocumque tamen tractu terna sunt genera mellis. uernum et
floribus constructo fauo, quod ideo uocatur anthinum. hoc
quidam attingi uetant, ut largo alimento ualida exeat s*o*boles.

B L V

10 altitudine: multitudine *L* **12** triculo B^1 congestatus *L* **16 sq.** crascessit *B V* **25** quidem *B*

10 e tanta **18 sq.** infectum *cf.* S*TOTZ*, *HLSMA 3, VII § 221.1* **19** e tilie **20** *p.* enim *uerbum* faui *om.* cera **22** ut septemtrionalibus uiso*; apud Plinium sententia fuisse uidetur* ut in septentrionalibus, uiso iam in Germania octo pedum longitudinis fauo

alii ex nullo minus apibus relinqunt, quoniam magna sequ*i*tur
ubertas magnorum siderum exortu. alterum genus est mellis 11, 36*
estiui, quod ideo uocatur oraeonate*n*, *f*estiuitate precipua, ip-
so syrio exsplendescente post solsticium diebus XXX fere.
inmensa circa hoc subtilitas nature mortalibus facta est, nisi
fraus hominum cuncta pernicie corrumperet. namque ab ex- 11, 37*
ortu sideris cuiuscumque, set n*u*bium maxime a*c* celestis ar-
cus, si non sequantur imbres, set ros tepe*facti* solis radiis,
medicamenta, non mella, gignuntur, oculis, ulceribus inter-
nisque uisceribus dona celestia. quod si seruetur hoc sirio ex-
oriente casuque congruat in eundem diem, ut sepe, Veneris
aut Iouis Mercuriiue exortus, non alia suauitatis suisque mor-
talium malis a morte uocandi quam diuini nectaris fiat.

LXIIII De probatione optimi mellis.

Mel plenilunio uerius capitur serena die. omne rutilum 11, 38*
aptissimum e*t* thimo coloris aurei, saporis gratissimi. pingue
marino[A] resp*er*sum minime laudatur. thimosum non coit et 11, 39*
tactu pretenuia fila mittit, quod primum grauitatis argumen-
tum est. abrumpi statim et resilire guttas uilitatis indicium
est. sequens probatio, ut sit odoratum et ex dulci, reglutino-
sum, perlucidum.

[A]R(obertus): aqua marina.

B L V **21** *B*] *L*] *V*] **22** [B^2]

3 oraeonaton *L* **5** nature subtilitas *L* **7** cuiusque *L* nubilum *B V* **14** optimi mellis: mellis etc *L* **16** aureis *a. corr. B* **sq.** *s.* pingue marino (-ine *L V) uerba* i(d est) aque suo mari(ne) *add. V* **19** reselire *L*

1 relinqunt *cf.* *Stotz, HLSMA 3, VII § 110.6* **3** horaeon a tempestiuitate **7** nobilium **12** suauitas uisque **16** e **20 sq.** acre glutinosum

LXV Quod apes etc.

Tercium genus minime probatum siluestre, quod erithe- 11, 41*
um uocant. a bruma diebus LX sompno aluntur sine ullo ci- 11, 43*
bo. ab equinocti*o* uern*o* tepidiore tractu iam uigilant, set et-
iam tunc aluo se continent seruatosque in id tempus cibos
repetunt. cum exim*u*ntur mella, apes abigi fumo utilissimum, 11, 45*
ne irascantur aut ipse auide uorent. fumo crebriore etiam
ignauia earum excitatur ad opera, nam nisi incubauere, fauos
liuidos faciunt. rursus nimio fumo inficiuntur. fetus quonam 11, 46*
modo progenerent, magna inter eruditos et subtilis fuit ques-
tio. apum enim coitus uisus est numquam. plures existimaue-
re oportere confici floribus compositis atque utiliter, aliqui
coitu unius, qui rex in quoque appellatur examine; hunc esse
solum marem, precipua magnitudine, ne fatiscat; ideo fetum
sine eo non edi apesque reliquas tamquam marem feminas
comitari, non tamquam ducem. quam probabilem alias sen-
tentiam fucorum euentus coarguit. que enim ratio, ut idem
coitus imperfectos generet alios? propri*e* uero prior existima- 11, 47*
tio fieret, ni rursus alia difficultas occurreret. quippe nascun-
tur aliquando in extremis fauis apes grandiores que ceter*o*s
fugant. oestrus uocatur hoc malum. gallinarum modo incu- 11, 48*
bant. id quod exclusum est prim*um* uermiculus uidetur candi-
dus, iacens transuersus adherensque ita, ut pascere uideatur.
rex statim mellei coloris, ut electo flore ex omni copia factus,
neque uermiculus, set statim penniger. cetera turba cum for-
mam capere cepit, nimphe uocatur, ut fuci serenes at*que* ce-

1 [*B* [*L* [*V*

1 etc: sexaginta diebus et noctibus sompno aluntur. et quomodo gignuntur *V* **4** tepediore *L* **12** Alioqui *L* **18** inperfectus *B*[1] **20** cetero *L* **21 sq.** incubant modo *L* **24** stastim *L*

2 sq. ericaeum **20** ceteras **26 sq.** aut cephenes

fenes. ruptis membranis, que singulos cingunt ouorum modo, 11, 49*
uniuersum agmen emerg*it*. spectatum *est* hoc Rome consula-
ris cuiusdam suburbano aluis cornu laterne[A] translucido fac-
tis. fetus intra quadragesimum quintum diem peragitur. proti- 11, 50*
nus autem educti operantur quadam disciplina cum matribus
regemque iuuenem equalis turba comitatur.

[A]Rob(ertus): laterna animal est habens prelucidum cornu, unde sortitur nomen uas luminiferum.

LXVI De reuerentia etc.

Regibus forma semper egregia et duplo quam ceteris ma- 11, 51*
ior, penne breuiores, crura recta, ingressus celsior, in fronte
macula quodam diademate candicans. multum etiam nitore a
uulgo differunt. usum *aculei* natura negauit. mira plebei circa 11, 52*
regem obedientia. cum procedit, una est. totum examen circa 11, 53*
eum *con*globatur, cingit, protegit, cerni non patitur. reliquo
tempore, cum populus in labore est, ipse opera intus circuit,
similis exortanti, solus immunis. circa eum satellites quid*e*m
lictoresque assidua custod*i*s auctoritate. procedit foras non 11, 54*
nisi migraturo examine. id mult*um* intelligitur ante, aliquot
diebus murmure intus strepente. si quis alam ei detruncet,
non fugiet examen. cum processere, se illi proximam queque
cupit esse et in officio conspici gaudet. fessum humeris sub-
leuant, ualidius fatigatum ex toto portant. ubicumque ille
concedit, ibi cunctarum castra sunt. tunc ostenta faciunt pri- 11, 55*
uata ac publica. sedere in ore Platonis tu*nc* etiam infantis
suauitatem illam predulcis eloquii portendentes. semper duce 11, 56*
prenso totum tenetur agmen, amisso dilabitur migratque ad
alios. esse utique sine rege non possunt. humido uere fetus, 11, 58*

B L V **6** *B*] *L*] *V*] **7** [B^2 **8** B^2] **9** [*B* [*L* [*V*

9 etc: quam apes exibent regibus et de oestro et de examine *V* **17** quidam *V* **20** murmurare *L* **28** non possunt rege *a. corr.* *L*

sicco mel copiosius. dimicatio *earum* iniectu pulueris aut fumo tota discutitur, reconciliatur uero lacte uel aqua mulsa.

LXVII De siluestris apibus etc.

Apes sunt et rustice siluestresque, horride aspectu, multo 11, 59*
iracundiores, set opere ac labore prestantes. impugnant eas 11, 61*
nature eiusdem degeneres uespe atque crabrones, etiam e culicum genere qui uocantur muliones. populantur hirundines
et quedam alie aues. insidiantur aquantibus rane uerum et ru- 11, 62*
bete. nec sentire ictus apum rane traduntur. rege *autem* con- 11, 64*
sumpto meret plebs ignauo dolore, non cibos conuehunt, non procedunt, tristi tantum murmure glomerantur circa corpus. tunc quoque ni subueniatur, fame moriuntur. hilaritate igitur
et nitore sanitas estimatur. inimica et echo est, inimica et ne- 11, 65*
bula. haranei quoque uel maxime hostiles. papilio etiam ignauus, nam et ceras depascitur et relinquit excrementa qui-
bus teredines gignuntur. nascuntur et in ipso ligno teredines 11, 66*
que ceras precipue appetunt. oleo quidem non apes tantum, set omnia insecta exanimantur, precipue si capite uncto in
sole ponantur. aliquando et ipse contrahunt mortis sibi cau- 11, 67*
sa*m*, cum sensere eximi mella, auide uorantes. remedia dice-
mus suis locis; nunc enim sermo de natura est. gaudent plau- 11, 68*
su atque tinnitu eris eoque conuocantur. quo manifestum est
auditus quoque inesse sensum. ced*u*nt septenis annis uniuer- 11, 69*
sa.

B L V

1 copiosus *L V* **3** etc: et de animantibus que inimicantur apibus *V*: *om. B* **8** anquartibus *L* **19** contrahant *L*

3 siluestribus *cf.* *STOTZ, HLSMA 4, VIII § 42.5*

LXVIII Quomodo reparantur apes.

Sunt qui mortuas, si intra tectum hieme seruentur, dein-
de sole uerno torreantur, put*a*nt reuiuiscere; in totum uero 11, 70*
amissas reparari uentribus bubuli cum fimo obrutis, Virgilius
iuuencorum corpore ex*i*na*ni*to, sicut equorum uespas atque
crabrones, sicut asinorum scarabeum, mutante natura. et ta-
men in fetu eadem prope natura que apibus.

LXIX De genere uesparum etc.

Vespe in sublimi e luto nidos faciunt, in his ceras, cra- 11, 71*
brones cauernis aut sub terra. uespe que icheumones uocan- 11, 72*
tur – sunt autem minores quam alie – unum genus ex araneis
perimunt phalangium appellatum. preterea omnes carne*s* ues-
cuntur contraqu*e* apes nullum corpus attingunt. uespe muscas
grandiores uenantur. ictus crabronum siluestr*ium* in arborum 11, 73*
cauernis deg*entium* haud temere sine febri est. auctores sunt
ter nouenis punctis interfici hominem.

LXX De bombicibus.

Bombices telas araneorum modo texunt ad uestem lu- 11, 76*
xumque feminarum, que bombicina appellatur. et in Choo in- 11, 77*
sula nasci traduntur, cupressi, terebinthi, fraxini, quercus flo-
re imbribus decussum terre halitum animante. fieri autem

B L V

1 *p.* apes *litteras* etc *hab. L* **6** natura *om. L* **8** generibus *L* uesparum etc: uesparum *B*: uesperarum et crabonum *V* **11** unde *L* **18** aranearum *L V* **sq.** luxum *L* **19** bombicinia *L* **20** crupresse *L* **21** imbribus decus sunt terre halitum animantur *L*: animante halitum terre imbribus decussum *B*: imbribus decussum animante alitum terre *V*

4 bubulis **5** exanimato **10** ichneumones

primo papilionis paruos, mox frigorum impatientia aduersus
hiemen tunicas sibi instaurare densas, pedum asperitate ra-
dentes foliorum lanuginem, uellera inter ramos trah*endo* te-
nuari ceu pectine, postea apprehens*um* corpori inuolui nido
uolubili. tu*nc* ab homine tolli fictilibusque uasis tepore et 11, 78*
furfurum esca nutriri, humore lentescere, mox in fila tenuari
iunc*t*o fuco. nec puduit has uestes etiam uiros le*n*itate usur-
pare.

LXXI De falangie etc.

Araneorum his non absurde iungatur natura, digna uel 11, 79*
precipue admirationi. plura autem sunt genera nec dictu ne-
cessaria in tanta noticia. phalangia ex his appellantur quorum
noxii morsus, corpus exiguum, uarium, acuminatum, ad sal-
tum ingredientium. altera eorum species nigri prioribus cruri-
bus. tercium eorundem genus erudita operatione conspicuum. 11, 80*
sunt et ex eo auguria. quippe incremento amnium futuro telas 11, 84*
suas altius tollunt. idem sereno non texunt; nubilo texunt, id-
eoque multa aranea imbrium signa sunt. consum*u*ntur aranei 11, 85*
quater septenis diebus. similiter et scorpiones perimunt, pes- 11, 86*
tis importuna, ueneni serpentium, nisi quod grauiore suppli-
cio lenta per triduum morte conficiunt. semper cauda in ictu 11, 87*
est.

B L V

1 primo papilionis *(*papli- *V) B V:* palonis *L* paruo *B L* **2** hiemē *B V*: hymen *a. corr. L*: hyemen *p. corr. L* *p.* densas *(*-ses *L) uerbum* sibi *hab. L* pedim *L* **9** falagie *B*: pharaognie *L* etc: morsu noxio *V*: *om. B* **16** ea *L* **20** grauiori *L*

1 papiliones *cf.* STOTZ*, HLSMA 4, VIII § 36.3* **2** hiemen *cf.* STOTZ*, HLSMA 3, VII § 249.2* **4** apprehensam *scil.* lanuginem **7** iunceo fuso

LXXII de stellionibus.

Chamel*i*onum stelliones quodam modo naturam habent 11, 91*
rore tantum uiuentes. similis cicadis uita quarum duo genera; 11, 92*
minoresque prime proueniunt et nouissime pereunt. sunt autem multe. sequens est uolatura que canant. uocantur ache*r*e.
gentes uescuntur ad orientem. non nascuntur in raritate 11, 95*
arborum.

LXXIII De pennis insectorum.

Insectorum autem quedam binas gerunt pennas, ut mus- 11, 96*
ce, quedam quaternas, ut apes. menbranis et cicade uolant. quaternas habent que aculeis in aluo armantur. nullum cui telum in ore pluribus quam binis aduolat pennis. lucent ignium 11, 98*
modo noctu laterum et clunium colore lamprides pennarum
hiatu refulgentes. e contrario tenebrarum alumna blatus. pen- 11, 99* 100*
ne insectis omnibus sine scissura. nulli cauda nisi scorpioni. quedam insecta carent pennis, ut scolopendr*e*.

LXXIIII De locustis etc.

Insectorum pedes quibus sunt in obliquum mouentur. 11, 101*
quorumdam extremi longiores foris curuantur, ut locustis. he
pariunt in terra. serpentem, cum libuit, necant singule fauci- 11, 102*
bus eius apprehensis mordicus. in India ternum pedum longi- 11, 103*
tudinis traduntur esse. Parthis in cibo grate. uox earum profi- 11, 106* 107*
cisci ab occipitio uidetur.

B L V

1 stellationibus *B* **3** cicadum *L* **6** irascuntur *L* **8** pennis insectorum *B*: locustis *L*: pennis insectorum et quod nulli cauda sit nisi scorpioni *V* **10** quaterne *B* **13** nocte *L* amprides *L*: lampides *V* **17** De … etc: De locustis quod serpentes necant *V*: *om.* *L* **19** longiores extremi *L*

5 achetae **13** lampyrides **14** blattis uita

LXXV De genere formicarum etc.

Plurima insectorum uermicul*os* gignunt, nam et formice 11, 108*
similem ouis. apes utiles faciunt cibos, he condunt. si quis
comparet onera corporibus earum, fateatur nullis portione ui-
res esse maiores. semina arrosa condunt, ne rursus in frugem 11, 109*
exeant e terra. silices itinere earum attritos uidemus et opere 11, 110*
semitam factam, ne quis dubitet qualibet in re quid possit
quantulacumque assiduitas. sepeliunt*ur* inter se uiuentium
sole preter hominem. Indice formice cornua Erithris in ede 11, 111*
Herculis fixa miraculo fuere. aurum e cauernis egerunt terre
in regione septemtrionalium Indorum. hoc ab his tempore hi-
berno Indi furantur. que odore sollicitate prouolant crebroque
lacerant quamuis p*er*uelocibus camelis fugientes. tanta perni-
citas feritasque est cum amore auri.

LXXVI De formica que uiuit in igne etc.

Insecta quedam in ligno generantur, cossi nec *non* et ta- 11, 113*
b*o*ni. sicut intra hominem t*i*ne*e* tricenum pedum, aliquando
et plurium. qua feditate et S*i*lla dictator et Al*o*man ex claris- 11, 114*
simis Grecie poetis obiere. est animal infixo semper sanguine 11, 116*
capite uiuens atque intumescens. un*i* animalium, cui cibi non
sit exitus, cum nimia dehiscit sacietate *cibo* ipso moriens.
puluis in lan*a* et ueste tineas creat, precipue si araneus una 11, 117*
includ*i*tur. in Cipria erariis fornacibus et medio igni maioris 11, 119*
musc*a* magnitudinis *gignitur*, volat pennatum quadrupes; ap-

B L V

1 etc: et de indici .ſ. formicis que fodiunt aurum et custodiunt *V* **2** formicis *L* **7** dubitet *om. L* **15** uiuit … etc: etc *B*: uiuit in igne *L*: uiuit in igne et extra moritur *V*

16 sq. tabani **18** Sylla *uel* Sulla Alcman **20** unum **23** Cypri aerariis

pellatur pirallis, a quibusdam pyrato. quamdiu est in igne, ui-
uit. cum eu*o* sit longiore, paul*am* uolat, tunc moritur. est uo- 11, 116*
lucre canibus peculiare suum malum aures maxime lanians,
que deffendi morsu non queant. muscis humore exanimatis, 11, 120*
si cinere condantur, uita redit.

LXXVII Historia nature animalium per singula membra.

Itaque nunc per singulas partes corporum preter iam dic- 11, 121*
ta*s* membratim tractetur historia. caput habent cuncta que
sanguinem. in capite paucis animalium nec nisi *in* uolucribus
apices, diuersi quidem generis, *ut in* pauon*e et gallo*, preter-
ea a*li*ti parue, que ab illo galer*a*ta appellata quondam, postea
Gallico uocabulo; nomen *ei* alaude. cornua quidem multis et 11, 123*
aquatilium et marinorum et serpentium uariis data sunt mo-
dis, set que iure cornua intelligantur quadruped*i* tantum ge-
neri. mobilia eadem, ut aures, Phrigie armentis. boum attritis 11, 125* 127*
ungulis cornua unguendo aruina medentur agricole. tenuiora 11, 128*
feminis plerumque sunt, ut in pecore. multis ouium nulla nec
ceruorum, nec quibus multifidi pedes, nec solidi*s* pedum ulli
excepto asino Indico qui uno armatus est cornu. capita pisci- 11, 129*
bus portione corporum maxima, fortassis ut mergantur. in ca- 11, 130*
pite cunctorum animalium homini plurimus pilus, iam qui-
dem promiscue maribus ac feminis, apud intonsas utique
gentes. atque etiam nomina ex eo Capillatis Alpium incolis,
Gallie Comate. defluum eorum in muliere rarum, in spadoni- 11, 131*
bus non uisum, nec in ullo ante ueneris usum, nec infra cere-

B L V

1 piraflis *L* pirato *L V* **2** palam *L*, *p. corr. B* **12** multis quidem *V*, *p. corr. B* **17** sunt *om. L* **20** ut: ubi *L*

1 pyrotocon **2** paulo *uel* -lum **4** deffendi *cf.* STOTZ, *HLSMA 3, VII § 222.1* **11** galerita **18** solidipedum **24** defluuium

brum aut infra uerticem aut circa timpora *aut* aures caluitium. uni tantum animalium homini preterquam innatum.

LXXVIII De canicie etc.

Canicies homini tantum et equis. uertices bini hominum
tantum. capitis ossa exempta modice non sunt letalia in ui- 11, 132*
cem eorum succedente corpora cicatrice. cerebrum omnia ha- 11, 133*
bent animalia que sanguinem, set homo portione maximum et humidissimum omniumque uiscerum frigidissimum, duabus supra subterque menbranis uelatum, quarum alterutram
rumpi mortiferum est. uni homini n*on* corroborantur ossicula 11, 134*
parua *in capite* ante primum sermonis exordium. *cerebrum* 11, 135*
habet sensuum arcem; hic uenarum omnis a corde uis tendit, hic desinit, hic culmen altissimum, hic mentis est reg*num*. ab eo proficiscitur sompnus, hinc capitis nutatio. que cerebrum non habent non dormiunt.

LXXIX De auribus etc.

Aures homini tantum immobiles; animalium aliis maio- 11, 136*
res, aliis minores. in equis et omnium iumentorum genere in- 11, 137*
dicia animi preferunt, marcide fessis, micantes pauidis, sub-
recte furentibus, resolute egris. facies homini tantum, ceteris 11, 138*
os aut rostra. frons et aliis, set homini tantum tristicie, hilaritatis, clementie, seueritatis index in anima sensus eius. supercilia homini et pariter et alterne mobilia; et in his pars animi. hec maxime indicant fastum. superbia aliubi conceptaculum, set hic sedem habet; in corde nascitur, huc subit, hic pendet.

B L V

3 etc: et cerebro *V* **4 sq.** tantum homini *L, a. corr. B* **14** proficisitur *B*: profiscisitur *V* **16** etc: et superciliis *V*

6 corporea

nichil altius simul abruptiusque inuenit in corpore, ubi solitaria esset.

LXXX De oculis etc.

Subiacent oculi, pars corporis preciosissima et qui lucis 11, 139*
usu uitam distinguant a morte. non omnibus animalium; hi
ostreis nulli. homini tantum diuerso colore, ceruis in suo cui- 11, 141*
que genere similes. et equorum quibusdam glauci, set in hominibus numerosissime uarietatis atque differentie; grandiores, modici, parui; prominentes quos hebetiores putant, conditi quos clarissime cernere, sicut in colore caprino.

LXXXI De oculorum uirtute etc.

Preterea alii contuentur longinqua, alii nisi prope admota 11, 142*
non cernunt. multorum uisus fulgore solis constat nubilo die non cernentium nec post occasum. alii interdiu hebetiores,
noctu preter ceteros cernunt. qui *oculos* contra comminatio- 11, 144*
nem aliquam non co*hib*ent, inuicti. plerisque uero naturale,
ut *m*utare non cessent, quos pauidiores accepimus. nulla ex 11, 145*
parte maiora animi indicia cunctis animalibus, set homini maxime, id est moderationis, clementie, misericordie, odii, amoris, tristicie, leticie. contuitu quoque multiformes, truces, torui, flagrantes, graues, transuersi, lim*es*, *in*missi, blandi. profecto in oculis animus *in*habitat. ardent, intenduntur, humectant*ur*, coniuent. hic illa misericordie lacrima, hos cum 11, 146
osculamur, animum ipsum uidemur attingere; hic fletus et ri-

B L V

3 etc: et de uarietate eorum *V* **5** uisu *L* **6** ostrei *L* hominum *L* **11** etc: et uicio *V*: *om. B* **20** quoque: ergo *L*

10 caprinos **16** coniverent **17** nictare **21** limes *cf. ThLL VII 2, 1427, 22 sq.*

gantes ora riui. quis ille est humor in dolore tam fecundus et
paratus aut ubi reliquo tempore? animo autem uidemus, ani-
mo cernimus; oculi ceu uasa quedam uisibilem eius partem
accipiunt atque transmittunt. sic magna cogitatio obcecat ab-
ducto intus uisu. sic in morbo comitiali animo caligante aper-
ti nichil cernunt. tenuibus multisque menbranis eos natura 11, 147*
composuit, callosis contra frigora. fenestrauit pupilla, cuius 11, 148*
angustie non sinunt uagari incertam aciem; incidentia facile
declinant, adeoque his absoluta uis speculi, ut tam parua illa
pupilla totam imaginem reddat hominis. ea causa est, ut ple-
rique alitum e manibus hominum oculos potissimum appe-
tant, quod effigiem suam in his cernentes uelut ad cognata
desideria sua tendunt. ueterina tantum quedam ad crementa 11, 149*
lune morbos sentiunt. set homo solus emisso humore libera-
tur. uenam ab his pertinere ad cerebrum peritissimi auctores
tradunt; ego et ad stomachum crediderim; certe nulli sine
redundatione eius uer*t*itur oculus. uni animalium homini de- 11, 150*
prauantur. capre lupoque splendent lucemque iaculantur. ui- 11, 151*
tuli marini et hyene in mille colores transeunt subinde. quin
et in tenebris multorum piscium refulgent. quorum duri sunt, 11, 152*
minus cernunt quam quorum humidi. omnibus membrana ui- 11, 153*
tri modo translucida obtenditur. extremum ambitum gene su- 11, 157*
perioris antiqui cilium uocauere, unde et supercilia. hoc uul-
nere aliquo *ob*ductum non coalescit.

B L V

2 animo^{1}: anima *B*^{1} **4 sq.** abductu *L* **9** uis absoluta hiis *L*

17 eruitur

LXXXII De dentibus etc.

Infra oculos male homini tantum, quas prisci genas uo-
cabant duodecim tabularum interdicto radi eas uetantes. pu-
doris hec sedes; ibi maxime ostenditur rubor. mentum nulli 11, 159*
preter hominem, nec male. maxillas cocodrillus tantum supe-
riores mouet. dentium tria genera, serrati aut continui aut ex- 11, 160*
erti; serrati ut serpentibus, piscibus, canibus. continui ut
homini, equo. exerti apro, hippopotamo, elephanto. apri per- 11, 161*
cuti*un*t, femine sues mordent. uolucrum nulli dentes preter 11, 164*
uespertilion*i*. ceteris cum ipsis nascuntur, homini postquam 11, 166*
natus est septimo mense. reliquis perpetui manent, mutantur
homini, leoni, iumento, cani. homini nouissimi qui genuini
uocantur circiter uigesimum annum gignuntur, multis et oc-
togesimo. decidere in senecta et mox renasci certum est. 11, 167*
equo castrato prius non decidunt dentes. si *asine* non pepere- 11, 168* 169*
runt priusquam decidant *ex*tremi, sterilitas certa. *equus* septi- 11, 168*
mo *anno* omnes habet et renatos et immutabiles. b*ubus* bis 11, 169*
mutant*ur*, suibus nunquam decidunt.

LXXXIII De linguarum uarietate.

Lingue non omnibus eodem modo. tenuissima serpenti- 11, 171*
bus, trisulca, uibrans, atri coloris et si extrahas prelonga; la-
certis bifida, pilosa; uitulis quoque marinis duplex. quibus- 11, 173*
dam insectis intus lingua, ut formicis. intellectus sapor *est* 11, 174*
ceteris in prima lingua, homini et in palato. tonsille in homi- 11, 175*

B L V

1 etc: et hiis quibus sunt et hiis quibus non sunt et de eorum uarietate *V*
3 uetentes B^1 *V* **15 sq.** perepererunt *(scr.* peperunt*)* *L* **18** decident *L*
23 intellectiſs *L*

10 uespertilionem **23 sq.** saporum ceteris

ne, in sue glandule. quod inter eas uue nomine ultimo dependet palato, homini tantum est.

LXXXIIII De gula et ceruice.

Appellatur sane gula, qua cibus atque potus deuoratur. 11, 176*
tendit hec ad stomachum, ad uentrem. arteri*e* gule neruo et
carne const*an*t. ceruix nulli nisi quibus utraque hec. ceteris 11, 177*
collum, quibus tantum gula. set quibus ceruix, e multis uerte-
bratisque orbiculatim ossibus flexi*bi*lis ad circumspectum ar-
ticulorum nodis iungitur, leoni tantum et lupo et hyene singu-
lis rectisque ossibus rigens. ceter*a* spine adnectitur, spina 11, 178*
lumbis, ossea, set tereti structura, per media foramina a*d* ce-
rebr*um* medulla descendente. eandem esse ei naturam quam
cerebro colligunt, quoniam pretenui eius membrana modo in-
cisa statim exspiretur.

LXXXV De gutture etc.

Guttur homini tantum et suibus intumescit aquarum que 11, 179
potantur plerumque uitio. summum gule fauces uocantur,
postremum stomachus. hoc nomine est sub arteria iam car-
nosa inanitas annexa spine et latitudine ac longitudine lacune
modo fusa.

B L V

3 et ceruice: etc *B*: et ſeruice *V* **10** rectibusque *L* **15** gutture etc: gucture *B*: guture et faucibus et stomacho *V*

5 sq. arterie ... constant; *apud Plinium sententia fuisse uidetur* ex cartilagine et carne arteria, gula e neruo et carne constat

LXXXVI De corde et eius natura.

Cor animalibus ceteris medio pectore est, homini tantum 11, 181*
infra leuam papillam turbinato mucrone prior*e* eminens. pis-
cibus solis ad os spectatur. hoc primum nascentibus formari
in utero tradunt, deinde cerebrum, sicut *nou*issime oculos, set
hos primum mori, cor nouissime. huic precipuus calor; palpi-
tat, munitu*r* costarum et pectoris muro, ut pareat *esse* preci-
puam uite causam et originem. prima domicilia intra se ani- 11, 182*
mo et sanguini prebet sinuoso specu et in magnis animalibus
triplici, in nullo non gemino. ibi mens habitat. ex hoc fonte
due grandes uene in prorsa[A] et item grandes currunt, sparsa
ramorum series, per alias minores omnibus membris uitalem
sanguinem rigant. solum hoc uiscerum uitiis non maceratur,
nec supplicia uite trahit lesumque mortem ilico affert. ceteris
corruptis uitalitas in corde durat. bruta existimantur animali- 11, 183*
um quibus durum riget, audacia quibus paruum est, pauida
quibus pregrande.

[A]R(obertus): prorsa ea que non mutantur.

LXXXVII Quod in cordibus etc.

Maximum autem est *pro*portione muribus, lepori. in
equorum corde et boum ossa reperiuntur interdum. augeri id 11, 184*
per singulos annos in homine, ad binas dragmas ponderis ad
quinquagesimum accedere, ab eo detrahi tantumdem, et ideo

B L V **17** *B*] *L*] *V*] **18** [*B*²] **19** [*B* [*L* [*V*

1 et … natura: etc *B* **2** animabus *B* **6** os *L* **7** Minitur *L* **9** debet *L* **10** tripli *L* **13** rigant sanguinem *L* **15 sq.** animalium existimantur *L* **19** Quod … etc: De corde et eius natura *in ras. V*: Quod in cordibus os crescit et de felle et quibus non est *p. corr. V*

4 spectat **22** drachmas *cf. ThLL V 1, 2057, 75; 2058, 5 sqq.; Stotz, HLSMA 3, VII § 129* **23** quinquagesimum *scil.* annum

non uiuere hominem ultra centesimum annum defectu cordis
Egyptii existimant. negatur cremari posse in his, qui cardiaco 11, 187*
morbo obierint, negatur et ueneno interemptis. sub eo pulmo 11, 188*
est spirandique offici*um* attrahens ac reddens animam, iccir-
co spongiosus ac fistulis inanibus cau*ti*s. pauca eum, ut dic-
tum est, habent. quanto minor hic corporibus, tanto uelocitas
maior. camelioni portione maximus et nichil aliud intus. i*gi*- 11, 189*
*t*ur in dextera parte est, in eo quod caput extorum uocant
magne uarietatis. defuit Gaio principi kl' Ianuarias, cum
iniret consulatum quo anno interfectus est. Diuo Augusto 11, 190*
Spoleti sacrificanti primo potestatis sue die ex uictimarum
iocinera replicata intrinsecus ab *un*a fibra reperta sunt re-
sponsumque duplicaturum in*f*ra annum imperium. in eodem 11, 191*
est fel, non omnibus datum animalibus. equi, muli, asini, cer-
ui, capre, capri, cameli, delphini non habent. murium aliqui
habent. hominum paucis non est, quorum ualitudo firma et
uita longior. sunt qui equo non quidem in iecore esse, set in 11, 192*
aluo putent et ceru*is* in cauda aut intestinis. ideo tantam ha-
bent amaritudinem, ut a canibus non attingantur. est autem
nichil aliud quam purgamentum pessimusque sanguis et ideo
in materia est.

LXXXVIII Quod sanguinem etc.

Certe iecur nulli est nisi sanguinem habentibus. accipit
hoc a corde, cui iungitur, funditque in uenas. set in felle insa- 11, 193*
nie causa homini morsque toto reddito. carent eo qui absin- 11, 194*
thio uescuntur in Ponto. set renibus et parte tantum altera in-

B L V

3 obierunt *L* **19** carnibus *a. corr. B* **22** etc: non habent quibus iecur non est et de precordiis *V* **23** Serte *L V*

5 cauus pauca *scil.* aquatilia *a Roberto om.* **7 sq.** iecur **11** sex **12** ima **13** intra **24** hoc *scil.* fel

testino iungitur, ut coruis, coturnicibus, fasianis; intestino
tantum, ut columbis, accipitre, murenis; paucis auium in pec-
tore, serpentibus portione maxime copiosum et piscibus. est 11, 195*
autem toto plerisque *in* intestino, sicut accipitri, miluo. uitu-
lis qu*oque* marinis ad multa quoque nobile. taurorum felle
aureus ducitur color. exta serpentibus et lacertis longa. Pirro 11, 197*
regi quo die periit precisa hostiarum capita repsisse sangui-
nem suum lambentia. exta homini ab inferiore uiscerum par-
te separantur menbrana que precordia appellant, quia a corde
pretenditur quod Greci appellauerunt phigenas. omnia qui- 11, 198*
dem principalia uiscera menbranis propriis ac uelut uaginis
inclusit prouidens natura. in hac fuit et peculiaris causa uici-
nitas alui, ne cib*is* supprimeretur animus. huic certe refertur
accepta subtilitas mentis; ideo nulla est ei caro, sed neruosa
exilitas. in eadem precipua hilaritatis sedes. ob hoc in preliis
gladiatorumque spectaculis mortem cum risu traiecta precor-
dia attulerunt.

LXXXIX De uentre etc.

Subest uenter stomachum habentibus, ceteris simplex, 11, 199*
ruminantibus geminus, sanguine carentibus nullus. in homine
adnexus infimo stomacho similis canino. his solis animalium
in inferiore parte angustior. que sola uomunt, quia repleto
propter angustias supprimitur cibus, quod accidere non potest
his, quorum spatiosa laxitas eum ad inferiora transmittit. a*d* 11, 200*
hoc uentriculo lactes in oue et homine, per quas labitur cibus.
magis auidi ciborum quibus ab aluo longius spatium. idem
minus sollertes quibus obesissimus uenter. hic conficiuntur 11, 201*

B L V

7 bestiarum *L*   **18** etc: et aqua *(qua p. corr.)* parte hereat stomacho et de aluo et de liene et de felle *V* **24** spatiasa *L* ad[1] *it. L*

9 quam **10** phrenas *uel* φρένας

cibi, hinc in aluum dilabuntur. media hec umbilico adnexa 11, 202*
omnibus, in homine il*i*a infima parte. similis a Grecis appel-
latur colon, ubi dolorum magna causa. auibus uenter carno- 11, 203*
sus callosusque. in uentre hyrundinum pullis lapilli candid*i*
aut rubenti colore qui celidonii uocantur. et in iuuencarum
secundo uentre pile rotunditate nigricans tophus, nullo pon-
dere, singulare, ut putant, remedium egre parientibus, si tel-
lurem non attigerit. uentricul*i* atque intestina pingui ac tenui 11, 204*
omento integuntur preterquam oua gignentibus. huic adnecti-
tur lien in sinistra parte aduersus iecori. peculiare cursus im- 11, 205*
pedimentum aliquando in eo. *eo* exempto uiuere animalia
tradunt, adimi simul risum homini. renes habent omnia qua- 11, 206*
drupedum que animal generant, hom*ini* bubulis similis uelut
e multis renibus composit*us*. pectus precordiis et uitalibus 11, 207*
natura circumdedit, at uentri, quem necesse erat increscere,
ademit; nulli animalium circa uentrem ossa.

XC De costis etc.

Pectus homini tantum latum, reliquis carinatum. coste
homini octone, cornigeris tredecim, serpentibus triginta. infra 11, 208*
aluum est a priore parte uesica. inter eam et aluum arterie ad
pubem tendentes, que ilia appellantur. in uesica lupi lapillus
qui sirites uocatur, set hominum quibusdam diro cruciatu
subinde nascentes calculi et setarum capillamenta. uesica
menbrana constat, que uulnerata cicatrice non solidescit; ne-
que cor aut cerebrum inuoluitur.

B L V

11 eo^2 *add.* B^2 **12** adimi: adutu *B* **14** et *om.* B^1 *L V* **15** ac *L* **17** etc: et uesica *V*

XCI De uipera et oua etc.

Quod alio nomine locos appellant, hoc in reliquis anima- 11, 209*
libus uuluam. hec uipere et in*fra* se parientibus duplex, oua
generantium adnexa precordiis, et in muliere geminos sinus
ab utraque parte laterum habet, fune*reos*, quotiens uersa spi-
ritum inclusit. boues grauidas negant preterquam dextro uul- 11, 210*
ue sinu. fere etiam geminos fe*t*ant.

XCII De sepo et adipe etc.

Cornigera una parte dentata et que in pedibus talos ha- 11, 212*
bent seuo pinguescunt, bissulca scissisue in digitis pedibus et
non cornigera adipe. quedam non pinguescunt, ut lepus, per-
dix. steriliora cuncta pinguia. omnibus animalibus est quod- 11, 213*
dam in oculis pingue. adeps cunctis sine sensu, quia nec arte-
rias habe*n*t nec uenas. plerisque animalium est pingu*e*do sine
sensu; quamob*rem* sues spirantes a muribus tradunt arrosas.
medulla ursis nulla, cet*is*[A] in tanta duritia, ut ignis elidatur 11, 214*
uelut silice. aquatilium medulla in spina. cartilago rupta non 11, 215* 216*
solidescit nec precisa ossa recrescunt.

[A]R(obertus): piscibus illis.

XCIII Quamdiu homo etc.

Homo crescit in longitudinem ad annos qu*a*ter septenos,
tum deinde ad plenitudinem. maxime autem pubescens no-
dum quendam solu*it* et precipue egritudine sentitur. *neruis* 11, 218*

B L V **18** *B*] *L*] *V*] **19** [*B*^{2}] **20** [*B* [*L* [*V*

1 et oua etc: et oua *B*: etc *L*: et oua gignentibus *V* **8** De *om. B* etc: et quibus alterutrum est *V* **9** peditibus *B* **10 sq.** bissulca … pinguescunt *om. L* **20** etc: crescit in longitudine et de neruis et arteriis *V*: *om. B*

3 intra **14** habet

uulneratis summus dolor, prec*is*is nullus. sine neruis quedam
animalia, ut pisces, arteriis enim constant. inter hos latent ar- 11, 219*
terie, id est spiritus semite. his natant uene, id est sanguinis
riui. arteriarum pulsus in cacumine maxime membrorum eui-
dens, index fere morborum, in modulos certos legesque me-
tricas. arterie carent sensu, nam et sanguine. nec omnes uita- 11, 220*
lem continent spiritum, precisisque torpescit tantum pars ea
corporis. aues arterias n*on* habent. fibr*e* super totam cutem
disperse adeo in angustam subtilitatem tenuantur, ut penetra-
re sanguis non possit.

XCIIII De sanguine etc.

Sanguis quibus multus et pinguis, iracundia. maribus 11, 221*
quam feminis nigrior et iuuenta quam senio, et inferiore parte
pinguior. magna et in eo utilitatis portio. emissus spiritum
trahit secum, tactum tamen non sentit. animalium quibus for-
tior a*c* crassior sapientiora, quibus tenuior timidiora, quibus
minimus aut nullus hebeti*or*a. taurorum celerrime coit atque 11, 222*
durescit, ideo pestifer potu maxime. aprorum ac ceruorum
caprearumque *ac* bubalorum omnium non spissatur. pinguis-
simus asinis, homini tenuissimus. his, quibus plus quaterni
pedes, nullus. obesis minus copiosus, quoniam absumitur
pingui. profluuium eius uni fit in maribus homini, aliis nare 11, 223*
alterutraque, quibusdam per inferna, multis per ora sta*tu*to
tempore, ut nuper Macrino uiro pretorio et omnibus annis
Volusio Saturnino urbis prefecto, qui nonagesimum etiam
excessit annum. solum hoc in corpore temporarium sentit in-
crementum. que animalium latere certis temporibus diximus, 11, 224*
non habent tunc sanguinem, preter*ea* exiguas admodum gut-
tas circa corda, miro opere nature. sic in homine uim eius ad

B L V

8 cutem totam *L* **11** etc: et eius natura *V* **13 sq.** pinguior parte *L*
22 naribus *L* **26** temporararium *B* **29** in *om. L*

minima momenta mutari, non modo tantum in ore materia
suffusa, uerum ad singulos animi habitus, pudore, ira, metu.
morbi omnes morsque sanguinem absumunt. uulnerata cutis 11, 225* 227*
non coit, ut in bucca *et* cilio.

XCV De partu animalium.

Que animal pariunt, pilos habent; que oua, pennas aut 11, 228*
squamas aut corticem, ut testudines, aut cutem puram, ut ser-
pentes. libidinosiores hominum quoque hirtos. pubescit homo 11, 229* 230*
solus, quod nisi contingit, sterilis in gignendo est, seu mascu-
lus seu femina. crescunt *pili* in quibusdam morbis, maxime 11, 231*
tussi*s*, et in senecta, defuncto quoque. quadrupedibus pilum 11, 230*
cadere atque subnasci annuum est. boum coriis glutinum *op-* 11, 231*
timum excoquitur, taurorumque precipuum. mammas homo 11, 232*
solus e maribus habet, cetera animalia mammarum notas tan-
tum. sues generose toto uentre duplici ordine duodenas, uul- 11, 233*
gares binis minus, similiter canes.

XCVI De quorum animalium etc.

Caseus non fit ex utri*s*que dentatis, quoniam eorum lac 11, 237*
non coit. *asinino* lacte *l*otum corpus macera*ri* cred*itur*, cut*is* 11, 238*
quoque extendi. non omittendum in *butiro* olei uim esse, et 11, 239*
barbaros omnes infantesque nostros ita ungi. tradunt Zorasten 11, 242*
in desertis caseo uixisse annis XX ita temperato, ut uetusta-
tem non sentiret. terrestrium solus homo bipes. uni ungul*e*, 11, 243*
humeri, ceteris armi; uni ulne. quibus animalium manus sunt,

B L V

3 sq. non coit cutis *L* **5** *p.* animalium *uerba* et de pubertate et de pis (pilis V^2) hominis *hab. V* **17** animalium etc: animalium *B*: etc *L*: animalium lacte fit caseus *V* **21** zarasten *L*

18 utrimque **21** Zoroastren **23** iuguli

intus tantum carnose, extra neruis et cute constant. hominis 11, 244*
digiti articulos habent, pollex binos, et digitis aduersis uni-
uersis flectitur, per se uero in obliquum porrigitur crassior
ceteris. huic minimus mensura par*i*, duo reliqui sibi, inter
quos medius longissime protenditur.

XCVII De similitudine etc.

Simiarum genera perfectam hominis simulationem conti- 11, 246*
nent facie, naribus, auribus, palpebris; que sole quadrupedum
et inferiorem habent genam, in manibus ungues, digitos lon-
gioremque medium. pollex quoque his et articulus ut homini.
uiscera etiam interiora omnia ad exempla. omnia digitos ha- 11, 248*
bent que pedes excepto elephanto; idem poplites intus flectit
hominis modo. pedes homini maximi, feminis tenuiores. in 11, 253*
omni genere sure homini tantum et crura carnosa. in quadru- 11, 254*
pedibus solidas habent ungulas que non sunt cornigera. aui- 11, 256*
um alie digitate, alie palmipedes, alie inter utrumque, digitis
diuisis a*b*iecta latitudine. uise iam et serpentes anserinis pe- 11, 257*
dibus. insectorum *animalium* pedes primi longiores duros ha- 11, 258*
bentibus oculos, ut subinde pedibus eos tergant, ceu notamus
in muscis. numerus pedum inpar nulli est. mares in omni ge- 11, 259*
nere f*e*ro*c*iores preterquam pantheris et ursis. caude preter 11, 264*
hominem *et* simias omnibus fere animalibus; amputate lacer-
tis et serpentibus renascuntur. uocem non habere nisi que 11, 266*
spirant Aristotiles putat; iccirco et insectis sonum esse, non
uocem, intus meante spiritu et incluso sonante; alia murmur
edere, ut apes, alia contractu stridorem, ut cicadas. muti in 11, 267*

B L V

6 etc: et de pedibus serpentis et cauda et uoce animantium *V*: *om. B*
10 articulis *V* **12** Item *L* **14 sq.** *in margine ad (p. V)* quadrupedibus *uerba* preter suem *add. V B*[2] **26** cicades *B*

4 par **17** adiecta

Macedonia apri traduntur. auium loquatiores que minores, et 11, 268*
circa coitus maxime. bubus tantum feminis uox grauior, in 11, 269*
alio omni genere exilior quam maribus. infanti in nascendo 11, 270*
nulla auditur antequam totus emergat utero. primus sermo anniculo et semenstri. locutus est Cresi filius et in crepundiis prodigio, quo totum id concidit regnum. qui celerius fari *in*cepere, tardius ingredi incipiunt. uox roboratur a tredecim
annis; eadem in senecta exilior. uox in homine magnam uul- 11, 271*
tus partem habet. agnoscimus eam priusquam cernamus, non aliter quam oculis, totidemque sunt he, quot in rerum natura mortales, et sua cuique sicut facies.

XCVIII De prenosticis etc.

Membra animalibus agnata inutilia sunt, sicut sextus ho- 11, 272*
mini semper digitus. miror quidem Aristotilem non modo 11, 273
credidisse prescita uite esse aliqua in corporibus ipsis, uerum etiam prodidisse. que quamquam uana existimo nec sine cunctatione proferenda, ne in se quisque et auguria anxie querat, attingam tamen, que tantus uir in doctrinis non spre-
uit. igitur uite breuis signa ponit raros dentes, prelongos digi- 11, 274*
tos, plumbeum colorem pluresque in manu incisuras nec perpetuas. contra longe esse uite incuruos humeris et in manu una duas incisuras longas habentes et plures quam XXXII dentes, auribus amplis. nec uniuersa hec, ut arbitror, set singula obseruat, friuola, ut reor, uulgo tamen narrata.

XCIX De prenosticis Trogi.

Addidit morum quoque aspectus simili modo apud nos Trogus, et ipse auctor set uerissimus, quos uerbis eius subici-

B L V

1 *p.* auium *uerbum* que *hab. L* **5** locus B^1 **12** etc: aristotilis que reprehendit *V*: *om. L* **14** digitus semper *L* **17** nec *L* **21** longa B^1: -gæ B^2 humeros *a. corr. B* **23** auris *L*

am. frons ubi est magna, segnem animum subesse significat; 11, 275*
quibus parua, nobilem; quibus rotunda, iracundum, uelut hoc
uestigio tumoris apparente. supercilia quibus porriguntur in
rectum, molles significat; quibus iuxta nasum plexa sunt,
austeros; quibus iuxta t*im*pora inflexa, derisores; quibus in
totum demissa, maliuolos et inuidos. oculi quibuscumque 11, 276*
sunt longi, maleficos moribus esse indica*uit*; qui carnosos naribus angulos habent, malitie nota preuenti; candidi pars extenta notam imprudentie habet; qui identidem operire solent,
inconstantie; auricularum magnitudo loquacitatis et stulticie
nota. hactenus Trogus.

C De anima leonis.

Anima leonis uirus graue, ursi pestilens. contacta alitu 11, 277*
eius *con*tingit nulla fera. hominis tantum infici natura uoluit
pluribus modis et ciborum *et* dentium uitiis, set maxime senio. huius *ab e*quo *recedenti* reperta est pena, ut neque id ip- 11, 278*
sum, quia uiueret, in uita iuuaret. fecentia ora medentur grano Assirii mali, cuius suauitas precipua, in esculentia addito.
elephantorum anima serpentes extrahit, ceruorum urit. 11, 279*

B L V

4 significat *om. L* **11** hactenus Trogus *om. L* **12** *p.* leonis *uerba* et quomodo sententencia *(*sententia *V*[2]*)* ora medentur *hab. V* **18** malitia *B*

4 significant **5** timpora *cf.* S*TOTZ*, *HLSMA 3, VII § 16.2* **16** huius *(scil.* animae*)* ab aequo recedentis*?*

CI De uenenis etc.

Vultur*is* unguento qui fugantur alios appetunt odores.
qu*o*sdam serpentes scorpio occidit. Scite sagittas tingunt ui-
perina sanie et humano sanguine; irremediabile id scelus,
mortem ilico affert leui tactu. apros salamandra ab his deuo- 11, 280*
rata qui edere, moriuntur; neque intellectus ullus in odore uel
sapore. et aqua uinumque interimit salamandra ibi mortua.
uespe serpente auide uescuntur, quo alimento mortiferos ic- 11, 281*
tus faciunt. ideoque magna differentia est uictus. tantum insi- 11, 280*
diarum est uite.

CII De cibis utilioribus.

Homini cibus utilissimus simplex, aceruatio saporum 11, 282*
pestifera et condimenta perniciosiora. difficulter autem per-
ficiuntur omnia in cibis acria, nimia et auide hausta, et estate
quam hieme difficilius et in senecta quam iuuenta. uomitio-
nes homini ad hec in remedium excogitate frigidiora corpora
faciunt, inimice oculis maxime aut dentibus. sompno conco- 11, 283*
quere corpulentie quam firmitati utilius; ideo athletas ambu-
latione m*ultum* cibos perficere. peruigilio quidem precipue
uincuntur cibi.

CIII Quibus cibis etc.

Augescunt corpora dulcibus atque pinguibus et potu, minuuntur siccis et aridis frigidisque ac siti. plerosque certum

B L V

1 etc: et apris que salamandram edunt *V*: *om. B* **3 sq.** uiperino *B*[1] *L* **4** sanie: sanguine *L* humanos *a. corr. B* **11** utilioribus *L*: utilis *B*: utilioribus homini *V* **16** in *add. B*[2] **21** etc: augentur corpora hominum et quibus minuuntur *V*: *om. B* **22** pingui *B*

19 malunt

est mori esuriendi semper inexplebili auiditate. perniciosissi- 11, 284*
mum autem et in omni quidem uita quod nimium, precipue
tamen corpori, minuique quod graue quolibet modo utilius.
uerum ad reliqua nature transeamus.

Explicit liber IIII. incipit liber V.

I De arbore platano.

Vt nullum sileatur nature opus, sequi par est ordinem ui- 12, 1* 2*
te et arbores ante alia dicere. mille sunt usus earum, sine quis 12, 5*
uita degi non possit. arbore sulcamus maria terrasque admo-
uemus, arbore exedificamus tecta. set quis non iure miretur 12, 6*
arborem umbre gratia tantum ex alieno petitam orbe? plata-
nus hec. est Gortine in insula platanus una insignis nunquam 12, 11*
folia dimittens, statimque ei Grecie fabulositas superfuit Io-
uem sub ea cum Europa concubuisse, ceu non alia eius gene-
ris esset in Cipro.

II de arbore malo.

Malus Assiria, quam alias Medicam uocant, ueneri me- 12, 15*
detur. temptauere gentes transferre ad sese propter remedii 12, 16*
prestantiam, set nisi apud Medos et in Perside nasci *u*oluit.
Indie arborum magnitudinem unam peculiarius Virgilius ce- 12, 17*
lebrauit, hebenum nusquam alibi nasci professus. accendi Fa- 12, 20*
bianus negat, uritur tamen odore iocundo. passim uero que 12, 26*
piper gignunt iuniperis nostris similes, quamquam in fronte
Caucasi solibus opposita gigni tantum eas aliqui tradidere.
semina a iunipero distant paruulis siliquis, quales in pasin

B L V **4** *V*] **7** [*V* **12** hec *V*] **17** Malus [*V* **22** iocundo *V*]

2 *p.* nimium *uerbum* et *in ras. hab. B* **5** liber[2] *om. L* **6** *p.* platano *litteras* etc *hab. B* **11** tantam *L* **18** g's *L*

19 noluit **25 sq.** in phasiolis uidemus

passiolis uidemus. he priusquam dehiscant decerpte tosteque
sole faciunt quod uocatur piper longum, paulatim uero dehis-
centes per maturitatem ostendunt candidum piper, quod dein-
de tostum solibus colore rugisque mutatur. uerum et his sua 12, 27*
iniuria est, atque celi intemperie carbunculant fiuntque se-
min*e* cassa et inania quod uocant brecmasin Indorum lingua
significante mortuum. hoc ex omni genere asperimum est le-
uissimumque et pallidum, gratius nigrum, lenius utroque can-
didum. non est huius arboris radix, ut aliqui existimauere, 12, 28*
quod uocant singiuerim, alii uero zingiberi, quamquam sapo-
re simile. id enim in Arabia atque Trogoditica in uillis nasci-
tur, parue herbe radice candida. celeriter ea cariem sentit,
quamuis in tanta amaritudine. utrumque siluestre gentibus 12, 29*
suis est et tamen pondere emitur ut aurum uel argentum. pi-
peris arborem iam et habet Italia maiorem mirto. deest grano
co*c*ta illa maturitas ideoque et rugarum colorisque similitudo.
adulteratur iuniperi bacis mire uim trahentibus.

III De gariophilo.

Est etiamnum in India piperis granis simile quod uocatur 12, 30*
gariofilon, grandius fragiliusque.

IIII De gente etc.

Sactaron et Arabia fert, set laudatius India. est autem 12, 32*
mel in harundinibus collectum, gummium modo candidum,
dentibus fragile, amplissimum nucis Auellane magnitudine,

B L

1 passioli *L* **6** brecinasin *B* **10** singeuerim *L* zingeberi *L* **15** et: non *L*[1] **18** *p.* gariophilo *litteras* etc *hab. L* **23** in harundinibus mel *L* *p.* collectum *uerbum* colle *hab. L*

6 bregma sic **20** caryophyllon *cf. ThLL III 508, 40 sqq.; STOTZ, HLSMA 3, VII § 159.6* **22** saccaron

ad medicine tantum usum. contermina Indis gens Arriana ap- 12, 33*
pellatur. ibi frutex pestilens raphani folio, lauri odore, quos
uitant equi; pene equitatu orbauit Alexandrum primo introitu.
ibi spina tradita est, cuius liquor aspersus oculis cecitatem in- 12, 34*
fert omnibus animalibus, nec non et herba precipui odoris re-
ferta minutis serpentibus, quarum ictu protinus moriendum
est. uicina est Bactriana, in qua bdellium nominatissimum. 12, 35*

V Quod in insula etc.

Fert insula *Persica* palmas oleasque *et* uites et cum reli- 12, 40*
quo pomorum genere *et* ficos. nulli arborum folia ibi deci-
dunt. uicina his Arabia flagitat quandam generum distinc- 12, 41*
tionem, quoniam fructus his constat radice, frutice, cortice,
suco, lacrima, ligno, surculo, flore, folio, pomo. radix et foli-
um Indis et maximo precio radix costi, gustu feruens, odore
eximio. duo sunt eius genera, nigrum et, quod melius, candi-
cans.

VI De nardo etc.

De folio nardi plura dici par est ut principalis in ungen- 12, 42*
tis. frutex est graui et crassa radice, set breui ac nigra fragili-
que, quamuis pingui. cacumina ariste aspergunt; ideo gemina
dote nardi spicas ac folia celebrant. adulteratur et pseudo 12, 43*
nardo herba, que ubique nascitur crassiore atque latiore folio
et colore languido in candidum uergente. sincerum quidem
leuitate deprehenditur et colore rufo odorisque suauitate et
gustu maxime siccante os, sapore iocundo. odoris gratia om- 12, 44*
nibus, maior recentibus. in nostro orbe proxime laudatur Sy- 12, 45*
riacum, mox Gallicum, tercio loco Creticum. baccaris uoca-
tur nardum rusticum, de quo dicemus inter flores. sunt autem

B L **1** contermina [*V* **7** est[1] *V*]

26 maxime *L*

ea omnia herbe preter Indicum. ex his Gallicum et cum radi-
ce uellitur abluiturque uino, siccatur umbra, alligatur fascicu-
lis in carta non multum ab Indico differens, Syriaco tamen le-
nius. amom*o* iuba in usu est. est et que uocatur amomis, mi- 12, 48* 49*
nus uenosa atque durior ac minus odorata. simile his et nomi- 12, 50*
ne et frutice cardamomum, semine oblongo. metitur eodem
modo in Arabia. quatuor sunt genera: uiridissimum ac pin-
gue, acutis angulis contumax fricanti; hoc maxime laudatur.

VII De thure etc.

Thura preter Arabiam nullis ac ne Arabie quidem uni- 12, 51*
uerse. regio eorum thurifera Saba appellatur; hoc significare 12, 52*
Greci misterium dicunt. siluarum longitudo est choeni XX, 12, 53*
latitudo dimidium eius. choenus patet Eratostenis ratione sta-
dia XL, hoc est passus $\overline{\mathrm{V}}$; aliqui XXII stadia singulis choenis
dedere. nec preterea Arabum alii thuris arborem, ac ne ho- 12, 54*
rum quidem omnes, feruntque non amplius esse familiarum
V, que ius per successiones id sibi uendicent. nec arboris ip- 12, 55*
sius que sit facies constat. res in Arabia gessimus et Romana
arma in magnam partem eius. p*o*net*u*r uere. Gaius etiam Ce-
sar Augusti filius inde gloriam petiit, nec tamen ab ullo, quod
equidem sciam, Latino arborum earum tradita est facies. cor- 12, 57*
tice lauri esse constat.

VIII De uindemia thuris etc.

Prior atque naturalis uindemia circa canis ortum flagran- 12, 58*
tissimo estu, incidentibus qua maxime uidetur esse pregnans

B L

4 uisu *a. corr. B* **7** *p.* modo *uerbum* metitur *hab. L* **23** thuris etc: etc *B*: thuris *L*

12 schoeni **19** eius penetrauere

tenuissimusque tendi cortex. laxatur hic plaga, non adimitur;
inde prosilit spuma pinguis. hec concreta densatur, ubi loci
natura poscat, tegete palmea excipiente. quod in arbore hesit
ferro depectitur, ideo corticosum. silua diuisa certis portioni- 12, 59*
bus mutua innocentia tuta; nemo saucias arbores custodit, ne-
mo furatur alteri. autumno legitur et estiuo; hoc purissimum, 12, 60*
candidum. secunda uindemia est uere, ad eam hieme cortici-
bus incisis. rufum hoc exit nec comparandum priori. creditur
et nouelle arboris candidius esse, set ueteris odoratius. quod 12, 61*
ex eo rotunditate gutte pependit, masculum uocamus; religio-
ni tributum, ne sexus alter usurparetur. precipua autem gratia
mammoso, cum herente lacrima priore consecuta alia miscuit
se. Alexandro Magno in pueritia sine parsimonia thura inge- 12, 62*
renti aris pedagogus Leonides dixerat, ut illo modo, cum de-
uicisset thuriferas gentes, supplicaret. at ille Arabia potitus
thure onustam nau*i*m misit ei, ut large exhortatus deos adora-
ret.

IX De mirra etc.

Mirram in hisdem siluis permixtam arborem nasci tradi- 12, 66*
dere aliqui, plures separatim, quippe multis locis Arabie gig-
nitur. conuehitur et ex siluis laudata petuntque eam etiam ad
Trogoditas Sabei transitu maris. satiua quoque prouenit mul-
tum siluestri prelata. arbori altitudo ad V cubita, nec sine spi- 12, 67*
na. sudant autem sponte priusquam incidantur stacten dic- 12, 68*
tam, cui nulla prefertur. ab hac statiua, et in siluestri quoque
melior estiua. probati*ssima cum* fracta candidos ungues habe- 12, 70*
at, gustu leniter amara. secunda bonitas intus uaria. pessima
que intus nigra peior*que*, si etiam foris.

B L

26 ungues candidos *L*, *p. corr. B*

X De mastica etc.

Mastice laudatissima Chia candida. Chie lentis contraditur gigni gummium modo. ladan*um in* Arabia caules predulci liquore distillant, set *non* hoc non alibi fieri quam in Nabatheis, qui sunt ex Arabia contermini Sirie. uerum autem ladanum Cipri in insula es*t*, hirc*is* edere flore deroso pastibus matutinis, cum est rorulenta Cipros, dein nebula sole discussa in puluerem madentibus uillis adherescere atque ita ladanum depecti. sunt qui herbam in Cipro, ex qua id fiat, ledam appellant; etenim illi ledanum uocant. tactu statim mollesc*it*, accensum fulge*t* odore iocundo graui. 12, 72* 12, 73* 12, 74* 12, 75* 12, 76*

XI De lacrima olee etc.

In Arabia et olea dotatur lacrima, qua medicamentum conficitur a Grecis inbemon dictum, singulari effectu contrahendis uulnerum cicatricibus. 12, 77*

XII De arbore brata etc.

*Qu*anta mortalibus suarum rerum sacietas est alienarumque auiditas. petunt igitur in Elimeos arborem bratam cipro fuse similem, iocundi odoris, fumumque eius contra ligna alia remedio *esse* trad*unt*. ex Siria reuehunt stiracem acri odore eius in focis abigentes suorum fastidium. cetero non alia ligni genera sunt in usu quam odorata cibosque Sabei coquunt thuris ligno, alii mirre, oppidorum uicorumque non alio quam ex aris fumo atque nidore. ad hunc ergo sanandum 12, 78* 12, 81*

B L

4 sq. abatheis *L* **7** deinde *L* **8** mandentibus *L* **16** etc *om. L* **17 sq.** alienarum *L* **18** brata *B*

2 sq. Chia e lentisco traditur **4** non[1] *mendose it.* **6** hederae **14** enhaemon **18** bratum urunt stiracem in pellibus hircinis *in*ficiuntque tecta; adeo nulla est uoluptas, que non assiduitate *sua* fastidium pariat. eundem et ad serpentes fugandas urunt in odoriferis siluis frequentissimas.

XIII De cinnamomo etc.

Siquidem cinnamomum idemque cinnamum nascitur in 12, 86*
Ethiopia Trogoditis conubio permixta, hi mercantes id a con- 12, 87*
terminis uehunt per maria uasta ratibus, quas neque guberna-
cula regant neque remi trahant uel impellant, non uela, non
ratio ulla adiuu*a*t. deferunt in portum Gebb*e*nitarum, qui uo- 12, 88*
catur Ocilia. contra reuehunt uitrea et aena, uestes, fibulas
cum armillis *et* monilibus. ipse frutex du*o*rum cubitorum al- 12, 89*
titudine amplius palmique. minimus IIII digitorum grossitu-
dinis stat*u* a terra sex digitis surculosus, arido similis folio
origani. gignitur quidem set densissimis in uepribus rubisque
difficilis collectu. metitur non nisi permiserit deus. precipua 12, 91*
bonitas uirgultorum tenuissimis partibus ad longitudinem
palmi, secunda proximis breuiore mensura, atque ordine. ui-
lissimum quod radicibus proximum, quoniam ibi minimum
corticis, in quo summa gratie. ipsum uero lignum in fastidio
propter origani agrimoniam, xilocinnamum uocatur. inueni- 12, 93*
mus apud auctores [94*]coronas ex cinnamomo interrasili auro 12, 94
inclusas.

B L

10 Gebbanitarum **13** amplissimus **21** acrimoniam

XIIII De casia.

Frutex et casie est iuxtaque cinnami campos nascitur, 12, 95*
sed in montibus gr*o*ssiori sarmento, tenui cute uerius quam
cortice. amplitudo frutici*s* trium cubitorum.

XV De mirobalano etc.

Mirobalanum Trogoditis et Thebaidi et Arabie, que Iude- 12, 100*
am ab Egypto disterminat, commune est, n*o*scentibus un-
guent*a*. *cui* in unguentis similem proximumque usum habet 12, 103*
palma in Egypto, que uocatur adipsos, uiridis, odore mali ci-
tonei, nullo intus lign*e*o. colligitur autem paulo antequam in-
cipiat maturescere. quod si relinquatur, phenicobalanus uoca-
tur et nigrescit uescentesque inebriat.

XVI De calamo etc.

Calamus quoque odoratus in Arabia nascens communis 12, 104*
Indis atque Syrie est. dicamus et de iunco, quamuis alio her-
bis dicato uolumine, quoniam tamen hic unguentorum mate-
ria tractatur. nichil ergo a ceteris sui generis differunt aspec- 12, 105*
tu, set calamus prestantior odore statim e longinquo inuitat.
traduntque iuncum odoratum et in Campania inueniri. iuxta 12, 106* 107*
Hammonis oracul*um* arbor quam met*r*opon appellant ammo-
niaci lacrimam stillat in arenis suis, inde nomen etiam Am-
monis oraculo. sphagnos fertur et in Gallia nasci; nec dubita- 12, 108*
uerim; sunt enim hoc nomine carni arborum uilli, quales in
quercu maxime uidemus, set odore prestantes. laus prima
candidissimis atque altissimis, secunda rutilis, nulla nigris.

B L

1 *p.* casia *litteras* etc *hab. B* **5** Mirabolano *L* etc *om. L* **13** etc *om. L*

9 sq. cotonei *uel* cydo- **20** metopon **23** cani

cipros in Egypto est arbor semine coriandri, candido, odorato. coquitur hoc in oleo, premitur postea quod cip*ru*s uocatur. quidam hanc esse dicunt arborem, que in Italia ligustrum uocetur. in eodem tractu aspalatos nascitur, spina candida, magnitudine arboris modice, flore rose. radix unguentis expe*r*itur. tradunt in quocumque frutice curuetur arcus celestis, eandem que*cum*que sit aspalti suauitatem odoris existere, sed in aspalto inenarrabilem quandam. quidam eum erisi sceptrum uocant, alii sceptrum *Helisei*. 12, 109* 12, 110*

XVII De balsamo etc.

Omnibus odoribus prefertur balsamum uni terrarum Iudee concessum, quondam in duobus tantum ortis, utroque regio, altero iugerum XX non amplius, altero pauciore ostende*nt*e arbutum. quippe uiti similior est quam mirto. *sata* properat nasci intra tercium annum fructifera. arbori tria genera: p*rimum* *o*ceacoma, quod uocant entheristrum; alterum scabro aspectu, incuruum, fructicosum, odoratius; hoctraci appellant; tercium eumecces, quia est reliquis procerius, leui cortice. huic secunda bonitas, nouissima e*ri*theristro. semen est uino proximum gustu, colore rufum nec sine pingui. peius in grano quod leuius atque uiridius. ramus crassior quam mirto. inciditur uitro, lapide osseisue cultellis; ferro ledi uitalia odit, moritur protinus, eodem amputari superba. incidentis manus libratur artifici temperamento, ne quid ultra corticem uiolet. sucus e plaga manat quem opobalsamum uocant, suauitatis 12, 111* 12, 112* 12, 114* 12, 115* 12, 116*

B L

9 elisei *B* **18** proceruis *a. corr. B*

5 sq. expetitur **7** aspalathi **8** aspalatho **sq.** erysisceptrum **9** sceptrum Helisei *cf. VVLG. IV reg. 4, 29; 31; GREG. M. moral. 9, 63* **14** sata *scil.* arbor **16** capillacea coma eutheriston **17** fruticosum hoc trachy **19** eutheristo

eximie, set tenui gutta ploratu, la*cu*nis parua colligitur in cor-
nua, ex his nouo fictili conditur. precipua autem gratia lacri- 12, 118*
me, secunda semini, tercia cortici, minima ligno. ex hoc bu- 12, 119*
xosum est optimum, quod est odoratissimum, ex semine
autem maximum et ponderosissimum, mordens gustu fer-
uensque in ore. nigr*um* quippe ut olcum senescit. gutta*ta* uo- 12, 120* 62* (?)
ca*bant* ma*mm*am. summa est probatio, ut lac coagulet et in 12, 123*
ueste maculas non faciat.

XVIII De stirace etc.

Proxima Iudee Syria sup*e*r Phenicem stiracem gignit. dat 12, 124* 126*
et galbanum Siria in Amano monte et ferulam. panacem et 12, 127*
unguentis eadem gignit nascentem. dat et mal*a*ba*l*atron Sy- 12, 129*
ria, arborem folio conuoluto, colore arido, ex quo premitur
oleum ad ungenta. oleum et omfacium est. fit duobus generi- 12, 130*
bus et totidem modis, ex olea et uite, olea adhuc alba expres-
sa, priusquam cibo matura sit, iam tamen colorem mutans. et 12, 131*
uua inmatura in mortariis teritur siccataque in sole postea di-
geritur in pastillos. eodem et brion pertinet, uua pupilli albe. 12, 132*
eodem et oenanthe pertinet; est autem uitis labrusce uua; col-
ligitur cum flore, id est cum optime olet, siccatur in umbra
substrato lintheo atque ita in cados conditur. ex alba labrusca 12, 133*
prestantior. que in Affrica fit, ad medicos tantum pertinet uo-
caturque massaris.

B L

4 que *B* **18** *s.* brion *uerba* uel orion *add.* B^2 alba *L*

6 guttam **7** mannam*?* **12** malobathron **18** populi

XIX De arbore etc.

Preterea arbor ad eadem unguenta pertine*t*, qu*e*m alii 12, 134*
elaten uocant, quod nos abietem, alii palmam, alii spatam,
odorata pingui lacrima, que in unguenta additur ad doman-
dum oleum. in Siria gignitur et cinnamum, quod camac*on* ap- 12, 135*
pellant. hic est succus nuci*s* expressus multum.

XX De unguentis etc.

Vnguenta [2*]quis primus inuenerit non traditur. Iliacis 13, 1* 2*
temporibus non erant. primum, quod equidem inueniam, cas- 13, 3*
tris Darii regis expugnatis in reliquo eius apparatu Alexander
cepit scrinium unguentorum. postea uoluptas eius a nostris
quoque inter laudatissima atque honestissima uite bona ad-
missa est. unguentis cognomina dedere aliis patrie, aliis suc- 13, 4*
ci, aliis arbores, aliis cause. diuulgata maxime unguenta cre- 13, 9*
diderim rosa, que plurima ubique gignitur. omnia autem 13, 16*
acutiora fiunt costo, amomo, que maxime nares feriunt, cras-
siora mirra suauioraque, medicine autem utiliora croco.

XXI Qualiter fiat regale unguentum.

Regale unguentum appellatum, quoniam Parthorum regi- 13, 18*
bus ita temperatur. constat mir*a*balano, costo, amomo, cinna-
mo, comaco, cardamomo, nardi spica, maro, mirra, cassia,
stirace, ladano, opobalsamo, calamo, iunco, oenanthe, mal*a*-
batro, sericaton, cipro, melle, uino. siccis odoribus constant 13, 19*
que diap*l*asmata uocantur. nam feces unguenti magm*ata* ap-
pellant. unguenta optime seruantur in alabastris, odores in

B L

2 eandem *a. corr. B* **4** abditur *L* **18** unguentum: etc *B*

2 quam *cf.* Stotz, *HLSMA 4, VIII § 64.2* **5** comacon *uel* -cum
20 myrobalano **22 sq.** malobathro **23** serichato **24** diapasmata

oleo, quod diuturnitati eorum tanto utilius est, quanto pingui-us, ut ex amigdalis. et ipsa unguenta uetustate meliora. sol inimicus his, quamobrem in umbra coquntur plumbeis uasis. hec est materia luxus *h*e cunctis maxime superuacui. marga- 13, 20* rite enim gemmeque ad heredem tamen transeunt, uestes pro-*lon*gant tempus; unguenta ilico exspirant ac suis moriuntur horis. summa commendatio eorum, ut transeuntem feminam odor inuitet etiam aliud agentem. excedunt quadragenos de-narios libre. tantum emitur uoluptas aliena; et enim odorem qui gerit, ipse non fecit. in Marci Ciceronis monimentis inue- 13, 21* nitur unguenta gratiora esse, que terram quam que crocum sapiant.

XXII De palma etc.

Iudea inclita est uel magis palmis, quarum natura nunc 13, 26* dicetur. prima nascitur pomi caro, postea lignum intus, hoc 13, 31* est semen eius. seritur autem pronum et bina iuxta composita 13, 32* semina superque totidem; quoniam infirma singulis planta est, quaterne coalescunt. gignitur leui sabulosaque terra, ma- 13, 28* iore in parte et nitrosa. gaudet et riguis toto anno bibere. ergo 13, 38* ubi non est solum tale, salem aspergunt, non radicibus, set longius paulo. palma*rum L* genera. Alexandri milites palmis 13, 39* 50* uiridibus strangulati sunt; est enim tanta suauitas monstri, ut finis mandendi non nisi periculo fiat. Syria preter hanc pecu- 13, 51* liares habet arbores; in nucum genere pistatia nota; prodesse aduersus serpentium morsus traduntur et potu et cibo; in fi-corum autem Caricas, minoris eius generis, que coctana uo-cant. habet et terebintum. ex his masculus est sine fructu; fe- 13, 54*

B L

19 uitrosa *L* **20** aspergunt: non aspergere *L* **21** paruo *L* **23** mandendendi *a. corr. B* **26** coctanam *L*

3 coquntur *cf.* S*TOTZ*, *HLSMA 3, VII § 110.6* **4** e **27** mascula minarum duo genera. alteri fructus rubet lentis magnitudine, alteri pallidus cum uite maturescit, non grandior faba, odore iocundior, tractu resinosus.

XXIII De arbore fici etc.

Et Egypto multa genera que non alibi, ante omnia ficus 13, 56*
ob id Egyptia cognominata. arbor moro similis folio, magni-
tudine, aspectu; pomum fert non ramis, set caudice, idque ip-
se ficus est predulcis sine granis interioribus. papirum e*tiam* 13, 71*
nascitur in palustribus Egypti aut quiescentibus Nili aquis,
ubi euagate stagnant. preparatu ex eo carta diuiso acu in pre- 13, 74*
tenues, set quam latissimas philuras. spectantur in cartis te- 13, 78*
nuitas, densitas, leuor. Cassemina, uetustissimus auctor an- 13, 84*
nalium, quarto eorum libro prodidit c*um* en*im* Terentium
scribam agrum suum in Ianiculo repastinantem offendisse ar-
cam, in qua Numa qui Rome regnauit situs fuisset. in eadem 13, 85*
libros repertos P. Cornelio L. f(ilio) Cetego, M. Bebioque f(i-
lio) Pamphilo consulibus, ad quos a regno Nume colliguntur
anni DXXXV. hos fuisse carta, maiore etiam nun*c* miraculo,
quod tot infossi durauerint annis. quapropter *hic* retenta ipsi-
us Hemine uerba ponam: mirabantur alii, quomodo illi libri 13, 86*
durare po*tui*ssent; ille ita rationem reddebat: lapidem fuisse
quadratum circiter in medio arce uinctum candelis quaque
uersum. in eo lapide insuper libros impositos fuisse, propter-
ea arbitrari e*um* non potuisse libros c*e*ratos tineas t*angere*. in

B L

4 etc *om. L* **10** uagate *L* carta *om. L* **11** *s.* philuras *uerba* uel fissuras *add. B*[2] **18** maiorem *L* hunc *L* **19** durauerunt *L* **20** *s.* Hemine *uerba* pro(prium) n(omen) *add. B*[2] **21** itaque *L* **23** *p.* uersum *uerbum* qua *hab. L*

10 praeparatur **12** Cassius Hemina **13** prodidit Cn. Terentium **16** Bebio Q. **17** Tamphilo

his libris scripte erant philosophie. *de his* quo*sdam* comburi 13, 87*
placuit.

XXIIII De Affricana arbore etc.

Affrica qu*e* uergit ad nos insignem arborem lothon gig- 13, 104*
nit, quam uocant celtim. color croci *fructibus*, set ante ma- 13, 105*
turitatem alius atque alius, sicut uuis. nascitur dulcis ibi cibo,
ferunt uentris non sentire morbum qui eum mandant. melior 13, 106*
sine interiore nucleo, qui in altero genere osseus uidetur. lig-
no colos niger. Cir*an*aica regio loton sue postponit paliuro. 13, 111*
fruticosior hec fructuque magis rubens, cuius nucleus non si-
m*ilis* mand*i*tur; iocundus per se atque suauior e uino. set cir- 13, 112*
ca Carthaginem Punicum eo gramine*m* sibi uendicat. aliqui
granatum appellant. diui*ditur* in genera. nucleos habentium 13, 113*
V species: dulcia, acria, mixta, acida, uinosa. flos *eius* ba-
laustium uocatur, et medicinis idoneus et tinguendis uestibus,
quarum color inde nomen accepit. in Asia et Grecia nascun- 13, 114*
tur frutices epicactis, quem alii embolinen uocant, paruis fo-
liis, que po*ta*ta contra uenena prosunt sicut erices contra ser-
pentes. tragion fruticen sola Creta insula gignit terebinto 13, 115*
similem et semine, quod contra sagittarum ictus efficacissi-
mum tradunt. eadem et tragachantem spine albe radice mul-
tum prelatam apud Medos aut in Caucaso nascent*em*. tracon 13, 116*
et Asia fert siue scorpionem, ueprem sine foliis, ramis sub-
euntibus, ad medicine usum. miricen et Italia, quam tamari-
cen uocat, Achaia autem bri*o*n siluestrem insignem, quod

B L

3 etc *om. B* **4** leothon *a. corr. B* **9** color *L* **10** Fructicosior *L* **14 sq.** balaustum B^1 **16** Inasaias *a. corr. B* **17** parua *L* **19** fruticē *B* **22** ucaso *B*

9 Cyrenaica **12** Punicum cognomine **19** fruticem *cf.* *Stotz, HLSMA 3, VII § 249.2* **21** tragacantham **22** nascenti tragon **25** bryan

eam satiue tantum ferat. galle similiter fructu*s* in Syria et
Egypto copiosa; hec est cuius infelicia ligna appellamus. gig- 13, 117*
nit enim arborem ostrin, quam et ostream uocant. qua in do-
mum illata difficiles partus fieri produnt mortesque miseras.
et ferulam inter externas dixisse conuenit arborumque generi 13, 122*
ascripsisse. lignum omne corticis loco habet, intus medullam
ut sambuci. calidis nascitur locis, fructu aneto similis. nulli 13, 123*
fruticum leuitas maior; ob id gestata facilius baculorum usum
senectuti preb*ui*t.

XXV De tapsia etc.

Semen ferule quidam tapsiam uocauere decepti eo, 13, 124*
quoniam ferula est sine dubio tapsi assidui generis, foliis fe-
niculi, inani caule nec excedente baculi longitudinem. semen
qua*si* ferule, radix candida. incisa lac emanat et contusa suc-
co*sum* corticem. abdicant omnia ea uenena, quippe etiam fo-
dientibus nocet. si minima aspiret aura, intumescunt corpora
faciemque inuadunt ignes acri. ob id cerato prius illin*i*unt.
quibusdam tamen morbis auxiliari dicunt medici, tantumque 13, 125*
impudentie est, ut uenenum artis esse persuadeant. tapsia in
Affrica uehementissima. quidam caulem incidunt per messes
et in ipsa excauant radice, quo succus confluat, arefactumque
tollunt. alii folium tundunt in pila et succum in sole coactum 13, 126*
diuidunt in pastillos. Nero Cesar claritatem ei dedit *in* initio
imperii *sui*, nocturnis grassationibus conuerberata facie illin*i*-
ens sic cum thure ceraque et sequenti die contra famam cu-
tem sinceram ferens. ignem ferulis optime seruari certum est
easque in Egypto precellere. ibi et caparis, firmioris ligni fru- 13, 127*

B L

1 syrita *a. corr. B* **8** fructicum *L* **27** ligno *L*

2 copiose **3** ostryam **12** thapsia sed sui **14** emanat *transit., cf. ThLL V 2, 447, 63 sqq.* **17** sacri

tex seminisque et *u*bi uulgati. cauenda eius genera peregrina, siquidem Arabicum pestilens.

XXVI De citiso etc.

Frutex est et cithis*i*, ab Anthilomaco Atheniense miris 13, 130*
laudibus predicatus pabulo omnium. non ex alio pabulo lactis
maior copia aut melior, super omnia pecudum medicina mor-
bis omni usu prestante. quin et nutricibus in defectu lactis 13, 131*
aridum atque in aqua decoctum potui cum uino dari iuuat; et
firmiores celsioresque infantes fore. apes quoque nunquam
defore citisi. nec aliud minoris impendii est. seritur cum or- 13, 132*
deo aut uere semine ut porrum uel caule autumpno ante bru-
mam. inuentus hic frutex in Citano insula, inde translatus in 13, 134*
omnes Ciclades. preterea quod maxime miror rarum esse in
Italia. non estuum, non frigorum, non grandinum aut niuis
iniuriam expauescit. qui nauigauere in Indos Alexandri mili- 13, 140*
tes frondem marinarum arborum tradidere in aqua uiridem
fuisse, exempta sale protinus in salem arescentem.

XXVII De moribus hominum etc.

Externe arbores indocilesque nasci alibi quam ubi cepere 14, 1*
hactenus fere sunt, licetque iam de communibus loqui, qua-
rum omnium peculiaris parens uideri potest Italia. illud satis 14, 2*
mirari non queo, interisse quarundam memoriam. quis enim
non communicato orbe terrarum maiestate Romani imperii
profecisse uitam putet commercio rerum, societate feste pa-
cis omniaque, etiam que occulta fuerant, in promiscuo usu

B L **4** [*V* **10** est *V*]

2 siquidæm *B* **18** etc *om. B* **22** memoriam quarundam *L*

1 cibi **4** Amphilocho **10** *p.* citisi *uerba* pabulo contingente *om.*
12 Cythno **17** exemptam sole

facta? at Hercules non reperiuntur qui norint multa ab anti- 14, 3*
quis prodita. nimirum alii subiere ritus circaque alia mentes 14, 4*
hominum detinentur et auaritie tantum artes coluntur. post- 14, 5*
quam senator censu legi ceptus, iudex fieri censu, magistra-
tum ducemque nil magis exornare quam census, postquam
sola gaudia cepere in possidendo esse, pessumiere uite precia
omnesque a maximo bono liberales dicte artes in contrarium
cecidere ac seruitute sola profici cepte, eodem habendi ques- 14, 6*
tu ad spes omnium tendente uoto. passim uero etiam egregii
aliena uicia quam bona sua colere malle. ergo Hercules uo-
luptas uiuere cepit, uita ipsa desiit. set nos oblitterata quoque
scrutabimur. unde autem potius incipi*e*mus quam a uitibus? 14, 8*
quarum principatus in tantum peculiaris Italie est, ut uel hoc
uno omnia gentium uicisse quamquam odorifera possit uideri
bona.

XXVIII Quod uitis arbor etc.

Vites iure apud priscos magnitudine quoque inter arbo- 14, 9*
res numerabantur. Iouis simulacrum in urbe Populoni*a* ex *ui-*
te conspicimus tot a*nn*is incorruptum. item Massilie patera,
Metaponti templum Iunonis uitigineis columpnis stetit. nec
est ligno ulli eternior natura. una uitis Rome in Li*b*ue porti- 14, 11*
cibus subdiuales inambulationes umbrosis *o*per*c*ulis opacat,
eadem duodenis musti amphoris fecunda. in medicaminibus 14, 19*
adeo magnum *uitis* optinet locum, ut per sese uina remedia
sint. genera uitium innumera atque infinita esse prodi*tum est*. 14, 20*
uin*i* natura est hausto accendendi calore uiscera intus, foris 14, 58*
infuso refrigerandi. nec alienum fuerit commemorare hoc in

B L

4 *s.* legi *uerba* i(d est) eligi *add.* B^2 **7** artes *om. L* **16** arbor etc: etc *B*: arbor *L* **20** *p.* Iunonis *uerbum* et *hab. L* **24** ut: ubi *L* **27** refrigerendi B^1

21 Liuiae

loco, quod Adrocydes sapientia clarus ad Alexandrum Mag-
num scripsit intemperantiam eius cohibens: uinum po*ta*turus,
rex, memento bibere te sanguinem terre; sicuti uenenum est
homini cicute uinum. quibus preceptis si ille obtemperauis-
set, profecto amicos in temulentia non interemisset, prorsus
ut dici possit neque uiribus corporis utilius aliud neque uo-
luptatibus perniciosius, si modus absit. uinum omne dulce 14, 80*
minus odoratum; quo tenuius, eo odoratius. colores uini IIII:
albus, fuluus, sanguineus, niger. genera autem uini alia aliis 14, 59*
gratiora quis dubitet? sireum, quod alii epsema, nostri sapon 14, 80*
appellant, ingenii, non nature, opus est musto usque ad ter-
ciam partem decocto. quod ubi factum est, defrutum uoca-
mus. inuenimus inter exempla Egna*d* Met*a*ntini uxorem, 14, 89*
quod uinum bibisset e dolio, interfectam fuste a marito eum-
que cedis a Romulo absolutum.

XXIX Quod uinum non ad utilitatem etc.

Si quis diligentius reputet, in nulla parte operosior *natu-* 14, 137*
ra est – ceu non saluberrimum ad potum aque liquorem natu-
ra dederit, quo cetera omnia animantia utuntur; at nos uinum
et iumenta bibere cogimus – tantoque opere, tanto labore et
impendio constat, quo hominis mentem mutet ac furorem
gignat, ut magna pars non aliud uite premium intelligat. nam- 14, 148*
que et hec necessitas uitium comitatur, ut bibendi consuetudo
augeat auiditatem. est et occidentis plu*r*is sua ebrietas fruge 14, 149*
madida, pluribus modis per Gallias Hispaniasque, nominibus
aliis, set ratione eadem. Egyptus quoque e fruge sibi potus si-

B L

4 uinum: uenenum *B* **8** minus *om. L* tenuis *B* **16** ad utilitatem *om. B*

1 Androcydes **3** cicuta **10** sapan *uel* -pam **13** Egnati Metenni
24 populis

miles excogita*n*t, nullaque in parte mundi cessat ebrietas. heu mira uitiorum sollercia! inuentum est quemadmodum aqua quoque inebriaret. duo sunt liquores humanis corporibus gratissimi, intus uini, *exterius* olei, arborum e genere ambo precipui, set olei necessarius. 14, 150*

XXX De oleo et eius etc.

Ex eadem quippe oliua differunt succi. primum omnium cruda atque nondum inchoate maturitatis; hoc sapore prestantissim*i*. quin et ex eo prima unda preli laudatissima ac deinde per minutiones. uetustas oleo tedium affert. oliue constant nucleo, oleo, carne, amurca; suus quidem oliue succus oleum est. oleo natura tepefacere corpus et contra algores munire, eidem feruores capitis refrigerare. ole*i* fictici*i* genera plura; fit Rodium e rosis, iuncinum e iunco, quod e*s*t rosaceo simillimum, item hiosiamo, *id est iusquiamo*, et lupinis, narcisso. amigdalinum quod alii quineopum uocant. 15, 5* 15, 7* 9* 15, 19* 15, 24* 15, 30* 15, 26*

XXXI De amurca etc.

Super omnia uero celebrauit amurcam Cato. dolia olearia cadosque illa imbui, ne bibant oleum. amurca subici areas torrendis messibus, ut formice r*an*eque absint; quin et lutum parietum et tectoria ac pauimenta horreorum frumenti, uestiarium etiam contra teredines ac noxia animalia amurca aspergi, semina frugum perfundi, morbis quadrupedum, arborum quoque, illa *ad* medendum, efficaci ad ulcera interiora humani quoque oris. lora etiam et coria omnia et calciamina 15, 33* 15, 34*

B L **11** suus [*V* **13** refrigerare *V*] **18** [*V*

1 *p.* ebrietas *uerbum* Nulla *hab. L* **6** et eius *om. L* **22** noxia: noxilia *L*

15 id est iusquiamo *interpretatio, fortasse Roberti* **16** aliqui neopum

axesque decocta ungui atque eramenta contra eruginem colorisque gratia elegantioris. postremo ligna macerata amurca nullius fumi tedio ardere. oleam si lambendo capra *te*tigerit depaueritque primo gr*a*mina, tum sterilescere auctor est Abuarro.

XXXII De pineis nucibus.

Reliqui arborum fructus uix specie figuraue, non modo 15, 35*
saporibus succisque totiens permixtis atque insitis, enumerari que*a*nt. grandissimis pinei nucibus altissimeque *a terra* suspensis intus exiles nucleos, lacunatis includit horis uestitos alia ferruginis tunica mira nature cura molliter semina collocandi. harum genus alterum Terentine. tercium apine, quar- 15, 36*
tum phitidia uocant, singularis remedii *contra* tussim in melle decoctos nucleos. pinea corona uictores apud Histrum coronantur.

XXXIII De pomis ci(toneis) etc.

His proxima al*t*itudine mala que uocamus c*i*tonea et 15, 37*
Greci cidonea ex Creta insula aduecta. plura eorum genera; crhisomela incisuris distincta, colore ad aurum inclinato, que candidior, nostra*sc*ia cognominata, odoris prestantissimi.
Persicorum palma duracinis. na*sc*onum habent cognomen 15, 39*
Gallica et Asiatica. ingens postea turba pr*im*orum: uersicolor, 15, 41*
nigra, candida, ordearia appellata a comitatu frugis eius. eodem colore seriora maioraque, asinina cognominata a uilitate

B L V **5** *V*]

1 era menta *B*: examenta *L* **9 sq.** suspensus *a. corr. B* **11** ferrugnis *(*feru- *L) B*[1] *L* **16** ci(toneis) *om. B* **17** citonia *B* **23** fruges *B*

5 M. Varro **10** includi toris **12** Tarentinae sappiniae **13** pitydia **14** Isthmum **17** cotonea **20** candidior *scil.* color distinguit nostratia **21** nationum **22** prunorum

sunt ac nigra ac laudatiora cerina atque purpurea, nec non ab externa gente Armeniaca, que sola et odore commendantur
peculiari. in peregrinis arboribus dicta sunt Damacena a Sirie 15, 43*
Damasco cognominata. pruna siluestria ubique nasci certum. 15, 44*
peculiare improbitatis et acerbitatis conuicium et uis tanta, ut 15, 52*
aciem gladii perstringat.

XXXIIII De piris et eius etc.

Eadem causa in piris taxatur superbie cognomine; parua 15, 53*
hec, set ocissima. Tiberiana appellantur que maxime Tiberio 15, 54*
principi placuere. colorantur magis sole grandescuntque. pre- 15, 56*
terea dixit uolema Virgilius a Catone sumpta. pars hec uite 15, 57*
iam pridem peruenit ad columen *ingenii* expertis cuncta hominibus. in uniuersis uero de pomis seruandis precipitur po- 15, 59*
maria in loco frigido ac sicco contabulari, septemtrionalibus fenestris sereno die parere austro.

XXXV De Cartagine etc.

De palmis diximus et reliquo genere pomorum. ficus 15, 67* 6
amplissima est quedam, et piris magnitudine emula. Cato 15, 74*
pernitiali odio Carthaginis flagrans nepotumque securitatis anxius, cum clamaret omni*s* senatu*s* Cartaginem delendam, attulit quodam die in curiam precoquem ex ea prouincia ficum ostendensque patribus, interrogo uos, inquit, quando
h*u*nc pomum de*cerptu*m put*a*tis ex arbore? cum inter omnes 15, 75*
recentem esse constaret, atqui tercium, inquit, ante diem scitote decerptam Cartagine. tam prope habemus hostem. sta-

B L

7 et eius etc: et eius *B*: etc *L* **12** experta *L* **15** *s.* parere *uerba* i(d est) ap(parere) *add.* B^2

3 Damascena **23** hanc pomum demptam

timque sumptum est Punicum bellum quo Cartago deleta est,
quamquam Catone anno sequente rapto. quid primum in eo
miremur? curam ingenii an occasionem fortuitam celerita-
temque cursus an uehementiam uiri? super omnia est, quo 15, 76*
nichil equidem duco mirabilius, tantam illam urbem et cete-
rarum *in* orbe per centum XX annos emulam unius pomi ar-
gumento euersam, quod non Trebie aut Trasimennus, non
Canne busto *insignes* Romani nominis perficere potuere, non
castra Punica ad tercium lapidem uallata, porte Colline ad-
equitans ipse Hannibal. tanto propius Cartaginem pomo Cato
adiri monuit. colitur ficus arbor in foro ipso Rome, quoniam 15, 77*
sub ea inuenta est lupa infantibus prebens rumem; ita uoca-
bant mammam.

XXXVI De caprificu etc.

Caprificus e siluestri genere ficus nunquam maturescens. 15, 79*
malorum pirorumque generi adnumerentur iure mespila at- 15, 84*
que sorba. nuces iuglandes, quamquam et ipse nuptialium 15, 86*
Fescenninorum comites, multum pineis minores uniuersitate
eademque portione ampliores nucleo, nec non et honoris na-
ture peculiaris. carion a capitis grauedine propter odoris gra- 15, 87*
uitatem conuenit dictum. tinguntur cortice earum lane et ru-
fatur capillus primum prodeuntibus nucleis; id compertum
infectis tractatum manibus. pinguescunt uetustate sola. tercia 15, 89*
his natura amigdalis tenuiore, set simili*s* iuglandium summo
operimento; nucleus dissimilis latitudine et acriore callo. ad- 15, 90*
icit preterea Auellanas et galbas, Prenestinas, quas maxime
laudat.

B L

7 transimennus *B* **20** capite *L* **23** sola *om. L* **24** amagdalis *B* tenuiora *L* **sq.** operimento summo *L*

19 honor iis **23** tractatu **25 sq.** adicit *scil.* Cato *a Roberto om.*

XXXVII De castaneis etc.

Nuces uocamus et castaneas, quamquam accommodatio- 15, 92*
res glandium generi. haud procul abesse uideantur et predul- 15, 95*
ces silique, nisi quod in his ipse manditur cortex. digitorum
omnis longitudo illis. glandes inter poma numerari non possunt, quamobrem in sua natura dicentur.

XXXVIII De moris etc.

Moris succus in carne uinosus, trini color*is*, candidus 15, 97*
primo, mox rubens, maturis niger. in nouissimis florent, inter prima maturescunt.

XXXIX De acinis etc.

Acinorum quoque magna est differentia, primum inter 15, 100*
uuas ipsas call*e*, teneritate, crassitudine, interiore ligno aliis paruo et aliis etiam gemino. plurimum uero differunt hedere
sa*m*bucique acini. magna et bacis differentia. alia namque 15, 101*
sunt oliuis, lauris et alio modo loto, cornis, alio mirtis, lentisco.

XL De cerasis etc.

Cerasi ante uictoriam Mitridaticam L. Luculli non fuere 15, 102*
in Italia. a*t* urbis ann*o* sexcentesimo octogesimo is primum uexit e Ponto, annisque CXX trans occeanum in Britanniam usque peruenere. eadem in Egipto nulla cura potuere gigni.
interim que sunt communia et pomis omnibusque sucis sapo- 15, 106*

B L

1 etc *om. L* **11** etc *om. L* **14** *post* etiam *uerbum* aliis *hab.* B^1: *del.* B^2
19 fere B^1

13 callo **15** aliae

rum genera tredecim *inuen*iuntur: dulcis, suauis, pinguis, amarus, austerus, acer, acutus, acerbus, acidus, salsus. *in*ter *hec* tria sunt genera mirabili maxime natura, unum in quo plures pariter sentiuntur sapores, ut uinis; namque in his et austerus et acutus et dulcis et suauis, omnes alieni. alterum 15, 107*
est genus in quo sit alienus quidem, set et suus ac peculiaris, ut in lacte, siquidem inest ei quod tamen iure dicitur dulce et pingue et suaue, optinente lenitate, que ipsa succedit in saporis uicem. nullus hic aquis, ne sucus quidem, tamen eo ipso 15, 108*
fiat aliquis ac suum genus faciat. sentiri quidem aque saporem ullum sucumue uitium. magnum his omnibus in odore mo*ni*mentum et magna cognatio. qui et ipse nullus est aquis aut, si sentitur omnino, uitium est. mirum tria nature precipua elementa sine sapore esse, sine odore, sine succo: aqua, aer, ignis. que odorata, non eadem in gustu tenera, quia non 15, 110*
sunt pariter odor et sapor. quamobrem citreis odor acerrimus, sapor asperrimus, nullusque odor ficis.

XLI De mirto etc.

Fuit, ubi nunc Roma est, iam cum conderetur; quippe ita 15, 119*
traditur mirtea uerbena Romanos Sabinosque, cum propter raptas uirgines dimicare uoluissent, depositis armis pugnatos in eo loco, qui nunc signa Veneris Cluacine habet; cluere enim antiqui pugnare dicebant. Cato tria genera mirti prodi- 15, 122*
dit. folia per se siccantur in farinam ad ulcerum remedia in 15, 123*
corpore humano, mordaci puluere, ac refrigerandis sudoribus. uirge quoque eius gesta*r*e modo uiatori prosunt in longo 15, 124*

B L **23** Cato [*V*

13 sq. precipue *L* **20** subinosque *B*[1] **21** dimicate *a. corr. B* **22** cluciane *L* **24** adulterum *V*, *a. corr. B*

19 Fuit *scil.* mirtus **21** purgatos **23** purgare

itinere pediti; quin et uirge iaculi expertes ferri inguinum tumori medentur.

XLII De lauro etc.

Laurus triumphis proprie dicatur, uel gratissima domibus 15, 127*
ianitrix Cesarum pontificumque sola et domos exornat et an-
te limina excubat. duo eius genera tradidit Cato. sterilem ue- 15, 130*
ro earum, quod maxime miror, triumphalem eaque dicunt tri-
umphantes uti, nisi id a Diuo Augusto cepit, ut docebimus,
ex ea lauru que ei missa e celo est, minima altitudine, folio
crispo, breue; inuenitur rara. *laurus* ipsa pacifera, ut quam 15, 133*
pretendi etiam inter armatos hostes quietis sit indicium. Ro-
manis precipue leticie uictoriarumque nuntia. et quia manu 15, 134*
satarum receptarumque in domos fulmine sola non iacitur. ob 15, 135*
has causas equidem crediderim honorem habitum in trium-
phis. Tiberium principem tonante celo coronari e*o* solitum
ferunt contra fulminum metus. sunt et circa Diuum Augus- 15, 136*
tum euenta eius digna memoratu. namque Liuie Drusille, que
postea Augusta matrimonii nomen accepit, cum *nup*ta esset
illi Cesari, gallinam conspicui candoris sedenti aquila ex alto
abiecit in gremium illesam, intrepideque miranti accessit mi-
raculum, tenente rostro laureum ramum onustum suis bacis.
iussere aruspices ramum eum seri, mireque silua prouenit ex 15, 137*
e*o*. triumphans postea Cesar laurum in manu tenuit coronam-
que capite gessit, lauream *ob hoc dictam*. 15, 138*

B L V **2** *V*] **4** [*V* dicatur *V*] **15** Tiberium [*V* **16** metus *V*]

1 experte *L* **11** hostes *p.* indicium *transp. L* **19** gallina *p. corr. B*

1 uirgei anuli **15** ea

XLIII Quod antiquitus etc.

Antiquitus quidem nulla nisi deo *corona* dabatur – ob id 16, 9*
Homerus celo tantum ea et prelio uniuerso tribuit, uiritim ue-
ro ne in certamine quidem ulli – feruntque primum omnium
Liberum patrem imposuisse capiti suo ex hedera.

XLIIII De glandis generibus etc.

Proximum e*s*t narrare glandiferas quoque prim*o* mortali- 16, 1*
um aluorum nutrices. glandes opes nunc quoque multarum 16, 15*
gentium etiam pace gaudentium constant. nec non et inopia
frugum arefactis mollitur farina spissaturque in panis usum.
cautum est lege XII tabularum, ut glandem in alienum fun-
dum procidentem liceret colligere. glandem que proprie in- 16, 19*
telligitur ferunt robur, quercus, esculus, cer*b*us, ilex, suber.
glans fagea suem hilarem facit, carnem coctibilem ac leuem 16, 25*
et utilem stomacho; querna diffusam ac grauissima*m* et ipsa
glandium eque dulcissima. robur preter fructum plurima et 16, 28*
alia gignit. namque fert et galle utrumque genus, plerumque
ueluti mora tauri caput imitantia, quibus fructus inest nucleus
oliue similis. ferunt robora et cachro*n*; ita uocatur pilula in 16, 30*
medicina urendi uim habens. robora ferunt et uiscum et mel- 16, 31*
la, ut auctor est Hesiodus, constatque rores melleos e celo, ut
diximus, cadentes non aliis magis insidere frondibus. omnes 16, 32*
tamen has eius dotes ilex solo prouocat cocogran*o*.

B L **14** glans [*V* **16** dulcissima *V*]

6 gladis *B* generibus *om.* *L* **22** insidero *L*

3 eam **7** glandiferas *scil.* arbores **13** cerrus **14** cocibilem **19** cachrym **23** cocco granum *quod alterum uerbum ad sq. a Roberto om. sententiam pertinet*

XLV De agarico etc.

Galliarum glandifere maxime arbores agaricum ferunt. 16, 33*
est autem fungus candidus, odoratus, antidotis efficax, in
summis arboribus nascens, nocte relucens. signum hoc eius,
quo in tenebris decerpitur. suber minima arbor, glans pessi- 16, 34*
ma, rara. cortex et fagis, tilie, abieti, pi*n*ee in magno usu. 16, 35*
scandula*m* *non* con*sp*ectam fuisse Rom*e* usque ad bellum 16, 36*
Pirri annis quadringentis septuaginta. scandula e robore ap-
tissima. ne quid preterea*mus*, ex omnibus sola bacas fert mas 16, 50*
noxio fructu; in Hispania precipue uenenum inest, uasa etiam
uiatoria ex ea uinis in Gallia facta mortifera fuisse compertum est. *taxus* in Archadia tam presentis ueneni, ut, *si* qui ob- 16, 51*
dormiant sub ea cibumue capiant, moriantur. sunt qui et taxi-
ca hinc appellata dic*u*nt, que nunc toxica dicimus, quibus
sagitte ting*u*ntur. repertum innoxia fieri, si in ipsa arbore cla-
uus ereus addicatur.

XLVI De pice li(quida) etc.

Pix liquida in Europa teda coquitur, naualibus muniendis 16, 52*
multosque alios ad usus, lignum eius concisum furnis undi-
que igni extra circumdato ferro, ut primus sudor aque modo
fluat canali. hoc in Siria cedrum uocatur, cui tanta uis est, ut
in Egypto corpora hominum defunctorum eo perfusa seruen-
tur. materie causa reliquas arbores natura genuit copiosissi- 16, 62*
mamque fraxinum. procera hec *et* teres multumque Homeri
preconio et Achillis hasta nobilitata. contra serpentes uero 16, 64*
succo expresso ad potum et imposita ulterior opifera. nichil

B L **7** scandulam [*V* **16** *V*]

1 Garico *B* **7** *s.* scandulam *(*-dalum B^1: -dalam *V) uerba* uel scin(dulam) *add.* B^2 fuisse *om. L* **21** carnali *a. corr. B* **23** natura *om. L*

9 sola*; apud Plinium hic* taxus *tractatur* **21** cedrium

hac eque reperitur tantaque est uis, ut ne matutinas quidem
occidentesue umbras, quamuis sint longissime, serpens arbo-
ris eius attingat, adeo ipsam procul fugiat. experti prodimus,
si fronde ea giro concludatur ignis et serpens, in ignes potius
quam in fraxinum fugere serpentem. mira nature benignitas,
priusquam he prodeant, florere fraxinum nec ante conditas
folia dimittere. mirum in arbore tilia fructum a nullo anima- 16, 65*
lium attingi, foliorum corticisque succum esse dulcem, inter
corticem ac lignum tenues tunicas multiplici membrana, e
quibus uincula tilie uocantur.

XLVII De buxo etc.

In primis materies honorata buxo est, raro crispant n*on* 16, 70*
nisi cortice, de cetero lenis quadam duritia ac pallore com-
mendabilis. populi tria genera; laudatissima alba superne 16, 85*
candicans, inferiore parte *alba*.

XLVIII De ordine nature etc.

Ordo autem nature annuus ita se habet: primus est con- 16, 93*
ceptus flare incipiente uento fauonio. hic est genitalis spiritus
mundi a fouendo dictus, ut quidam existimauere. flos est ple- 16, 95*
ni ueris indicium et anni renascentis. *arbores* omnes germi- 16, 97*
nant, etiam que non florent. e*a*rum que non florent partus 16, 101*
tantum est et maturitas. quedam statim in ge*ner*atione florent 16, 102*
properantque in eo, set tarde maturescunt, ut uites. serotina
quedam germinatu florent, maturant celeriter, ut morus. flo- 16, 103*

B L

4 fronde ea: frondea *B* ignes: ignis *B*[1] **6** prius *L* **11** etc *om. L* **16** nature *om. B* **19** est: enim *L* **22** Quadam *B*[1] **24 sq.** floret: Florent *L*

12 crispanti

ret prima omnium amigdala mense Ianuario. Creme*tic*us auc- 16, 108*
tor est numquam uirere arborem, ex qua Phillis se suspende-
rit. que gumm*u*m gignunt, post germinationem aperiunt;
gumm*u*s non nisi fructu d*is*tracto spissatur. nouelle arbores 16, 109*
carent fructu, quamdiu crescunt; perdunt facillime ante matu-
ritatem palma, ficus, amigdala, malus, pirus, item Punica,
que etiam roribus nimiis et pruinis florem amittit. pirus et
amigdala, etiam si non pluat, set fiat austrinum celum at*que*
nubilum, amittunt florem et primos fructus, si, cum defloru-
ere, tales dies fuerint. ocissime autem sal*e*x amittit semen, 16, 110*
antequam omnino maturitatem sentiat, ob id dicta Homero
frugifer die. secuta etas scelere suo interpretata est hanc
sententiam, quando semen salicis mulieri sterilitatis medica-
mentum esse constat. omnia autem scelerius senescunt prefe- 16, 118*
cunda, quin et protinus moriuntur. granum quod *fert* buxus 16, 120*
grateco*n* uocant. abieti quidem subrecta diuisura ramique 16, 122*
tendentes, non in later*e* proni. mirum, cacuminibus *abietum* 16, 123*
decisis moritur, totis uero detruncatis durat. et si intra quam
rami fuere pre*s*cidatur, quod superest uiuit, si uero cacumen
tantum auferatur, moritur.

XLIX De faba Greca.

Lothos siue faba Greca, quam Rome a suauitate fructus,
siluestris quidem, *hoc* cerasorum pene natura, loton appel-
lant, precipue domibus expetitur R*oma*n*o*rum petulantia. cor- 16, 124*

B L **10** ocissime [*V* **14** constat *V*]

1 amagdala B^1 **24** Romanorum expetitur *L*

1 Cremutius **3** gummum *cf.* *GEORGES 184 sub uoce* cummi
12 frugiperdia **14** celerius *cf.* *STOTZ, HLSMA 3, VII § 154.1*
16 crataegum *uel* -gon **18** moritur *scil.* abies infra **23** quidem sed
cerasorum **24** ramorum

tice pelles tingunt, radice lanas. malis proprium genus; fera-
rum enim rostra reddunt adherentibus uni maximo minoribus.

L De radicum etc.

Magna et radicum differentia: copiose fico, robori, plata- 16, 127*
no, breues et anguste malo, singulares abieti, larici; singulis
enim innituntur, quamquam min*im*is in latera dispersis. arbo- 16, 134*
res tribus modis nascuntur, sponte aut semine aut radice. non
omnia omnibus locis nasc*untur* nec translata uiu*unt*. balsa- 16, 135*
mum alibi nasci natura nisi in Siria maluit fere, nec non et
palmam. frutex cinnami in Sirie uicina perueni*re* non fer*tur*,
amomi nardique delicie, ne in Arabia quidem, ex India et na-
ue peregrinari; temptauit enim Seleucus rex. uiuit in Italia pi- 16, 136*
peris arbor, casie uero etiam in septemtrionali plaga uixit, in
Lidia thuris. hedere mira proditur natura ad experienda uina, 16, 155*
si uas fiat e*x* ligno eius, uina transfluere ac remanere aquam,
si qua mixta fuerit.

LI De arundine etc.

Inter ea qu*i* frigidis gaudent aquaticos frutices di*cer*e 16, 156*
conuenit. principatum in his tenebunt harundines belli pacis-
que experimentis necessarie atque etiam delitiis grate. cala- 16, 159*
mis orientis populi bella conficiunt, calamis spicula addunt,
pena*s* add*unt* calamis. precipuus hic usus in Creta bellatores 16, 161*
suos precipitauit. set in hoc quoque, ut in ceteris rebus, uicit
Italia, quando nullus sagittis aptior calamus quam in Reno
Bononiensi amne, cui plurima inest medulla pondusque uo-

B L **14** hedere [*V* **16** *V*]

3 etc *om. B* **12 sq.** arbor piperis *L* **20** necessaria B^1: -riæ B^2 **25** medullo B^1

18 quae

lucre et contra flatus quoque peruicax. nauigiorum etiam ui- 16, 162*
cem prestant, si credimus, singula internodia. circa Acesine*m*
amnem maxime nasc*un*tur. calamus alius totus concauus, 16, 164*
quem siringiam uocant, utilissimus fistulis, qu*ando* nichil est
ei cartilaginis atque carnis.

LII De mora rubi etc.

Rubi mora ferunt et alio genere similitudinem rose, que 16, 180*
uocatur cynosbatos. tercium genus Ydeum uocant Greci a
loco, tenuiores quam cetera minoribusque spinis et minus
aduncis. flos eius contra lippitudine*m* illinitur ex melle et
ign*em* sacr*um*. contra stomachi quoque uicia bibitur ex aqua.

LIII De oleastro etc.

M*a*garis diu stetit oleaster in foro, cui uiri fortes affixe- 16, 199*
rant arma, que cortice ambiente etas longa occultauerat, fu-
itque arbor illa fatalis excidio urbis post monita oraculo, cum
arbor arma peperisset, quod succise accidit ocreis galeisque
repertis. ferunt lapides ita inuentos ad continendos partus es-
se remedio. hedera *si* teratur lauro *laurum*que terat, ignem 16, 208*
concipit attritu excipiente materia aridi fomitis. rimam fis- 16, 212*
suramque non capit sponte cedrus, cupressus, olea. buxum
[213*]maxime eternam putant. in plenum dici potest que odore 16, 213*
precellant ea eternitate prestare. teredine*s* proprie dici putant 16, 220*
*qu*e in mari sentiuntur. terrestres uero tineas uocant.

B L

6 Deitiora *B* **12** etc *om.* *L* **18** larumque *B* **19** fomotis *B* **20** Buxumque *L*

13 Megaris

LIIII De arboribus etc.

Alexandri Magni comites prodiderunt in Til*ie* Rubri maris insula arbores esse, ex quibus naues fierent quas*i* ducentis annis durantes, inuentas, etsi mergerentur, incorruptas. 16, 221*

LV De Tiburtinis ilicibus.

Vita arborum quarundam inmensa credi potest, si quis profunda mundi et saltus inaccessos cogitat. uerum ex his, quas memoria hominum custodit, durant in *Vo*literno Affricani prioris manu sate oliue. uetustior autem urbe in Vaticano ilex. Tiburtes quoque originem multo ante urbem Romam habent. apud eos exstant ilices tres etiam Tib*ert*ino conditore eorum uetustiores, apud quas inauguratus traditur. fuisse autem eum tradunt filium Amphiarai, qui apud Thebas obierit una etate ante Iliacum bellum. Argis olea etiam nun*c* durare dicitur, ad quam Io in uaccam mutatam Argus alligauerit. in Ponto portus Amici est Bebrice rege interfecto clarus. eius tumulus a supremo die lauro tegitur, quam insanam uocant, quoniam, si quid ex ea decerptum inferatur nauibus, iurgia fi*a*nt, donec abiciatur. regionem Aulotrenem diximus, per quam *ab* Appamia in Phrigiam itur. ibi platanus ostenditur, ex qua pependit Marsia uictus ab Apolline, que iam tun*c* magnitudine electa est. nec non palma Deli ab eiusdem dei etate conspicitur. Olimpie oleaster, ex quo primus Hercules coronatus est, et*iam* nunc custoditur religio. Athenis quoque olea durare traditur in certamine edito a Minerua.

16, 234* 16, 237* 16, 239* 16, 240*

B L

2 Tilie *om. L* **3** naues *om. B* **5** ilicibus *om. B* **7** inaccessus *L* **11** existant *L* **24** teligio B^1

2 Tylo **8** Liternino **11** Tiburno **19** Aulocrenem *uel* -nen

LVI De hedera etc.

Hedera necari arbores certum est. simile qui*d*dam et in 16, 243*
uisco, *quod* etsi tardiorem iniuriam earum arbitrantur. nam-
que et hoc preter fructus agnoscitur non in nouissimis mirabi-
le. quedam enim in terra gigni non possunt et in arboribus 16, 244*
nascuntur. nam cum suam sedem non habeant, in aliena ui-
uunt, sicut uiscum. *est* et in Siria herba, que uocatur cassitas,
set ipsis etiam spinis circumuoluens sese, item e Thessalica
que polipodion uocatur et que dolcos ac serp*u*lum. oleastro
quoque deputato quod gign*i*tur uocant pha*ci*nos. quod uero in
Hispania fullonia hippophacto, in calliculis inanibus, foliis
paruis, radice alba, cuius sucus ad detractiones in comiciali
morbo utilissimus habetur. uisci in omni arbore excepta ilice 16, 245*
et quercu differentiam facit odor. uiscum amarum et lentum.
hiphear ad saginanda pecora utilius; *dicunt* sufficere purga- 16, 246*
tioni, quibus sit aliqua tabes intus.

LVII Quis flatus etc.

Aquilone maxime gaudent *arbores,* densiores ab afflatu 17, 10*
eius letioresque et materie firmioris. serotine hiemes *ob*noxie 17, 16*
siluestribus quoque, que magis etiam dolent urgente umbra
sua. quidam celum terre parere cogunt, ut, que in siccis se- 17, 22*
rantur, orientem ac septemtriones spectent, que in humidis,
meridiem. non utique letum solum est, quo procere arbores 17, 26*
nitent, preterquam illis arboribus. quid enim abiete proceri-
us? aut que uixisse possit alia in loco eodem? nec luxuriosa
pabula pinguis soli semper indicium habent. nam quid lauda-

B L

1 hedere *B* **11** hipophacto *L, p. corr. B* **19** hiemis B^1

9 dolichos **10** phaunos **sq.** in spina fullonia **11** hippophaeston cauliculis

tius Germanie pabulis? et tamen statim subest harena tenuissimo cespitum corio.

LVIII De fertilitate etc.

Omnium sunt quedam in alto secreta et suo cuique corde 17, 29*
p*ro*uidenda. mutantur *enim* sepe iudicata quoque et diu com- 17, 30*
pressa. in Calchia Hrodiorum insula locus quidam est in tan- 17, 31*
tum fecundus, ut suo tempore satum demetant ordeum subla-
tumque protinus serant et cum aliis frugibus metant. terram 17, 33*
amaram siue macram si quis probare uelit, demonstrant eam
atre degeneresque herbe, frigidam autem retorride nata, item
uliginosam tristia, rubricam oculis argill*os*amque, operi diffi-
cillimas. Cicero, lux doctrinarum, meliora, inquit, unguenta 17, 38*
sunt que terram quam que crocum sapiant. sub occasu *enim* 17, 39*
solis in quo loco arcus celestis deiecerit capita sua, cum a
siccitate continua immadu*er*it imbre, tunc emittit illum suum
halitum diuinum ex sole conceptum, cui comparari suauitas
nulla possit. talis fere est in noualibus cesa uetere silua, que
consensu laudatur.

LIX De marga etc.

Britannia et Gallia inuenere genus *terre* quod uocant 17, 42*
margam. spissior ubertas in e*o* intelligitur, e*s*t quidem terre
ad*e*ps. non ommisere et hoc Greci. quid enim intemptatum il-
lis? plura e*orum* genera; que pingues esse sentiuntur, ex his 17, 45*
precipua alba; petitur *quandoque* ex alto in centenos pedes
actis plerumque puteis; ore angustatur, int*ro* ut in metallis
spaciante uena. hac maxime Britannia utitur. durant annis oc-

B L

3 sterilitate *B* **10** natam *L* **12** *s.* lux *uerba* ab homero *add.* *B*[2]
24 petititur *L*

toginta, neque est exemplum ullius, qui bis in uita hunc ei-
dem iniecerit. omnis autem marg*o* aratro inici*a*nda est, ut 17, 48*
medicamentum rapiatur. interest et quali solo queratur. sicca
enim humido melior, arido pinguis.

LX Quo tempore fimus etc.

Transpadanis cineris usus adeo placet, ut anteponant fi- 17, 49*
mo iumentorum. fimi plures differentie, ipsa res antiqua. iam 17, 50*
apud Homerum regius senex agrum ita letificans reperitur,
diuulgasse uero Hercules in Italia, regi suo Stercuto Fauni fi-
lio ob hoc inuentum inmortalitatem tribuit. fimum inicere 17, 57*
terre plurimum refert fauonio flante ac luna siciente. quo-
cumque tempore *fiat*, curandum, ut ab occasu equinoctiali
flante uento fiat, luna decrescente *et* sicca. mirum in modum
augetur ubertas effectusque eius obseruatione tali.

LXI De transplantatione etc.

Amigdala in argilla molli meridiem spectante seri iube- 17, 63*
t*ur*; gaudere e*a* *in* dura calidaque terra, in pingui *et* humida
mori a*c* sterilescere. arborem nec minorem bima nec maio- 17, 83*
rem trima transferri quidam precipiunt, alii cum annum com-
pleat, Cato crassiorem quinque digitis ommisisse; celi parte*s*
signare in cortice; omnes uentos et imbrem quoque in tota 17, 86*
translatione dampnat. umbra iuglandum grauis et noxia etiam 17, 89*
capiti humano omnibusque iuxta satis; ulmorum lenis, etiam 17, 90*
nutriens qu*e*cumque opacat. omnium fere leuis umbra, quo- 17, 91*
rum pediculi longi. inserere aptissimum, quam proximum 17, 110*

B L

2 autem: enim *L* initianda *B* **5** Quomodo *B* funus *B* **8** reperiturum *a. corr. B* **10** initere B^{1} **11** flauonio *L* **22** grauis *om. L* **25** insere *L*

1 hanc **2** marga arato inicienda

terre patiatur. pirum uel florentem inserere licet et in Maium 17, 114*
quoque mensem protendere insitionem. inserere firmissimum 17, 121*
et fecundius quam serere. que raros habe*n*t nodos infecunda 17, 157*
iudica*n*tur; densitas gemmarum fertilitatis indicium est. inse- 17, 158*
ri eodem die quo put*a*ntur utilissimum. buxi tenuissimis qui- 17, 163*
nis senisque colligatis depacti proueniunt. in ea natura *uitis* 17, 178*
est, ut parere malit quam uiuere. quo maturius putantur aptis 17, 192*
diebus, eo plus materie fundunt; quo serius, eo fructum ube-
riorem. quare macras prius conuenit putare, ualidas nouissi-
me, plagam omnem obliquam fieri, ut facile decidant imbres.
uites aquilonem spectare debent, ipse palmites autem earun- 17, 206*
dem ad meridiem. non est festinandum ad putationem nouel- 17, 207*
le, sed primos in circulos materie colligenda, nec nisi ualide
putatio admouenda. tradunt, interlunio si sint putate, nullis 17, 215*
animalium obnoxias esse. raphanus et laurus led*unt* odore ui- 17, 239*
tem, et succi mixtura ting*unt* odore mirum in modum, ideo,
cum iuxta sit, auerti et recedere saporemque inimicum fuge-
re. hinc sumpsit Androchides medicinam contra ebrietates ra- 17, 240*
phanum, ut mandatur precipiens. odit et caulem et omne
olus, odit et corilum.

LXII De prodigio arborum.

Est et prodigiis locus. prodigio autem fiunt ex dulcibus 17, 241* 242*
acerba poma aut dulcia ex acerbis, e caprifico fici aut contra,
graui ostento, cum deteriora mutantur. subsedit in Cumano 17, 243*
arbor graui ostento paulo ante Pompeii Magni bella ciuilia
paucis ramis eminentibus.

B L **18** Androchides [*V* **19** precipiens *V*]

3 et *it. L* **11** palmitas *B* **13** ualida *L* **18** *p.* ebrietates (-tem *B*) *uerbum* in *hab. L* **20** corilium *a. corr. B*

6 colligatis *scil.* surculis *a Roberto om.* **11** ipse palmites; *distinctione apparet Robertum praeterisse* palmitem *uerbum masculini generis esse*

LXIII De olivueto etc.

Super omnia, que unquam audita sunt, erit prodigium in 17, 245*
nostro euo Neronis principis ruina factum in agro Vectic*i*i
Marcelli *cum* primis equestris ordinis, oliueto uniuerso uiam
publicam transgresso aruisque inde e contrario in locum oli-
ueti profectis.

LXIIII De Romulo etc.

Aruorum sacerdotes Romulus in primis instituit seque 18, 6*
duodecimum fratrem appellauit inter illos. bina tunc iugera 18, 7*
p(opulo) R(omano) satis erant nullique maiorem modum at-
tribuit. ac ne degustabant quidem nouas fruges aut uina, an- 18, 8*
tequam sacerdotes primitias libassent. iugerum uocabatur, 18, 9*
quod uno iugo boum in die exarari posset; actus, in quo bo-
ues agerentur cum uno impetu iusto. dona amplissima impe-
ratorum ac ciuium fortium quantum quis uno die plurimum
circumarauisset, item quartar*a* farris aut emine conferente
populo cognomina etiam. inde Pilumni, qui pilum pistrinis 18, 10*
inuener*un*t, Pison*e*s a pisendo, iam Fabiorum, Lentinorum,
Ciceronum, ut quisque aliquod optime genus sereret. Iunio-
rum familiam Bubulcum nomina*ue*runt, qui bubus optime
utebatur. agrum male colere censorum probrum iudicabatur, 18, 11*
atque, ut refert Cato, cum uirum bonumque colonum dixis-
sent, amplissime laudasse existimabantur. hinc locupletes di-
cebantur loci, hoc est agri, plenos. pecunia ipsa a pecore ap-

B L

1 etc *om. L* **3** agrum *L* **7** etc *om. L* **21** censorium B^2 probrium *a. corr. B* **22** Cato *om. L*

3 sq. Vettii Marcelli e primis **16** quartarii **17 sqq.** *apud Plinium* cognomina Pilumni, qui pilum pistrinis inuenerat, Pisonis ... *tractantur* **18** Lentulorum **19 sq.** Iuniorum e familia

pellabatur. ergo his moribus non modo sufficiebant fruges, 18, 15* nulla prouintiarum pascente Italiam, uerum etiam annone uilitas incredibilis erat.

LXV Quis locus etc.

Salubritas loci non semper incolarum *od*ore detegitur, 18, 27* quoniam assueti etiam in pestilentibus durant. preterea sunt quedam partibus anni salubria, nichil autem salutare est, nisi quod toto anno salubre. malus ager, cum quo dominus luctatur. segnitia prioris domini pro emptore esse arbitratur. nichil 18, 28* dampnosius deserto agro. itaque Cato, de bono melius emi, nec temere contempnendam alienam disciplinam, agroque ut homini, quamuis questuosus sit, si tamen et sumptuosus, non multum superesse. ide*o*que Cato interrogatus, quis esset certissimus questus, respondit: si bene pascas qui proximus sit, 18, 29* at bene, ut fructus is maxime probaretur, qui quam minimo impendio constaturus esset, sed ita, ut uillarum tutela non sit 18, 31* oneri. eum tamen, qui habitet, sepius uentitare in agrum, frontemque domini plus prodesse quam occipicium non mentiuntur. modus hic probatur, ut neque fundus uillam querat 18, 32* neque uilla fundum. dicere conuenit neque iuxta paludes ponendam esse neque aduerso amne, quamquam Homerus omnino flumine semper antelucanas auras insalubres uerissime tradidit. spectare in estuosis locis septemtrione*m* debet, meridiem in frigidis, in temperatis exortum equinoctialem. modum agri in primis seruandum antiqui putaue*runt*, quippe ita censebant, satius esse minus serere et melius arare. coli rura ergastulis pessimum est, et quicquid agitur a desperantibus

18, 33*
18, 35*
18, 36*

B L

23 dedit *L*

5 colore

temerarium uideatur. uox antiquorum nichil minus expedire
quam agrum optime colere, *quia* bene colere necessarium 18, 38*
est, optime dampnosum. nequam agricolam esse quisquis 18, 40*
emeret quod prestare ei fundus posset; malum patrem fami-
lias quisquis interdiu faceret, quod noctu posset, nisi intem-
pesta celi; peiorem qui professis diebus ageret, quod feriatis
deberet; pessimum qui sereno die sub tecto potius operaretur
quam in agro.

LXVI De agri cultura Gaii etc.

Gaius Furius Cressimus e seruitute liberatus, cum paruo 18, 41*
admodum agello largiores multo fructus perciperet quam ex
amplissimis uicinitas, inuidia magna erat, ceu fruges alienas
pelliceret ueneficiis. quamobrem ab Spurio Albino curuli die 18, 42
dicta metuens dampnationem, cum in suffragium tribus opor-
teret ire, instrumentum rusticum omne in forum attulit et ad-
duxit filiam ualidam atque, ut ait Piso, bene curatam ac ues-
titam, ferramenta egregie facta, graues ligones, uomeres pon-
derosos, boues saturos. postea dixit: ueneficia mea, Quirites, 18, 43*
hec sunt, nec possum uobis ostendere aut in forum adducere
lucubrationes uigiliasque et sudores. omnium sententiis abso-
lutus itaque est. profecto opera in impensa cultura constat, et
ideo maiores fertilissimum in agro oculum domini esse dixe-
runt. nichil sero faciendum in agricultura omnes censent. fi- 18, 44* 4
lix biennio moritur, si frondem agere non patiaris. id effica-
cissime contingit germinantis ramis baculo decussis. silue 18, 47*
exstirpande rationem Democritus prodidit, lupini flore in
succo cicute uno die macerato sparsisque radicibus. frumenta 18, 51*
multis radicantur fibris. sine ramis erumpit a primo satu or-

B L

9 etc *om. L* **10** cressenius *L* **14** dictu *a. corr. B* **15** iret *L* **22** *p.* maiores *uerba* utilissimum et *hab. L* **24** moriuntur *a. corr. B* **25** percussis *L*

deum die septimo. exord*i*o alterum caput grani in radicem
exit, alterum in herbam, que et prior floret. radicem crassior
pars grani fundit, tenuior florem, ceteris seminibus eadem
pars et radicem et florem. omnium satorum fructus aut spicis 18, 53*
continetur, ut tritici, ordei, muniturque uallo aristarum quadripedes, aut includitur siliquis, ut leguminum, aut uasculis, ut sesime a*ut* papaueris.

LXVII De polenta et tisana.

Polenta pluribus fit modis. Greci perfusum aqua ordeum 18, 72*
siccant nocte una ac poster*a* die frigunt, dein molis frangunt.
sunt qui uehementius tostum rursus exigua aqua aspergant, 18, 73*
siccent, priusquam molant. quocumque autem genere preparato uicenis ordei libris ternas seminis lini et coriandri sex libras miscent. qui diutius uolunt seruare, cum polline ac fur- 18, 74*
furibus suis condunt nouis fictilibus. Italia sine perfusione
tostum in subtilem farinam molit. tisane bonitas precipu*e* 18, 75*
Uticensi.

LXVIII De amilo.

Amilum uero ex omni tritico ac siligine et optimum e*s*t 18, 76*
trimenstr*e*. inuentio eius Chio insule debetur; et hodie laudatissimum. inde est appellatum ab eo quod sine mola fiat. proximum trimenstri quod e minime ponderoso tritico. madescit dulci aqua in ligneis uasis, ita ut intega*n*tur quinquies in die
mutata; melius, si et noctu, ita ut misceatur pariter [77*]emolli- 18, 77*

B L

5 sq. quadripedis *L* B^2 **7** sisime L^1, *a. corr. B* **8** cisa' *B* **10** deinde *L* **15** *p.* fictilibus *uerbum* suis *hab.* B^1: *del.* B^2 **18** aitulo *B* **19** siligne *L* **23** *p.* aqua *uerbum* ut *hab. L*

1 ex hordeo **5** *p.* aristarum *uerba* contra aues et paruas *iam om. Roberti exemplar*

tum priusquam acescat. lintheo aut sportis siccatum tegule
infunditur illite fermento atque ita in sole densatur. pulte au- 18, 83*
tem, non pane, uixisse longo tempore Romanos manifestum,
quam et pulmentaria hodie dicuntur. et Ennius, antiquissimus 18, 84*
uates, obsidionis famem *describ*ens offam eripuisse ploranti-
bus liberis patres commemorat.

LXIX De siligine etc.

Siliginem proprie dixerim tritici delicias. e siligine lau- 18, 85* 8
datissimus panis. que sicca moluntur plus farine reddunt; que 18, 87*
salsa aqua sparsa, candidiorem medullam, uerum plus re*d*-
*du*nt in furfure. similago e tritico fit laudatissima. siligo num- 18, 89* 9
quam maturescit pariter, set minus quam cetera frumenta in
stipula periclitatur, quoniam semper rectam habet spicam;
*h*ec rorem continet. farinam a farre dictam nomine ipso appa- 18, 88*
ret. far ordeum ueteres appellauere. tritico nichil est fertilius. 18, 81* 9
hoc ei natura tribuit, quoniam eo maxime alebat homine*s*. si- 18, 96*
sima ab Indis uenit. ex ea et oleum faciunt; colo*r* eius candi-
dus. milio Campania gaudet precipue pultemque candidam 18, 100*
ex eo facit. fit et panis predulcis. Ethiopes non aliam frugem
quam milii ordeique nouere. panico et Gallie quedam, preci- 18, 101*
pue Aquitania utitur. ualidiora corpora que fermentato pane 18, 104*
al*u*ntur.

LXX De pistoribus.

Pistores Rome non fuere ad Persicum usque bellum an- 18, 107*
nis ab urbe condita super quingentos octoginta. ipsi panem

B L

5 famen *L* **7** etc *om. L* **10** medullam *om. L* **sq.** *s.* reddunt *uerbum* retinent *add. B*[2] **13** quam *B* **21** plane *L*

4 quoniam **14** nec **15** adoreum **16 sq.** sesima **25** quingentis

faciebant Quirites, mulierum id opus erat, sicut etiam nunc in plurimis gentium. cribrorum genera Galli e setis equorum in- 18, 108* uenere.

LXXI De leguminibus.

Sequitur natura leguminum, inter que maxime honos fa- 18, 117* be, quippe ex qua temptatus sit etiam panis. lomentum appellatur farina ea hebetare sensus existimata, insompnia quoque 18, 118* facere; ob hec Pitagorica sententia dampnata, ut alii tradidere, quoniam mortuorum anime s*u*nt in ea, et quoniam in flore 18, 119* eius littere lugubres reperiantur. sola certe frugum etiam exesa repletur crescente luna. aqua marina aliaue salsa non percoquitur. lens amat solum tenue magis quam pingue ce- 18, 123* lumque siccum. inuenio apud auctores equanimitatem fieri uescentibus ea. pisum in apricis seri debet frigorum inpacientissimum. ciceris natura est gigni cum salsilagine, ideo solum 18, 124* urit nec nisi madefactum pridie seri debet; differentie plures.

LXXII De napis etc.

Naporum omnium species tres. aut enim in latitudine 18, 130* fundi aut in rotunditate globari. tertiam speciem siluestrem appellauere in longitudinem radice procurrente, raphani similitudine et folio anguloso scabroque, succo acri, qui circa messem exceptus oculos purg*a*t medeturque caligini admixto lacte mulierum. frigore dulciora fieri existimantur, et grandiora tepore in folia exeunt. rapa letiora fieri, si palea semi- 18, 131* nentur. seruntur et uere in calidis atque humidis. lupini *est* 18, 132* 133* usus proximus, cum sit et homini et quadruped*is* generi ungulas habenti communis. primum omnium cum sole cotidie

B L

13 equanimitate *B* **17** etc *om. L* **23** *p.* fieri *uerba* si palea *hab. L* **sq.** gndiora *B*[1]

circumagitur, hor*e*que agricolis etiam nubilo demonstra*ntur*.
nullo impendio constat. maceratum *in* calida aqua homini in 18, 134*
cibo est. si depastum sit in fronde, inarari protinus solum
opus est. et uicia pinguescunt arua, nec ipsa agricolis operosa 18, 137*
uno sulco sata. *in Britannia* sponte nascitur *non in offenso* 18, 121*
agricola. uitibus preripit succum. nec erui operosa cura est. 18, 138*
hoc amplius quam uitia runcatur et ipsum medicaminis uim
optinens, quippe per eum Diuum Augustum curatum epistolis
ipsius memoria exstat.

LXXIII De fenugreco etc.

Fenugrecum scarifatione seritur non altiore quatuor digi- 18, 140*
torum sulco; quanto peius tractatur, tanto prouenit melius. ra-
rum dictu esse aliquid cui prosit negligentia. farrago ex recri- 18, 142*
mentis farris preden*da* seritur, admixta aliquando et uitia.
legumin*a* que uoc*an*tur cracca in tantum columbis grata, ut
pastas ea negent fugitiuas loci illius fieri.

LXXIIII De Medica.

Medica externa etiam Grecie est ut a Medis aduecta per 18, 144*
bella Persarum, que Darius intulit, set *illis* in primis dicenda
tanta dos, ut cum ex uno satu amplius quam tricenis annis
duret. similis est trifolio caule, foliis.

B L

9 memora *B*[1] **10** etc *om. L* **15** eracca *B* **19** in illis *L*

5 in Britannia *pro Plinii uerba* plerisque in locis sicut septentrionalis oceani insulis *Robertum scr. uerisimile est* **11** Fenugrecum *cf. ThLL VI 1, 168, 41 sqq.* **13 sq.** recrementis **14** praedensa **20** dos est cum

LXXV Quibus temporibus etc.

Venti autem tribus temporibus nocent frumento et ordeo; 18, 151* in flore aut potius cum defloruere uel maturescere incipientibus. tun*c* enim exinaniunt grana. que *leg*untur *a* terra non 18, 165* subsecantur, legumina appellata, quia ita leguntur. anno quo 18, 166* superatus est Hannibal in arboribus nata produntur frumenta. uomerum plura genera: culter uocatur, qu*o* prius pr*e*scind*i*tur 18, 171* terra, secans futurisque sulcis uestigia prescribens inscisuris, quas resupinus in arando mordeat.

LXXVI Qualiter seminibus etc.

In arando magnopere seruandum est Catonis oraculum, 18, 174* quod est agrum bene colere, bene arare. tepidioribus locis a bruma proscindi arua oportet *et* frigidioribus ab equinoctio uerno et maturius sicca regione quam humida, maturius densa terra quam soluta, pingui quam macra. ubi sicce et graues 18, 175* estates, terra cretosa aut gracilis, utilius in solstitium autumni et equinocti*i* aratur. ubi leues estus, frequentes imbres, pingue herbosumque solum, ibi melius caloribus. altum et graue solum etiam hieme moueri placet, ualde et aridum ante sationum tempus. lutosam terram ne tangito rast*r*o. hoc utilitatem 18, 176* habet, quod inuerso cespite herbarum radices necantur. tan- 18, 178* tum laboris est homin*um*, ut etiam boum uice funga*n*tur. certe sine hoc animali montane gentes sarculis arant. arator nisi 18, 179* incuruus preuaricatur.

B L

3 autem *B* cum | cum *B*

16 inter **17** equinoctium

LXXVII De ciuitate Affrice etc.

Ciuitas Affrice in mediis harenis patentibus Sirtis. Lep- 18, 188*
tim, que magna uocatur, Tacape felici super omne miraculum
riguo solo ternis fere milibus passuum in omnem partem fons
habundat, largus quidem, set certis horarum spatiis dispensa-
tur. inter incolas palme ibi pregrandi subdit*e* olea, huic ficus,
fico Punica, illis uitis; sub uite seritur frumentum, mox legu-
men, deinde olus, omnia eodem anno omniaque aliena umbra
aluntur. quaterna cubita eius soli in quadra*n*tum, nec ut a 18, 189*
porrectis metiantur digitis, set in pugnum contractis, quater-
nis denariis uenundantur.

LXXVIII De stercoratione agrorum.

Terra nimis pinguis alternari potest. m*o*x iam huius loci 18, 191*
partem stercorationis optinet ratio. milium, panicum, rapa,
napus nisi in stercoratione non seruntur. non stercorato fru-
mentum potius quam ordeum serito. sunt qui optime putent 18, 194*
stercorari sub diuo retibus inclusa pecorum mansione. ager si
non stercoratur, alget; si nimium stercoratus est, aduritur, sa-
ciusque est id sepe quam supra modum facere. quo calidius
solum est, eo minus addi stercoris ratio est.

B L

1 Affrice *om. B* **2** haranis B^1 **3** felice *L*

4 fons *appositio ad* Tacape *in uersu 3 pertinens* **5** habundat *transit.*
6 subditur **9** quadratum

LXXIX De ratione serendi.

Semen optimum anniculum, bimum, trimum, pessimum 18, 195* ultra. optimum granum, quod rubet et dentibus fractum eundem habet colorem, cui plus intus albi est. certum terras alias 18, 196* plus seminis recipere, alias minus. locis humidis celerius *s*eri ratio est, ne semen imbre putrescat; siccis serius, ut pluuie sequantur, ne diu iacens atque non concipiens euanescat.

LXXX De uariatione siderum etc.

Primum omnium dierum ipsorum anni solisque motus 18, 207* prope inexplicabilis ratio est, ad trecentos sexaginta quinque adiciunt etiamnum intercalario diei noctisque quadrantes. ita fit, ut tradi non possint certa tempora siderum. accedit confusa rerum obscuritas, nunc precurrente nec paucis diebus tempestatum significatione, quod prochimazin Greci uocant, nunc postueniente, epichimazin, et plerumque alia serius, alia tardius, celi effectu ad terram deciduo. uulgo serenitate reddita confectum sidus audimus. res anceps primum omni- 18, 210* um a celo peti legem, deinde eam argumentis esse querendam. super omnia est mundi conuexitas terrarumque globi differentia, eodem sidere alio tempore aliis aperiente se gentibus, quo fit, ut causa eius non isdem diebus ubique ualeat. tres autem fuere secte, Caldea, Egyptia, Greca. his addidit 18, 211* apud nos quartam Cesar dictator annos ad solis cursum redigens. nos sequ*a*mur obseruationem Cesaris maxime. 18, 214*

LXXXI De obseruatione arationis.

Omnis aratio obseruata est tribus modis, exortu siderum 18, 218 occasuque et ipsorum temporum cardinibus. exortus occasusque binis modis intelliguntur. aut enim aduentu solis occul-

B L

4 sq. plus alias *L* **8** siderum etc: etc *B*: siderum *L* **25** arationis: etc *B*

tantur stelle et conspici desinunt aut eiusdem abscessu profe-
runt se in emersum. hoc melius quam exortum consuetudo
dixisset et illud occultationem potius quam occasum ullo mo-
do. quo die incipiunt apparere uel desinunt oriente sole aut 18, 219*
occidente, matutini uespertiniue cognominati, prout alterutri
eorum mane uel crepusculo contigit. *ergo* uergeliarum occa- 18, 225*
su*m* fieri putant aliqui ad III idus Nouembris. nubilo occasu
fluuiosam hiemem denuntiat. ortu*s* *eius* sex*to* idus Maii. 18, 287*

LXXXII Quod non oportet etc.

Iam uergelias in celo notabiles *n*atura fecerat. cur celum 18, 251*
intueris, agricola? cur sidera queris, rustice? habes ante pe- 18, 253*
des tuos ecce uergelias. heliotropium ac lupinum circum- 18, 252*
aguntur cum *sole*. cur etiam nun*c* altius spectas ipsumque ce-
lum scrutaris? dabitur et aliud finiti frigoris indicium; cum 18, 253*
germinare uideris morum, iniuriam postea frigoris timere no-
lito.

LXXXIII De ratione siderum etc.

Plerique dixere rorem inustum sole agri frugibus rubigi- 18, 275*
nis causam esse et carbunculi uitibus, quod ex parte falsum *esse* arbitror omnemque uredinem frigore tantum innoxio constare sole. id manifestum fiet attendentibus. nam primum omnium non hoc euenire nisi noctibus et ante solis ardorem deprehenditur, totumque lunari ratione constat, quoniam talis iniuria non sit nisi interlunio plenaue luna, hoc est preualente. utroque enim habitu plena est, ut sepius diximus, set

B L

4 apparere *om. L* **17** etc *om. L*

7 a(nte) d(iem) **8** eius *scil.* uergiliarum

interlunio omne lumen, quod a sole acc*i*pit, celo regirat. dif-
ferentia utriusque habitus magna, set manifesta. namque in- 18, 276*
terlunio estate calidissima est, hieme gelida e *contrario*. in
plenilunio estate frigidas facit noctes, hieme tepidas. causa
euidens; estate enim interlunio necesse est, *ut* cum sole nobis 18, 277*
proximo circulo currat, igne eius cominus recepto candens,
eadem interlunio absit hieme, quoniam abscedit et sol; item
in plenilunio estiuo procul abeat auersa soli, hieme autem ad
nos per estiuum circulum accedat. ergo per se roscida, quoti-
ens alget, infinitum quantum illo tempore cadentes pruinas
congelat. ante omnia autem duo genera celestis iniurie memi- 18, 278*
nisse debemus; unum quod tempestates uocamus, in quibus
grandinis, procelle ceteraque similia intelliguntur, que cum
acciderint, uis maior appellatur. hec ab horridis sideribus ex-
eunt, ut sep*e* diximus, ueluti arcturo, Orione, hedis. alia sunt 18, 279*
illa, que silente celo serenisque noctibus nullo sentiente, nisi
cum facta sunt. publica hec, id et magne differentie a priori-
bus, aliis rubiginem, aliis uredinem, aliis caniculum appel-
lantibus, omnibus uero sterilitatem. de his nunc dicemus a
nullo ante nos prodita priusque reddemus. due sunt preter lu- 18, 280*
narem paucisque celi locis *esse* constant. namque uergilie
*paul*atim attinent ad fructus *e*t quarum exortu estas incipiat,
occasu hiemps semenstri spatio intra se messes uindemiasque
et omnium maturitatem complectitur. est preterea in celo qui
uocatur lacteus circulus, etiam uisu facilis – huius defluuio 18, 281*
uelut ex ubere aliquo sata cuncta lactescunt – duorum side-
rum obseruatione, aquile in septemtrionali parte et in austrina

B L

1 interrilunio *a. corr. B* celo regirat a sole accipit *L* **10** candentes *L* **12** tempestatis *B* **16** sententie *p. corr. B (quae a. corr. hab. B non iam legi possunt)* **20** nulla *L* **21** pacisque *B* uergelie *L* B^2

18 carbunculum **20** *p.* priusque *uerbum* causas *om.*

canicule. ipse circulus fertur per sagittarium *et* geminos, solis
centro uix equinoctialem circulum secans, commissuras eo-
rum optinente hinc aquila illinc canicula. ideo effectus utri- 18, 282*
usque ad omnes frugiferas pertinent terras, quoniam in his
tantum locis solis terreque contraria congruunt. igitur horum
siderum diebus si purus atque mitis aer genitalem illum lac-
teumque sucum transmis*er*it in terras, leta adolescunt sata; si
lune qua dictum ratione roscidum frigus aspers*er*it, admixta
amaritudo ut in lacte puerperium necat. modo in terris huius 18, 283*
iniurie, quam fecit in quacumque conuexitate comitatus utri-
usque cause, et ideo non pariter in toto orbe sentitur, ut nec
dies. aquila in Italia exori*tur* ad XIII kl' Ian*uarii*, nec patitur
ratio nature quicquam in satis ante eum diem spei esse certe.
si uero interlunium incidat, omnes hibernos fructus et preco-
ques ledi necesse est. VII kl' Ma*ii* fere rubigo segetes occu- 18, 285*
pat. post dies undeuiginti ab equinoctio uerno per id quod ad
triduum uaria gentium obseruatione in IIII kl' Ma*ii* canis *a*c-
cidit, sidus et per se uehemens et cui preoccidere caniculam
necesse sit. quarto kl' easdem instituerunt. si in hoc quatridu- 18, 286*
um inciderit plenilunium, fruges et omnia que florebunt ledi
necesse erit. Varro et a fidicula incipiente occidere mane de- 18, 289*
terminat, quod uult initium autumpni esse. plenilunia nec nisi 18, 291*
estiuis breuissimisque noctibus metui, non diebus idem uale-
re. preterea tam facile intelligi, ut formica, minimum animal, 18, 292*
interlunio quiescat, pleniluni*i* etiam noctibus operetur. neque
in nube neque in flatu cadunt rores, sic quoque non sine re-
medio. sarment*um* apud palearum aceruos et euulsas herbas 18, 293*
fruticesque per uineas camposque, cum timebis, incendito;
fumus medebitur. hic e paleis et contra nebulas auxiliatur,

B L **27** sarmentum [*V*

13 in *om. L* **28** uneas *a. corr. B* campos *L*

9 modus **12** a(nte) d(iem) **16 sq.** quadriduum *uel* quatri-

ubi nebule nocent. quidam tres cancros uiuos cremari iubent
in arbustis, ut carbunculi non noceant. Archibius ad Antio- 18, 294*
chum Sirie regem scripsit, si fictili nouo obseratur rubeta ra-
na in media segete, non esse noxias tempestates.

LXXXIIII De tritico etc.

Triticum quo serius metitur, copiosius inuenitur; quo ce- 18, 298*
lerius uero, *eo* speciosius ac robustius. lex aptissima: ante-
quam granum indurescat et cum iam traxerit colorem. in tri- 18, 304*
tico maxime *crescunt* animalia, quoniam spissitate sua
concalescit et furfure crasso uestitur. quidam ipsum triticum 18, 305*
diuturnitatis gratia aspergunt amurca aut etiam absinthio.
Varro auctor est conditum [306*]frument*um cum* palea, si nullus 18, 307* 306*
spiritus penetret, durare annis L. breuissima obseruatio, *si* ui- 18, 307* 308*
tiis carere uelis, interlunio legere. quare plurimum refert,
condere quis malit aut uendere. crescente enim luna frumen-
ta grandescunt.

LXXXV Quomodo uindemie etc.

Vindemiam antiqui nunquam existimauere maturam ante 18, 315
equinoctium; iam passim rapi cerno. quamobrem et huius
tempora notis argumentisque signentur. leges ita se habent:
quam calidam nec legito, hoc est in ea siccitate ac nisi imber
interuenerit. quam rorulentam nec legito, hoc est, si ros noc-
turnus fuerit, nec prius quam sole discutiatur, uindemiare in- 18, 316*
cipito. iustum uindemie tempus ab equinoctio ad uergeliarum 18, 319*
occasum dies XLIIII. uindemia facta oliuam esse rapiendam 18, 320*
et que ad oleum pertinent. omnia que ceduntur, carpuntur, 18, 321*

B L V **4** *V*]

3 regem Sirie *L* **10** concalescat B^1

21 uuam

tunduntur, innocentius decrescente luna quam crescente fiunt.

LXXXVI Quando uinee etc.

Ventorum paulo scrupulosior [326*]obseruatio. sol autem 18, 325*
cotidie ex alio celi momento quam pridie oritur et apud septemtrionem proximum a parte exortiua solsticialem habebit
exortum uentumque aquilonem, borea*m* a Grecis dictum. in 18, 334*
hunc ponito arbores uitesque, set hoc flante ne arato, frugem
ne*c* serito, semen ne iacito. nec tamen eum toto anno in pre- 18, 335*
dictis timet agricola. mollitur siderea estate media mutatque nomen et ethesias uocatur. ergo cum frigidum senties, caueto. qui mares concipi uoles, in hunc pascito, ut si*mul* ineun- 18, 336*
tem ineat. ex aduerso aquilonis ab occasu brumali Affricus flabit, quem Greci Liba uocant. in hunc a coitu cum se pecus circumegerit, feminas conceptas esse scito.

LXXXVII De tempestatibus.

Predicta uentorum ratione, ne sepius eadem dicantur, 18, 340*
transire conuenit ad reliqua tempestatum presagia primum- 18, 341*
que a sole capi*a*mus *ea*. purus oriens atque non feruens sere- 18, 342*
num diem nuntiat, at hibernus *aut* pallidus grandinem. si et occidit pridie serenus et oritur, tanto certior fides serenitatis. concauus oriens pluuias predicit; idem uentos, cum ante exorientem eum nubes rubescunt; quod si et nigre rubentibus interuenerint, et pluuias; cum occidentis aut orientis radii ru-
bent, coire pluuias. si circa occidentem rubescunt, serenita- 18, 343*
tem futuri diei spondent. si in exortu spargentur partim ad austrum partim ad aquilonem, pura circa eum serenitas sit licet, pluuiam tamen uentosque significabunt; si in ortu ea*n*t,

B L

3 etc *om. L* **15** circuegerit *L* **20** et *om. L*

in occasu contracti cern*a*ntur radii, imbrem. si in occasu eius
pluet aut radii in se nube*s* trahent, asperam in proximum di-
em *hiemem* significabunt. cum oriente radii non illustres 18, 344*
eminebunt, quamuis circumdat*i* nub*e* non sint, pluuiam por-
tendunt. si ante exortum nubes *con*globabuntur, hiemem as-
peram denuntiabunt; si ab ortu repellentur et ad occasum
abibunt, serenitatem. si nubes solem circumcluderit, quanto
minus luminis reliqu*e*r*i*t, tanto turbidior tempestas erit; si ue-
ro etiam duplex orbis fuerit, eo atrocior. quod si in exortu aut 18, 345*
in occasu fiet, ita ut rubescant nubes, maxima ostend*i*tur tem-
pestas. si non abibunt, set incumbent, a quocumque uento
fuerint, e*a*m portendent; si a meridie, et imbrem. si oriens
cingitur orbe, ex qua parte is se operit, expectetur uentus. si
totus defluxerit equaliter, serenitatem dabit. si in exortu lon- 18, 346*
ge radios per nubes porriget et medius erit inanis, pluuiam
significabit; si ante ortum radii se ostendent, aquam et uen-
tum; si circa occidentem candidus circulus erit, noctis leuem
tempestatem; si nebula, uehementiorem; si candente sole
uentu*s* fiat *et* circulus fuerit, ex qua regione is eruperit, uen-
tum magnum.

LXXXVIII De his que noscuntur per lunam.

Proxima s*u*nt iure lune presagia. quartam eam maxime 18, 347*
obseruat Egiptus. si splendens exorta puro nitore ful*s*erit, se-
renitatem, si rubicunda, uentos, si nigra, pluuias portendere
creditur. in quinta cornua eius obtunsa pluuiam, erecta et in-
festa uentos semper significant. quarta tamen maxime cornu

B L

2 aspersam *L*, *a. corr. B* **5 sq.** aspersam *L* **9** fue|fuerit *a. corr. B* **10** *p.* rubescant *uerbum* nubescant *hab. B*[1] **21** noscuntur per lunam: etc *B* **23** plendens *B*

7 circumcludent **8** relinquent

eius septemtrionale acuminatum atque rigidum illum presagit uentum, inferius austrum, utraque recta noctem uentosam. si quart*e* orbis rutilus ciebit, uentos et imbres premonebit; si 18, 349* caligo orbis nubem incluserit, uentos, qua se ruperit; si gemini orbes cinxerint, maiorem tempestatem, et magis, si tres erunt aut nigri, interrupti atque distracti. luna nascens si cornu superiore obatracto surget, pluuias decrescens dabit; si inferiore, ante plenilunium; si in medi*o* nigritia illa fuerit, imbrem in plenilunio. si plena circa se habebit orbem, ex qua parte is maxime splendebit, ex ea uentum ostendet; si in ortu cornua crassiora fuerint, horridam tempestatem. si ante quartam non apparuerit, uento fauonio flante hiemalis toto mense erit. si XVI uehementius flammea apparuerit, asperas tempestates presagit. sunt et ipsius lune VIII articuli, quotiens 18, 350* solis in angulos incidit, plerisque inter eos tantum obseruantibus presagia eius, hoc est III, VII, XI, XV, XIX, XXIII, XXVII et interlunium.

LXXXIX De his que noscuntur etc.

Tercio loco stellarum obseruationem esse oportet. dis- 18, 351* currere euidentur interdum, uentique protinus secuntur, in quarum parte ita presagiere. si uer et estas non sine rigore aliquo transierint, autumpnum serenum ac densum minusque uentosum facient. autumni serenitas uentosam hiemem facit. cum repente stellarum fulgor obscuratur ut id neque nubilo 18, 352* neque caligine fluuians, graues denuntiat tempestates. si uolitare plures stelle uidebuntur, quo ferentur albescentes, uen-

B L

1 septemtrionalem *a. corr. B* **3** ciebit *om. L* **6** Lu *L* **7** obatractu B^1: abatraco *L* *p.* si *uerbum* in *hab. L* **10** ostendit *B* **11** an *B* **19** stellarum *om. L* **22** autempnum B^1 **25** *s.* ans *in* fluuians *litteras* uel tans *add.* B^2

7 obatrato **20** hae uidentur

tos ex his partibus nuntiant. sunt in signo cancri due stelle 18, 353*
parue aselli appellate, exiguum inter illas spatium obtinente
nubecula quam presepia appellant. hec cum celo sereno ap-
parere desierit, atrox hiemps sequitur. si alteram earum,
aquiloniam, caligo abstul*er*it, auster seuit; si austrinam, aqui-
lo. arcus cum sunt duplices, pluuias nuntiant, a pluuiis sere-
nitatem non perinde certam. cum estate uehementius tonu*er*it 18, 354*
quam fuls*er*it, uentos ex ea parte denuntiat, *e*contra si minus
tonu*er*it, imbrem. cum sereno celo fulget, pluuie erunt; cum
ab aquilone tantum, in posterum diem aquam portendet; cum
a septemtrione, uentum. cum ab austro uel coro *uel* fauonio
nocte serena fulgurauerit, uentum et imbrem ex hisdem re-
gionibus demonstrabit.

XC De tempestatibus etc.

Tonitrua matutina uentum significant, imbrem meridia-
na. nubes cum sereno in cel*o* feruntur, a quacumque parte id 18, 355*
fiet, uenti expectentur. si eodem loco globabuntur appropin-
quantesque soli discuti*a*ntur et hoc ab aquilone fiat, uentos,
si ab austro, imbres portendent. sole occidente si ex utraque
parte eius celum patet, tempestatem significabunt. uehemen-
tius atre ab oriente in noctem aquam minantur, ab occidente
in posterum diem. si nubes ut uellera spargentur lane multe 18, 356*
ab oriente, aquam in triduum presagient. cum in cacuminibus
montium nubes consident, hiemabit. si cacumina pura f*ue*-
*r*int, disserenabit. nube grauida candicante, quod uocant tem-
pestatem albam, grando imminebit celo quamuis sereno. nu-
becula quamuis parua flatum procellosum dabit. nebule *e* 18, 357*
montibus descendentes aut celo cadentes uel in uallibus se-

B L

15 uentum *it.* B^1 **sq.** merediana *B* **18** sole *L* **24 sq.** *s.* fuerint *uerba* uel fient *add.* B^2 **26** abbam *a. corr. B* **28** candentes *L*

dentes serenitatem promittent; uentum et lumina, cum ex 18, 358*
sese flammas elidunt aut uix accenduntur.

XCI De his que noscuntur per aquam etc.

Est et aquarum significatio. mare si in tranquill*o* portu 18, 359*
cursu stabit *et* murmurauerit intra se, uentum predicit. sepe et
silentio intumescit flatuque altius solito iam intra se esse
uent*um* fatetur. et quidem et montium sonitus *et* nemorum 18, 360*
mugitus predicunt et sine aura que sentiatur folia ludentia.
celi quidem murmur non dubiam habet significationem. pre- 18, 361*
sagiunt et animalia ac delphini tranquillo mari lasciuientes
flatum ex qua ueniunt parte, item spargentes aquam; rane
quoque ultra solitum uocales; item mergi anatesque pennas 18, 362*
rostro purgantes uentum, cetereque aquatice aues concursan-
tes, grues in mediterranea festinantes, mergi maria aut stagna
fugientes; grues silentio per sublime uolantes serenitatem; sic
noctua in imbre garrula; graculi sero a pabulis recedentes 18, 363*
hiemem, terrestres uolucres contra aquam clangores dabunt
perfundentesque sese, set maxime cornix, hirundo tam iuxta
aquam uolitans, ut penna sepe percutiat, et boues celum ol- 18, 364*
factantes seque lambentes contra pluuiam, porci alienos sibi
manipulos feni lacerantes, uermes terreni erumpentes. trifoli- 18, 365*
um quoque inhorrescere et folia contra tempestatem subrige-
re certum est.

B L

1 *s.* ent *in* promittent *(*-tunt *L) litteras* uel u(nt) *add.* B^2 **3** per *om. B*
6 soluto *B* **9 sq.** presagunt *L*

XCII De lino et eius genere.

Nos priore libro imbres et flatus cauendos frugum causa 19, 6*
premonebamus. ecce seritur hominis manu, metitur eiusdem
hominis ingenio, quod uentos in mari optet. non fuit satis ho-
minem in terra mori, nisi periret insepultus. seritur *igitur li-* 19, 7*
num sabulosis maxime. M. Varro tradit in Serranorum fami- 19, 8*
lia gentilicium esse feminas linea ueste non uti. Hispania 19, 10*
citerior habet splendorem lini precipuum torrentis, in quo po-
litur, natura, qui alluit T*e*rraconem, et tenuitas m*agn*a. Asie 19, 15*
genista facit lina ad retia precipua in piscando durantia. li- 19, 18*
num nere et uiris decorum est, cortic*is* quoque decus.

XCIII De lino quod non exuritur.

Inuentum est etiam quod ignibus non absumeretur; ui- 19, 19*
uum id uocant ardentesque in focis conuiuiorum ex eo uidi-
mus mappas sordibus exustis splendescentes igni magis
quam possent aquis. est et inter papauera genus quoddam, 19, 21*
quo candorem linthea precipuum *de*trahunt.

XCIIII De denariis etc.

Et quoniam a miraculis rerum cepimus, sequ*i*mur eorum 19, 33*
ordinem. Larcio Licinio pretorio uiro iura reddent*e* in Hispa- 19, 35*
nia Cartagine paucis his annis scimus accidisse mordenti tu-
ber*em*, ut deprehens*is* intus denariis primos dentes inflecte-
ret. simile est quod uocant misi, precipuum suauitate, odore 19, 36*
ac sapore. ab his proximum dicetur auctoritate clarissimum 19, 38*

B L

1 et eius genere: etc *L* **2** cauentos *B*[1] **9** aluit *L* **14** conuiuorum *B* **24** dicitur *L*

3 seritur *scil.* linum **9** Tarraconem Asia e **21 sq.** tuber

laserpicium, quod Greci syriphi uocant, in Cirenaica prouin-
tia repertum, cuius sucum uocant laser, magnificum in usu
medicamentisque et ad pondus argenti denarii pensum. suc- 19, 43*
cus duobus modis capiebatur, e radice atque caule, et hec
duo erant nomina, r*un*zias atque caulias. alterum genus eius 19, 46*
est, quod magidaris uocatur, tenerius et minus uehemens, si-
ne succo.

XCV De ortis etc.

Superest reuerti ad ortorum curam. illos pensiles siue Se- 19, 49*
miramis siue Assirie rex Cyrus fec*er*it, de quorum opere alio
uolumine dicemus. nichil *ita*que homini sic, quomodo rerum 19, 55*
natura, placet. orti maxime placebant, quia non egerent igni 19, 58*
parcerentque ligno, expedita res et parata semper. in hortis 19, 60*
nascentium alia bulbo commendantur, alia capite, alia caule,
alia folio, alia utroque, alia cortice, alia cute aut cartilagine,
alia tunicis carnosis. aliorum fructus in terra est, aliorum non 19, 61*
nisi extra. quedam iacent *et* crescunt, ut cucurbita et cucu-
mis; eadem pendent, quamquam grauiora multo etiam his,
que in arboribus gignuntur. set cucumis cartilagine. cortex
huic maturitate transit in lignum. terra conduntur raphani na- 19, 62*
pique et rapa. quedam uocabimus ferulacea, ut anetum, mal-
uas; namque tradunt auctores in Arabia maluas septimo men-
se arborescere baculorumque usum prebere [63*]extemplo. 19, 63*

B L **8** [*V*

8 XCV *om. B* etc: et nacentibus in eis *V* **9 sq.** simiramis *B* **16** cirnosis *L* **21** ferulacia *B*[1]: feruilacea *V* **23** extimplo *L*: exemplo *V*

1 silphion *uel* -ium **3** argentei **5** rhizias **19** *p.* cartilagine *uerba* et carne constat, cucurbita cortice et cartilagine *iam om. Roberti exemplar*

XCVI De peponibus etc.

Viuunt pepones hausti in stomacho in posterum diem 19, 65*
nec perfici queunt in cibis; non insalubres tamen plurimum
natura. oleum odore mire nec minus aquas diligunt. cucume- 19, 68*
rum Greci tria genera fecer*unt*, Laconicum, Scitalicum, Boe-
tium. similis et cucurbitis natura, dumtaxat in nascendo. eque 19, 69*
hiemem odere, amant rigua ac fimum. seruntur ambo semine
sesquipedali fossura, inter equinoctium uernum et solsticium.
cortex uiridi tener, deraditur in cibis. cibos salubres ac lenes 19, 71*
pluribus modis existimant, qui perfici humano uentre non
queant, set non intumescant. semina, que proxima collo fue- 19, 72*
r*i*nt, proceras pariunt.

XCVII De raphano etc.

Cortice et cartilagine constant raphani. uis mira colligen- 19, 78*
di spiritum laxandique ructum. ob id cibus illiberalis, utique 19, 79*
si proxime olus mandatur; si uero cum oliuis diruptis, rarior
ructus fit minusque fetidus. seri uult raphanus terra sol*id*a, 19, 83*
humida. fimum odit palea contentus. frigore adeo gaudet, ut
in Germania infantium puerorum magnitudinem equet. cru- 19, 85*
dos medici suadent ad colligenda acria uiscerum cum sale
ieiunis e*der*e, atque ita uomitionibus preparant meatum.
namque et cocti dulcescunt et in naporum uicem transeunt.
tradunt et precordiis necessarium hunc sucum, quando ythi- 19, 86*
riasin cordi intus inherentem non alio potuisse depelli com-
pertum sit in Egypto, regibus corpora mortuorum ad scrutan-
dos morbos insecantibus. utilissimi in cibis hiberno tempore 19, 87*

B L V

1 etc: et cucurbitis *V*: *om. B* **7** odore B^1 **9** cibos: sibos *L* **10** plurimis *L* **13** etc: et eius natura et de pastinaca *V* **15** spirituum *L* **20** a B^1

4 odere **23 sq.** phthiriasin *uel* φθειρίασιν

existimantur, idemque dentibus semper inimici, quoniam at-
terant; ebora certe poliunt. ex his pastinace unum genus 19, 88*
agrestis sponte prouenit. hibiscum a pastinaca gracilitate di- 19, 89*
stat, dampnatum in cibis, set medicine utile. siser et ipsum 19, 90*
Tiberius princeps nobilitauit flagitans omnibus annis a Ger-
mania. proxima hinc est bulborum natura, quos Cato in pri- 19, 93*
mis serendos precepit. unum de his uolumen condidit Pita- 19, 94*
goras philosophus colligens medicas uires, quas proximo
reddemus libro. in hoc mirum imas eius radices crescere hie- 19, 95*
me, uerno autem, cum apparuerit uiola, minus, ut ha*n*c con-
trahi, tunc deinde bulbum pinguescere.

XCVIII De cepa etc.

Cepe genera apud Grecos Sarda, Samotracia, Alsidena, 19, 101*
se*c*ania, scirta, Ascalonia, ab oppido Iude nominata. omnibus
etiam odor lacrimosus et precipue Cipris, minime Gnidis.
omnibus annis separatim semen cepe causa seritur, separatim 19, 106*
cepe seminis. seruantur autem optime in paleis. ceter*um* ce- 19, 107*
pas ter fosso solo seri iubent exstirpatis radicibus herbarum,
intermisceri satureiam, quoniam melius proueniat. Ascaloni-
am mense Februario serunt nostri. semen ceparum nigrescere
incipiens, antequam marcescat, metunt.

XCIX De porris etc.

Porro sectiuo auctoritatem nuper dedit princeps Nero uo- 19, 108*
cis gratia ex oleo estatis mens*i*um omnibus diebus nichilque

B L V **11** *V*] **22** [*V*

6 huic *L* **8** proximo: in hoc eodem *V* **14** inde *B* **16** omnis *L* **20** nostri *om. L* **22** etc: sectilibus *V*

10 hanc *scil.* uiolam*?* **11** pinguescere *scil.* appareat *uel sim.* **14** setania schista Iudaeae **15** Cypriis *cf.* *STOTZ, HLSMA 3, VII § 35.2* Gnidiis

aliud ac ne pane quidem uescendo. fama est Melam equestris 19, 110*
ordinis reum ex procuratione a Tiberio principe accersitum in
summa desperatione succo porri ad trium denariorum argen-
teorum pondus hausto confestim exspirasse sine cruciatu.
ampliorem modum negant noxium esse.

C De duobus generibus allii.

Allium ad multa ruris precipue medicamenta prodesse 19, 111*
creditur. uniuersum uelatur menbranis, mox pluribus coau-
mentatur nucleis, et his separatim uestitis, asperi saporis. quo
plures nuclei fuere, hoc est asperius. maturescentium caules 19, 113*
depressi in terram obruuntur; ita cauetur ne in frondem luxu-
rient. ceter*um* ut odore careant, omnia hec iubentur seri, cum
luna sub terra sit, colligi, cum in coitu. sine his Menander *a*
Grecis auctor est alium edentibus, si radicem bete in pruna
tostam superederint, odorem extingui. allium et semine pro- 19, 114*
uenit, set tarde. anno tercio consummatur. allium est et in ar- 19, 116*
uis sponte nascens – alum uocant – quod aduersus improbita-
tem alitum depascentium semina coctum, ne renasci possit,
abicitur, statimque que deuorauere aues stupentes manu ca-
piuntur. quod si diutius allium cepamque inueterar*i* libeat, 19, 115*
aqua salsa tepida capita *int*ingenda sunt.

CI De ruta etc.

Rutam furtiuam tantum prouenire fertilius putant, sicut 19, 123*
apes furtiuas pessime. *lactuce* diligentiores plura genera fa- 19, 126*

B L V

6 allii: etc *B*: allei *V* **7** precipue *om. L* **8** pluribus *om. L* **sq.** coaugmentatur *L* **9** aspari *L* **12** ut: in B^1 **22** etc: et lactuca et beta *V*: *om. B* **24** aues *L* pessimam *L*

8 sq. coagmentatur *cf.* LEVM *199;* STOTZ, *HLSMA 3, VII § 180*

ciunt: purpureas, crispas, Cappadocias, Grecas; longior*a* h*is*
foli*a* caulique lati. est quidem natura omnibus refrigeratrix, 19, 127*
et ideo estate Greci a stomacho fastidium auferunt cibique
appetentiam faciunt. Diuus *autem* Augustus lactuca conser- 19, 128*
uatus in egritudine fertur prudentia Muse medici. beta orten- 19, 132*
siorum leuissima est. eius quoque colore duo genera Greci
faciunt, nigram et candidam. nostri bete genera uernum et
autumpnale faciunt. sunt qui betas Punico malo florente op- 19, 135*
time seri *putant*, transferri autem, cum quinque foliorum esse
ceperint.

CII De brassica etc.

Cato brassice miras canit laudes, quas in medendi loco 19, 136*
reddemus. genera eius *sunt* tria: unam extentis foliis, caule
magno, alteram crispo folio, quam apianam uocat, terciam
minutis caulibus, lenem, teneram minimeque probat. silues- 19, 144*
tre trium foliorum Diui Iulii carminibus precipue locis mili-
taribus celebratum. omnium ortis rerum lautissima cura 19, 145*
asparagis. nullum gratius his solum quam Rauennacium orto- 19, 150*
rum i*u*dicauimus. eruca et nasturcium uel estate uel hieme 19, 154*
facillime nasc*it*ur. eruca precipue frigorum contemptrix con-
citatrixque ueneris. iccirco iungitur illi in cibis *lactuca*, ut 19, 155*
nimio frigori par feruor inmixtus temperamentum equet. nas-
turcium *as*omen accepit a nasium tormento.

B L V **10** *V*]

8 betos B^1 **9** putant: existimant *V* **23** nasuum *a. corr. B*

2 caulique *cf. ThLL III 652, 30 sqq.* **23** nomen narium

CIII De menta.

Ruta cinere uult nutriri, odit fimum. ab equinoctio uerno 19, 156* 158*
seritur apium semine paulum in pila pulsato. eodem tempore 19, 159*
seritur menta planta; minus hec *in* humido gaudet. mente nomen suauitas odoris apud Grecos mut*ua*uit, cum alioquin
minta uocaretur. semel sata diutina etate durat. 19, 160*

CIIII De cimino et eius genere.

Ciminum nascitur in summa tellure uix herens et in sub- 19, 161*
lime tendens in putribus et calidis maxime locis, medio serendum uere. alterum eius genus siluestre, quod rusticum uo-
cant, alii Thebaicum. ligusticum siluestre est in Ligurie sue 19, 165*
montibus; seritur ubique, suauius satiuum, sed sine uiribus.

CV De papauere et eius genere.

Papaueris satiui tria genera: candidum, cuius semen tos- 19, 168*
tum in secunda mensa cum melle apud antiquos *ede*batur. alterum genus papaueris nigrum, cuius scapo insciso lacteus
sucus ex*prim*itur. tercium genus rhian uocant Greci, id nostri 19, 169*
erraticum, flore rufo et protinus deciduo.

CVI De coriandro etc.

Equinoctio autumpni seruntur coriandrum, anetum, atri- 19, 170*
plex, malue, lappatice, repollum, quod pederoton Greci uocant, et acerrimum sapore igneique effectus ac saluberrimum

B L

1 *p.* menta *litteras* etc *hab. L* **2** uul *L* **12** uiribus sine *a. corr. L* **13** et eius genere *om. B* **15** seculum *B* **16** paueris *B*[1] nigrum *om. L* **18** deciduo: diei duo *B*[1] **19** CVI *om. B* coriando *L*

16 inciso *cf.* *Stotz, HLSMA 3, VII § 154.1* **17** rhoean **21** lapathum caerefolium paederota

corpori. sinapi nulla cultura. serpillo et sisimbrio montes plerique scatent. 19, 172*

CVII Quomodo occiduntur etc.

Formic*e*, non minimum ortorum exicium, efficacissime eliotropio herba necantur. quidam et aquam diluto latere crudo inimicam *e*is putant. lim*o* *etiam* marin*o* aut cinere obturatis e*o*rum foraminibus *mori traduntur*. hore rigandi *orti* matutina atque uesper*tin*a, ne inferuescat aqua sole. et hactenus ortensia dicta sint, ciborum gratia dumtaxat. uera autem cuiusque natura non nisi medico effectu prenosci potest, opus ingens occultumque diuinitatis. 19, 178* 19, 183* 19, 189*

Explicit liber V. incipit liber VI.

I Quod ignita sunt per que homines uiuunt.

Opus hinc nature maximum ordiemur et cibos suos homini narrabimus faterique cogemus ignita esse per que uiuat. nemo id paruum ac modicum existimauerit nominum utilitate deceptus. set a salutaribus ordie*mur* primumque ab ortensis. 20, 1* 20, 2*

B L **3** [*V* **11** *V*] **13** [*V*

1 sisimbro *B*[1] **3** Quo *B* etc: formice in orto *V*: *om. B* **6** inimicas *a. corr. B* **9** dumtaxa *L* **10** effectum *L* **12** liber[2] *om. L* **13** Quod … uiuunt *om. B L* **17** *p.* ordiemur *in imo margine uerba e NH 22, 106* ¶ In simplicibus apparet esse naturam. in compositis uero coniecturam sepe fallacem nulli satis custoditam. In mixturis concordia nature ac repungnantia. *add. L*[2]

7 earum **17** hortensiis

II De uirtute allii.

Allio magna uis, magne utilitatis contra quorum*lib*et locorum 20, 50* mutationes. serpentes abicit et scorpiones odore atque, ut aliqui tradidere, bestiarum omnium ictus medetur. Hipocrates 20, 51* cinere *allii* cum oleo capitis ulcera manantia sanitati restitu*it*. suspiriosis coctum, aliqui crudum dedere. P*a*raxagoras 20, 52* et contra morbum regium uino miscuit et contra aluum in oleo et pulte, sic illiniens. antiqui crudum insanientibus dabant, Diocles freneticis elixum. contra anginas tritum imponi et gargarizare prodest. dentium dolorem tribus capitibus 20, 53* in aceto tritis minuit. compescit distillationes cum lacte coctum uel tritum permixtum ue*l* caseo molli, quo genere et raucitatem extenuat, uel pthisin in fabe *de*coctione. in to*s*tum 20, 54* autem *aut* elixum utilius crudo; sic et uoci confert. tineas et reliqua animalia interaneorum pellit in aceto mulso coctum. tenesmo in pulte medetur; temporum doloribus illitum elixum; pus*t*ulis coctum cum melle, deinde tritum; tussi cum adipe uetusto decoctum uel cum lacte ut si sanguis etiam excreetur; conuulsis *et* *e*ruptis cum sale et oleo. nam cum adipe 20, 55* tumores suspectos sanat. extrahit fistulis uicia cum sulphure et resina. sugillata aut liuentia ad colorem reducit combustum *cum* melle. credunt et comitialem morbum sanari. 20, 56*

B L V

1 De … allii *om. B L* **2 sq.** locorum mutationis B^1: mutationes locorum *L* **6 sq.** Paraxgoras B^1 **13** *s.* decoctione *uerba* uel sorbicione *add.* B^2 **18 sq.** excretur B^1

6 sq. Praxagoras **7** ileum **13** totum **18** aut

III De Ascalonia.

Ascalonia gen*us* cep*arum est ab Ascalon* opido Iude nominat*um*. odor *illi* lacrimosus, *sicut et ceteris, et eadem uirtus in medicinis*. 19, 101*

IIII De atriplice.

Atriplex et siluestre est et satiuum. Dionisius et Diocles plurimos gigni ex eo morbos, nec nisi mutata sep*ius* aqua coquendum, stomacho contrarium esse *tradiderunt*. L*u*cus Neapolitanus duricias omnes uel cocto uel crudo utiliter illini putauit, item ignem sacrum cum melle aceto*que* nigro. similiter podagris ungues scabros detrahere dicitur sine ulcere. 20, 219* 20, 220*

V De apio.

Apio gratia in uulgo est. epiforis per se tritum aut cum pane uel polenta impositum mire auxiliatur. pisces quoque, si egrotent in piscinis, apio uiridi recreantur. distinguitur sexu. Crisippus feminam esse dicit crispioribus foliis et duris; Dionisius marem nigriorem, breuioris radicis; ambo neutrum ad cibos admittendum, uisus claritati inimicum. mammarum *etiam* duritiam *potui* impositis foliis emollit. cum uino lumborum dolores mitigat, eodem iure instillato grauitatem aurium. semine urinam ciet. cum oui albo illitum aut ex aqua coctum potumque renibus medetur, in frigida tritum oris ulceribus. semen cum uino uel radix cum ueteri uino uesice calculos frangunt. 20, 112* 20, 113* 20, 114* 20, 115*

B L V

6 Striplex *L*

2 Iudaeae **8** Lycus **19** potui *e NH sq. cap. huc transp.*

VI De aneto.

Anetum quoque ructus mouet et tormina sedat, aluum si- 20, 196*
stit, singultus cohibet, semen feruens olfactum, sumptum ex
aqua sedat cruditates. cinis eius uuam in faucibus leuat, ocu-
los et genituram hebetat.

VII De aneso.

Anesum aduersum scorpiones ex uino bibitur; uina com- 20, 185*
mendat. quin ipsum oris ha*ne*litum iocundiorem facit feto- 20, 186*
remque tollit manducatum matutinis, mox uino collutum.
uultum iuniorem *reddit*, appetentiam ciborum prestat. dolo- 20, 187*
res leu*ig*at. suffitum naribus [188*]toracis pituitas purgat. tos- 20, 188*
tum cum melle sumptum [189*]precipuum autem est ad ructus. 20, 189*
ideo inflationibus stomachi et intestinorum torminibus et ch*i*-
liacis medetur; singultus et olfactum inibet; digerit cruditates
succus decocti; ipsum cum apio olfactu*m*, sternutamenta in-
ibet, potum sompnum concitat; calculos pellit, uomitiones
cohibet. parere quoque facilius olfactantes *facit*. S*iso*menes 20, 192*
semine eius poto lassitudinis auxilium uiatoribus spopondit.
sunt qui et aspidum uenenis naturam eius aduersari putant. 20, 195*
cum uino sudorem leniter prestat. urinam cit, sitim cohibet,
uestes quoque a tineis defendit. efficatius semper recens et
quo nigrius.

B L V

3 Sūtū B^1 **8** halitum *L* **12** ructum B^1 **18** spospondit *a. corr. B*

13 sq. coeliacis *cf. ThLL III 1410, 45 sqq.; Stotz, HLSMA 3, VII § 73.2*
17 Sosimenes

VIII De asparagis.

Asparagi, *ut* trad*i*tur, cum *u*ino quidem addito inflationes 20, 108*
stomachi colique discutiunt. uentrem leniter molliunt. radix 20, 109*
in aceto decocta contra elefantiam proficit. asparago trito
cum oleo perunctum ab apibus pungi negant. si sanguis per 20, 111*
urinam reddatur, semen asparagi et apii et cimini ternis obolis in uin*o* quinis diebus Crisippus dari iubet. si canibus detur, occidi*t* eos.

IX De abrotano.

Abrot*a*num duorum traditur generum, campestre ac 21, 160*
montanum. amaritudo absinthii in utroque. iocund*i* odor*is* 21, 60*
sunt et graui*s*. usus *est* et foliis, set maior semini ad calefa- 21, 160*
ciendum, ideo neruis utile, tussi, orthopnoicis, conuulsis, ruptis, lumbis; urine angustiis datur bibendum manualibus fasciculis decoctis ad tercia*m* parte*m*.

X De aconito.

Aconitum omnium uenenorum constat ocissimum. scor- 27, 4* 5*
pionum ictibus aduersari datum in uino calido. ea est natura, ut hominem occidat, nisi inuenerit quod in homine perimat. cum eo solo colluctatur uelut presentius inuento, sol*o* hec pugna est, cum uenenum in uisceribus reperit, mirumque, exicialia per se ambo cum sint, duo uenena in homine comoriuntur, ut homo supersit. immo uerum etiam remedia antiqui 27, 6*
prodiderunt demonstrando, quomodo uenena quoque ipsa sanarentur. tangunt carnes aconito necantque gustatu earum 27, 7*

B L V

3 molliunt leniter *L* **5** eleo *B* **6** cumini *V* **11** Iocundioris *L* **12** et[1]: que *L* Visus *a. corr. B* **20** solo[1] *om. L* **21** repperit *L* **25** negantque *L*

10 Abrotanum *cf. ThLL VI 3, 2487, 24 sqq.*

panter*e*s, at illas statim liberari morte excrementorum homi-
nis gustu demonstrato. quod certe casu repertum quis dubi-
tet? aconitum folia habet ciclamini aut cucumeris, non plura 27, 9*
quatuor, ab radice, leniter irsuta. nascitur in nudis cautibus, 27, 10*
quas aconas *uoc*ant, et ideo aconitum aliqui dixere, nullo
iuxta puluere quidem nutriente.

XI De aloe.

Aloes cille similitudinem habet. caulis eius tener est, ru- 27, 14*
bens medius, radice una ceu palo in terram demiss*o*, graui
odore, gustu amara. quidam caulem ante maturitatem seminis 27, 15*
incidunt succi gratia, aliqui et folia. inuenitur et per se lacri-
ma adherens. e*s*t optima pinguis ac nitida, rufi coloris, a*d* io- 27, 16*
cineris mod*um*; facile liquesc*it*; inprobanda nigra et dura.
usus mult*us* et principalis aluum soluere.

XII De absinthio.

Absinthii genera plura sunt: Sanctonium appellatur a 27, 45*
Sanctonas, ciuitate Gallie, Ponticum a Ponto, ubi pingues-
cunt *ex* illo pecora et ob id sine felle reperiuntur. medulla
Pontici dulcis. uictor in Capitolio absinthium bibit, credo sa-
nitatem premio dari arbitris maioribus. stomachum corrobo- 27, 46*
rat, et ob hoc sapor *il*lius in uina transfertur. bibitur et decoc-
tum aqua ac postea nocte *ac* die refrigeratum sub diuo. opor-
tet et salem addi. succus absinthii decoctus saluberrimus est. 27, 47*
namque astringit stomachum bilemque detrahit, urinam cit, 27, 48*

B L V

3 cucumerus *a. corr. B* **9** paulo *L* **12** *p.* nitida *uerbum* et *hab. L* **18** peccora ex illo *L* **21** tranffertur *L*

2 demonstratum **8** Aloe scille **16** Santonicum *uel* Sanct-*; cf. RE I A 2290, 18 sqq.* **17** Santonis *uel* Sanct- *cf. RE I A 2291, 15 sqq.*

aluum emollit et in dolore sanat, uentris animalia pellit, in-
flammationes discutit, cruditates detrahit; cum ruta et pipere
et sale antiqui purgationis causa dabant. iocineris causa cum 27, 49*
Gallico nardo, lienis cum aceto aut pulte aut fico sumitur.
oculorum claritati multum confert. aures eius decoctum ua- 27, 50*
poris suffitu sanat aut, si manet sanies, cum melle tritum.
nausias maris arcet in nauigationibus *cum uino* potum. somp- 27, 52*
nos allicit olfactum aut inscio sub capite positum. uestibus
insertum tineas arcet. culices ex oleo perunctis abigit.

XIII De Achillea.

Achille*am* inueni*t* Achilles discipulus Chironis qua uul- 25, 42*
neribus mederetur. *quam* sideritem alii uocant, apud nos mil-
lefoliam. hec etiam precisos neruos glutinare facit. 25, 43*

XIIII De aristologia.

Aristologia rotund*a est et* longa. medicis aptior rotunda, 25, 95* 97
contra serpentes oblonga, in summa tamen est gloria etiam
modo. conceptu admota uuluis in carne bubula mares figurat,
ut traditur. piscatores Campanie radicem eam que rotunda est 25, 98*
uenenum terre uocant; contusam *in*mixta calce in mar*i* spar-
sere. aduolant pisces cupiditate mira statimque exanimati
fluitant.

XV De beta herba.

Bet*e* siue candide siue nigre radix recens et madefacta 20, 69*
suspensa funiculo contra serpentium morsus efficax esse di-

B L V

1 sq. Infammationes B^1 **3** causa^2 *om. L* **10** XXIII *L* **13** eiciam *B*
14 XXIIII *L* aristolog' *B*: -lgia *L*: -legia *V*

15 Aristologia *cf. ThLL II 584, 24 sqq.*

citur, candida beta cocta et cum alio crudo sumpta contra
tineas. nigre radices ita in aqua cocte pruriginem tollunt at-
que in totum efficatior traditur esse nigra. succus eius capitis
dolores ueteres et uertigines, item sonitum aurium sedat in-
fusus hiis; cit urinam, medetur dissintericis iniecta et morbo 20, 70*
regio. succus eius cum melle naribus ind*uc*tus caput purgat. 20, 71*

XVI De brassica.

Brassice laudes longum est exequi; *quas* eo diligentius 20, 78*
persequi par est, ut noscatur, qua medicina us*a* sit Roma an-
nis sexcentis. in tres species diuisere eam Greci antiquissimi: 20, 79*
crispam, quam selinadam uocauerunt a similitudine apii fo-
liorum, stomacho utilem, aluum modice mollientem; alteram
el*y*an, latis foliis e caule exeuntibus, unde caulodem quidam
uocauere, nullius in medicina momenti. tercia est proprie ap-
pellata carambe, tenuioribus foliis et simplicibus densissi-
misque, amarior, sed efficacissima. Cato crispam maxime 20, 80*
probat. prodesse tradit capitis doloribus, oculorum caligini;
aqua quoque eius decocta neruos articulosque mire iuuari; si 20, 81*
foueantur uulnera et recentia et uetera, etiam carcinomata,
que nullis aliis medicamentis sanari poss*u*nt; insompnia et- 20, 82*
iam uigiliasque tollere decoctam, si ieiuni edant. inter reliqua
bilem detrahit per uinum nigrum pota. pueros pusillos si la- 20, 83*
ue*ri*s urina *ex brassica mota*, nunquam debiles fieri. auribus
quoque ex uino succum brassice tepidum instillari suadet id-
que etiam tarditati audientium prodesse asseuerat, et impeti-
gines eadem sanari sine ulcere; item aluum soluere eadem- 20, 84*

B L V

5 cit: ut *B*[2] desintericis *L* iniecta et: iniectaque *L* **6** regeo *B* **10** seccentis *B*[1] **21** uigilias *L* se *L* **22** belem *B*[1] **24** succo *L* **25** prodesse *om. L*

11 selinada *uel* -dem **13** leam *uel* λείαν **15** crambe **26 sq.** eandemque

que bis cocta sistere; uino aduersari ut inimicam uitibus, antecedente in cib*o* caueri ebrietatem, postea sumptam crapulam discuti; hunc cibum et oculorum conferre multum; nichil esse utilius stomacho neruisque, ideo paraliticis tremulis*que* dari iube*tur* sanguinem*que* excreantibus. partus quoque mortuos pellit. inueni*que* et *a* podagra liberatos edendo eam. splene*ti*cis *confert* in uino albo per dies quadraginta. nulla ergo sunt crimina brassice? immo anime grauitatem facere, dentibus et gingiuis nocere. 20, 85* 20, 86* 20, 87* 20, 91*

XVII De buglossa.

Bugloss*a* boum lingue similis, cui precipuum quod in uinum deiecta animi uoluntates auget et uocatur eufrosinum. 25, 81*

XVIII De cimino.

Cimin*i* satiu*i* magnus usus in stomachi precipue remediis. pituitas discutit *et* inflationes tritum et cum pane sumptum uel potatum ex aqua uinoque, tormina quoque et intestinorum dolores discutit. 20, 159*

XIX De caparo.

Capar*um* Italicum qui cotidie edunt, paralisi non periclitari ferunt nec lienis doloribus, *et* XXXV diebus per urinam et aluum totum lienem emitti. 20, 165* 20, 166*

B L V

1 uiribus *B* **14** stomacho *L* **20** urinam *in margine add. B*[2]

1 coctam **3** *p.* oculorum *uerbum* claritati *om.* **19** Caparum *cf. ThLL III 354, 42 sq.; 55 sq.*

XX De coriandro.

Coriandro uiridi uis magna ad refrigerandos ardores. 20, 217* cum lacte mulieris epiforas oculorum sanat. Eno*t*rates tradit 20, 218* rem miram, si uera est, menstrua continer*e* uno die, si unum granum biberint *mulieres*, biduo, si duo, et totidem diebus quot grana sumpserint. M̄. Varro coriandro subtrito cum aceto carnem incorruptam estate seruari putat.

XXI De canabi.

Canabis in siluis primum nata est nigriore folio et asperi- 20, 259* or. semen eius extinguere genituram uirorum dicitur. succus ex e*a* uermiculos aurium et quodcumque intrauerit eicit, set cum capitis dolore, tanta *quo*que ei uis est, ut aque infusa coagulare eam dicatur; et ideo iumentorum aluo succurit *m*ota in aqua. radix articulos contractos emollit in aqua cocta.

XXII De croco.

Crocu*s* *cum* melle non soluitur nulloque dulci, facillime 21, 137* autem uino aut aqua. utilissimum in medicina, adseruatur *in* cornea pixide. discutit inflammationes omnes quidem, set oculorum maxime ex ouo illitus; uuluarum quoque strangulatus, stomachi exulcerationes, pectoris et renum, iocineris, pulmo*r*um uesicarumque, peculiariter inflammationi earum uehementer utile, item tussi et pleureticis. tollit et pruritus, 21, 138* urina*m* cit. qui crocum prius biberit, crapulam non sentit,

B L V

2 ad *it. B* refrigerendos B^1 **3** Enotratos B^1: -tates *V* **4** die uno *L* **5** *p.* si *uerbum* denuo *hab. L* **6** M' *B*: M *V* **11** set *s. ras. add.* B^2 **12** tanta quoque: tantaque *L* ei uis: ei B^1: uis ei B^2 **21** peculialiter *L V*

3 Xenocrates **13** pota **21** pulmonum **22** pleuriticis *cf.* STOTZ, *HLSMA 3, VII § 29.7*

ebrietati resist*i*t. somnum facit, caput leniter mouet, uenerem stimulat. flos eius igni sacro illinitur cum creta Cymolea. ipsum plurimis medicaminibus miscetur, collirio etiam uini nomen dedit.

XXIII De centaurio.

Centaurium est cognomine lepton; hoc nostri fel terre 25, 68* uocant propter amaritudinem summam. Galli e*r*eam *uocant*, quoniam omnia mala medicamenta potum e corpore exsiccat per aluum. succo *illius* cum melle culices, nubeculas obscuri- 25, 142* tates*que* discuti putant *et* cicatrices extenuari, albugines quidem etiam iumentorum, si detur rite. celidonia supradictis omnibus mire medetur.

XXIIII De celidonia.

Celidonia hirundines oculis pullorum in nido restituunt 25, 89* uisum, quidam uolunt etiam oculis erutis. floret aduentu hi- 25, 90* rundinum, discessu marcesc*i*t. florentibus succus exprimitur et in ereo uase cum melle Attico le*u*iter cinere feruenti decoquitur, singulari remedio contra caligines oculorum. utuntur per se succo et in colliriis, que celidonia appellantur ab ea.

XXV De cinoglossa.

Cinogloss*a est* imita*ns* linguam caninam, que fert minu- 25, 81* tas lappas. eius radix pota ex aqua ranis et serpentibus aduersatur.

B L V

2 cymolia *B*[1] **15** etiam uolunt oculis *a. corr. B*: uolunt oculis etiam *L* **sq.** hyrundinum aduentu *L*

7 exacum uocant **14** chelidonia *cf.* *Stotz, HLSMA 3, VII §§ 128.1 sq.* **21** Cinoglossa *cf.* *ThLL IV 1591, 11*

XXVI De cicuta.

Cicut*e* semini et foliis refrigeratoria uis. fit ex eo ad re- 25, 151* 153*
frigerandum stomachum malagma. precipuus est *succus eius* ad cohibendas epiforas estiuas, oculorum dolores sedandos circumlitus; miscetur colliriis, et alios omnes reumatismos *oculorum* cohibet.

XXVII De crigerone.

*C*rigeron *a* Grec*is* *que* a nostris uocatur senecio*n*; hanc si 25, 167*
ferro circumscriptam effodiat aliquis tangatque ea dentem et alternis ter despuat ac reponat in eundem locum ita, ut bibat
herbam, aiunt dentem eum postea non doliturum. ali*qui* *pu-* 25, 168*
tant succum expressum pot*antem* strangul*are*. nos eam Ro- 25, 169*
manis experimentis per usus digeremus. lanugo eius cum croco et exiguo aque frigide trita illinitur epiforis, tosta cum mica salis strumis.

XXVIII De conferua.

Conferua curatum scio omnibus fere ossibus confractis 27, 69*
prolapsum ex arbore alta putatorem, circumdata uniuerso corpori, aquam suam aspergentibus, quotiens inaresceret, raroque nec nisi deficientem herbam mutationis causa resoluentibus, conualuisse uix credibili celeritate.

B L V

8 erigeron senecio **10 sq.** uiuat herba

XXIX De cocognidio.

Cocognidio color cocci, magnitudo grano piperis maior, 27, 70* uis ardens; itaque in pane deuoratur, ne adurat, *cum* gulam transit. *huic* uis presentanea contra cicutam, sistit aluum.

XXX De dracunculo.

Dracunculum *est herba, que a quibusdam dicitur dra-* 25, 18* *conthea. habet* caulem uersicoloribus uiperarum maculis, quam fer*un*t contra omnium morsus esse remedium; alius est eiusdem nominis. set huic alia figura aliud*que* miraculum ex- 25, 19* ientis e terra ad primas serpentium uernationes bipedali altitudine rursusque cum hiisdem in terram condentis, nec omnino occultato apparet serpens.

XXXI De dodecatheone.

Dodecatheon herbe maxima est auctoritas. in aqua pota 25, 28* omnibus morbis mederi tradunt folia eius VII.

XXXII De elaterio.

Elaterium tempestiuum est autumpno, nec ullum ex me- 20, 5* dicamentis longiore euo durat. incipit a trimatu. si quis recentiore uti uelit, pastillos in nouo fictili ign*e* lento in aceto domet. melius quo uetustius erit, que*m* iam seruatum ducentis annis esse auctor est Theofrastus, et usque ad quinquagesimum lucernarum lumina extinguit. hoc enim ueri experi-

B L V

1 cocognid' *B*: cognidio *L* **2** Eocognidio *L* **5** dracunculum *B* **6 sq.** diaconthea *B*[1] **8** Quarum *a. corr. B* **15** VI *B*[1]: *om. L*

6 dracunculum *apud Plinium generis masculini est* **sq.** draconthea *cf. NH 24, 142* **8** alius *scil.* dracunculus **9 sq.** exientis *cf. Stotz, HLSMA 4, VIII § 124.1* **20** quem *ad* elaterium *pertinet*

mentum est, si admotum, priusquam extinguat, scintillare
sursum ac deorsum cog*it*. pallidum ac le*ne* herbace*um* ac 20, 6*
scabr*um* melius ac leniter amarum.

XXXIII De eruca.

Erucc semen scorpionum uenenis et muris aranei*que* me- 20, 125*
detur, bestiolas omnes innacentes corpori arcet, uicia cutis in
facie cum melle illitum, lentigines *cum* aceto, cicatrices ni-
gras reducit ad candorem cum felle bubulo. aiunt uerbera
subituris pot*a*m ex uino quandam contra sensum inducere
duriciam. in condiendis obsoniis tanta est suauitas, ut Greci 20, 126*
euzo*nom*a appellauerint. putant, subtrita eruca si foueantur
oculi, claritatem restitui, tussim infantium sedare. radix eius
in aqua decocta fracta ossa extrah*ere*.

XXXIIII De eruo.

Eruo n*on* minorem potentiam ueteres tribuere quam 22, 151*
brassice. si quis eruum cotidie ieiunus edat, lienem eius ab-
sumi certissim*e* auctores affirmant. farina eius, ut ait Varro,
maculas e toto corpore emundat. serpere uulnera non patitur.
carbunculos rumpit, ex uino urine difficultates, inflatione*s*, 22, 152*
uitia iocineris. quin et uniuerso corpori, si quis cotidie ieiu- 22, 153*
nus biberit, meliorem fieri colorem existimant.

B L V

8 *p.* felle *uerbum* uel *hab. L* **11** eunoma *L* *p.* eruca (eur- *L*) *uerba e* *Defl 5, 102 (=NH 19, 154)* precipue frigorum contemptrix concitatrixque libidinis. Ideo iungitur illi in cibis lactuca. eruca *hab. V* **14** oruo *L* **15** Cruo *L* **17** farinas *L* **20** cotidie *om. L*

6 innascentes *cf. Stotz, HLSMA 3, VII §§ 273.1 sq.* **11** euzomon

XXXV De euforbia.

Euforbiam inuenit patrum nostrorum etate rex Iuba no- 25, 77*
mine fratris sui medici. idem fratres instituere frigida multa
corpora astringere. Iube quoque uolumen extat de ea herba. 25, 78*
inuenit eam in monte Athlante. suscipitur succus ex*p*uls*o*
uentriculo hedino. qui colligunt, clarius uident. contra serpentes medetur.

XXXVI De elleboro.

Elleborum nigrum oculorum caliginem discutit. ob id 25, 54*
quidam et inunxere trito. ydropicorum uentri imponitur cum
farina orde*ice*a et uino. pecorum et iumentorum pituitas sanat
surculo per aurem transiecto et postero die eadem hora exempto, scabiem quadrupedum cum thure et cera. *illo* equi, 25, 48*
boues, sues necantur.

XXXVII De elleboro.

Elleborum album, quod celerrime mouet sternutamenta, 25, 56*
optimum *est*.

XXXVIII De feniculo.

Feniculum nobilitauere serpentes gustatu, ut diximus, se- 20, 254*
nectam exuendo oculorumque aciem succo eius reficiendo,
unde intellectu est hominum quoque caliginem precipue eo
releuari. colligitur hic caule turgescente, in sole siccatur inungiturque ex melle. ubique hoc est laudatissimum. in Hibe-

B L V

8 ellebolo *B* **12** postera *L* **20** excuendo *L* **22** reuelari *L*

11 hordeacia **21** intellectum

ria e lacrimis fit et ex semine recenti. fit et e radicibus prima germinatione inscisis.

XXXIX De faba.

Faba solida fr*a*cta feruensque in acro aceto coniecta tor- 22, 140*
minibus medetur in cibo. fresa et cum allio cocta contra deploratas tusses suppurationesque pectorum cotidiano cibo sumitur, et commandata ieiuno ore et ad furunculos maturandos discutiendosue imponitur, et in uino decocta ad testium tumores *et* genitali*um*.

XL De filici.

Filicis duo genera nec florem habent nec semen. utrius- 27, 78* 79*
que radice sues pinguescunt. usus *eius est* in trimatu tantum, ne*c* ante nec postea. pellunt interraneorum animalia, ex hiis *autem* tineas cum melle, cetera ex uino dulci triduo pote; me-
lius tineas cum scamonii pari pondere du*o*rum obolorum ex 27, 80*
aqua. post unius diei abstinentiam bibitur, melle pregustato contra reumatismos. farina earum ulceribus tetris inspergitur. serpente*s* non recipiunt; ideo substerni utile est in locis suspectis, uste etiam fugant nidore.

XLI De git.

Git ex Grecis alii melantum, alii melaspermon uocant; 20, 182*
excitatissimi odoris. medetur serpentium plagis et scorpionum. illini ex melle *et* aceto reperio incensoque serpentes fu-

B L V

6 suppurationes *L* **7** ieiunio *a. corr. B* **8** discutiendeue *L* **15** obulorum *L* **16** diei *om. L* **21** Sit *L*

2 incisis **4** acri **7** commanducata **21** melanthium *cf. ThLL VIII 613, 18; 30 sq.; Stotz, HLSMA 3, VII 35.1*

gari. bibitur dragma una contra araneos. lac mulierum auget 20, 183*
continuis diebus sumptum. semen eius gratissime panes con- 20, 184*
dit, oculos quoque purgat, culices suffitu neca*t*, item *et* mus-
cas.

XLII De gentiana.

Gentianam inuenit *rex* Gentius, rex Illiri*c*orum, ubique 25, 71*
nascentem, folio fraxini, radice lenta, subnigra, sine odore,
aquosa. usus in radice et succo. radicis natura est excalfac-
toria, set pregnantibus non bibendum.

XLIII De gliciside.

Gliciside, quam aliqui peoniam aut penthorobon uocant, 27, 84*
semen in siliquis, aliud grano rubente, aliud nigro. rubra gra- 27, 86*
na meses sistunt XV pota in uino nigro. radix omnis uentris
dolores sedat in uino aluumque purgat. grana nigra auxilian- 27, 87*
tur et suppressionibus nocturnis in uino pota quo dictum est
numero. utrumque auxiliatur a serpent*ibus* percussis et pueris
contra calculos incipiente strangurria.

XLIIII De hosilatro.

Hosilatrum quod hiposelinum uocant aduersatur scorpio- 20, 117*
nibus poto semine. torminibus medetur, interraneis, idem dif-
ficultatibus urine, semen eius decoctum ex mulso potum. ra-
dix eius in uino decocta calculos pellit et lumborum ac lateris

B L V

3 purget B^1 **8** est *om. L* **10** Gliside *B* **15** quod *L* **17** stranguiria *B*
19 Bosilatrum *L*

19 holisatrum *uel* holus- *cf. ThLL VI 3, 2864, 69 sqq.*

dolores. canis rabiosi morsibus potum et illinitum medetur. succus eius algentes calefacit potus.

XLV De helenio.

Helenium e lacrimis Helene dicitur natum. fauere credi- 21, 59* 159*
tur forme, cutem mulierum in facie reliquoque corpore nutri-
re incorruptam. attribuunt et hilaritatis effectum eidem pote
in uino. predicatum ab Homero, quod *ea* omnis tristicia ab-
oleatur. *et* mures dicitur necare contrita.

XLVI De olco.

Holcus in saxis nascitur siccis. aristas habet in cacumi- 27, 90*
ne, tenues culmo, quale ordeum restibile. hec circa caput al-
ligata uel circa lacertum educit e corpore aristas. quidam
hanc aristidam uocant.

XLVII De intubis.

Intubi quoque non extra remedia sunt. succus eorum 20, 73*
cum rosaceo et aceto capitis dolore*m* lenit idemque cum uino
potus iocineri et uesice et epiphoris imponitur. si in aceto de- 20, 74*
coquatur, urine tormina discutit. mulierum purgationibus qui-
dem coctum in aqua adeo prodest, ut emortuos partus trahat.

XLVIII De lactucis.

Lactuce sponte nascentis primum est genus eius, qu*od* 20, 58*
caprinam uocant, qua pisces in mare deiecta protinus necan-

B L V

2 algentis B^1 **5** reliquo B^1 **8** et … contrita *om. B V* **13** aristididam *L V*
20 lactuce *B*

1 illinitum *cf. ThLL VII 1, 381, 60 sqq.* **13** aristida

tur, qui sunt in proximo. caule et foliis contusis asperso sale nerui incisi sanantur.

XLIX De lilio.

Lilii radices multis modis florem suum nobilitauere, con- 21, 126*
tra serpentium ex uino pote et contra fungorum uenena, pilos
adustis reddunt. in uino uero decocte impositeque cum melle
neruis precisis [127*]medentur. 21, 127*

L De lente.

Lens optima que facillime coquitur. aciem quidem ocu- 22, 142*
lorum obtundit et stomachum inflat, set aluum sistit in cibo
magisque *in* celesti aqua d*e*cocta pusulas ulcerum rumpit. ea
que intra sunt purgat et astringit. collectiones omnes imposita
sedat maximeque exulceratas et rimosas. decocte succus ad 22, 143*
oris exulcerationes et genitalium adhibetur. in aceto autem 22, 144*
duricias et strumas discutit. que sunt ambusta, aqua semicoc- 22, 145*
ta *discutit*. est et palustris lens, *que* in aqua non fluente per se
nasc*itur*, refrigeratorie nature, propter quod collectionibus il-
linitur et maxime podagris et per se et cum polenta.

LI De lupinis.

Lupini amari contra aspid*es* ualent. ulcera atra aridi de- 22, 154*
corticatique triti supposito linthe*amine* ad uiuum corpus red-
igunt. strumas, parotidas in aceto *de*cocti discutiunt.

B L V

16 *s.* discutit *uerbum* curat *add.* B^2 **21** *s.* amine *in* lintheamine *litteras* uel olo *add.* B^2

LII De lolio.

Lolium a Virgilio infelix dic*itur*; hoc tamen molitum ex 22, 160*
aceto coctum impositumque sanat impetigines celerius, quo
sepius mutatum est.

LIII De mentastro.

Mentastrum siluestris menta est. qua commanducat*a* et 20, 144*
imposit*a* sanar*e* elefantiam, sicut Magni Pompeii etate fortuito cuiusdam experimento, propter putorem *in* facie illita,
compertum est. aduersus omnia uenena seruantur folia arida 20, 145*
ad farine modum; ruptis, conuulsis, sed par*ci*us. succus auri- 20, 146*
bus uermiosis instillatur. in regio morbo bibitur, strumis illinitur, omnia ueneris inhibet, tineas ex aceto potum pellit.

LIIII De menta.

Menta odor*e* animum excitat et sapor *eius* auiditatem in 20, 147*
cibis. ulcera in capite infantium mire sanat, arterias humidas 20, 148* 149*
siccat, sic *e*as astringit, pituitas corruptas purgat *cum* mulso
et aqua. recentis succus narium uicia spiritus subductus 20, 150*
emendat. illinitur et temporibus in capitis dolore, sumitur et contra scolopendras et scorpiones marinos et ad serpentes.

LV De malua.

Malua est in magnis laudibus utraque et satiua et silues- 20, 222*
tris. duo genera eorum amplitudine foliorum discernuntur.
maiorem Greci malopen uocant in satiuis, alteram ab emol-

B L V

2 *p.* infelix *uerbum* esse *hab. L* **6** commenducata *B* **8** pudorem *V* **17** subductis *B L*

7 sanari **16** siccat siccas **17** spiritu **22** earum

liendo uentre dictam putant malacen. e siluestribus cui grande folium, radices albe, altea uocatur ab excellentia effectus. omne solum in quo seruntur pinguius faciunt. huic contra 20, 223* omnes aculeatos ictus efficacior uis, precipue scorpionum, uesparum similiumque et muris et aranei. quin et trita cum oleo qualibet earum peruncti ante uel habentes eas non feriuntur. folium impositum scorpionibus torporem affert. aculeos omnes extrahunt illite crude, cum aneto pote. de eisdem 20, 224* mira et alia traduntur, set maxime, si cotidie quis ex qualibet earum sorbeat ciatum dimidium, omnibus morbis cariturum. ulcera manantia in capite sanant et ulcera oris cum melle, radix decocta furfures capitis et dentium mobilitatem. melan- 20, 227* colicis quoque succus datur ciatis ternis tepidis et insanientibus. sacris ignibus et ambustis decocta in oleo folia 20, 228* imponuntur. succus decocte neruis prodest.

LVI De marubio.

Marubium plerique inter primas herbas commendauere, 20, 241* quem Greci prassion uocant, alii linostrophon, nonnulli philophed*e* aut philogares. huius folia semenque contrita prosunt contra serpentes, pector*is* et lateris dolores, tussim ueterem et his, qui sanguinem reici*u*nt, eximie. arida farina cum melle 20, 243* ad tussim siccam efficacissima est. dicitur succus claritatem 20, 244* oculorum adiuuare. Castor duo genera marubii tradit, nigrum et quod magis probat candidum.

B L V

1 malecen *(*-eten *V) B V* **9** ex qualibet *om. L* **12 sq.** *p.* melancolicis *uerbum* is *hab. B*

17 Marubium *cf. ThLL VIII 414, 84 sqq.* **18** quem *cf. ThLL VIII 415, 19 sq.* **sq.** philopaeda **19** philochares

LVII De melilotis.

Melilotos oculis medetur cum lacte aut cum lini semine. 21, 151* maxillarum quoque dolores lenit et capitis cum rosaceo.

LVIII De mimphea.

*M*imphea Eraclea uenerem in totum adimit. illita quoque 26, 94* radix genitalibus inhibet non solum uenerem, set et affluentiam geniture; ob id corpus alere uocemque dicitur.

LIX De nepeta.

Nepeta uires contra serpentes habet; fumum ex ea nido- 20, 158* remque fugiunt, quam et substernere in metu obdormituris utile est. succus eius instillatus naribus supinis profluuium sanguinis sistit.

LX De narcisso.

Narcis*us* a narce dictu*s*, non a fabuloso puero, ambustis 21, 128* 129* prodest exiguo melle, sic et uulneribus et luxatis. infixa corpori extrahit in polenta tritus oleoque contusus.

LXI De nardo.

Nard*us* Gallic*us* duabus dragmis in uino succurrit aduer- 21, 135* sus serpentes, inflationibus coli uel ex aqua uel ex uino, item iocineris et renum suffusisque et ydropicis, per se uel cum absinthio. sistit purgationem mulierum.

B L V

1 *p.* melilotis *uerbum* oculis *hab. L* **3** linit *L*

5 nymphaea

LXII De narstutio.

Narstutium uenerem inhibet, animum exacuit. duo eius 20, 127* genera. aluum purgat, bilem detrahit potum in aqua. alterum est nigrius, quod capitis uicia purgat. uisum compurgat, comotas mentes sedat ex aceto sumptum, tussim, ex melle si cotidie ieiuni sumant. semen ex uino omnia intestinorum animalia expellit, efficacius addito mentastro. 20, 128* prodest et contra suspiria et tussim cum origano et uino dulci, pectoribus cum lacte caprino. panos discutit cum pice extrahitque corpori aculeos et maculas. cum fermento [130*]carbunculos ad suppurationes perducit et rumpit. 20, 129* natura eius caustica est.

LXIII De otontide.

O*t*onti*d*is inter feni genera est, calculis densis aduersus 27, 108* radicem, geniculatis, triangulis, nigris geniculis. folia parua habet, longiora tamen quam poligon*i*um, florem purpureum, pusillum. nascitur in pratis. decoctum cauliculorum eius quantum manus capiat dentium dolori medetur ita, ut contineatur ore.

LXIIII De peponibus.

Pepones qui uocantur refrigerant maxime in cibo, emol- 20, 11* liunt aluum. caro eorum epiforis oculorum aut doloribus imponitur. radix sanat ulcera concreta in modum faui.

B L V

13 Otontitis *B* caulis *L* **20** refigerant *B* **21** doribus *L*

2 nasturcium **4 sq.** commotas *cf.* Stotz, *HLSMA 3, VII § 248.2*
13 odontitis cauliculis

LXV De porro.

Porrum sectiuum profluuia sanguinis sistit in naribus 20, 44* contrito eo obturatis uel galle mixto *uel* mente. tepinictidis – ita uocatur ulcus in angulo oculi perpet*im* humore manans, quidam eodem nomine appellant pus*t*ulas liuentes ac noctibus inquietantes. et alia ulcera cum melle trito uel bestiarum 20, 45* morsus ex aceto *sanantur*. tostu*s* uero *imponitur* et contra 20, 47* fungorum uenena, imponitur et uulneribus, sitim sedat, ebrietatem discutit, infl*amm*ationem fac*it*, que tamen stomacho non noceat uentremque mollit, uocis splendorem affert. Hy- 20, 48* pocrates dari iubet sanguinem reicientibus succu*m* sine alia mixtura uuluasque contractas aperiri putat, fecunditatem etiam feminarum hoc cibo augeri.

LXVI De papauere.

Papauer Diagora et Erasistratus in totum dampnauere. 20, 200* *ex quo* opi*um*, *cuius* experimentum est primum *ni*dore; sin- 20, 203* cerum enim perpeti non mox est in lucernis, ut pura luceat flamma aut extinct*a* demum oleat, que in fucato non eueniunt. accenditur quoque difficilius et crebro extinguitur. est sincere experimentum et in aqua, quoniam in nubila innatat, fictum in pulsas coit. set maxime mirum est estiuo sole deprehendi; sincerum enim sudat et se diluit, donec succo recenti simile fiat. omnes ide*m* optime seruari puta*n*t iosciami semine adiecto, alii in faba.

B L V

3 menta *L V B*[2] **8** et *(*etiam *V) om. L*

3 mente et epinyctides **7** tostus *scil.* porrus **15** Diagoras **21** pusulas **23** Mnesides putat

LXVII De portilaca.

Por*t*ilaca*m*, quam pephilin uocant, Metrodorus purgatio- 20, 210*
nibus a partu dandam censuit. uenerem inhibet uenerisque
somnia. pretorii uiri pater est, Hispanie princeps, quem scio 20, 215*
propter impetibiles uue morbos radicem eius filo suspensam e collo gerere preterquam in balneis, ita liberatum *ab* incommodo omni. quin etiam inueni apud auctores caput inde litum distillationem toto anno non sentire. oculos tamen hebetare putatur.

LXVIII De philantropote.

Philantropo*s* herba *est* qu*e* uestibus adheresc*it*. ex hac 24, 176*
corona imposita capitis dolores sedat.

LXIX De peonia.

Peonia inuentu uetustissima est nomenque auctoris reti- 25, 29*
net, quam quidam pentorobon *uoc*ant, alii gliciodenam. inest *e*i semen copiosum, rubrum nigrumque. hec medetur et Faunorum in quiete ludibriis.

LXX De plantagine.

Plantaginem herbam uulgarem celebrauit Themisso me- 25, 80*
dicus tamquam inuentor uolumine de ea edito. duo eius genera: minor angustioribus foliis lingue pecorum similis, caule anguloso in terram inclinato, in pratis nascens; altera maior,

B L V

2 pehlin *L* **10** philantropos *B* **13** poema *V* **14** *p.* auctoris *uerba* est et *hab. L* **15** quidem *L* **18** *ab hac inscriptione omnes numeros inscriptionibus adscriptos om. L*

2 porcillacam peplin **15** glycysiden nam

foliis laterum modo inclusa quoque, quia septena *est*. quidam eam epth*o*pleuron uocauere. huius et caulis cubitalis est et napi similis. nascitur in humidis, multo efficacior uis in siccando densandoque corpore cauterii uicem optinens. nulla res eque sistit flu*x*iones, quas Greci reumatismos uocant.

LXXI De polipodio.

Polipodion, quam nostri fi*d*iculam uocant, similis *est* fi- 26, 58*
lici. radix *eius* crassitudine digiti minimi, detrahit bilem et pituitam, stomachum *soluit*. arida farina indita naribus polipum consumit. flo*s* et semen non *in*ferunt [59*]dissolutionem. 26, 59*

LXXII De poligonio.

Poligon*i*um Greci uocant quam nos sanguinariam. non 27, 113*
attollitur a terra, foliis rute *et* semine graminis. succus eius infusus naribus supprimit sanguinem et potus cum uino cuiuslibet partis profluuium excreationesque cruentas inhibet.

LXXIII De pelandrio.

Pelandrion nascitur in palustribus folio apii. bibitur se- 27, 126*
men eius propter calculos et uesice incommoda.

LXXIIII De proserpinaca.

Proserpinaca herba uulgaris est, eximi*um* aduersus scor- 27, 127*
piones remedi*um*. eadem contrita, addita muria et oleo, anginam eximie curari tradunt, preterea in quantalibet lassitudine

B L V

3 sq. siccando densandoque: siccandoque B^1 *L* **5** neque *L* **8** grossitudine *L*: cross- B^2 **11** pogonio B^1 **15** cruentes *L*

2 heptapleuron **7** filiculam

recreari defessos, etiam cum ommutuerint, si subiciatur lingue; si deuoretur, uomitionem sequi salutarem.

LXXV De quinquefolio.

Quinquefolium medetur [27*]pectoris uitiis *et*, *quod* grauis- 26, 26* 2
simum est, tussis.

LXXVI De rapo.

Rapo est uis medica. pulmone*m* feruens impositu*s* sanat, 20, 18*
item frigus pellit e pedibus aqua decoct*us* e*t* ius feruens podagris. etiam frigidis medetur, et crudum tusum cum sale cuicumque uitio pedum. semen illitum et potum in uino contra
serpentes et toxica salutare esse proditur. tost*us* quoque arti- 20, 19*
culorum dolori cum adipe prodest.

LXXVII De raphano.

Raphanum siluestre util*e* *est* urine ciende. cetero bilem 20, 22* 2
detrahunt cortices in humo, preterea stomachum purgant, pituitam extenuant, urinam concitant.

LXXVIII Item.

Raphani satiui decocti mane poti ad ternos ciatos com-
minuunt et eiciunt calculos. ad tussim etiam mane ieunis ra- 20, 24*
phanus prodest, semen tostum dein contritum cum melle su-
spiriosis. imposito raphano scorpion*ibus* moriuntur. lyenem 20, 25*

B L V

11 prodicitur *a. corr. B* **19 sq.** prodest raphanus *L* **20** deinde *L V*

7 sqq. *ex* impositus *apparet Robertum* rapum *contra Plinium uocabulum masculini generis interpretatum,* crudum tusum *commutare obliuiscentem, nisi, quod non ueri simile reor, haec uerba ad* ius *pertinent* **21** scorpiones extenuant, iocineri prosunt et lumborum doloribus, ydropicis ex aceto aut sinapi exsumpti et letargicis. intestinorum ulcera 20, 26* sanant ac purulenta precordiorum, si cum melle edantur. ex aceto et melle sumpti intestinorum animalia detrahunt, ad tercias decocto eorum poto cum uino sanguinem inutilem extrahunt. medi*c*us ad hec et sanguinem excreantibus coctos 20, 27* dari iubet, et puerperis ad lactis copiam augendam, Ipocrates capi*ll*is mulierum deflui*s* fricari raphanis, et super umbilicum imponi contra tormenta uulue. reducunt et cicatrices ad colorem. semen quoque ex aqua impositum sistit ulcera, que fadenas uocant. ubi uero acrior raphani medicina admota sit, 20, 28* ysopum dari protinus imperant.

LXXIX De ruta.

Rut*e* in precipuis medicaminibus est ratio. satiue folia 20, 131* rami*s* fruticosiora, siluestris horrida *et* ad effectum est et ad omnia acrior. succus copiosior datus ueneni noxam optinet, mirumque, cicute succo extinguitur; adeo etiam uenenorum uenena sunt. quecumque autem ruta per se pro antidoto ualet 20, 132* foliis tritis et pro uino sumptis contra serpentium ictus, utpote cum mustele dimicature cum his rutam prius edendo se muniant. ualent et contra rab*idi* canis morsus. serpentes, si 20, 133* uratur ruta, nidorem fugere. sc*ul*ptores et pictores utuntur h*is* 20, 134* *in* cibo oculorum causa cum pane uel nasturcio, et, ut aiunt, multi succo cum melle Attico inuncti discusserunt caligines 20, 135* uel cum lacte mulieris puerum enixe uel puro succo angulis oculorum tactis. lenit autem capitis dolores pota cum uino

B L V

2 litargicis *L* **6** coctis B^1 **8** defluit B^1 umbiculum *B V* **14** falia *B* **15** fructicosiora *L* **21** rapidi *B L* **23** narstucio *B*: narstio *V* **25 sq.** oculorum angulis *L*

6 Medius **10 sq.** phagadaenas

aut cum aceto et rosaceo illita. eadem uuluas aperit corrigit- 20, 136*
que conuersas illita in melle toto uentre et pectore. ydropicis
cum fico et decocta ad dimidias partes ex uino. sic bibitur et
ad pectoris dolores laterumque, lumborum, tussis, suspiria,
pulmonum, iocinerum, renium uitia, horrores frigidos, crapu-
le grauedines. urinam quoque uel cruentam pellit, feminarum 20, 139*
quoque purgationes secundasque, etiam mortuos partus, ut
Hypocrati uidetur, ex uino dulci nigro pota. p*h*oras et lepras 20, 141*
cum melle et alumine illita emendat. imponunt et mammis
turgentibus decoctam et pituite eruptionibus cum cera. radix 20, 142*
rute sanguinem oculis suffusum et toto corpore, cicatrices *e*t
maculas illita emendat, *et* mirum est, cum feruentem rute na-
turam esse conueniat, fasciculum eius in rosaceo decocto ad-
dita uncia aloes perunctis sudorem reprimere. profluuio geni- 20, 143*
tali datur et uenerem crebro per somnia imaginantibus.

LXXX De sinapi.

Sinapis, cuius tria genera *sunt*, Pitagoras principatum ha- 20, 236*
bere *in* his, quorum sublime *iu*s feratur, iudicauit, quoniam
non aliud magis in nares et cerebrum penetret. ad serpentium
ictus et scorpionum tritum cum aceto illinitur; fungorum ue-
nena discutit. contra pituitam tenetur in ore, donec liquescat,
aut gargarizatur cum aqua mulsa. ad dentium dolore*m* mandi- 20, 237*
tur, ad uuam gargarizatur cum aceto et melle, stomacho
utilissimum contra omnia uitia pulmonibus*que*, excreationes
faciles facit in cibo sumptum. sensus atque caput sternuta-
mentis purgat, aluum purgat et mollit, menstrua et urinam
cit. et hydropicis imponitur cum fico et cimino tusum. calcu- 20, 240*

B L V

3 ex: cum *L* **4** doloris *L* **12** illata *a. corr. B* **17** sunt genera *L*

8 psoras **17** Sinapis *accusatiuus*

los discutit potum *ex* aceto. fit et oleum ex semine madefacto in oleo expressoque, quo utuntur ad neruorum rigores lumborumque et coxendicium perfri*x*iones.

LXXXI De serpulo.

Serpulum siue serpillum a serpendo putant dictum. aduersus serpentes efficax, maxime cen*t*arim et colopendras, terrestres ac marinas, et scorpiones, decoctis ex uino ramis foliisque. fugat et odore cominus, si uratur, et contra marinorum uenena precipue ualet. capitis doloribus decoctum in aceto illinitur temporibus ac fronti cum rosaceo. 20, 245* 20, 246*

LXXXII De sisimbrio.

Sisimbrium siluestre a quibusdam timbreum appellatum, pedali non plus altitudine quod in riguis nascitur, simile narstucio est. utrumque efficax aduersus aculeata animalia, ut 20, 247*

B L V

1 *p.* discutit *in imo margine uerba e NH 20, 238* ¶ Semen ualet contra sompnum litargicorum cruribus. Aut etiam capiti si uehemencius premat. cum fico et aceto. *e NH 20, 240* madefactum in musto. contritum sorbetur. manus plene mensura ad firmandas fauces. stomachum. oculos et capud. et omnes sensus. mulierum etiam lassitudines. saluberrimo genere medicine. *add. L*[2] **4** Serpillo *V* **6** centarin *L* **8 sq.** uenena marinorum *B* **10** *p.* rosaceo *in margine uerba e NH 22, 100* Siluii suffumitu crebriore cadent uerruce. *e NH 22, 101* ex silfio profluit. laser. inter eximia nature dona numeratum *e NH 22, 103* mixto nitro *e NH 22, 104* purgat et carnes replet. uocem reddit *e NH 22, 105* lingue paralisi cum aqua mulsa. morbis co(mitialibus) cum uino et precordiorum uic(iis) *add. L*[2] **11** sisimbria *L*

3 perfrictiones *cf.* Stotz, *HLSMA 3, VII § 182.9* **6** cenchrim scolopendras **13 sq.** nasturcio

sunt crabrones et similia. non edendum grauidis nisi mortuo 20, 248*
conceptu, quippe etiam impositum eicit.

LXXXIII De saliunca.

Saliunce radix in uino decocta sistit uomitiones, con*for*- 21, 144*
*t*at stomachum.

LXXXIIII De sandice.

Sandix quoque in olere siluestri a Grecis ponitur. decoc- 22, 80*
ta aluum sistit, semine singultus confestim ex aceto sedat. il-
linitur ambustis, urinas cit. hec est quam Arist*afol*es Eurip*e*di
poete obicit iocalariter, matrem eius ne olus quidem legiti-
mum uenditasse, set sandicem. peculiaris laus eius, quod fa- 22, 81*
tigato uenere corpori succurrit. sistit profluuia alui femina-
rum.

LXXXV De spartania.

Spartania *est* herba, *cuius* magna e*st* commendatio. 25, 82*
qu*am* in ore habentes famem sitimque non sentiunt.

B L V **5** *V*] **7** [*V*

1 crabones *B*[1] *L*: carbones *V* **2** *p.* eicit *in margine uerba e NH 20, 248* Sisimb(rium). cutis uicia in facie mulieris inter quartum diem noctibus impositum diebusque detractum. *e NH 20, 249* Semen lini per se uitia cutis mulierum emendat. *add. L*[2] **9** alistafoles *B L* **11** eius: est *B* **12** corpore *L*

7 scandix **9** Aristophanes **15** Spartania *ex uerbo* asthmata *uel sim. iam in Roberti exemplari corruptum*

LXXXVI De scemone.

Scemone ferunt sanguinem sisti, non aperta modo uen*ena*, sed etiam precisa. serpit e terra, milio similis, foliis asperis et lanuginosis. farcitur in nares, eadem et alligata sanguinem sistit. 25, 83*

LXXXVII De saluia.

Saluia mente simil*is*, cana, odorata partus emortuos apposita extrah*it sicut* uermes aurium ulcerumque. 22, 147*

LXXXVIII De tragorigane.

Tragoriganon simil*e* est serpillo siluestri. urinam cit, tumores discutit, contra uiscum potum uipereque ictum efficacissimum, stomacho acida ructantis et precordiis. tussientibus quoque cum melle datur et pleur*e*ticis. 20, 176*

LXXXIX De uiola.

Viole *et* siluestres *sunt* et satiue. purpuree refrigerant, contra inflammationes illin*i*untur stomacho ardenti, imponuntur capiti in fronte, priuatim oculorum epiphoris et sede proc*e*dente uuluaue. discutiunt anginas ex aqua pote. id, quod purpureum est ex hiis, comicialibus medetur, maxime 21, 130*

B L V

3 sq. aspersis *L V* **4** lanuginosos B^1 **6** Sauia *L* **7** Sauia *L* mente … odorata *om. B V* **8** *p.* extrahit *in imo margine uerba e NH 22, 82* ¶ Lasina. uel concilium. idem facit. olus siluestre in terra repens cum lacte multa. florem fert candidum. crudum cum aceto in cibo. et mulieribus lactis ubertati sicut ualet. nutrit capillum. et cutem tenacem reddit. *add.* L^2 **9** tragoriga *B* **10** Tragorigornon B^1

2 ischaemone *cf. ThLL VII 2, 490, 48; Stotz, HLSMA 3, VII §§ 91.1 sqq.* **sq.** uena **9** tragorigano

pueris, in aqua potum. semen uiole scorpionibus aduersatur. 21, 131*
minor uis recentibus, ideo *t*ri*t*is post annum utendum. folia
cum melle purgant capitis ulcera, cum cera rimas sedis et
que in humidis sunt, ex aceto uero collectiones sanant.

Explicit liber VI. incipit liber septimus.

Natura non cessit hiis, que ciborum aut florum o*cul*o- 23, 1*
rum*q*ue gratia proueniunt supina tellure, *set* Pomo partes me-
dicas pendentibus *quoque* dedit, non contenta protegere arbo-
rumque umbra alere que diximus. *et* qui diximus herbas et 28, 1*
florum imagines ac pleraque inuentu rara ac difficilia, *adde-*
mus qu*o*d in ipso homine prosit hominique cetera remedio-
rum inter nos uiuentia; *ita*que *ab* arbor*ibus incipiamus et pri-* 22, 164*
mum a uite.

I De uite.

Foli*o* uitium et pampin*o* capitis dolores inflammationes- 23, 3*
que corporum mitigant*ur* cum polenta, folia per se ardores
stomachi *mitigant* ex aqua frigida, cum farina uero ordei ar-
ticularios morbos. pampini triti et impositi tumorem omnem
siccant, succus eorum disintericis infusus medetur. lacrima
uitium, que ueluti gummi est, lepras et lichenas et p*h*oras ni-
tro ante preparatas sanat. *lacrima*, quam uirides accense uites
exsudant, uerruce tolluntur. Cortex uitium et folia arida uul- 23, 4*
nerum sanguinem sistunt ipsumque uulnus conglutinant. cla- 23, 5*
uicule ipse, quibus repunt uites, trite ex aqua pote sistunt uo-

B L V **4** *V*] **6** [*V*

2 recedentibus *L* **4** *p.* sanant *in margine uerba e NH 30, 28* ysopus maculas in facie cum uille corsico quod asperrimum habetur extenuat. scopem cutis cum rosaceo impositum uellit. *add.* L^2 **12 sq.** et … uite *om.* *L* **18** *p.* morbos *uerbum* set *hab.* *L*

6 sq. odorumue **7** pomona **20** psoras

mitionum consuetudinem. cinis uitium cum a*n*xugia uetere 23, 6*
fistulas purgat mox, et persanat neruorum dolores frigore or-
tos contractionesque. mustum omne stomacho inutile, uenis 23, 29*
iocundum. a balneis raptim et simul interspiratione potum
necat. cantaridum nature aduersatur, item serpentibus, maxi-
me hemoroido et salamandre. acet*um* plurimum fotu [55*]me- 23, 54* 55*
detur. prodest *contra* erudines, item lepris, furfuribus, ulce-
ribus manantibus, canis morsibus, scorpionum ictibus *et*
scolopendrarum, muris araneis contraque omnium aculeorum
uenena et pruritus. nescier*unt* medici, quantum contra aspi- 23, 56*
d*e*s polleret. nuper ab aspide calcata percussus utrem aceti
ferens, quotiens deposuisset, sentiebat ictum, alias illeso si-
milis. intellectum ibi remedium est potuque succursum. cibos 23, 57*
quidem et sapores non alius magis succus commendat aut ex-
citat. siquidem M̄. Agrippa suppremis suis annis conflictatus 23, 58*
graui morbo pedum, cum dolorem eum perpeti nequiret, uni-
us medicorum portento a*c* scientia ignorante Diuo Augusto
tam putauit usu pedum sensuque omni carere, dummodo et
dolore illo careret, d*i*mersis in acetum calidum cruribus in
acerrimo impetu morbi.

II De sapa.

Vino cognata res sapa est musto decocto, donec tercia 23, 62*
pars supersit. ex albo hoc melius. usus contra cantaridas et
contra mordentia uenenata. secundas partusque mortuos tra-
hit cum bul*l*is potum.

B L V

1 anxungia *V* **3 sq.** uenis iocundum *om. L* **6** hemorordo *B*: hemorendo *L*: emoroido *V* **14** succus *om. L* **15** M' *B*

1 axungia **6** haemorrhoidi **7** hirudines *cf. ThLL VI 3, 2827, 27 sq.* **9** aranei **17** portentosa scientia **25** bulbis

III De aceto.

Fex aceti stomach*i* interranea, uentrem ill*a*ta adiuuat. 23, 66*
ungues scabros aufert, ex aqua in lintheolo apposita uuluas 23, 67*
purgat.

IIII De olea arbore.

Olearum proxima auctoritas intelligitur. folia earum ue- 23, 69*
hementissime astringunt, purgant, sistunt. itaque commanducata imposita ulceribus medentur et capitis doloribus illita cum oleo. cum melle sanguinis profluuium e neruosis partibus cohibet. succus eorum carbulantibus circa oculos ulceri- 23, 70*
bus et pusulis proc*e*dentique pupille efficax, quapropter in colliria additur; nam et ueteres lacrimationes sanat et genarum erosiones. exprimitur autem succus tunsis adfuso uino et aqua celesti siccatusque in pastillos digeritur. sistit meses in lana admotus uulue, utilis et saniem emanantibus.

V Item de olea.

Ipsius olee cinis cum a*n*xugia humores sanat extrahitque 23, 72*
fistul*a*s, uitia et ipsa sanat.

VI De oleo.

Oleum amigdalinum purgat, mollit, corporum cutem ni- 23, 85*
tore commendat. medetur *et* furunculis et a sole ustis cum cera. ulcera manantia et furfures cum uino expurgat, per se uero capiti illitum sompnum allicit.

B L V **15** *V*] **17** [*V*

9 profluum *L* **14** celisti B^1 **17** anxungia *V*

10 carbunculantibus **17** axungia

VII Item de oleo.

Oleum laurinum utilius quod recentius quoque uiridius 23, 86*
colore. uis eius excalfactoria, et ideo paraliticis, sciaticis *prodest*.

VIII De coccinis.

Cotonea cocta suauiora, cruda tamen matura prosunt 23, 100*
sanguinem excreantibus ac disintericis, colericis, c*i*liacis. non idem prosunt decocta, quoniam amittunt constringentem
illam uim succi. imponuntur et pectori in febris ardoribus et 23, 101*
tamen decoquuntur in aqua celesti ad eadem que supra scripta sunt. que ex hiis cruda in melle conduntur, aluum mouent. 23, 102*
melli autem suauitat*es* multo adiciunt stomachoque id utilius faciunt.

IX De piris.

Pirorum omnium cibus etiam ualentibus onerosus, egris 23, 115*
quoque uini modo negatur. decocta eadem mire salubria et grata precipue. quecumque cum melle decocta stomach*o* adiuuant.

X De ficis.

Folia fici et que non maturauere strumis illin*i*untur om- 23, 118*
nibusque, que mollienda sunt discutienda*q*ue; prestant hoc et
per se folia. fici mature urinam ci*u*nt, aluum soluunt, sudo- 23, 120*

B L V

3 paralicis *B*^{1} **5** coctonea *V* **16** eodem *B*^{1}

2 quodque *cf.* *Stotz, HLSMA 3, VII § 194.5* **3** ischiadicis *cf.* *ThLL VII 2, 491, 4 sqq.; Levm 104; Stotz, HLSMA 3, VII §§ 91.1 sqq.* **5** cotoneis **7** coeliacis

rem mouent papulasque, ob id autumpno insalubres, quoniam
sudantia huius cibi opera corpora *re*frigescunt. nec stomacho
utiles et uoci gra*t*a intelliguntur. nouissime salubriores quam
prime. medicate uero *non*nunquam iuuenum uires augent. se-
nibus meliorem ualitudinem faciunt minusque rugarum. sicce 23, 121*
fici corpus et uires adiuuant; ob id ante athlete hoc cibo pas-
cebantur. cocte cum ysopo pectus purgant, pituitam, tussim 23, 122*
ueterem. carbunculos extrahunt in uino cocte et imposite. 23, 123*

XI De prunis.

Pruni folia decocta tonsilis, gingiuis, uue prosunt in uino 23, 132*
decocta et subinde col*ata*. ipsa pruna aluum molliunt, stomacho non utilissima, set breui momento.

XII De Persicis.

Persica succusque eorum etiam in uino aut in aceto expressus, nec est alius eis pomis innocentior cibus. nusquam minus odoris, succi plus, qui tamen sitim stimulet. folia eius trita illita emorrogiam sistunt. nuclei Persicorum cum aceto et oleo capitis doloribus illin*i*untur.

XIII De cerasiis.

Cerasia aluum molliunt, stomacho inutilia. eadem sicca- 23, 141*
ta aluum sistunt, urinam ci*u*nt. inuenio auctore*m*, si quis matutino roscida deuoret cum suis nucleis, in tantum leuari aluum, ut pedes morbo liberentur.

B L V

2 refrigerescunt *L*, *a. corr. B* **4** prune *L* **15** ei *L* **19** cerasis *L*

3 uoci contrariae intelleguntur **17** haemorrhagiam *cf. ThLL VI 3, 2491, 69 sqq.*

XIIII De mespilis.

Mespila exceptis se*c*anis, que malo propriorem uim habent, reliqua astringunt stomachum sistuntque aluum. item sorba sicca, nam recentia in stomacho et aluo cite prosunt.

XV De pino.

Cort*ex* e pin*o* in uino decoctu*s* contra tormina datur. nu- 23, 142*
clei nucis pinee sitim sedant et acrimoniam stomachi. bilem 23, 143*
pellunt poti ex aqua aut uino.

‹XVI› De nuce parua.

Nucis Auellane aiunt quinis fere presumptis ebrietatem 23, 145*
non sentire putores *et* uulpes, *et* si ederint eas nec contingat
in uicino aquam lambere, mori. minus ualent in remediis dul-
ces. capitis dolore*s* faciunt et infla*mma*tione*s* stomachi et 23, 150*
pingu*e*dinem corpori conferunt. toste d*i*stillationi medentur.

XVII De nuce grandi.

Nuces iuglandes Greci a capitis grauedine appellauere. 23, 147*
etenim arborum ipsarum foliorumque uires in cerebrum penetrant. hoc minorem *minore* momento, set in cibis, nuclei faciunt. sunt autem recentes iocundiores; sicce unguinosiores et stomacho inutiles, difficiles concoctu, dolorem capitis inferentes, tussientibus inimice, *e*uomituris ieiunis apte. eedem
presumpte uenena ebetant. Pompeius inuenit in peculiari 23, 149*

B L V

14 distillatione *B V* **16** greuedine *B* **17 sq.** penetrant in cerebrum *L*

2 setaniis **11** potores *cf.* Stotz*, HLSMA 3, VII § 39.1* **18** hoc minore momento

commentario M*e*tridati maximi regis deuicti ipsius manu compositionem antidoti e duabus nucibus siccis, item ficis totidem et rute foliis simul tritis, addito salis grano, et qui hoc ieiunus sumat, nullum uenenum nociturum illo die.

XVIII De castaneis.

Castanee uehementer sistunt stomachi et uentris flu*x*io- 23, 150*
nes, aluum ci*u*nt, sanguinem excreantibus prosunt, carnes alunt.

XIX De siliquis.

Silique recentes stomacho inutiles aluum soluunt. hee- 23, 151*
dem siccate sistunt stomachoque utiliores fiunt, urinam ci*u*nt.

XX De lauro.

Laurus excalfactoriam naturam habet et foliis et cortice 23, 152*
et bacis. item decoctum *eorum* maxime foliis prodesse uuluis et uesicis conuenit. serpentium uenenis resistunt illita, maxi-
me sepis, dipsis et uipere. cortex radicis cauendus grauidis. 23, 153*
ipsa radix calculos rumpit, iocineri prodest tribus obolis in uino odorato pota. folia pota uomitiones mouent, bace meses trahunt, apposite trite uel pote tussim ueterem. et ortopneam
sanant bine detracto cortice in uino pote. bace cum uino ser- 23, 155*
pentibus et scorpionibus et araneis resistunt. folia decocta ad 23, 157*
tercias partes aque uuam cohibent gargarizatione.

B L V

1 regis maximi *L* **11** sciunt *B V* **16** Eortex *L* **17** oboli *L* **18** odorata *L*

1 Mithridatis **16** dipsadis **18** menses *cf. ThLL VIII 745, 75 sqq.*

XXI De mirto.

Succus seminis *mirti satiue* aluum sistit, urinam cit. ad 23, 160*
eruptiones pus*t*ularum pituiteque cum cera illinitur et contra
phalangia*s*; capillum denigrat lenius succ*us*. foliorum farina 23, 161*
sudores cohibet inspersa uel in febri, utilis et *c*iliacis et prouidentie uuluarum, sedis uiciis, ulceribus manantibus, item
aliis eruptionibus, ambustis. folia cum cera trita aduersantur 23, 162*
articularibus morbis et collectionibus. eadem in uino decocta disintericis et hydropicis potui dantur.

XXII Item de mirto.

Est mirtus siluestris bacis rubentibus, *s*et breuitate satiua 23, 165*
distat. radix eius in honore est, decocta uino ad renium dolores pota et difficili urine precipueque crasse et grauiter olenti. morbo regio et uuluarum purgationi trita cum uino *prodest*. semen cum uino potum aut oleo *au*t aceto calculos 23, 166*
frangit.

XXIII De coco ilicis.

Cocum ilicis uulneribus ex aceto recentibus imponitur, 24, 8*
epiphoris ex aqua, oculis suffusis sanguine instillatur.

XXIIII De galla.

Galla excrescentia in corpore tollit. illin*i*tur ex melle un- 24, 9*
guibus scabris, in uino autem decocta auribus instillatur. in- 24, 10*
matura ex hiis *in* aceto pota lienem consum*it*. eadem cremata et *in* aceto salso extincta meses sist*it* uuluasque procedentes.

B L V

3 pistularum *B*[1] **9** dantur potui *L* **13** precipue *L* **14** purgatione *L*

4 phalangia **5** coeliacis

XXV De uisco.

Viscum e robore precipuum diximus haberi. emollit, discutit strumas cum resina et cera, humores siccat, panos mitigat omnis generis. 24, 11*

XXVI De fago.

Fagi folia manducantur in gingiu*o*rum *et* labrorum uitiis. 24, 14*

XXVII De galbano.

Galban*um* per se bibitur ad tussim ueterem, suspiria, rupta, conuulsa, imponitur ciaticis, lateris doloribus. abortus non exeuntes trahit apposítu uel suffitu. serpentes fugiunt perunctos galbano. bibitur et in difficili partu fabe magnitudine in ciato uini. 24, 21* 24, 22*

XXVIII De ammoniaco.

Similis ammoniaci natura mollit, calefacit, discutit, dissoluit, albugines oculorum tollit; extrahit clauos cum melle; sic et duritias emollit. 24, 23*

XXIX De stirace.

Stira*x* medetur tussi, faucibus, pectoris uitiis, uulue precluse duriciaue laboranti, cit meses potu*m* apposítu*m*que. inuenio potu modico tristitiam animi resolui largioreque contrahi. aduersatur uenenis que frigore nocent, ideo et cicute. 24, 24*

B L V

6 Magi *L* **8** albanum *L*

6 gingiuarum **9** ischiadicis *cf. ThLL VII 2, 491, 4 sqq.; STOTZ, HLSMA 3, VII §§ 91.1 sqq.; §§ 273.1 sqq.* **19** potu apposituque

XXX De ulmo.

Vlmi folia et cortex et rami uim habent spissandi et uul- 24, 48*
nera contrahendi, cortex utique interior.

XXXI De sambuco.

Succus *sambuci* cerebri collectiones priuatimque men- 24, 51*
brane, que circa cerebrum est, lenit infusus. radic*e*s eius de- 24, 52*
cocte in uino, duo ciati, poti hydropicos exinaniunt, uuluas
emolliunt. cauliculi in aqua macerantur, ut spars*i* pulices ne- 24, 53*
centur. foliorum decocto si locus spargatur, musce necantur.

XXXII De morbo qui dicitur bona.

Bona appellatur morbus papularum, cum rubent corpora; sambuci ramo uerberatur. cortex interior tritus ex uino albo potus aluum soluit.

XXXIII De iunipero.

Iuniperus ante cetera omnia excalfacit, extenuat. eius 24, 54*
duo genera; utraque accensa serpentes fugat. semen stoma-
chi, pectoris, lateris doloribus util*is*. inflammationes, a*n*gores
discutit, tusses concoquit, duritias illit*a* tumores*que* sistit. da- 24, 55*
tur conuulsis, ruptis, torminibus, uuluis, ciaticis cum uino al-
bo potum pillulis quaternis aut decoctis XX in uino. sunt qui
et perungant corpus e*x* semine eius in serpentium metus.

B L V **13** *V*] **15** [*V*

7 exinanunt *B*[1]: exinnaniunt *L* **15** Vniperus *L* excalefacit *B V*
20 pullulis *L*

11 boua *uel* boa **17** utile **19** ischiadicis

XXXIIII De alno.

Folia alni ex feruenti aqua remedi*a* sunt tumori. 24, 74*

XXXV De salice.

Salicis fructus si ante maturitatem colligatur, sanguinem 24, 56* reicientibus prodest. podagricis cortice et foliis in uino de- 24, 58* coctis foueri neruos utilissimum *est*. flos tritus cum foliis furfures purgat in facie. folia contrita et pota intemperantiam libidinis cohercent.

XXXVI De uitilibus.

Non multum a salice uitilium usu*s* distat. semen potum 24, 59* 6 uini saporem quendam habet; dicitur febres soluere. suffitu 24, 61* *uel* substratu fugant uenenata. at uenerie impetus inhibent 24, 62* eoque phalangis maxime aduersantur, quorum morsus genital*ia* excitat. lactis ubertatem faciunt. aduersantur uenenis 24, 60* 6 maxime que frigus inferunt. seminis decoctum uehementio- 24, 62* rem capitis dolorem dissoluit fotu, purgat aluum cum puleio et melle potum. semen sanat oris ulcera et eruptiones cum 24, 63* melle, testium cum butiro et foliis uitium. uirgam qui in manu habeant aut in cinctu negantur interriginem sentire.

XXXVII De genista.

Semen *geniste* in folliculis fasiolorum modo nascentium 24, 65* purgat ellebori uice dragma et dimidia pota in aqua mulsa.

B L V

9 nitilibus *B* **22** uices *B*[2]

10 uitilium*; Robertum praeteriit* uitilia *stirpes non esse* semen *ad stirpem* uiticis *a Roberto om. pertinet* **12** ad uenerem **13** phalangiis *cf.* S*TOTZ, HLSMA 3, VII § 35.2* **19** intertriginem

genista tusa cum a*n*xugia genua dolentia sanat; quidam et ad 24, 66*
stranguriam utuntur semine.

XXXVIII De hedera.

Gummi heder*e* *in* aceto utilissimum dentibus *est*. 24, 80*

XXXIX De Sabina.

Sabina, *que* foli*a* simili*a* cupresso *habet*, eosdem effec- 24, 102*
tus quos cinnam*om*um habere traditur. collectiones minuit et nomas compescit, illita ulcera purgat, partus emortuos exposita trahit et suffita. illinitur igni sacro et carbunculis cum melle; ex uino pota regio morbo medetur.

XL De alba spina.

Spine albe semen contra scorpiones auxiliatur. corona ex 24, 108*
ea imposita capitis dolores minuit.

XLI De paliuro.

Paliurus, quod spine genus est, contra *serpentes* effica- 24, 115*
cissimum, item calculosis et tussi. folia astrictoriam uim habent. prosunt bace purgationi feminarum, c*i*liacis, disinte- 24, 116*
ricis, colericis. in uino pote aluum sistunt. radix decocta et illita extrahit infixa corpori. utilissima est et luxatis tumoribusque.

B L V **4** *V*] **11** [*V* **13** *V*]

1 auxungia *V* **2** stranguiriam *B*: strangiuriam *L* **4** est dentibus *L* **9** carbunculus *a. corr. B* **12** ausiliatur *B* **14** paluro *a. corr. L*: paluiro *p. corr. L* **15** est *om. L*

17 coeliacis

XLII De taxo.

Taxi arboris fumus mures necat.

XLIII De rubis.

Nec rubos ad maleficia tantum genuit natura, ideoque et 24, 117* ex moratis bestiis uel hominibus cibos dedit. uim habet siccandi, astringendi, gingiuis, tonsillis, genitalibus commodatissim*um*. aduersantur serpentium sceleratissimis, emorroid*o* et presteri, flos aut mora scorpionibus. uulnera sine collectionum periculo iungunt, urinas ciunt. caules eorum teneri 24, 118* tunduntur exprimiturque succus, mox sole co*qu*itur in crassitudinem mellis; singulari remedio contra mala oris oculorumque, sanguinem excreantes, anginas, uuluas, sedes, c*i*liacos, ut intelligitur potus aut illitus. oris quidem uitiis etiam commanducata prosunt et ulceribus manantibus aut quibuscumque in capite illin*i*untur. cardiacis uel sic per se imponuntur a mamma sinistra, item stomachi doloribus oculisque proc*e*dentibus *prodest*. instillatur succus eorum auribus, sanat con- 24, 119* dilomata cum rosaceo cerato. calculorum ex uino decoctum presentaneum remedium est. idem per se in cibo sumpti cime modo aut decocti in uino austero lab*e*ntes dentes firmant. aluum sistunt et profluuia sanguinis; disintericis *conferunt*. siccantur in umbra, ut cinis crematorum uuam reprimat. folia quoque arefacta et contusa iumentorum ulceribus utilia traduntur. mora, que in hiis nascuntur, uel efficatiorem stoma- 24, 120* chen prebere quam satiua morus. eadem compositione uel

B L **1** [*V* **2** *V*]

2 axi *L* **4** rubros *L* **5** bestiis *om. L* **13** aut *om. L* **18** decoctumue *B*[1] **19** ⟦.⟧ime *B* **22** in *it. B*[1]

5 moratis *cf. ThLL VIII 1476, 48 sqq.* **7** haemorrhoidi **13** *p.* etiam *uerbum* folia *om.* **24 sq.** stomaticen

cum hypocistide tantum et melle bibuntur. in colera et cardiacis et contra araneos inter medicamenta, que stiptica uocant, nichil efficacius rubi mora fer*tur* radice decocta in uino ad tercias partes, ut colluantur eo oris ulcera et sedes foueantur, tantaque uis cst, ut spongee ipse lapidescant. alterum ge- 24, 121*
nus rubi *est* in quo rosa nascitur. gignit pillulam castanee similem calculosis precipuo remedio. *hucusque tractatum est de medicinis arborum; hinc tractabitur de medicinis animalium.*

XLIIII Ad sanam uitam.

Medicina *est* abstinere a cibo n*imio* aut potu, alias uino 28, 53*
tantum aut carne, alias balneis, cum quid eorum postulet ualitudo, in presentissimis habe*a*tur. prodest ambulatio, gesta- 28, 54*
tio, et ea pluribus modis, equitatio stomacho et coxis utilissima, ptysi nauigatio, longis morbis locorum mutatio; supini cubitus oculis conducunt a*ut* proni tussibus, in latera aduersus distillationes. Aristotiles et Fabianus plurimum sompniari circa uernum et autumpnum tradunt magisque supino cubitu, at prono nichil, Theophrastus celerius concoqui dextri lateris incubitu, difficilius *in* supinis.

XLV Item ad sane uiuendum.

Saluberrimum presumere cibos intelligitur et interponere 28, 55*
frigidam eiusdemque potu sompnos antecedere et, si libeat, interrumpere. notandum nullum animal aliud calidos potus sequi ideoque non esse naturales. item Hypocrates tradit non 28, 56*

B L **7** hucusque [*V*

1 hipocistide *B*: hyposticide *L* et[1] *om. L* **2** stipica *B*[1]: stippica *B*[2]
16 conduntur *L* **19** Theopfrastus *B*

15 phthisi

prandentium exta celerius senescere; uerum id remediis cecinit, non epulis, quippe multo utilissima est in cibis temperantia.

XLVI De uenere fugienda.

Venerem dampnat Democritus, ut in qua homo alius exiliret ex homine. est, Hercle, raritas eius utilior. athlete tamen torpentes re*dd*untur. uenere uox reuocatur. 28, 58*

XLVII Experimenta.

Cum quid oculo inciderit, alterum comprimi prodest; si tussi*s* concitet saliuam in fronte, ab alio *suf*flari *in facie*; si iaceat uua, a uertice morsu alterius suspendi; in ceruicis dolore poplites fricare aut ceruicem in poplitum *dolore*; pedes in humo deponi, si nerui in hiis cruribusue tendantur in lectulo, aut, si leua id acc*e*dat, sinistre plante pollicem dextra manu apprehendi; item e diuerso extremitates corporis uel auribus perstringi, contra horrores corporis sanguinemue narium inmodicum lino uel papiro principia genitalium, femur medium ad cohibenda urine profluuia; in stomachi solutione pedes pressare aut manus in feruentem aquam dimitti. iam sermoni*s* parci multis de causis salutare est. triennio Mecenatem me*n*sium accepimus silentium sibi imperauisse a conuulsione reddito sanguine. contra ictus spiritum cohibere singular*e* presidi*um* est. contra lippitudines retro aures fricare prodest et lacrimosis oculis frontem in egritudine, quamdiu oculorum pupille imaginem reddant. 28, 60* 28, 61* 28, 62* 28, 64*

B L V

5 aqua *L* **sq.** exilire *L* **11** una *a. corr. B* **15** diuersum *L*

7 restituuntur **14** accidat *cf. ThLL I 290, 29 sqq.* **15 sq.** uelleribus **21** Melissum **24** *p.* frontem *uerba* augurium ex homine ipso est non timendi mortem *iam om. Roberti exemplar*

XLVIII De urina.

Mirum proditur uertice tacto urine sue gutta liberari pro- 28, 67*
tinus lesos. auguria ualitudinis ex ea traduntur, si mane can- 28, 68*
dida, dein rufa sit; illo modo concoquere, hoc coxisse significatur. mala signa rubre, pessima *rufe*, mala bullantis, crasse. in aqua quod sub*tus* album est significat circa articulos aut uiscera dolorem imminere; eadem uiridis morbum uiscerum, pallida bilis, rubens sanguinis mala, et in qua ueluti nubecule atque furfures apparent. diluta quoque alba uitiosa est, morti- 28, 69*
fera uero crassa graui odore et in pueris tenuis *et* diluta magi*s*. capilli mulierum si crementur, serpentes odore fuga*ntur*; 28, 70*
eodem odore uulue morbo strangulatas respirare. cinere eo 28, 71*
*si*quidem, si in testa sint cremati *capilli* uel cum spuma argenti, scabricias oculorum ac prurigines emendari, item uerrucas et infantium ulcera cum melle, capitis quoque uulnera et in omni*bus* ulcer*ibus* si*mul* addito melle et thure.

XLIX De lacte.

In omni usu *lac mulieris* efficatius es*t*, que marem enixa 28, 72*
sit, multoque efficacissimum *est* eius, que geminos peperit mares, et si cibis acrioribus abstineatur. qui simul matris fi- 28, 73*
lieque lacte inunctus sit, liber*um* oculorum metu in totam uitam affirmant. aurium quoque uitiis medetur modice admixto oleo aut, si ab ictu dolent, anserino adipe tepefactum. pod- 28, 74*

B L V

1 *p.* urina *uerba* et de capillis mulierum *hab. V* **3** anguria *a. corr. B* **4** deinde *L V* conquere *L* **6** alba *L* **11** sic *L* **19** que eius *a. corr. L* **23 sq.** podagri *B*[1]

6 qua **13** quidem **16** et omnium ulcerum sinuſ

agris quoque iubent illini cum cicuta et adipe anserino. eius 28, 75*
que marem peperit lacte gustato canes rabios negant fieri.

L De menstruo.

Tactis omni menstruo postibus irritas fieri Magorum ar- 28, 85*
tes *dicunt*.

LI De elephante.

Elefanti*s* sanguis, precipue maris, flu*x*iones omnes, quas 28, 87*
reumatismos uocant, sistit.

LII De leone.

Leonis adeps cum rosaceo cutem in facie custodit a uitiis 28, 89*
candoremque seruat et sanat adusta. fel aqua addita clarita- 28, 90*
tem oculis inunctis ac*u*it.

LIII De lacte.

Lac minus inflat quodcumque decoctum. quidam et ip- 28, 124*
sum serum etiam multo potentissimum decoquunt a*l*ter*n*as
partes et sub di*u*o refrigerant. datur comitialibus, melancoli-
cis, paraliticis, in lepris, elephanti*is*, articulari*bu*s morbis. in- 28, 128*
funditur quoque lac contra *cor*rosiones a medicamentis fac-
tas.

B L V **5** *V*] **9** [*V*

1 illinitur *a. corr. B* **2** rabidos *V B*² **4** Tactas *L* **16** partas *B*¹ **18** corrososiones *L* **sq.** factis *B*¹

2 rabiosos *per haplographiam* **7** fluctiones **15** ad tertias

LIIII De camelo.

Fimi cameli cinere crispari cum oleo capillum aiunt. urinam fullonibus utilissimam esse tradunt. 28, 91*

LV Item.

Lac quoque *quod serum dicitur* gargarizatur faucibus exulceratis utilissime, et bibitur ab inbescillitate uires recolligentibus quos atrophos uocant. 28, 129*

LVI De butiro.

E lacte fit butirum barbararum gentium laudatissimus cibus et qui diuite*m* a plebe discernat. plurimum e*x* bubulo – et inde nomen –, pinguissimum ex ouibus fit et caprino. natura eius *re*stringere, mollire, replere, purgare. 28, 133* 28, 134*

LVII Ad podagram.

Medicorum aliqui *adipi suum* mixto anseris adipe taurorumque seuo ad podagras uti iubent; si uero permanet dolor, cum cera. 28, 137*

LVIII De medullis.

Communis *ratio* medullarum est. omnes molliunt, explent, siccant, excal*e*faciunt. laudatissima ceruina, mox uitulina, dein hircina et caprina. inter omnia autem communia animalium fel prestantiu*s* est in effectu. *est enim* uis eius excalfacere, mordere, scindere, extrahere, discutere. minorum animalium subtilius intelligitur et ideo ad oculorum medica- 28, 145* 28, 146*

B L V **3** *V*] **8** [*V*

2 cinene *B*[1] **5** quod *it. B* **11** *p.* pinguissimum *uerbum* est *hab. L* **13** De podagra *V* **14** suum mixto: admixto *V* **20** deinde *L V* **21 sq.** excalefacere *L V* **23 sq.** medicamenta oculorum *B*

menta utilius existimatur. omne autem curatur recens p*ur*gato ore lino crasso d*i*missum in feruentem aquam semihora mox siccatum sine sole atque in melle conditum. damnatur equinum tantum inter uenena.

LIX De cane.

Sanguine canino contra toxica nichil prestantius *esse* putatur. uomitiones quoque hoc animal monstrasse uidetur. cor caninum habente*s* fugiunt canes; non latrant uero lingua*m* canina*m* in calciamento subdita*m* pollici aut caudam mustele habentes, que abscisa dimissa sit. 29, 58* 29, 99*

Explicit liber septimus. Incipit octauus.

Natura remediorum atque multitudo stantium ac preteritorum plura de ipsa medendi arte cogunt dicere, mirumque et indignum protinus subit nullam artium inconstantiorem fuisse et etiam nunc sepius mutari, cum sit fructuosior nulla. nec non et hodie multifaria ab oraculis medicina petita. auxit fama Esculapium fulmine ictum, quoniam Tyndaridem reuocasset ad uitam, nec cessauit narrare alios reuixisse opera sua clara Troianis temporibus. sequentia eius, mirum dictu, in nocte densissima latuere usque ad Peloponensiacum bellum. tunc eam reuocauit in lucem Hypocrates genitus in insula Choo in primis clara *et* ualida et Hesculapio dicata. e*t* scripsisse traditur. 29, 1* 29, 2* 29, 3* 29, 4*

B L V **10** *V*] **12** [*V* **15** nulla *V*]

1 sq. purgatore *L* **19** Sequentium *L*

1 praeligato **17** Tyndareum

I Ad capud.

Capitis ulceribus muricum uel purpurarum teste cinis 32, 68*
cum melle utiliter illinitur. rigor ceruicis mollitur castoreo 32, 89*
poto cum pipere ex mulso mixto.

II Ad oculos.

Omnium piscium fluuiatilium marinorumque adipes li- 32, 69*
quefactis oleo admixto melle oculorum claritati plurimum
confert, item castoreum cum melle. cicatrices oculorum cum 32, 72*
melle sanat cadmia singulis dragmis, emendat et albugines
oculorum *et* iumentorum.

III Ad aures.

Auribus utilissimum castoreum cum papaueris succo, 32, 77*
amplius aceti ciatum in calice nouo lenta pruna decoquere 32, 78*
subinde spuma pennis detersa et, postquam desierit spumare,
tepidum infundere. si tumeant aures, coriandri succo prius
mitigand*um* idem precipiunt. ranarum adeps instillatus statim
dolores tollit.

IIII Item.

Cancrorum fluuiatilium succus cum farina ordeacea aurium uulneribus efficacissime prodest.

B L **18** [*V* **20** *V*]

3 castorio *B*[1] **6** Omnum *B* **18** Item: De cancris *V*

6 sq. liquefacti sole **8** conferunt

V De cancris.

Cancri fluuiatiles triti ex aqua poti aluum sistunt, urinam 32, 101*
ci*u*nt in uino. cancri fluuiatiles triti in asinino lacte maxime 32, 103*
sanant rupta, conuulsa. cancri fluuiatiles triti in oleo et aqua 32, 114*
perunctis ante accessione*m* in febribus prosunt. cancri fluuia- 32, 53*
tiles triti potique ex aqua recentes seu cinere asseruato contra
uenena omnia prosunt. cinis *etiam* eorum *as*seruatus prodest 32, 54*
pauor*i*, *prodest* periclitantibus ex canis rabiosi morsibus, *ad*
qu*e*m adiciunt gentianam et dant in uino; nam si iam pauor
occupauerit, pastillos uino subactos deuorandos ita precipi-
unt. nichil a*utem* aduersari serpentibus quam cancros, ue*l* 32, 55*
percussos hoc pabulo sibi mederi *dicunt*. cum sol sit in can-
cro, serpentes torqueri [56*]ictibus scorpionum asserunt. 32, 56*

VI Ad parrotides.

Parrotides muricum teste cinere cum melle uel conchi- 32, 78*
liorum ex mulso curantur.

VII Item.

Muricum cinere ex oleo ad parotidas strumasque utun- 32, 89*
tur.

VIII Ad dentes.

Dentium dolores sedantur cerebro canicule in oleo de- 32, 79*
cocto asseruatoque, ut ex eo dentes semel anno colluantur.
pastinace quoque radio scarifare gingiuas et in dolore utilissi-

B L **4** Item cancri [*V* **5** prosunt *V*] **20** [*V*

1 *p.* De *numerum* VIII *hab. L* **4** Item cancri *V* **18** parotides *B*[1]: paroatidas *L*

11 nihil aeque aduersari cancros sueſ

mum. conteritur is et cum elleboro albo illitus dentes sine uexatione extrahit.

IX De uite et aceto.

Medetur lentigini ceterisque uiciis ex ossibus sepiarum. idem cinis et carnes excrescentes tollit et humida ulcera. 32, 85*

X De lepra.

Andreas ad lepras cancri cinere cum oleo usus est. 32, 87*

XI Contra strumas.

Mirifice prosunt sepie ossa *ad tollendas strumas* cum anxugia uetere contusa et illita. ranarum decoctarum succus contra tonsillas prodest. 32, 88* 32, 90*

XII Ad suspiriosos.

Suspiriosis castore*o* cum ammoniaci exigua portione ex aceto mulso ieiunis utilissima. tota eadem potio spasmos stomachi sedat ex aceto mulso calido. precipiunt et olee crude carnem tritam bibere ex aqua calida in tussi cruenta. ius piscium in patina coctorum cum lactucis tenesmum discutit. castore*um* pell*it* tormina cum aceto uino mixto. 32, 91* 32, 92* 32, 101*

B L V **2** *V*] **6** [*V* **7** *V*]

14 pasmos B^1 *L* **17** cortorum B^1

3 *inscriptionem* IX De ... aceto *mendose capiti ascriptam esse apparet* **4 sq.** sepiarum cinis. idem **13** castorea **15** cocleae

XIII Ad lienem.

Lieni medetur solea piscis impositus. 32, 102*

XIIII Ad disintericos.

Dissintericis medentur rane cum cilla cocte ita, ut pastil- 32, 101*
li fiant.

XV De scorpio marino.

Scorpius marinus necatus in uino uesice uicia, calculos 32, 102*
pellit; sanat lapis, qui inuenitur in scorpii marini cauda, pondere oboli potus, enidri iecur, blendorum cinis cum ruta. inueniuntur et b*r*achi*i* piscis capi*lli* ceu lapilli. hii poti ex aqua calculosis preclare medentur.

XVI De sepia.

Oua sepie urinam mouent reniumque pituitas extrahunt. 32, 103*
testem, si descenderit, coclearum spuma illini uolunt. 32, 108*

XVII Ad podagros.

Podagris articulari*bu*s morbis utile est oleum, in quo 32, 110*
decocta s*u*nt intestina ranarum, et rubete cinis cum adipe uetere. quidam et ordei cinerem adiciunt, trium rerum equo pondere. iubent et lepore marino recenti podagram fricari, fibrinis quoque pellibus calciari, maxime Pontic*i*i fibri. item
uituli marini *cin*is et adeps prodest. in articulis morborum 32, 111*

B L **12** [*V* **13** extrahunt *V*] **15** [*V*

20 pontificii *a. corr. B*

4 scilla **9** enhydridis blendiorum *cf.* *Stotz, HLSMA 3, VII § 35.1*
10 bacchi **20** Pontici

impetus sedant rane subinde recentes imposite; quidam d*e*sectas iubent imponi.

XVIII Ad commitiales.

Commitial*ibus* castoreum in aceti mulsi ciatis tribus ieiunis datur, ad presens uero correptis olfactus subuenit, datur muris uel testudin*is* sanguis. 32, 112*

XIX De febribus.

Febrium circuitus tollit delphini iecur gustatum ante accessione*m*. ipocampi nec*e*ntur in rosaceo, ut perungantur egri, *in* frigidis febribus et ipsi alligantur egris. rane decocte in oleo abiectis carnibus perunctos liberant quartanis. sunt qui strangulatas in oleo ipsas clam alligent oleoque eo perungant. cor earum adalligatum frigora febrium minuit et oleum, in quo intestina decocta s*u*nt. maxime autem quartanis liberant ablatis unguibus rane adalligate et rubete. 32, 113* 32, 114*

XX De letargo.

Letargum uergentibus coagul*um* balene aut uituli marini ad olfactum utuntur, ali*qu*i sanguinem testudinum, *et* letargicis illin*i*unt. r*u*mbi in aceto putrefacti letargicos excitant. 32, 116* 32, 117*

XXI De letargicis.

*L*eta*r*gos coagulum uituli adiuuat ex uino potum oboli pondere. tremulos iuuat castoreum, si ex oleo perungantur. 32, 120*

B L V **2** *V*] **7** [*V*] **10** rane [*V* **15** *V*]

4 Comminicialibus *L*

17 in lethargum **19** strombi

XXII De hydropicis.

Hydropicis medetur adeps delphini liquatus et cum uino 32, 117*
potus.

XXIII De igne sacro.

Ignes sacros ranarum uiuentium uentres impositi restrin- 32, 119*
gunt; pedibus posterioribus pronas alligari iubent, ut crebrio-
re hanelitu prosint.

XXIIII De fluxu sanguinis.

Sanguinem piscium cibo putant sisti, aliqui et nascenti- 32, 121*
um ranarum in aqua, quibus adhuc cauda est, in calice nouo
combust*o*rum cinere, si per nares fluat, inficiendum.

XXV De sanguisugis.

Diuersus hirudinum quas sanguisugas uocant ad extra- 32, 123*
hendum sanguinem usus est. quippe eadem ratio earum, que
cucurbitarum medicinalium, ad corpora leu*i*anda sanguine,
spiramenta laxanda iudicantur, set uitium, quod amisse semel
desiderium faciunt circa eadem tempora anni semper eius-
dem medicine. aliquando tamen relinquunt adfixa capita, que
causa uulnera insanabilia facit et multos inter*i*mit, sicut Mes-
salinum e consularibus patriciis, cum ad genu admisisset.
multi podagris quoque admittendas censuere. decidunt sacia-
te et pondere ipso sanguinis detracte aut sale aspers*o*. uermes 32, 126*
innati ranarum felle tolluntur. ulcera, que in auribus aut ulla 32, 137*

B L **1** [*V* **3** *V*] **5** [*V* **23** tolluntur *V*]

5 Gnes *L* **7** prosunt *a. corr. B* **11** flua *L* **13** hirundinum *L V* **16** amisisse *L* **20** e: est *L* genua *L*

11 combustarum **16** admissae

parte corporis fiant, cancrorum fluuiatilium succus cum farina ordeacea sanat. et ad reliquos morbos triti in oleo perunctis prosunt. 32, 138*

XXVI De iriis.

*H*irias infantium spong*i*a frigida cerebro humefacto rana inuersa *et* alligata efficacissime sanat. sepie atramento tanta uis est, ut in lucerna addito Ethiopas uideri ablato priore lumine Anaxilaus tradit. 32, 141*

XXVII De rubeta.

Rubeta *de*cocta aqua potu data suum morbis medetur uel cuiuscumque rane cinis.

XXVIII Mirum.

Pulmone marino si confricetur lignum, ardere uide*re* adeo, ut baculum ita preluceat.

XXIX Aliud mirum de ranis.

Democritus quidem tradit, si quis extrahat rane uiuenti linguam nulla alia parte corporis adherente ipsaque dimissa in aqua imponat supra cordis palpitationem mulieri dormienti, quecumque interrogaueri*s*, uera responsuram. addunt etiam nun*c* alia Magi, que si uera sunt, multo utiliores uite existim*a*ntur rane quam leges; namque arundine natura transfixa per os si surculus in menstruis defigatur a marito, adulteriorum tedium fieri. carnibus earum uel hamo additis preci- 32, 49* 32, 50*

B L **6** sepie [*V* **11** *V*] **15** [*V*

7 priori *B L* **9** rubetis *V* **15** Aliud *om.* *V*

5 ſiriasim infantium **8** tradat **10** potu *cf. ThLL X 2, 366, 36 sq.; 369, 3 sqq.; STOTZ, HLSMA 4, VIII § 44.6*

pue purpuras certum est allici. i*e*cur rane geminum esse dicunt abicique formicis oportere; eam partem quam appetant contra omnia uenena pro antidoto. sunt que in uepribus tantum uiuunt, ob id rubetarum nomine, ut diximus, uocant*ur*, grandissime cunctarum, geminis ueluti cornibus, plene ueneficiorum. mira de hiis certatim tradunt auctores: illatis in 32, 51* populum silentium fieri; ossiculo, quod sit in dextro latere, in aquam feruentem deiecto refrigerari uas nec postea feruere nisi exempto; *exemplo* id inueniri; nam formicis *de*iecta carnibusque erosis singula in oleum addi et esse in sinistro latere, quo deiecto feruere uideatur, apocinon uocari, canum 32, 52* impetus eo cohiberi, amorem concitari et iurgia addito in potionem; uenerem adalligatum stimulare; rursus a dextro latere refrigerari feruentia; hoc et quartanas sanari adalligato in pellicula agnina recenti aliasque febr*es*, amorem inhiberi ea.

XXX De ostreis.

Ostree stomachum unice reficiunt, fastidiis medentur, al- 32, 64* uum molliunt leniter. he*e*dem coct*e* cum mulso tenesmo, qui sine exulceratione *f*it, liberant. uesicarum ulcera repurgant. in chonchis suis, uti clausa *ad*uenerint, mire distillationibus prosunt.

‹XXXI› Item.

Certe ostre*a*rum cinis uuam sedat et tonsillas admixto 32, 65* melle, eodem modo parrotidas, panos mammarumque duricias, capitum ulcera ex aqua cutemque mulierum extendit.

B L V **15** *V*]

4 ruberarum *a. corr. B* **9** inuenire *L* **12 sq.** impositionem *L V* **20** aduenerine *a. corr. B*

9 deiecta *scil.* rana **15** eo **20** clausa *scil.* ostrea

spargitur et ambustis et denti fric*t*io placet. pruritibus quoque et eruptionibus pituite ex aceto medetur. crude si tundantur, strumas sanant et perni*c*iones pedum.

XXXII De castorio.

Castorii falsi probatio es*t* folliculos geminos ex uno ne- 32, 27*
xu dependentes. adultera*tur* autem renibus eiusdem, qui sint 32, 26*
grandes, cum ueri testes paru*o* admodum reperantur. preterea 32, 27*
ne uesicas quidem esse, cum sint gemine, quod nulla animali*a*. conici*u*nt ipsum fraude corrumpi cum sa*l*e, amoniac*o*,
quoniam ammoniaci coloris esse debeant. sternutamenta ol- 32, 28*
factu mouet, sompnum conciliat cum rosaceo et peucedano peruncto capite et per se poti *in* aqua, ob id freneticis utiles. item letargicos odoris suffitu excitat uuluarumque exanimatione*m* uel subditu*m* et meses ac secundas cit. duabus drag-
mis ex aqua cum poleio pot*um* [31*]auxiliatur aduersus aconi- 32, 31*
tum ex lacte aut aqua, aduersus elleborum ex aqua mulsa nitroque. medetur et dentibus infus*um* cum oleo trit*um* in aurem, a cuius parte dolent. cohibet singultus ex aceto.

XXXIII De testudinibus.

Oculorum uitia omnia fel*le* testudinum inunctum cum 32, 38*
melle emendat. fel *uero* testudinum in paludibus uiuentium 32, 39*
*ex*trahit pituitas sanguinemque uiciatum. ignem sacrum cu- 32, 41*
iuscumque generis testudinum sanguine iubent illini, item capitis ulcera manantia et uerrucas. idem promittunt testudi-

B L **19** [*V*

9 fraude ipsum *L*

1 dentifricio **6** eiusdem *scil.* fibri *a Roberto om.* **7** parui reperiantur *cf.* *Stotz, HLSMA 3, VII § 35.1* **10 sqq.** *contra Plinium hoc loco uerba temporalia, sed non* poti *et* utiles *numero singulari scr. Robertus* **15** puleio **20** fel

num omnium f*u*mo panos discuti et, incredibile dictu, *u*t aliqui tradunt, tardius ire nauigia testudinis pedem dextrum uehencia.

XXXIIII De stella marina.

Mala medicamenta inferri negant posse aut certe nocere 32, 44*
stella marina uulpino sanguine illita et affixa limini superiori aut clauo ereo ianue.

XXXV De echino pisce.

Quid uiolentius mari uentisue et turbinibus ac procellis? 32, 1*
quo maiore hominum ingenio in ulla sui parte adiuta est quam uelis remisque? addatur hiis et reciproci estus inenarrabilis uis uersumque totum mare in flumen. tamen omnia hec 32, 2*
pariterque eodem impellentia unus ac paruus admodum pisciculus echin*u*s appellatus in se tenet. ruant uenti licet, seuiant procelle; imperat furori uiresque tantas compescit et cogit stare nauigia, quod non uincula ulla, non anchore pondere inreuocabili f*ecere*. infrenat *mundi* impetus et domat mundi rabiem nullo suo labore, non retinendo aut alio modo quam adherendo. hec tant*a* illo est satis contra tot impetus, ut uetet 32, 3*
ire nauigia. set armate classes imponunt sibi turrium propugnacula, ut in mari quoque pugnetur uelut e muris. heu uanitas humana, cum rostra illa ere ferroque armata ad ictus semipedalis inhibere possit ac tenere deuictam pisciculus! te- 32, 4*
nuit et nostra memoria Gaii principis *nauem*, nec longa fuit illius more admiratio, statim causa intellecta, exilientibus protinus qui id quererent circa nauim, inuenere adherentem

B L V 7 *V*]

8 ehino *B* **9** turnibus *B* **13 sq.** pisciculis *a. corr. B*

1 fimo **10** adiuta *scil.* natura **14** echenais **19** hoc tantulo*?*

gubernaculo ostenduntque Gaio indignanti hoc fuisse, quod se reuocaret, *et quomodo adherens et quo* stabat peculiariter. 32, 5* miratum, quomodo adherens tenuisset nec idem polleret in nauigium receptus. qui tunc posteaque uidere eum, limaci magne similem esse dicunt.

XXXVI De torpedine pisce.

Ex eodem m*odo* torpedo etiam procul et e longinquo, uel 32, 7* si hasta uirgaue attingatur, quamuis preualidos lacertos torpescere, quamlibet ad cursum ueloc*i*s alligari pedes.

XXXVII Que aque sint salubres que non.

Queritur inter medicos, cuius generis aque sint utilissi- 31, 31* me. stagnantes pigrasque merito dampnant utiliores que profluunt existimantes; cursu enim percussuque ipso extenuari atque proficere; eoque miror cisternarum ab aliquis maxime probari. set hii rationem afferunt, quoniam leuissima sit imbrium. predicant *tamen* ex gelu ac n*ub*ibus insaluberrim*as*. 31, 33* Epigenes aquam, que septies putrefacta purgata sit, perhibet 31, 34* amplius non putrescere. limus aquarum uitium est. si tamen 31, 36* idem amnis anguillis scateat, salubritatis indicium habetur, sicuti frigoris tineas in fonte gigni. ante omnia dampnantur amare et que scrobem statim implent. damnantur in primis fontes, qui cenum faciunt quique malum colorem bibentibus refer*unt* aut si legumina tarde percoquunt. aquam salubrem 31, 37* aeris quam simillimam esse oportet. de cetero aquarum salubrium sapor odorue nullus esse debet. omnem *ita*que decoc- 31, 40* tam utiliorem esse conuenit. uiciose aque remedium est, si decoquatur ad dimidias partes. *M̄. Agrippa aquam* Virginem 31, 42*

B L

14 cisternanim *B* **17** *s.* Epigenes *(*-nas *B*[1]*) uerba* pro(prium) n(omen) *add. B*[2] putrefacta *om. L* **27** M' *B*

adduxit ab octaui lapidis diuerticulo duo milia passuum Prenestina uia *ad* urb*em*.

XXXVIII Item.

Topha dulces leuesque facit aqua*s* et colando continet 31, 48*
sordes.

XXXIX Item.

Sabulum exiles limosasque promittit, glarea incertas
uenas, set boni saporis, sabulum masculinum et harena car-
bunculus certas stabilesque et salubres, rubra saxa optimas
speique certissime. sulphurata uel aluminosa occurrentia pu- 31, 49*
tearios necant. experimentum huius periculi est demissa
ardens lucerna si extinguitur.

XL De fontibus mirum.

In Sicilia quidem circa Messanam et Milas hyeme in to- 31, 51*
tum arescunt fontes, estate exundant amnemque faciunt. que-
dam terre imbribus sicciores fiunt, uelut in Narnensi agro,
quod admirand*um* suis *scriptis* inseruit M̄. Cicero siccitate
lutum fieri prodens, imbre puluerem. omnis aqua hyeme dul- 31, 52*
cior est, estate autem minus minusque per siccitates. quippe
tales sunt aque, qualis est terra, per quam fluunt, qualesue
herbarum, qu*ibus* lauant*ur*, succi. ergo idem amnes parte ali-
qua reperiuntur insalubres. mutant saporem et influentes riui,
aliqui uero et imbre mutantur.

B L

4 colandando *L* **7** abulum *L* **17** M' *B* **19** minus *om. L*

4 tofus **16** Narniensi *cf.* S*TOTZ*, *HLSMA 3, VII § 35.1* **21** quas lauant

XLI Aliud mirum de fontibus.

Proditur in Creta expugnato oppido, quod uocabatur Ar- 31, 53*
chadia, cessase fontes amnesque, qui in eo situ multi erant,
rursus post condito sex annos emersisse, ut*i*que que cepissent
partes coli. est et illa miraculi plena Aretusa Siracusis *hu*- 31, 55*
mum redolere per Olimpia uerique simile, quoniam Alpheus
in ea insula sub ima permeet.

XLII De aqua marina.

Aque marin*e* testium tumores fouendo non aliud prefe- 31, 65*
runt. lendes quoque et tenera capitis animalia hac curantur. et
liuentia reducit eadem ad colorem. in quibus curationibus
post marinam aceto calido fouere plurimum prodest. peco- 31, 66*
rum quoque scabiem *aqua* marina sanat lanasque emollit.

XLIII Quomodo marina aqua fieri possit.

Verum cura prouidit inuenta ratione, qua sibi quisque 31, 67*
mediterrane*u*s aquam maris faceret. illud in ea ratione mi-
rum, si plus quam sextarius salis cum quatuor aque sextariis
mergatur, uinci aquam salemque non liquari. cetero sextarius
salis cum quatuor aque sextariis salsissimi maris uim et natu-
ram implet. moderatissimum autem putant supra dictam aque
mensuram octonis cyatis me*l*lis temperari, quoniam *non* ita
excalefaciat neruos et corpus non exasperet. expansa circa 31, 70*
nauim uellera madescunt accepto alitu maris, quibus dulcis
humor exprimitur, item remisse reticulis in mar*i* concaue ce-

B L **8** [*V* **13** *V*]

2 quo *L* **7** perimet B^1 **8** De *om. B* **10** et^1 *om. L* **16** marina B^1 **18 sq.** mergatur ... sextariis *in margine add.* B^2

4 condito post **21** salis

ra pile uel uasa inania opturata dulcem intra se colligunt humorem. nam in terra marina aqua argilla percolata dulcescit.

XLIIII Item de aqua.

Luxata corpora hominum et quadrupedum natando in cu- 31, 71*
iuslibet generis aqua facillime in artus redeunt.

XLV Item.

Est autem aqua sulphurata utilis neruis, aluminata parali- 31, 59*
ticis aut simili modo solutis. muscus qui in aqua fuerit pod- 31, 72*
agre illitus prodest, item oleo admixto talorum dolori tumorique. spuma aque affrictu uerrucas tollit.

XLVI De sale.

Sal omnis aut fit aut gignitur, utrumque pluribus modis, 31, 73*
sed causa gemina, coacto humore uel siccato. siccatur in lacu Aspendi, ubi largius coquitur et usque ad medium lacum. *est* aliud etiam in eo mirabile, quod tantumdem noctu subuenit, quantum die auferas.

XLVII Item de sale.

Sunt et montes natiui salis, ut Indis Horomenus, in quo 31, 77*
lapidicinarum modo ceditur renascens, maiusque regium uec-
tigal ex eo est quam ex auro atque margaritis. Garris Arabie 31, 78*
opido muros domosque massis salis faciunt aqua ferruminan-
tes. in Hispania quoque citeriore ceditur glebis lucentibus, 31, 80*
cui iam pridem palma plerisque medicis inter omnia salis ge-

B L **3** [*V* **5** *V*] **7** [*V* **10** *V*]

1 sq. humores *L* **19** magisque *L* **20** *p.* ex^{2} *uerbum* eo *hab. L*

19 lapidicinarum *cf. ThLL VII 2, 941, 28 sqq.* **20** Gerrhis

nera perhibetur. omnis locus, in quo reperitur sal, sterilis est, nichil gignit.

XLVIII Item.

Salaria uia *Rome inde dicitur*, quoniam ill*o* sal in Sabi- 31, 89*
nos portari con*s*ue*u*erat.

XLIX Item de sale.

Salis natura est ignea, inimica ignibus, fugiens eos, om- 31, 98*
nia erodens, corpora uero astringens, siccans, alligans, de-
functa *aute*m ac putrescentia uendicans, ut duret ea per secu-
la, in medendo uero mordens, adurens, repugnans, extenuans,
dissoluens, stomacho tantum inutilis, preterquam ad excitan-
dam auiditatem. aduersus serpentium morsus cum origano,
melle, ysopo, contra cerasten cum origano et cera aut pice
aut melle auxiliatur, contra scolopendras ex aceto potus, ad- 31, 99*
uersus scorpionum ictus cum quarta parte lini seminis et oleo
uel aceto illitus, aduersus crabrones uero et uep*r*as similiaque
ex aceto, ad capitis ulcera et pusulas papulasue et incipientes
uerrucas cum seuo uitulino, ex ictu uero suffusis cruore ocu- 31, 100*
lis suggillatisque cum murre pari pondere ac melle aut cum
ysopo ex aqua calida, ut que foueantur salsugine – ad hec
Hispaniensis eligitur –, contraque suffusiones oculorum cum
lacte in coticulis teritur et contra scabiem lingue fractus com-
minutusque. aiunt dentes non erodi ne*que* putrescere, si quis 31, 101*
cotidie mane ieiunus salem contineat sub lingua, donec li-
quescat. id noxia et tinearum genera pellit in uino potus. es- 31, 102*

B L **6** [*V*] **23** aiunt [*V*

6 Item *om. V* **10** extenuens *L* **16 sq.** similiaque ex aceto *it. B* **20 sq.** ysopo ... cum *om. L*

4 illa **9** durent **16** uespas **25** innoxia

tus balnearum conualescentes ut tolerari possint, lingue subditus prestat. pecorum quoque scabiem et boum illitus tollit 31, 105* datusque lingendus et oculis iumentorum inspuitur.

L De nitro.

Nitri probatio, ut sit tenuissimum et quam maxime spon- 31, 114* giosum fistulosumque. adulteratur in Egypto calce, deprehenditur gustu. sincerum enim statim resoluitur, adulteratum pungit calce et aspersum reddit odorem uehementer. cit et 31, 115* sudorem cum oleo perunctis corpusque mollit. in medicina autem *ex*calfacit, extenuat, mordet, spissat, siccat, exulcerat. utile hiis, que euocanda sunt aut discutienda et lenius mor- 31, 116* denda atque extenuanda, sicut in papulis pusulisque. sudores nimios inhibet cum yridi. extenuat et cicatrices oculorum. ad- 31, 117* iuuat *nitrum* claritatem uisus cum melle inunctum, prodest dentium dolori, ex uino si cum pipere colluatur; item cum porro decoctum nigrescentes dentes, crematum dentifricio, ad colorem reducit. furunculos admixtum resine extrahit; hy- 31, 118* dropicis fico tusum datur illiniturque. discutit et tormina, si 31, 119* decoctum bibatur pondere dragme cum ruta e*t* cimino uel aneto. in facie quoque exulcerationes sanat cum melle et lac- 31, 120* te bubulo. paralisi in lingua cum pane imponitur. regium 31, 121* quoque morbum exterminat in potione uini et infla*mma*tiones discutit, sanguinis profluuium sistit e naribus ex feruenti aqua uapore naribus rapto. sal et nitrum sulphuri concoctum 31, 122* in lapidem *con*uertitur.

B L V **3** *V*]

6 Adulteraturum *B* **12** pabulis *B*[1] **16** dentifrictio *L*

1 tolerare

LI De spongiis.

Spongie imponuntur hiis morbis, quos uaporari oportet, 31, 128* feruenti ex aqua perfusa expressaque inter duas tabulas. sic et imposite stomacho prosunt et in febri contra nimios ardores, set *et* splen*et*icis ex posca, ignibus sacris ex aceto efficatiores quam aliud. imponi *quoque* oportet sic, ut sanas quoque partes spatiose operiant. sanguinis profluuium sistunt ex 31, 129* aceto aut frigida, liuorem ab ictu recente ex aqua salsa calida sepius mutata, tollunt*que* testium tumorem ex posca. omnium 31, 130* autem cinis cum pice crematarum sanguinem sistunt uulnerum. mollissimum genus earum penicelli, oculorum tumores 31, 125* leuant ex mulso impositi, idem lippitudini abstergende utilissimi. Trogus auctor est circa Liciam penicellos mollissimos 31, 131* nasci in alto, unde allate sunt spongie, Polibius super suspensos egr*os* quietiores facere noctes.

LII Ad iocineris dolorem.

Peucedanis succus iocineris doloribus et pectoris laterisque, si febres non sint, sanguinem quoque expuentibus subuenit. 26, 34*

LIII Ad cordis dolorem.

Vetonice dragma una in aqua calida ad cordis uitia ciatis 26, 35* tribus, in frigida ciatis duobus *prodest*.

B L

3 expressa *L* tabulis *B*[1] **7** operiantur *L*

3 perfusae expressaeque **8** recente *cf.* *Stotz, HLSMA 4, VIII § 35.6* **10** sistit **11** penicelli *cf.* *ThLL X 1, 1071, 49 sq.* **14 sq.** aegros suspensos **17** peucedani

LIIII Ad pulmonem.

Quinquefolii succus iocineris et pulmonis sanguinisque uitio intus occurrit.

‹LV› Ad tussim.

Gentiana madefacta pridie contrita denarii pondere in ui- 26, 36*
ni ciatis tribus datur ad tussim, suspiria, tormina.

LVI Ad pectus.

Ge*thi*m radiculas tenues habet nigras bene olentes. me- 26, 37*
detur non modo pectoris doloribus aut lateris, set et cruditates discutit iocundo sapore.

LVII Ad uisera.

Verbenaca uero omnibus uisceribus medetur *et* lateribus, pulmonibus, iocineribus, toraci.

LVIII Ad renes.

Renibus prodest plantaginis cibus, uetonice potus, agari- 26, 38*
cum potum ut in tussi.

LIX Ad uomitiones.

Faciles prestat uomitiones radix uetonice, ellebori modo 26, 40*
quatuor dragmis in passo aut mulso, ysopum tritum cum melle, utilius presumpto nasturtio aut yrione.

B L **17** [*V*

4 Ad tussim *om. L* **7** pectus: tussim *L* **10** iocundo sapore *om. L* **11** uisera: pectus *L* **15** Votonice *B* **20** presumptio *a. corr. B* narstucio *B L*

8 gaeum **11** uiscera *cf.* S*TOTZ*, *HLSMA 3, VII §§ 163.1 sqq.*

LX Ad sistendum uomitiones.

Sistunt uomitione*s* ciminum siluestre, uetonica, farina; 26, 41* sumuntur ex aqua absterg*untque* fastidia cruditatesque digerunt.

LXI De uitiis uentris et remediis.

Plurimum h*u*m*a*ni *generis* aluus exhibet, cuius causa 26, 43* maior pars mortalium uiuit. alias cibos non transmittit, alias non continet, alias non capit, alias non conficit, eoque mores uenere, ut homo maxime pereat. pessimum corporum uas. instant ut creditur et sepius depell*untur*. huius gratia precipue auaritia expetitur, huc luxuria conditur, huic nauigatur, huic profundi uada exquiruntur, et nemo utilitatem eius estimat consummationis *eius* feditate. ergo numerosissima est circa h*u*nc medicine opera. disintericis semen plantaginis in uino 26, 44* tritum datur uel ipsa ex aceto cocta. symphitis radix disinteriam sistit, item dauci. 26, 45*

LXII De podagra.

Podagre morbus rarior esse solebat non modo patrum 26, 100* auorumque memoria, uerum etiam nostra, peregrinus et ipse, nam si Italie antiquitus fuisset, Latinum nomen inuenisset. insanabilis non est, quippe quoniam sponte desinit et in pluribus cura*tur*. medetur succ*o* iociami cum farina, plantaginis 26, 101* foli*is* trit*is cum* sale modico, ag*r*imonia tusa ex melle. medetur et uerbenaca lig*a*ta a*d* pedes in aqua decocta.

B L V **4** *V*]

13 est *it.* *L* **14** Desintericis *B*: Dissin- *L* **20** si: fu *L*

9 sq. instat ut creditor et saepius die appellat **15** symphyti **22** medetur *passiue* hyoscyami

LXIII Medicine generales de pedibus talis articulis neruis.

Talis uero tumentibus limus aquaticus cum oleo subactus 26, 104*
mire prodest, articulis succus e centaur*ea* minore. idem ner-
uis utilissimus, articulis quinquefolium impositum, mandra- 26, 105*
gore folia cum polenta, succus iociami cum a*n*xugia. uerbe- 26, 106*
naca ex uino clauos pedum extrahit.

LXIIII Remedia contra morbos qui totum corpus occupant.

Nunc peractis malis que membratim sentiuntur dicemus 26, 107*
de hiis, que totis corporibus grassantur. inuenio panac*e*s om-
nium generum potanda*s*, radices peculiariter longinquis mor-
bis et semen interraneorum uiciis, ad omnes uero corporis
dolores succum e scordio, item uetonice, que pota colorem
plumbeum corporis priuatim emendat, gratiorem reducit. ue- 26, 112*
tonica pota [111*]in uino hilaritatem affer*t*. agaricum post cib*os* 26, 111* 1
in aqua calida potum dragme pondere crapulam discutit.

LXV Ad paralisim.

Paralisi*m* uetonica sanare dicitur, item hiberis, ut dictum est. eadem et torpentibus menbris prodest.

LXVI De febribus frigidis.

Febres frigidas leuiores facit agaricum potum in aqua ca- 26, 115*
lida, tercian*am* plantago ex aqua mulsa duabus horis ante ac-
cessionem pota binis dragmis uel succus radicis trit*e* in aqua
ferro calfacta. quidam ternas radices in tribus ciatis dedere

B L **1** [*V*

5 anxungia *V* **13 sq.** *a.* uetonica (Votonina B^1 *L) inscriptionem* De herba uetonica. *hab. V* **16** paraſim *B* **17** Paraſiſim *a. corr. B* **20** frigidis B^1

eadem*que* in quartanis quart*a*na. item uetonice dragma in aque mulse ciatis tribus, uel agaricum maxime in hiis febribus, que cum horrore ueni*u*nt. quinquefolii folia quidam *aut* quaterna *seu* plura, alii ceteris hominibus tribus obolis cum pipere ex aqua mulsa dedere. 26, 116*

LXVII De febre iumentorum.

Verbenaca quidem et iumentorum febribus in uino medetur, set in tercianis a tercio geniculo incisa, qua*ter*nis a quarto. bibitur uetonice farina in quartanis horroribus, que omnes horrores cohercet. et aristologia perfrictionibus resistit. 26, 117*

LXVIII De freneticis.

Freneticos sompnus sanat, qui contingit peucedano capiti infuso. contra insanias uetonica bibitur. yperic*um*, quod caros appellatur, *e*am qu*ide*m ebulum esse putant; quidam radice contrita in uini ciatis tribus *dedere*, si febris absit. 26, 118* 26, 120*

LXIX De igne sacro.

Ignis sacri plura sunt genera; inter medium hominem ambiens, qui zoster uocatur et enecat, si cinxerit. medetur plantago cum creta Cimolea. 26, 121*

B L V **16** *V*]

7 sq. medetur in uino *L* **20** plangago *B*

1 quartanis quaterna **8** quartanis **10** aristologia *cf. ThLL II 584, 26 sqq.* **18** *p.* inter *uerbum* quae *om.*

LXX ad menbra luxata.

Radix polipodii illita luxatis medetur, contrit*a* cicuta 26, 122*
cum *an*xugia.

LXXI Contra morbum regium.

Morbum regium in oculis precipue mirari est; tenuitatem 26, 123*
illam densitatemque *c*unicularum felle subeunte Hypocrates
a septimo die in febri mortiferum signum esse docuit. celerri- 26, 124*
me quinquefolii succus medetur tribus ciatis potus [126*]cum 26, 126*
sale et melle.

LXXII Contra furunculos.

Passim in quacumque parte maxima incommoda nascun- 26, 125*
tur qui furunculi uocantur, mortiferum aliquando malum confectis corporibus. remedio sunt pignomi folia trita cum polenta, si nondum caput fecerint. discutiunt et ephedri folia illita.

LXXIII Contra fistulas.

Fistule quoque in omni parte serpunt medicorum uitio 26, 126*
male sectis corporibus. auxilio est plantaginis succus infusus,
quinquefolium cum sale et melle uel succus titimalli. neruis 26, 130*
et articulis conuenit plantago trita cum sale.

B L

1 ad menbra *(*menbrata *B*, *cf. annotationem ad inscriptionem sq. cap.)* luxata *om. L* **4** Contra … regium: ad Menbra luxata *L* **18** fectis *L*

6 tunicularum **13** pycnocomi

LXXIIII Ad sanguinem.

Sanguinis profluuium sistit herbe peonie semen ru- 26, 131*
brum – eadem et in radice uis –, ciclemenus uero, si ore san-
guis reiciatur siue naribus siue aluo fluat siue feminarum ute-
ro, item plantaginis semen, quinquefolium potum et illitum.
sistit et Achill*e*a.

LXXV Ad ulcera.

Plantago omnium generum ulceribus medetur, peculiari- 26, 141*
ter feminarum et infantium. igne mollita melior et cum cer*o*-
to, crassa ulcerum labra purgat. tritam suis foliis integere
oportet. celidonia quoque siccantur uulnera, adeo etiam pro
spodio ut*u*ntur. eadem iam desperatis cum a*n*xugia imponi-
tur.

LXXVI De pluribus experimentis maxime ad mulierum passiones.

Ladanum, artemisiam et elisphagum alligatas qui habeat 26, 150*
uiator negatur lassitudinem sentire. m*oll*ioribus morbis me- 26, 151*
detur maxime in uniuersum peonie herbe semen nigrum ex
aqua mulsa. uetonica dragma in uino, ciatis tribus, bibitur
contra omnia uuluarum uitia aut que a partu fiunt. meses ni-
mios sistit Achillea imposita. plantago apponitur in lana in 26, 153*
dolore uulue, in strangulatu bibitur. set precipu*e* ditanno uis
est: meses cit, partus emortuos uel transuersos eicit – bibitur
ex aqua foliorum obolo –, adeo ad hec efficax, ut ne in cubi-
culum quidem pregnantium inferatur, nec potu tantum, set et

B L **1** [*V*

2 sistit *om. L* **4** siue naribus *it. B*[1] **16** artemesiam *B L* **17** *p.* lassitudinem *uerba* habere et *hab. L* **20** parte *L*

3 clymenus **9 sq.** cerato **16** elelisphacum **22** dictamno

illitu et suffitu ualet. proxime pseudo dittannum. aristologia 26, 154*
meses et secundas cit et emortuos partus extrahit mirra et pipere additis pota e*t* subdita. uuluas quoque proc*e*dentes inhibet *p*otu uel suffitu. daucum meses et secundas potu facilli- 26, 157*
me pellit. artem*esie* radix pota in tantum purgat, ut partus 26, 159*
enec*a*tos extrahat.

LXXVII Ad partus eiciendos.

Diptanni folia preclare dantur ex aqua unius oboli pon- 26, 161*
dere, uel si mortui sint in utero infantes; protinus reddi sine uexatione puerpera*rum*. similiter prodest pseudo diptannum, set tardius.

LXXVIII Ad ceruicium dolores.

Ceruicium dolores butiro aut adipe ursino perfricentur. 28, 192*

LXXIX Ad pectus.

Purulentas autem exulcerationes pectoris pulmonisque et 28, 194*
a pulmone graueolentiam alitus iuuat butirum efficacissime cum pari modo mellis Attici, donec rufescat, et matutinis sumptum ad mensuram lingue.

LXXX Ad lumborum dolores.

Lumborum dolores et quecumque alia mollire opus sit 28, 198*
ursino adipe perfricari conuenit.

B L V **13** *V*] **15** [*V*

1 speudo B^1 ditannum *L*: ditaminum *V* **2** mortuos B^1 **10** speudo *V* **15** urulentas *L* **17** patri *a. corr. B*

1 pseudodictamnum **4** fotu uel **8** dictamni *cf. ThLL V 1, 998, 1 sq.*, *Stotz, HLSMA 3, VII § 164.6* **10** pseudodictamnum **18** lingulae

LXXXI De tenesmo.

Tenesmos, id est crebra et inanis uoluntas desurgendi, tollitur poto lacte asinino *uel* bubulo. 28, 211*

LXXXII Ad calculos.

Leporis renes inueterati in uino poti calculos pellunt. 28, 213*

LXXXIII Ad podagram.

Podagris medetur ursinus adeps taurinumque seuum, pari pondere et cere. item bouis fimum cum aceti fece magnificant *uel* per se sanguinem tauri. 28, 219* 28, 220*

LXXXIIII Ad perniones.

Perniones ursinus adeps rimasque pedum omnes arc*e*t efficacius*que* alumine addito. 28, 221*

LXXXV Ad clauos.

Clauos et rimas callique uicia fimum apri uel suis recens illitum a tercio die solutum sanat. 28, 222*

LXXXVI Ad uarices.

Corii caprini cinis 223*uaricum dolores sedat, fimi uitulini cinis cum lilii bulbis decoctis addito melle modico. eadem res et podagris prodest et articulariis morbis. 28, 223*

B L V **3** *V*] **5** [*V*

1 tenesmo: tenesino ad calculos *V* **2** desurgenti *B* **5** inuterati *B*[1] **13** Ad clauos *om. L* **16** corices *B*: clauos *L*

11 sarcit

LXXXVII Ad ungues scabros.

Vngues scabros seuum uituli emendat, item caprinum admixta sandaraca. uerrucas uero aufert fimi uitulini cinis.

LXXXVIII Ad ossa fracta.

Lardum elixum atque circumligatum oss*a* fract*a* mira celeritate solidat. 28, 227*

LXXXIX Ad costas fractas.

Costis quidem fractis laudatur unice caprinum fimum ex uino uetere: aperit, extrahit, persanat.

XC Ad tumores.

Fimum suillum in testa calefactum tritumque cum oleo duricias corporum omnes tollit. optime adeps e lupis illitus in hiis, que opus est rumpere, plurimum pro*dest*. 28, 234*

XCI De glutino.

Glutinum [236*]prestantissimum fit ex auribus taurorum et genitalibus, nec quicquam efficatius prodest ambustis. 28, 235*

XCII Ad recentia uulnera.

Caro uituli recentia uulnera non patitur intumescere, fimum bubulum cum melle. 28, 242*

B L V **9** *V*] **11** [*V*

1 ungues scabros: uarices *L* **3** sandarica *B*^{1} **4** offa *B* **7** costa fractas *L*: tumores *V* **10** tumules *a. corr.* *B* **11** suellum *L*

XCIII Ad ulcera.

Caseus caprinus siccus ex aceto *et* melle purgat ulcera; 28, 243* que uero serp*u*nt cohibet seuum cum cera, item addita pice ac sulphure percurat.

XCIIII Ad cicatrices.

Cicatrices nigras seuum asininum reducit ad colorem, fel 28, 245* uituli extenuat calefactum. aliqui et florem eris miscent.

XCV De pauore infantium.

Dens lupi adalligatus infancium pauore*m* prohibet. den- 28, 257* tes quidem eorum maximi, *luporum scilicet*, equis quoque adalligati infatigabilem cursum prestare dicuntur. leporum 28, 258* coagulo illito ubere sistitur infantium aluus. i*e*cur asini admixta modice panace instillatum in os commitialibus morbis et aliis infantes tuetur; hoc quadraginta diebus fieri precipiunt. lien bubulus in melle editur et illinitur ad lienis dolores. 28, 259* somnos fieri lepore sumpto in cibis Cato arbitratur, uulgus et 28, 260* gratiam corpori in nouem dies.

Explicit liber VIII. incipit liber IX in quo continentur metallorum nature et gemmarum.

Metalla nunc ipseque opes et rerum pretia dicentur tellu- 33, 1* rem intus exquirente cura multiplici. quousque penetrat aua- 33, 3*

B L V

3 que ... cera *om. L* **6** afininum *a. corr. B* **16** arbitrantur *a. corr. B* **18** Explicit ... IX: Explicit liber .viii. Incipit .ix. *L*: *om. V* **sq.** in ... gemmarum: De natura metallorum et gemmarum *V*: *om. B*

10 luporum scilicet *interpretatio, fortasse Roberti*

ritia! in hiis breuitatem sequemur utilem nichil necessarium aut naturale ommittentes. 35, 1*

I Quod crisocolla iuxta aurum foditur.

Eruitur aurum et crisocolla iuxta, ut pretiosi*us* uideatur. 33, 4* non naturam uite inuenisse pestem nisi in precio. et auri etiam sanie*m* querebat.

II Quod minium circa argentum inuenitur.

Argentum auaritia inuenisse, interim minium *e* terra excogitauit.

III De auri inuentione.

Aurum inuenitur in nostro orbe, ut omittamus Indicum 33, 66* atque a formicis aut apud Scithas griphis erutum. apud nos tribus modis: fluminum ramentis, ut in Tago Hispanie, Pado Italie, Ebro Tracie, Pactolo Asie, Gange Indie, nec ullum absolutius aurum est, ut cursu ipso rituque perpolitum. alio*rum* modo puteorum scrobibus effoditur aut in ruina montium. inuenitur 33, 67* aliquando in summa tellure protinus rara felicitate, ut nuper in Dalmatia principatu Neronis singulis diebus etiam quinquagenas libras fundens. cetero montes Hispanie, aridi sterilesque et in quibus nichil aliud gignatur, huic bono fertiles esse *nosc*untur. spurcicia in omni metallo scoria appellatur. 33, 69*

B L V **9** *V*]

2 ommittes *B* **12** *p.* Scithas *uerbum* esse *hab. L* **13** pago *L* **16** in *om. B*

5 precio *scil.* constat*?* **15** attrituque

IIII Quod omni auro inest argentum.

Omni auro inest argentum pondere uario, alibi dena, ali- 33, 80*
bi parte octaua. in uno tantum Gallie loco tricesima sexta
portio inuenitur. ubicumque quinta argenti portio est, elec-
trum uocatur. fit et cura electrum argento addito. quod si
quintam p*a*rtem excessit, incudibus non resistit.

V De electro.

E*s*t electro auctoritas Homero teste, qui Menelai regiam 33, 81*
auro, electro, argento, ebore fulgere tradit. Minerue templum
habet Lindos insula Rodiorum, in quo Helena sacrauit cali-
cem ex electro. electr*o* natura est ad lucernarum lumina cla-
rius argento *re*splendere. quod est natiuum et uenena de-
prehendit; namque discurrunt in calicibus arcus celestibus
similes cum igneo stridore et gemina ratione predicunt.

VI Medicine ex auro.

Auro trit*o* si spuma adiciatur, putria ulcera et tetri odoris 33, 85*
emendat, ex melle uero decoctum cum melancio illitum um-
bilico leniter aluum soluit. auro uerrucas *tolli* Varro auctor
est.

VII De crisocolla.

Crisocolla humor est in puteis quos diximus per uenam 33, 86*
auri de*cur*rens crassescente *hu*mo*re* rigoribus hibernis usque
in duriciam pumicis. usus crisocolle et in medicina est ad 33, 92*

B L **15** [*V* **19** *V*]

10 radiorum *B* **14** ignea *B*[1] **16** putrida *B*[2]: -reda *V* **18** soluunt *L*
20 crisocollo *B* **22** Crascente *B*

2 decuma

purganda uulnera cum cera atque oleo. eadem per se arida et sicca contrahit.

VIII De argento.

Odor ex argenti fodinis inimicus *est* omnibus animali- 33, 98*
bus, set maxime canibus. argentum aurumque quo mollius, eo pulcrius. argent*um* non nisi in puteis reperitur nullaque 33, 95*
spe sui nascitur, nullis, ut in auro, lucentibus scintillis. terra est alia rufa, alia cineracia. excoqui non potest nisi cum plumbo nigro aut cum uena plumbi.

IX De argento uiuo.

Est et lapis hiis uenis, uomica liquoris eterni, argentum 33, 99*
uiuum appellatur. uenenum rerum omnium, perrumpit *per*u*er*sa, permanent*ia* *facit* obedire. omnia ei innatant preter aurum; id unum ad se trahit. ideo optime purgat ceteras eius sordes expuens crebro iactatu in uasis fictilibus ita iniectis, et 33, 100*
cum rara inaurentur, s*i* *il*litum *gra*ss*antia* pertinacissime retinet. uis scori*e* argent*i* *est* astringere et refrigerare corpora. 33, 105*

X Quando Rome simulacrum primum factum est.

Rome simulacrum ex ere factum primum reperio ex *s*pe- 34, 15*
culo Spurii Cassii, quem regnum affectantem pater ipsius interemerat.

B L

4 fundinibus *L* **7** auris *B*[1] **8** cineracio *L* Ex quoqui *B*

16 aera sublitum bratteis pertinacissime **19 sq.** peculio

XI De statua canis.

Etas nostra uidit in Capitolio, priusquam id nouissime conflagraret a Vitellianis incensum, in cella Iunonis canem ex ere uulnus suum lambentem, cuius eximium miraculum et indiscreta ueri similitudo non *ex* eo sol*o* intelligitur, quod ibi dicatus fuerat, uerum et satisdatione; nam summa par nulla uidebatur, capite tutelarios cauere pro eo instituti publici fuit. 34, 38*
moles quippe excogitatas uidemus statuarum, quas colosas uocant, turribus pares. 34, 39*

XII Mirum de statua.

Talis est in Capitolio Apollo translatus a Lucullo ex Apollonia Ponti urbe, triginta cubitorum, quingentis de talentis factus. talis et Tarenti factus a Lisippo, quadraginta cubitorum. mirum in eo quod manu, ut ferunt, mobilis ea ratione libran*d*i, ut nullis conuellatur procellis. itaque propter magnitudinem difficultatemque mouendi non attigit eum Fabi*an*us Verru*s*cosus, cum Herculem qui est in Capitolio inde transferret. 34, 40*

XIII De coloso Solis Rodiorum.

Ante omnes autem in admiratione fuit Solis colosus Rodi, quem fecerat Chares*s*indius Lisippi supradicti discipulus, septuaginta cubitorum altitudinis. fuit hoc simulacrum post quinquagesimum sextum annum terre motu prostratum, set 34, 41*

B L

2 nostras *B*[1] **5** indiscretum *B* **6** satisdictione *L* **7** instatuti *a. corr. B* **8** excogitas *B* **13** talenti *B*[1] **14** in eo *om. L* **15** *p.* ut *uerbum* in *hab. B* **16** eum *om. L* **17 sq.** tranferret *L* **19** colosa *B* **20** fuit *om. L* **21** charesindius *B*

8 colosseas *uel* -ssos **16 sq.** Fabius Verrucosus **21** Chares Lindius

iacens quoque miraculo est. pauci pollicem eius amplectuntur, maiores sunt digiti quam plereque statue. defractis membris spectantur intus magne molis saxa, quorum pondere stabiliuerat constituens. duodecim annis tradunt effectum.

XIIII De ere.

Es omne frigore magno melius fundi*tur*. seruari *id* opti- 34, 96* 9
me in liquida pice tradunt. usus eris ad perpetuitatem monimentorum iam pridem translatus est tabulis ereis, in quibus
publice constitutiones inciduntur. metalla eris multis modis 34, 100*
instruunt medicinam, utpote cum ulcera omni*bus* ibi ocissime san*a*ntur. maxime tamen prodest cadmia. fit sine dubio hec et in argenti fornacibus, candidior ac minus ponderosa, set nequaquam comparanda erarie. plura autem sunt genera. namque ipse lapis, ex quo fit res, cadmia uocatur, f*is*suris necessarius, *set* medicine inutilis.

XV De cathmia.

Ca*th*mie effectus siccare, sanare, *re*sistere, fluctiones et 34, 105*
sordes oculorum purgare, segniciem extenuare et quicquid in plumbi effectu dicemus. et aes ipsum ad omnia eadem uritur preterque albugines oculorum et cicatrices, ulcera quoque oculorum cum lacte sanat. facit et uomitiones ex melle sump-
tum. eris *autem* flos medicine est. fit ere fuso et in alia forna- 34, 107*
ce translato; ibi flatu crebriore excutiuntur uelut similes squame, quas uocant florem; cadunt autem *tanquam* par*i*es eris *et* aqua refrigeratur; similiter squama eris quam uocant

B L

9 constitutione B^1 **17** sanare *om. L* **18** segnicem B^1 **19** es *L*

14 fusuris **17** cadmie **22 sq.** in alia fornace *cf.* STOTZ, *HLSMA 4, IX § 18.2* **25** refrigerantur

lepida, et sic adulteratur *lepida*, ut squama ueniat decussa, *unde* uis. differentia hec est, quod squama excutitur ictibus, flos cadit sponte. squame est alterum genus subtilius, ex summa scilicet lanugine decussum, quod uocant stoma. atque hec omnia medici – quod pace eorum liceat dixisse – ignorant. pars maior et nominibus in tantum a conficiendis hiis medicaminibus absunt, quod esse proprium medicine solet. 34, 108*

XVI De erugine eris.

Eruginis quoque magnus usus. lauatur sicut ca*th*mia. uis eius colliriis oculorum aptissima, et*iam* delacrimationibus mordendo proficiens, set al*i*ubi necessarium penicillis calidis, donec rodere desinat. 34, 110* 113*

XVII De atramento.

Atrament*um* sutori*um* Greci *uoc*ant calcantum, nec ullius eque mira natura est. sumitur ad depellenda uentris animalia dragme pondere cum melle. purgat et caput dilutum ac naribus instillatum, item stomachum cum melle aut *in* aqua mulsa sumptum. medetur et oculorum scabriciei, dolori, nec non et caligini et oris ulceribus. sistit et sanguinem narium, item *et* emorroidum. extrahit *et* ossa fracta cum semine iociami, suspendit epiphoras penicillo fronti impositum, efficax et in emplastris ad purganda ulcera et excrescenti*um* ulcerum. nuper inuentum ursorum in arena et leonum ora aspergere, illique tanta uis astringendi, ut n*e*queant mordere. 34, 123* 34, 126* 34, 127*

B L **13** [*V* **24** *V*]

13 atramenta *B* **21** effica *L*

1 adulteratur flos ut **4** stomoma **11** ablui **22** excrescentia

XVIII De ferreis metallis.

Proxime debent indicari metalla ferri, optim*a* pessim*a*que 34, 138* uite instrument*a*, siquidem hoc tellurem scindimus, arbusta, pomeria, uites squalore deciso annis omnibus cogimus iuuenescere; hoc exstruimus tecta, cedimus saxa, omnesque ad alios usus utimur ferro, set eodem ad bella, cedes, latrocinia, non cominus solum, sed etiam missili uolucrique, nunc tormentis excusso, nunc lacertis, nunc uero pennato, quam sceleratissimam humani ingenii fraudem arbitror, siquidem, ut ocius mors ueniret ad hominem, alitem illam fecimus pennasque ferro dedimus. aliquot experimentis probatum est 34, 139* posse innocens esse ferrum. in federe, quod expulsis regibus populo Romano dedit Porse*ll*a, nominatim comprehensum inuenimus, ne ferro nisi in agri cultu uteretur. et cum stilo scribere in t*o*tum uetustissimi auctores prodiderunt.

XIX Medicine de rubigine ferri.

Est et rubigo ipsa in *medicina. uis* eius ligare, siccare, 34, 152* stringere. emendat allopecias illita. utuntur et ad scabricias genarum pusulasque totius corporis cum cera et mirteo oleo, ad ignes uero sacros ex aceto. sistit et feminarum profluuia imposita uelleribus, plagis quoque recentibus uino diluta et cum mirra subacta *et* condilomatis ex aceto prodest. podagras quoque illitas lenit. squama quoque ferri in usu est *ad omnia* 34, 154* *hec*, set acrior*i* ui. imponitur *autem* contra lienum uitia, et genis prodest farine modo aspersa paulisper.

B L

2 ferris *a. corr. B* **12** in nocencens B^1 **16** rubine B^1

13 Porsenna

XX De plumbi metallis.

Sequitur natura plumbi, cuius duo *sunt* genera, nigrum 34, 156*
atque candidum. pretiosissimum candidum.

XXI De stagno.

Stagnum illitum ereis uasis saporem facit gratiorem et 34, 160*
compescit erugin*em*, mirumque, pondus non auget. India ne- 34, 163*
que es neque plumbum habet gemmisque ac margaritis suis hec permutat.

XXII Medicine de plumbo.

In medicina per se plumbi usus *est* cicatrices reprimere 34, 166*
adalligatisque lumborum et renium parti lam*i*nis frigidiore natura inhiberi impetus ueneris.

XXIII De sandaraca.

Sandaraca inuenitur in aurariis et in argentariis metallis, 34, 177*
melior quo magis rufa. ualet purgare, sistere, excalfacere. summa eius dos stiptica. explet allopecias ex aceto illita. additur oculorum medicamentis. fauces purgat cum melle sumpta.

XXIIII Memorabile de pictura.

Fertur Zeuxis pinxisse puerum uuas ferentem, ad quas 35, 66*
cum aduolarent aues, eadem ingenuitate processit iratus operi et dixit: uuas melius pinxi quam puerum; nam si et hoc consummassem, aues timere debuerant.

B L **1** [*V* **3** *V*] **9** [*V* **12** *V*] **19** [*V*

3 pretiocissimum *L* **15** melio *L* **16** stipica *B* **22** dixi *L* si *s. uersum add. B*

XXV Item de pictura.

Non est omittenda picture mention*is* celebris circa L*i*pi- 35, 121*
dum fabula, siquidem intr*o*iui*t* *iu*ratu*m* quodam loco deductus a magistratibus in nemorosum hospitium minaciter cum postero die expostulauit *sibi* sompnum ademptum sibi uolucrum concentu; at illi draconem in longissima membrana depictum circumdedere loco. *pre* terrore aues tunc siluisse narrantur et postea posse compesci.

XXVI De sulphure uiuo.

Sulphuris genera quatuor. uiuum, quod Greci piron uo- 35, 175*
cant, nascitur solidum, hoc est gleba. solum ex omnibus generibus medici *hoc* utuntur; cetera enim liquore constant et conficiuntur oleo incocta; uiuum effoditur, translucet et uiret.
natura eius excalfacit, concoquit, sed*a*t, discutit collectiones 35, 176*
corporum, ob hoc talibus emplastris malagmatisque *ad*miscetur. renibus et lumbis in dolore cum adipe mire prodest impositum.

XXVII De alabastro.

Alabastrum nascitur circa Thebas Egiptias et Damascum 36, 61*
Sirie. hunc cauant ad uasa unguentaria, quoniam seruare in- 36, 60*
corrupta dicatur.

B L V **8** *V*]

2 sq. *s.* Lipidum *(*lap- B^1*) uerba* pro(prium) n(omen) *add.* B^2 **12** hoc utuntur medici *L* **13** olea *B* tralucet B^2 **18** alabaustro *B*

2 sq. Lepidum **3** siquidem in triumuiratu **4** *p.* cum *uerbum* iis *om.* **5** sibi^1 *mendose it.* **10** apyron **14** sed et

XXVIII De sarcofago lapide.

In As*i*a sarcofagus lapis fissili uena scinditur. corpora 36, 131*
defunctorum condita in eo absumi constat intra quadragesimum diem exceptis dentibus. Muscianus specula quoque, uestes, strigiles et calciamenta illata mortuis lapidea fieri auctor est. eiusdem generis e*d*icia saxa sunt et in oriente, que uiuentibus quoque adalligata erodunt corpora. mitiores autem 36, 132*
seruandis corporibus nec absumendis.

XXIX De gagate.

Gagates niger est, planus, leuis, non multum a ligno dif- 36, 141*
ferens, fragilis. fugat serpentes et deprehendit uirginitatem 36, 142*
suffitu, item ex uino decoctus dentibus medetur strumisque cere permixtus.

XXX De ematite lapide.

Ematite*s* discernunt bene rubentes et fri*c*abiles natura. 36, 144*
oculis cruore suffusis mire conueni*unt*. sist*unt* profluuium 36, 145*
mulierum, bib*un*tur in uino contra serpentium ictus.

XXXI De lapide modo uitri lucente.

In Arabia quoque esse lapidem uitri modo tralucidum, 36, 163*
quo utuntur pro specularibus, Iuba auctor est.

B L **1** [*V* **17** *V*]

1 lapide *om. L* **12** strumis *L* **15** fricabilis B^1 **17** milierum *B* **19** uitri: uiuum *L*

4 Mucianus *cf.* S*TOTZ*, *HLSMA 3, VII § 154.1* **6** generis et in Lycia **15** uenae

XXXII De calce medicina.

Calcis et in medicina magnus usus eligitur. recens nec aspersa aquis urit, discutit, extrahit incipientesque serpere ulcerum impetus cohercet. aceto et rosaceo temperata perducit ad cicatricem. luxatis quoque cum liquida resina aut adipe suillo ex melle medetur. 36, 180*

XXXIII De murrina.

Oriens murrinam mittit. inueniuntur ibi pluribus locis, precipua tamen in Carmania. humorem sub terra putant densari. 37, 21*

XXXIIII De cristallo.

Contraria huic causa cristallum facit gelu uehementiore concreto. non aliubi certe reperitur quam ubi hiberne niues maxime rigent glaciemque esse certum est. sexanguli *etiam* nasc*un*tur; quare *sic nascantur*, non facile ratio iniri potest. 37, 23* 37, 26*

XXXV De yride lapide.

Vocatur ex argumento iris, nam sub tecto percussa sole specie color*is* arcus celestis in proximo pariete se iaculatur, subinde mutans magnaque uarietate admirationem sui augens. optima maximos arcus facit simillimosque celestibus. 37, 136* 37, 137*

B L **1** [*V* **10** *V*]

15 postest *L*

8 murrinam *uaria lectio antiqua falsa, cf. ThLL VIII 1684, 32 sq.*

XXXVI De nominibus lapidum gemmarumque alphabeti ordine.

Expositis per genera colorum principalium gemmis reliquas litterarum ordine explicabimus. 37, 138*

XXXVII De achathe.

Acathes in magna fuit auctoritate, nunc in nulla. reperta primum in Sicilia iuxta flumen eiusdem nominis. cum uritur, mirram redolet. 37, 139*

XXXVIII De allectoria.

Allectorias uocant in uentriculis gallic*i*orum inuentas cristallina specie, magnitudine fabe, quibus Milonem Cr*e*toniensem usum in certaminibus inuictum fuisse uideri uolunt. 37, 144*

XXXIX De adamante.

Adamas quadrata semper tesellis similis. Magis putant nomen impositum ab eo, quod impetus hominum et iracundias domet. adamas dissidet cum Magnete lapide in tantum, ut iuxta positus ferrum non patitur abstrahi aut, si admotus Magnes apprehenderit, rapiat atque auferat. adamas uenena irrita facit et limphationes abigit metusque uanos expellit a mente. *ideo* in rebus humanis maximum non solum inter *reges* precium habuit adamas, du*m* non nisi regibus et hiis admodum paucis cognitus *fu*it. 37, 61* 37, 55*

B L **9** [*V* **22** *V*]

1 sq. alphabeti ordine *om. B* **16** adamans *a. corr. B* **17** abstrahi patitur *L* **18** magnis *B*[1] uenæna *B*

10 Allectorias *cf. ThLL I 1523, 45 sqq.* gallinaceorum **11 sq.** Crotoniensem **17** patiatur

XL De Arabio adamante.

Adamas Arabius minor *Ethiopico* est; similiter nascens 37, 56*
ceteris, pallidior argento et in auro non nisi excellentissimo
nat*ur*alis. incudibus id deprehendunt, ubi ita respu*untur* ic- 37, 57*
tus, ut *et* ferrum utrimque dissultet incudesque etiam ipse
dissiliant. quippe duricia inenarrabilis est, simulque ignium
uictrix natura et nunquam incalescens, unde et nomen – in-
terpretatione Greca indomita uis – accepit. post hoc Ciprius 37, 58*
uocatur in Cipro repertus, uergens a*u*reum colorem, in medi-
camine efficacissimus. post hunc siderit*is* ferrei splendoris,
pondere ante ceteros, set natura dissimilis; nam et ictibus
frangitur et alio adamante *perforante* perforari potest, quod e
Cipri*a* uenit.

XLI De augite.

Augites alio nomine crisocolla appellatur. in India parte, 37, 147*
ubi formice aurum *fodi*unt, in quo et inuenitur auro similis,
quadrata figura affirmatur. natura eius que Magnetis, nisi
quod augere quoque aurum traditur.

XLII De amatistis.

Am*a*tisto*s* optimos zon*ico*s ho*s*, quorum extremus igni- 37, 93*
culus in am*a*tisti uiolam exeat, proximos illis, quos uocant
sirtis pinnato fulgore radiantes. principatum Indic*i* tenent. ab- 37, 121*

B L

2 ARabius adamas *L* **6** ducia *B*[1] **9** aurum *B*[1] **12** e: est *B*[1], *a. corr. L* **17** quod *L* **22** fulgure *L*

12 sq. quod et Ciprio euenit **15** alio nomine *sqq. apud Plinium ad gemmam* amphidanam *a Roberto om. pertinent* Indiae **20** Amatistos optimos zonicos *sqq.; apud Plinium* carbunculi amethystizontes *tractantur* **22** syrtitas

solutum felicis purpure colorem habent. fundit autem *colorem* aspectu leniter bland*o* neque oculos, ut carbunculi, uibrat. 37, 122*

XLIII De asteria.

Asteria principatum proprietate nature, quod inclusam lucem pupille quadam continet ac transfundit cum inclinatione uelut intus ambulantem ex alio atque alio loco reddens. 37, 131*

XLIIII De berillis.

Berill*os* India gignit raro alibi repertos. poliuntur omnes sexangula figura artificum ingeniis, quoniam ebescunt in su*o* color*e*, nisi percussu angulorum excut*ian*tur. aliter politi non habent fulgorem eundem. probatissimi ex hiis sunt qui uiriditatem maris puri imitantur, proximi qui uocantur crisoberilli, paulo pallidiores, set in aureum colorem exeunte fulgore. 37, 76*

XLV De balanitis.

Balanite duo genera habent, subuiridis et Corinti aeris similitudine, illa a Coptho, hec a Tr*a*goditica ueniens, media secante flammea uena. 37, 149*

XLVI De Calcedoniis.

Calcedonios multo minores Indicos, nigriores aspectu, set igni uel sole *uel* inclinatione acrius ceter*i*s excitari; eosdem obumbrat*os* tecto purpureos uideri, sub celo flammeos, contra radios solis scintillare, ceras signantibus hiis liquesce- 37, 95*

B L

17 tragoditia *B*[1] **20** Calcedonicos *L*

6 pupilla **16** Corinthii **17** Trogodytica

re. scripsere etiam in Calcedoniis maribus stellam intus arde- 37, 96*
re, feminas fulgorem uniuersum fundere extra se.

XLVII De cinediadis.

Cinedia*de* inueniuntur in cerebro piscis eiusdem nominis 37, 153*
candide et oblonge euentuque mirande, si modo est fides pre-
sagire eas habitum maris nubilo coloris aut tranquillitate.

XLVIII De carbunculis.

Carbunculi principatum a similitudine ignium appellati, 37, 92*
cum ipsi ign*em* non sentiant, a quibusdam ob id a crusto ap-
pellati. horum genera Indici et Garamantici, quos et Charche-
donios uocauere propter opulentiam Carthaginis magne.
adiciunt Ethiopicos et in Hortosia caute nascentes, set *et* Ala-
bandes. preterea in omni genere masculi acri*us* ac femine
languidius refulgentes. in masculis liquidiores alios flamma, 37, 93*
nigrior*es* *alios* et quosdam lucidos ac magis ceteris inflagran-
tes.

XLIX De crisolampi.

Crisolampis in Ethiopia nascitur pallida *in* die et in nocte 37, 156*
ignea.

L De criselectro.

Criselectrum appella*tur* quasi coloris aurei et matutino 37, 51*
gratissimo aspectu, rapacissimum ignium et, si iuxta fuerint,
celerrime ardescens. hoc collo adalligatum mederi febribus et

B L **20** [*V*

15 licidos B^1 **22** iuxta si B^1 **23** adligatum (all- *V*) *L V*

4 cinaediae **8** principatum *scil.* habent **9** acaustoe **12** Orthosia Cariae **sq.** Alabandis

morbis *plerisque*, tritum cum melle ac rosaceo aurium uiciis *traditur* et, si cum melle Attico conteratur, oculorum quoque obscuritati, stomachi etiam uitiis uel per se farina eius sumpta uel cum mastice pota ex aqua.

LI De crisolitis.

Crisolitos Ethiopia mittit aureo fulgore translucentes. 37, 126*
cristall*us*, cum sit candida, ad inclinatione*m* rubescere uidetur. 37, 160*

LII De diado.

Diados berillo similis est. 37, 157*

LIII De dionisia lapide.

Dionisias nigra et dura mixtis rubentibus maculis ex aqua trita saporem uini facit et ebrietati resistere putatur.

LIIII De draconite.

Draconitis siue draconcia cerebro fit draconum et nisi uiuentibus absciso non gemmescit. 37, 158*

LV De graphiti.

G*r*a*ph*itis, *c*inecit*is* *m*ina trit*e* lactis succo ac sapore notabile*s* *sunt*. in educatione nutricibus lactis fecunda*s*. infantium quoque adalligat*e* saliuam facere dicuntur, in ore autem liquescere ea*s*dem *et* memoriam adimere *pro*mittunt*ur*. 37, 162*

B L V **4** *V*] **11** [*V* **13** *V*] **17** [*V*

1 sq. ac ... melle *om. L* **6** tralucentes *L V B*[2] **9** iado *B* **10** Diaclos *B* **11** De ... lapide *om. L*

7 erythallis **10** diadochos **18** galactitis, synechitis in attritu

LVI De Gorgonia.

Gorgonia nichil aliud est quam curallium, quod in duriciam lapidis mutatur. hoc fulminibus et tonitr*uis* resistere *putatur*. 37, 164*

LVII De heliotropio.

Heliotropium nascitur in Ethiopia, Affrica, Cipro, porracei coloris, sanguineis uenis distincta. causa nominis, quoniam fulgore solis percussu*m* extra quam speculi modo solem accipit, deprehendit defectus subeuntem lunam ostendens. Magorum p*r*udentia uel manifestum exemplum est, quoniam admixta herba eliotropio quibusdam additis precationibus *efferentem* conspici negant. 37, 165*

LVIII De hipetisti.

H*i*petistis quoque speculi naturam habet in reddendis imaginibus, quamquam rutila. experimentum est, si feruentem aquam statim addita refrigeret aut si in sole adsita aridam materiam accendat. nascitur in Corico. ex argumento uiriditatis in candida gemma uel nigra et aliquando pallida ambiente circulo coloris aurei appellatur. 37, 166*

LIX De lapide qui Hamonis cornu dicitur.

Hamonis cornu inter sacratissima Ethiopie aureo colore arietini cornus effigiem reddens promittitur prediuinans omnia representare. 37, 167*

B L V

5 eliotropio *B*: heliotropo *L* **15** rutilia *L* **20** dicitur *om. B*

8 aquam **14** hephaestitis **17** ex argumento *sqq. apud Plinium ad gemmam* Hermu aedoeon *a Roberto om. pertinent*

LX De hienia.

Hienia ex oculis hiene, si credimus, lingue hominis sub- 37, 168*
dita futura precinere *facit*.

LXI De libanocrote.

Libanocros thuris similitudinem ostendit, set succum 37, 171*
mellis.

LXII De limoniati.

Limoniatis eadem uidetur. qua suffita traditur omnes 37, 172*
bestias uocari.

LXIII De ligurio.

Liguri*um*, etiam si electrum non est, gemmam tamen es- 37, 52*
se contendunt; fieri autem ex urina lincis, set generali terra protinus urinam operiente ea, quoniam inuideat homini*bus*.
esse autem qualem in sucinis colorem igneis, scalpique nec 37, 53*
folia tantum ac stramenta ad se rapere, set eris etiam ac ferri lam*i*nas. proditur eo poto calculos uesice elidi et morbo regio occurri, si ex uino bibatur.

LXIIII De mitrace.

Mitrax Persis est ac c*o*pta et Rubri maris montibus, mul- 37, 173*
ticolor e*s*t contra solem uarie refulgens.

B L V **3** *V*] **10** [*V* **17** *V*]

1 hiena *B L* **13** operente *B*[1] **19** mari *L*

5 libanochrus **8** suffita *sqq. apud Plinium ad gemmam* lipaream *a Roberto om. pertinent* **11** lyncurium *cf. ThLL VII 2, 1946, 69 sq.* **19** accepta

LXV De Media.

Media nigra est a Medea illa fabulosa inuenta; habet uenas aurei coloris, sudorem reddit croci, saporem uini.

LXVI De mirriti.

Mirritis mirre colorem habet, faciem minima*m* gemme, 37, 174*
odorem unguenti, attrita etiam nardi.

LXVII De meliti.

Melitis mali coloris est. 37, 191*

LXVIII De nebriti.

Nebritis, Libero patri sacra, nomen traxit a nebrium eius 37, 175*
similitudine; est et alia nigra eiusdem generis.

LXIX De ombria.

Ombria, quam aliqui noticiam uocant, sicut cera*o*nia et 37, 176*
bronthea cadere cum imbribus et fulminibus dicitur eundemque effectum habere quem ronthea narratur; preterea in aras addita hac libamenta non amburi.

LXX De onice.

Onicem ueram plurimas uariasque cum lacteis habere 37, 91*
uenas. omnium in transitu color e*st* inenarrabili*s* et in un*o* redeunte concentu suauita*s* grata.

B L

8 malii *L* **16** labamenta *B*

10 nebridum **13** notiam ceraunia **15** brontea

LXXI De Ponticis.

Ponticarum plura sunt genera: est stellata nunc sanguineis, nunc auratis guttis, que inter sacras habetur. alia pro stellis eiusdem coloris lineas habet, alia montium conualliumque effigies. 37, 179*

LXXII De pirena.

Pirena bolibe nucleo dicta est; huic aliquando inesse piscium piscine uidentur. 37, 188*

LXXIII De piritho.

Pirithos nigra quidem, set attritu adurit digitos. 37, 189*

LXXIIII De polixino.

Polixinus in nigro zonis multis candicat. hidros semper rotunditatis absolute in candore est leuis, set admot*a* fluctuatur intus in ea uti nouus liquor. 37, 190*

LXXV De Solis gemma.

Solis gemma candida est, ad speciem sideris in orbem fulgentes spargit radios. 37, 181*

LXXVI De sileniti.

Silenitis ex candido translucet melleo fulgore imaginem lune continens redditque eam in dies singulos crescentis minuentisque numeris. nascitur in Arabia.

B L

4 habeat *a. corr. B* **7** polibe *L* **19** tralucet *B* **20** crescentes B^1

7 pyren ab oliuae **10** pyritis **12** polyzonos enhygros **14** ut in ouis **19** selenitis

LXXVII De Sirtidibus.

Sirtides in litore Sirtium, iam quidem et in Lucania, inueniuntur e melleo colore *et* croco refulgentes, intus autem continent stellas *refulgentes*. 37, 182*

LXXVIII De scariti.

Scaritis scari piscis effigie*m habet*. 37, 187*

LXXIX De sciti.

Sicitis fici color*em habet*. 37, 191*

LXXX De sinocitidis.

Sinocitidi umbras in effebum euocatas teneri. et sunt multo plures magisque monstrifice, quibus barbari dedere nomina confessi lapides esse. 37, 192*

LXXXI De sucino.

M*e*tridates in Germanie littoribus insulam esse, uocari *E*serietam, cedri genere siluosam, inde *sucinum* defluere in petras. *S*enocrates non tantum in Italia, set etiam u*a*caria alios putare in Numidia. certum est in insulis septemtrionalis occeani et a Germani*cis* appellari glessum, itaque et a nostris ob id unam insularum Glessariam appellatam. nascitur autem defluente medulla pinei generis arboribus, ut gummi in cerasis, resina pinis. erumpit humoris habundantia, densatur rigore uel tempore aut mari, cum intumescens estus rapuit ex in- 37, 39* 37, 40* 37, 42*

B L

1 sirtibus *B*[1] **9** sinotidis *B* **15** eserietem *L* **17** mumidia *L*

2 Syrtitides *cf. indicem capitum* **10** umbras inferum **15** Seritam **16** Xenocrates set et thium uocari

sulis. succum *in* arbore etiam prisci nostri credidere ob id 37, 43*
sucinum appellantes. pineus in atritu odor. nascitur et in In- 37, 46*
dia. genera eius plura candida odoris prestantissimi. fuluis 37, 47*
maior auctoritas; ex hiis etiamnum translucentibus, quam si
nimio ardore flagrent; imaginem in sese, non ignem, *set* igne-
am *contueri* placet. summa laus Phalernis a uini colore dic-
tis. usus sucinorum inuenitur aliquis in medicina, set non *a*b 37, 50*
hoc feminis placet. Calistratus cuicumque etati contra lim- 37, 51*
phationes prodesse tradit, urine difficultatibus potum adalli-
gatumque. sucina et gemmis que sunt tralucide adulterand*um*
magnum habent locum. maxime ametisti*co* omn*es*, ut diximus, colore tinguntur.

LXXXII De sardonicibus.

Sardonices olim, ut ex ipso nomine apparet, intelligeban- 37, 86*
tur candore in sarda, hoc est ueluti carnibus ungue hominis imposito et utroque tralucido. talesque esse Indicas tradunt Hismenias, Demostratus, *Zo*nothemis, Sothacus, hii quidem
duo reliqu*i* omnes qu*i* contraluceant *t*ecas appellantes. has 37, 87*
Indis non habitas in honore Zenothemis scribit. et enim con- 37, 88*
stat ibi torrentibus dete*ctas* placuisse in nostro orbe initio, quoniam sole prope gemmarum sculpte ce*teras* non auferunt. persuasimus deinde *et* Indis, ut ipsi quoque hiis gauderent. iturque perforatis uulg*i*s tamen in collo; et hoc est nunc Indicarum argumentum. Arabice excellunt candore circuli lucido atque non gracili.

B L

2 acritu B^1 **4** maior: ma B^1 tralucentibus *L* B^2 quem *L* **6** laus *om. L* **11** ametisco B^1 **16** esse *om. L* indicos *L* **17** demonstratus *L* **21** sculpe *B* **24** arabie B^1

4 praeterquam **7** ob **10** adulterandis **17** Zenothemis **18** quae caecas **21** ceram **23** utiturque uulgus

LXXXIII De sarda.

Sarda, que nomen cum sardonice communicauit, gemma 37, 105* uulgaris *est* et primum Sardibus reperta, set laudatissima circa Babilon*em*. cum lapicine quedam aperirentur, herentes in saxo cordis modo. hoc metallum apud Pers*o*s defecisse traditur, set inueniuntur compluribus aliis locis, sicut in Piro et *Th*ar*so*. Indice p*re*lucent, crassiores sunt Arabice, et in hiis 37, 106* mares excitacius fulgent, femine pigriores crassius nitent. nec fuit alia gemma apud antiquos usu frequentior.

LXXXIIII De topazio.

Topazio egregia gloria est suo uirenti genere et, cum re- 37, 107* perta est, prelata omnibus. id accidit in Arabie insula, que C*l*itis *appell*atur, in qua Tragodite predones fame et tempestate fessi, cum herbas radicesque effoderent, eruunt topazium. hec Archelai sententia est. et ideo quesitam sepe na- 37, 108* uigantibus nomen ea *de* causa accepisse; topazum enim Tragoditarum lingua significationem habe*t* querendi. h*e*c primum importata Ber*o*nice regine, que fuit mater sequentis Pthol*o*mei, a Philemone prefecto regis. mire placuisse.

LXXXV De theoclito.

Theoclitus olee nucleus uidetur; calculos pellit fran- 37, 184* gitque.

B L

5 hoc *s. ras. add.* B^2 **12** est *om.* *L* **13** tragotide *L* **17** hoc *B* **19** tholomei *B* philomone *L* placuisse mire *L*

4 lapicidinae **6** Paro **13** Cytis Trogodytae **21** tecolithos

LXXXVI De trigliti.

Triglitis mulli effigie*m habet*. 37, 187*

LXXXVII De Vegentana.

Vegentana Italica gemma est Veis reperta gra*tia* materiam distinguente limite albo. 37, 184*

LXXXVIII De zmaragdo.

Zmaragdum quam colan uocant Iuba auctor est in Arabi*e* edificiorum ornamentis includi, et lapidem, quem alabastrite*m* Egiptii uocant, complures uero e*t* proximos et Laconicos in Tapgeto monte erui *In*dicis similes et alios in Scicilia. 37, 73* inseritur zmaragdis que uocatur tanos e Persis gemma ueniens ingrate uiridis atque intus sordida, item calco zmaragdos e Cipro turbid*os* ereis uenis. Theophrastus tradit in Egyptiorum commentariis regi eorum a rege Babilonio munere missum zmaragdum quatuor cubitorum longitudine *et* trium latitudine, et fuisse apud eos Iouis delubr*um* ob*o*liscum e quatuor zmaragdis, quadraginta cubitorum latitudine, in parte uero quatuor, in parte duorum. 37, 74* se autem scribente esse in Tiro Herculis templo s*c*enam pa*rat*am zmaragdo, nisi potius si smaragdus sit; nam et hoc genus reperi in Cipro, inuentum ex dimidia parte zmaragdum, ex dimidia iaspidem, nondum in 37, 75*

B L

4 grā *B* **6** smaragdo *B* **7** ZMaraddum *B* **10** cicilia *B* **15** tritum *a. corr. B* **17** *p.* zmaragdis *uerbum* quatuor *hab. L* **20** zmaragdus *L*

4 Veientana *cf.* S*TOTZ*, *HLSMA 3, VII § 175.3* gratia *(*grā*) ex* nigram *(*nigrā*) corruptum* **7** chloran **10** Taygeto Sicilia **12** chalcozmaragdos **13** turbida*;* turbidos *in easdem litteras ac* calco zmaragdos *exiens scr.* **20** reperiri *per haplographiam; cf.* S*TOTZ*, *HLSMA 3, VII § 299*

totum transfigurat*um*, Apion cognominatu*m*. Plistonices pau-
lo ante reliquit scriptum etiamnu*m* in lab*e*rinto Egypti colo-
sum S*i*rapis zmaragdo IX cubitorum. singulorum libido sin- 37, 85*
gulis *gemmis* precia facit *et* precipue regum. Claudius Cesar
zmaragdos induebat aut sardonic*as*.

LXXXIX De zmaragdis.

Zmaragdis auctoritas multis de causis perhibetur; nullis 37, 62*
coloris aspectus iocundior est. nam herbas quoque uirentes
frondesque haud desp*ici*mus, zmaragdos uero tanto libentius,
quoniam nichil omnino uiuidius comparatum illis uiret. *nam* 37, 63*
aspectu zmaragdi recreatur acies sculpentibusque gemmas
non alia gratior oculorum refectio est; ita uiridi lenitate lassi-
tudinem mulcent. preterea longinquo amplificantur uisu. infi-
cientes circa se e*x*per*t*us sum aera. non sole mutati, non um-
bra, non lucernis semperque sensim radiantes et uisum
admittentes ad crassitudinem sui facilitate tralucida, quod et-
iam in aquis iuuat. idem plerumque concaui, ut uisum col- 37, 64*
ligant. quamobrem decreto hominum hiis parcitur scalpi ueti-
tis. quamquam Sithicorum Egyptiorumque tanta duritia est,
ut non queant uulnerari. quorum uero corpus extentum est
eademqu*e* speculatione supini rerum imagines reddunt.

XC Item.

Zmaragdorum XII *sunt* genera: nobilissimi Sithici, ab ea 37, 65*
gente *ubi* reperiuntur appellati. nullis maior auctoritas, *quia*

B L

7 Zmaraddis *B* **13** ampliantur *B* **15** sensum *L* **17** uiuat *L* **18** hominum decreto *p. corr. B*

1 Apion cognominatus Plistonices **2** labyrintho **19** Scythicorum *cf.* *Stotz, HLSMA 3, VII §§ 163.1 sqq.* **23** Scythici

quantum zmaragdi a gemmis distant, tantum Scithici a cete-
ris zmaragdis. proximam laudem sicut et sedem habent B*r*ac-
triani, set hos minores multo Scithicis esse tradunt. tertium
locum Egyptii habent. reliqua genera in metallis inueniuntur. 37, 66*

XCI Item.

Zmaragdi aliqui obscuri, quos uocant *t*ecos, alii densi 37, 68*
nec e liquido translucidi, quidam u*ero* nubecula improbati.
aliud est hec quam umbra de qua diximus. nubecula albican-
tis est uitium, cum uiridis non pertransit aspectus, set aut in-
tus occurr*unt* aut excipit in fine uisum candor.

XCII De gemmis nascentibus sponte.

Gemme nascuntur repente noue ac sine nominibus, ut 37, 193*
una in metallis aurariis inuenta, que propter pulcritudinem
Alexandro regi missa sit; auctor est Theophrastus. in Arabia 37, 194*
repertis ingentibus glebis melle excoqui tradunt septenis die-
bus noctibusque sine intermissione, ita omni terreno uitio
decusso purgatam puramque glebam artificum ingenio uarie
distribui *per* uenas ductusque macularum uendibili ratione
sectantium. omnes *quoque* gemme mellis decoct*i* nitescunt. 37, 195*

XCIII De figuris gemmarum.

Nunc communiter ad omnium gemmarum obseruationem 37, 196*
pertinentia dicemus opiniones secuti auctorum. cauea*ntur* ex-
tuberantes, uiliores uidentur; equalibus figura oblonga maxi-
me proba*n*tur, deinde que uocatur lenticula, postea clitedos et
rotunda, angulosis autem minima gratia. ueras falsis discer- 37, 197*

B L

7 tralucidi *L* B^2 **14** theoprastus B^1 **24** Dein *B* **25** angulosa *L*

2 sq. Bactriani **6** caecos **10** occurrit **19** decoctu **24** probatur epipedos

nendi magna difficultas, quippe cum inuentum sit ex ueris generis *in* alterius in aliud falsas traducere, ut sardonices era*ri*is glutinentur gemmis, ut deprehendi non possit ars, aliunde nigro, aliunde candido, aliunde minio, sumptis omnibus in suo genere probatissimis. quin immo etiam extant commentarii auctorum – quos non equidem demonstrarem – quibus modis ex cristallo smaragdi tinguantur, alia eque transluc*id*e. sardonix e sarda, item cetere ex aliis, neque est ulla fraus uite lucrosior. nos contra rationem depre*he*ndendi falsas de- 37, 198*
monstrabimus. experimenta pluribus modis constant. 37, 199*

XCIIII De discordia rerum.

Discordia rerum, quam antiphacian, *et* concordia, *quam* 37, 59*
simphaciam Greci appellauere, non aliter clarius intelligi potest, siquidem illa inuicta uis duarumque uiolentissimarum nature rerum ferri igniumque contemptrix hircino*rum* rumpitur sanguine, neque quam recenti calidoque macerata et sic quoque multis ictibus *non* etiam preter quam eximias incudes malleosque ferreos frangens. cuius hoc inuent*u* quoue casu 37, 60*
repertum aut que fuit *caus*a experiendi rem immensi secreti et in fedissimo animalium, n*on* *u*num muneris talis inuenio. nec querenda nature ratio, set uoluntas, cum feliciter contigit rumpere in tam *partes* paruas.

B L

7 tralucide *L B*[2] **8** e *in marg. add. B*[2] **15** ignium *B*[1] **sq.** rumperitur *L* **19** repertum *om. L* imem si *L* **21** contingit *L*

2 generis alterius **14** illa inuicta uis *apud Plinium ad* adamantem *pertinet* **16** *p.* neque *uerbum* aliter *om.* **17** ictibus tunc etiam praeterquam

XCV De specie plurimorum lapidum.

Carcinias marini cancri color*em habet*, chitis uipere, 37, 187*
scorpitis scorpionis, scaritis scari piscis, egosthalmos caprin*i*
ocul*i*. chalazias grandinum figuram et candorem habe*re*, ada- 37, 189*
mantine duritie, narrant, etiam in ignes additas. roditis rosea 37, 191*
est, calcitis aerii coloris *est*, borsicitis in nigro ramose candi-
dis manibus inter se complexis. ancancitidem in hydroman- 37, 192*
cia dicunt euocari imagines deorum.

‹XCVI› De adulteratione gemmarum.

Adulterantur *omnes* gemme uitro simillim*o*, set cote de- 37, 98*
prehenduntur. deprehenduntur et*iam* pondere, quod minus est
in uitreis, aliquando et pusulis argenti modo relucentibus.

B L **9** [*V*

1 De *om. B* **2** hitis *L* **3** capni *L* **5** Rotidis *L* **7 sq.** hidromancia *B*: ydro- *L* **9** adulacione *V* **12** *p.* relucentibus *uerba e NH 13, 134* ¶ Cytisi frutex in citona insula inuenitur *e NH 13, 131* mire iuuat nutrices infantes et apes. *e NH 16, 155* ¶ Si uas fiat ex ligno hedere. uina tranfluere ac remanere aquam si mixta fuerit. *e NH 16, 208* ¶ Hedera si teratur lauro. laurumque terat: ignem concipit attritu. excipiente materia aridi fomitis. *e NH 22, 114* ¶ Quidam interogatus a diuo augusto quanam ratione centesimum annum excedens uigorem illum animi corporisque custodisset. R(espondit) intus mulso: foris oleo. *e NH 22, 118* ¶ Nos externi orbis non attingamus medicinas. non placent remediis tam longe nascentia. non nobis cogentur imo nec illis quidem alioquin non uenderent. odorum causa. unguentorumque et delitiarum. Si placet superstitioni emantur. quoniam thure suplicamus et costo. *e NH 24, 46* ¶ Semen fraxini foliis inest. que medentur iocinoris laterisque doloribus cum uino. aquam que subit cutem extrahunt. corpus obesum leuant. honere. sensum ad maciem reducentia. *e NH 23, 142* ¶ Nuclei pinee nec nunc sitim sedant. et agrimonia stomachi. lesione oris. et infirmitatem uirilium roborant. *e NH 13, 125* ¶ tantum impudentie est: ut uenenum artis esse persuadeant. *e*

2 echitis **3** aegophthalmos **6** bostrychitis **7** anancitide

NH 20, 112 ¶ Pisces si egrotent in piscinis apio uiridi recreantur. *e NH 20, 196* ¶ anexit oculos et genituram ebetat. *e NH 20, 186* ¶ anisum uultum iuniorem reddit. Incitat appetitum. *e NH 20, 189* sompnum concitat. *e NH 20, 192* narē quoque facilius olfactantes facit. auxilium lassitudinis. uiatoribus spopondit. *e NH 20, 195* uestes a tineis defendit. *e NH 27, 52* ¶ absinthium olfactum uel inscio sub capite positum. sompnos allicit. uestibus insertum: tineas arcet. culices ex oleo perunctis. abigit. *e NH 20, 218* ¶ Coriandro subtrito cum aceto: carnem incorruptam estate seruari. et menstrua retineri. tot diebus quot grana sumpserit. *e NH 20, 259* ¶ Semen cacabis genituram uirorum extinguit Radix. articulos contractos emollit. *e NH 25, 71* ¶ Gentiana nocet pregnantibus. *e NH 27, 86* ¶ Peonie .xv. grana in uino sumpta *e NH 27, 87* auxiliantur contra suppressiones nocturnas. *e NH 20, 224* ¶ Si quis cotidie ex qualibet maluarum sorbeat ciatum dimidium. omnibus morbis cariturum. *e NH 20, 128* ¶ Nasturcium semen addito mentastro in uino omnia intestinorum animalia expellit. *e NH 27, 127* ¶ proserpinaca in quantalibet lassitudine recreari defessos. etiam si obmutuerint si subiciantur lōne. *e NH 16, 110* ¶ Semen salicis mulieri sterilitatis medicamentum esse constat. *e NH 24, 58* ¶ Semen salicis nigre. cum spuma argenti pari pondere. loco psilotRi est. *add.* L^2

INDEX LOCORVM

INDEX NOMINVM ET RERVM

Multa uocabula uel nomina in Defloratione insolitis uel corruptis formis leguntur. si tantum corruptis, in hoc indice hae formae immutatae asteriscis additis indicantur formis usitatis uncis inclusis ascriptis, e.g. (Camulodunum) *Calamaladuno, (cinaedia) *cinediade, (diadochos) *diado.

Si formae tantum paulum cum classicis discrepant, ut in Defloratione leguntur indicantur, e.g. Attrabrum *pro* Artabrum, Bodingus *pro* Bodincus, Mitelenei *pro* Mytilenaei, Philus *pro* Pylus, Vectius *pro* Vettius.

Numeri ad paginas uersusque pertinent.

LATEINISCHE SPRACHE UND LITERATUR DES MITTELALTERS

Herausgeber: Prof. Dr. Alf ÖNNERFORS (1-27) / Prof. Dr. Peter STOTZ (28ff.)

1 Robert WITTE. Catalogus Sigeberti Gemblacensis Monachi de viris illustribus. Kritische Ausgabe. 1974.160 S. ISBN 3-261-00971-3.

2 David A. TRAILL. Walahfrid Strabo's 'Visio Wettini' text, translation and commentary. 1974.220 S. ISBN 3-261-00942-X.

3 Heinz-Peter UEBACH. Zwei mittellateinische Pyramus- und Thisbe-Dichtungen. Untersuchungen und kritische Ausgabe. 1975. 207 S. ISBN 3-261-00984-5.

4 Hans-Joachim KAMPHAUSEN. Traum und Vision in der lateinischen Poesie der Karolingerzeit. 1975. 243 S. ISBN 3-261-00997-7.

5 Johannes HAMACHER. Florilegium Gallicum. Prolegomena und Edition der Exzerpte von Petron bis Cicero, De Oratore. 1975. 450 S. ISBN 3-261-00929-2.

6 Alf ÖNNERFORS. Mediaevalia. Abhandlungen und Aufsätze. 1977. 457 S. ISBN 3-261-02336-8.

7 Maria RISSEL. Rezeption antiker und patristischer Wissenschaft bei Hrabanus Maurus. Studien zur karolingischen Geistesgeschichte. 1976. 370 S. ISBN 3-261-01752-X.

8 Gregor LIEBERZ. Anonymi carmen mediaevale quod 'Ovidus Puellarum' vel 'De Nuncio Sagaci' inscribitur edidit, praefatus est, annotationibus instruxit Gregor Lieberz. 1980. 180 S. ISBN 3-8204-6010-1.

9 Andreas EPE. Index verborum Ruodliebianus. 1980. 116 S. ISBN 3-8204-6161-2.

10 Lawrence T. MARTIN. Somniale Danielis. An Edition of a Medieval Latin Dream Interpretation Handbook. 1981. 212 S. ISBN 3-8204-6097-7.

11 Heinz Erich STIENE. Wandalbert von Prüm. Vita et Miracula sancti Goaris. 1981. 330 S. ISBN 3-8204-6206-6.

12 Heinz Erich STIENE (Hrsg.). Konkordanz zum Paderborner Epos (Aachener Karlsepos). 1982. 149 S. ISBN 3-8204-7036-0.

13 Heinz Erich STIENE (Hrsg.). Konkordanz zum Waltharius-Epos. 1982. 359 S. ISBN 3-8204-6295-3.

14 Rosemary BURTON. Classical Poets in the *Florilegium Gallicum*. 1983. 405 S. ISBN 3-8204-7567-2.

15 Anton PAUELS. Abbo von Saint-Germain-des-Prés. Bella Parisiacae urbis, Buch 1. Lateinischer Text, deutsche Übersetzung und sprachliche Bemerkungen. 1984. 113 S. ISBN 3-8204-8009-9.

16 Ute ÖNNERFORS. Abbo von Saint-Germain-des-Prés, 22 Predigten. Kritische Ausgabe und Kommentar. 1985. 345 S. ISBN 3-8204-5552-3.

17 Joachim WINKLER. Physicae quae fertur Plinii Florentino-Pragensis liber primus. 1984. 371 S. ISBN 3-8204-5120-X.

18 Robert Gary BABCOCK. Heriger of Lobbes and the Freising Florilegium. A Study of the Influence of Classical Latin Poetry in the Middle Ages. 1984. 211 S. ISBN 3-82045357-1.

19 Jutta GRUB. Das lateinische Traumbuch im Codex Upsaliensis C 664 (9.Jh.). Eine frühmittelalterliche Fassung der lateinischen Somniale Danielis-Tradition. Kritische Erstedition mit Einleitung und Kommentar. 1984. 366 S. ISBN 3-8204-5210-9.

20 Petrus DE DACIA. Vita Christinae Stumbelensis ed. Johannes Paulson. Nachdruck der Ausgabe Göteborg 1896. 1985. 257 S. ISBN 3-8204-9028-0.

21 Walter WACHTMEISTER. Physicae Plinii quae fertur Florentino-Pragensis liber secundus. 1985. 361 S. ISBN 3-8204-5242-7.

22 Udo WAWRZYNIAK. Philologische Untersuchungen zum 'Rithmus in laude saluatoris' des Petrus Venerabilis. Edition und Kommentar. 1985.194 S. ISBN 3-8204-9175-9.

23 Alan Keith BATE. Excidium Troie. 1986. 159 S. ISBN 3-8204-8971-1.

24 Günter SCHMITZ. Physicae quae fertur Plinii Florentino-Pragensis liber tertius. 1987. 319 S. ISBN 3-8204-0929-7.

25 Anette ERLER. Der Halberstädter Karls- oder Philosophenteppich. 1989. 235 S. ISBN 3-631-41597-4.

26 Axel BERGMANN. *Carmen de mundo et partibus.* Ein theologisch-physikalisches Lehrgedicht aus der Oxforder Handschrift Bodleian Digby 41. 1991. 163 S. ISBN 3-631-42675-5.

27 Marie-Luise WEBER. Die Gedichte des Gottschalk von Orbais. 1992. 342 S. ISBN 3-631-44803-1.

28 Peter STOTZ (Hrsg.). *Non recedet memoria eius.* Beiträge zur Lateinischen Philologie des Mittelalters im Gedenken an Jakob Werner (1861-1944). 1995. 256 S. ISBN 3-906753-22-0.

29 Sabine GAEBE. Otloh von *St. Emmeram, 'Liber de temptatione cuiusdam monachi'.* Untersuchung, kritische Edition und Übersetzung. 1999. 384 S. ISBN 3-906759-45-8.

30 Michele Camillo FERRARI. Il 'Liber sanctae crucis' di Rabano Mauro. Testo – immagine – contesto. 1999. 528 S. ISBN 3-906762-17-3.

31 Klaus FETKENHEUER. Die Rezeption der Persius-Satiren in der lateinischen Literatur. Untersuchungen zu ihrer Wirkungsgeschichte von Lucan bis Boccaccio. 2001. 309 S. ISBN 3-906764-47-8.

32 Elisabeth SCHINAGL. Naturkunde-Exempla in lateinischen Predigtsammlungen des 13. und 14. Jahrhunderts. 2001. 309 S. ISBN 3-906766-59-4.

33 Espen KARLSEN. The *Accusativus cum infinitivo* and *Quod* clauses in the *Revelaciones* of St. Bridget of Sweden. 2001. 253 S. ISBN 3-906767-34-5, US-ISBN 0-8204-5345-5.

34 Michael Peter BACHMANN. Drogo de Altovillari, *Discussio litis super hereditate Lazari et Marie Magdalene.* 2002. 350 S. ISBN 3-906769-51-8.

35 In Vorbereitung.

36 Bodo NÄF. Roberti Crikeladensis Defloratio Naturalis Historie Plinii Secundi. 2002. 507 S. ISBN 3-906770-29-X.